# 系 统 工 程

王新平 主编

中国矿业大学出版社
·徐州·

## 内 容 简 介

本书是在编者们数十年的“管理系统工程”课程教学、研究基础上编写而成的。全书共分八章介绍了管理系统工程的核心内容，在介绍系统工程方法论、解释结构模型(ISM)、状态空间模型(SSM)、系统动力学(SD)、层次分析法(AHP)、模糊综合评价法(FCJ)、冲突分析(CA)等几种常用的建模技术的同时，特别增加了近年来较新的管理研究建模技术，例如结构方程模型(SEM)、投入产出分析(IOA)、多层线性模型(HLM)、项目反应理论(IRT)等。全书主要内容包括：系统与系统工程概述、系统工程方法论、系统模型化技术、系统仿真与预测、系统分析、系统综合与评价、投入产出分析、系统决策分析等；附录部分重点介绍了近年来在管理科学研究方面得到广泛应用的主流统计分析工具，如 SPSS、AMOS、DYNAMO和以 Swarm 等为代表的四种主体仿真工具等。

本书力求简洁实用，注重系统建模技术的可操作性，让读者容易理解和掌握，可供管理类各专业的本科生、研究生教学和研究之用；本书也可作为其他相关学科、专业教学用书，或作为有关企事业单位人员学习系统理念和方法的培训教材和自学参考书。

**图书在版编目(CIP)数据**

系统工程 / 王新平主编. —徐州：中国矿业大学出版社，2022.12

ISBN 978-7-5646-5513-6

Ⅰ.①系… Ⅱ.①王… Ⅲ.①系统工程 Ⅳ.①N945

中国版本图书馆 CIP 数据核字(2022)第 156065 号

**书　　名** 系统工程
**主　　编** 王新平
**责任编辑** 徐　玮
**出版发行** 中国矿业大学出版社有限责任公司
(江苏省徐州市解放南路　邮编 221008)
**营销热线** (0516)83885370　83884103
**出版服务** (0516)83884895　83884920
**网　　址** http://www.cumtp.com　**E-mail**:cumtpvip@cumtp.com
**印　　刷** 苏州市古得堡数码印刷有限公司
**开　　本** 787 mm×1092 mm　1/16　**印张** 18.75　**字数** 480 千字
**版次印次** 2022 年 12 月第 1 版　2022 年 12 月第 1 次印刷
**定　　价** 56.00 元

# 本书编委会

主　审：孙林岩（教授，博士，博导）

张金锁（教授，博士，博导）

主　编：王新平（教授，博士，博导），西安科技大学

副主编：薛耀文（教授，博士，博导），运城学院

陈铁华（副教授，硕士），西安科技大学管理学院

参　编：李　玲（副教授，博士），西安科技大学管理学院

吴翠花（副教授，博士），天津工业大学管理学院

祁敬宇（副教授，博士），首都经贸大学金融学院

# 序

阅读本书，给人一种清新和喜悦之感。本书主编王新平博士是我的博士后流动站工作人员。看到这样的书稿，我为年轻学者能够有这样的努力和抱负而欣喜——他们为中国的系统工程教学和研究做了一件好事情。当王新平博士提出希望我为本书作序时，我欣然同意。

尽管我国开展系统工程研究工作已经快60个年头了，但是，中国在稳定高速的经济增长过程中，伴随的是日趋严重的社会问题——环境恶化、能源安全堪忧、粮食安全困扰、频发的质量安全问题、人口老龄化压力、城市迅速扩张导致的城市病……这些都是由于缺乏系统思维而造成的。本书正是为了强化系统思维和方法论的教育而作出的一种努力。

“系统工程”是管理类专业一门重要的专业基础课程，也是目前管理类专业的平台课。然而，就目前“系统工程”课程教学的实际情况来看，国外大多使用难度较高的教材，对国内教学参考意义十分有限。国内大多数高校选用的“系统工程”教材都存在更新的必要。

本书的编写主要基于以下三个要求：

(1) 从管理研究的实际需求出发。

从管理研究的趋势来看，研究方法论和模型化技术不可或缺。现有一些“系统工程”教材对方法论和模型化的介绍，由于注重全面性而使得模型化技术的论述相对比较笼统。本书从管理研究的实际需求出发，站在研究者的立场，比较详尽地介绍了系统方法论以及当前比较主流的模型化方法，对管理研究工作者是一种良好的支持。

(2) 全面兼顾本科生、研究生的培养要求，力求说理透彻。

现有教材对于本科生掌握建模方法入门而言过于晦涩难懂，对硕士博士研究生而言，在模型建构和哲学方法论层面又显得缺乏深度，本书试图以一种相对简单易懂的思路来介绍系统建模原理，同时基于硕士、博士研究生的学术研究需求，新增了近年来主流系统工程研究模型化技术及其方法论，以便于学生学习和掌握系统工程方法论及建模技术。

(3) 提供丰富且具较强针对性的课后习题。

现有“系统工程”教材在课后习题方面欠缺颇多，给本来就显得难度较大的“系统工程”课程教学过程的组织造成了困难。而“系统工程”又是一门模型化技术要求较高的课程，为满足教学需要，本书的编者在书中融入了近年来积累的大量自行编写的习题资料，尤其是在模型化技术的练习题、大型案例作业和模型化技术实践应用方面，可以为学生掌握系统工程方法和模型化技术打下良好的基础。

另外，本书还试图在强化研究生对哲学思想、管理研究方法论以及模型化技术掌握的同时，使研究生熟练掌握和运用管理研究的模型化技术和相关软件。

本书是基于作者与编写组成员十多年“系统工程”教学、科研以及博士后合作研究期间较为丰富的学术经验和资料积累而编写的，其特色为“系统全面、通俗易懂、重在应用”，撰写目标主要瞄准以下四个方面：

(1) 为高年级本科生提供一本能够较为全面系统、通俗易懂地介绍系统工程方法论及其理论的教材。

(2) 为博士研究生、硕士研究生提供一本能够在很大程度上满足大部分管理科学研究的研究方法论及其模型化工具的书籍。

(3) 为大多数从事管理问题研究的学者提供一本较为全面的、方便实用的关于系统哲学思想及其模型化方法论的书籍。

(4) 编写组拟通过本书的编写，向广大读者全面系统地介绍近年来在管理科学研究方面广泛使用、得到一致认可的一些方法论及其模型化方法，达到“读后即可运用”的目的。

难能可贵的是，本书特意增加了近年来得到广泛应用但却较为缺乏系统性介绍资料的模型化技术的内容，例如结构方程模型(SEM)、投入产出分析(IOA)、多层线性模型(HLM)和项目反应理论(IRT)等。这些对于管理理论的研究工作者和企业中的管理实务工作者，都具有较高的参考价值。

西安交通大学管理学院教授、博士生导师 孙林岩

2011年5月20日

# 前　言

时光飞逝，转眼间《系统工程》第一版出版竟已九年有余。在感叹时光的无情消逝之外，九年来这个世界发生的大事小事，更是加深了我们对于系统工程学科之重要价值的认识。

“所当乘者势也，不可失者时也。”从国际范围来看，近代以来，人类历史上经历了三次大的技术革命，推动人类社会相继进入“蒸汽时代”、“电气时代”和“信息时代”，由此带来了世界经济的飞跃性发展以及国际权力格局的重塑。当前，以人工智能、大数据、物联网、太空技术、生物技术、量子科技为代表的新科技革命正在全面酝酿，由此推动了新产业、新业态、新模式的巨大发展，带来了人们生产方式、生活方式、思维方式的显著变化。与科技革命和产业革命相伴随的是，人类社会在思想和制度层面的创新也在不断推陈出新，从封建制度、资本主义制度到社会主义制度，每一次社会制度创新都推动了生产力的巨大发展和人的更大程度的解放。当前，各主要国家纷纷以科技发展和制度创新为依托，以重塑国际规则为手段，推动国际力量对比和国际秩序不断演变和调整，世界范围的利益、权力和观念格局都在发生富有历史意义的大变化。世界面临百年未有之大变局，我国发展仍处于并将长期处于重要战略机遇期，这是中共中央对当今世界发展大势和中国自身发展作出的重大判断。所谓世界百年未有之大变局，是指在一个相对较长的历史时期深刻影响人类历史发展方向和进程的世界大发展、大变化、大调整、大转折、大进步，其本质在于世界秩序的历史演进，核心议题是世界秩序的演进方向和发展趋势；研究大变局，应该有全局的战略高度和宽广的历史视野，在当前国际形势风云变幻、世界不确定性显著增多的背景下，更需要有大视野、大格局和大胸怀。如此，管理系统工程因其“全局思维”“系统视野”“多科交叉”的学科特色，必将大放异彩。

从国内形势来看，党的十八大提出了“经济新常态”；党的十九大提出了“高质量发展”，提出了“脱贫攻坚、公平教育、生态文明、医疗保障、社会保障、自我发展、补齐民生短板、住有所居”等八项民生措施，尽管社会经济治理仍然面临重大质量安全事故、环境保护压力、能源安全、民生问题、城镇化问题、“三农”问题等诸多现实挑战，但是只要站在全新的系统高度上，继续深化系统哲学、系统方法的教育，不断提升社会的总体系统思维和系统治理水平，必将为中国在百年未有之大变局下取得新的成就做出贡献。

本书的编写人员都是长期从事系统工程、管理科学与工程学科教学、科学研究的学者，对系统工程有着丰富的教学和研究经验。全书比较系统地涵盖了系统工程必备的系统工程理论、方法论、建模方法和技术，鉴于某些较新的系统建模技术在近几年的管理科学研究中得到了广泛应用，却较为缺乏系统性学习普及资料的现实，本书特别增加了结构方程模型（SEM）、多层线性模型（HLM）、项目反应理论（IRT）、状态空间模型（SSM）的介绍章节，并以附录的形式对当前主流的系统建模软件（SPSS、AMOS、DYNAMO、Vensim、主体仿真

Swarm 等)的使用进行了较为详尽的介绍,以便广大读者学习、掌握和使用。

这一版延续了第一版的编写框架和总体编排思路:第一部分,系统哲学和方法论(包括第一、二章);第二部分,模型化技术(包括第三、四、七章);第三部分,系统评价与分析(包括第五、六章);第四部分,系统决策(包括第八章);第五部分,模型化软件操作(包括附录 A、附录 B)。为了增加教材的可读性和便于授课教师抓住内容重点,编写人员在每一章都增加了"学习目标",对本章内容以"了解、掌握"的形式明确了学习重点,并基于本科、硕士研究生、博士研究生不同阶段的培养需求,给出了教学内容选择方面的建议,更有利于广大师生学习目标的达成。因主要面向对象是高年级本科生,适当照顾到硕士研究生、博士研究生,本书侧重于强调应用性,要求简明扼要、突出重点地介绍系统工程的理论和方法,尽量避免艰深晦涩的理论推导。本书对广大企事业单位从事实际管理工作的读者也具有较高的参考价值。对于管理专业的本科生而言,解释结构模型(ISM)、状态空间模型(SSM)、系统动力学(SD)、关联矩阵法(RM)、层次分析法(AHP)、模糊综合评价法(FCJ)、冲突分析(CA)等几种方法应当是必修的;而结构方程模型(SEM)、投入产出分析(IOA)、多层线性模型(HLM)和项目反应理论(IRT)一般是管理类专业的硕士研究生、博士研究生为了开展管理研究和进行定量化建模而学习的方法,对本科生阶段的教学可以不做要求。

本书第一版在使用过程中,西安科技大学、天津工业大学、浙江大学、上海理工大学、河南理工大学、首都经济贸易大学、山西财经大学等高校的本科生、研究生基于对学问的严谨态度,就书中存在的个别排版错误、公式推导错误等多处错漏问题,客气而明确地提了出来,甚至有 3 位同学仔细地用小纸条写得整整齐齐,列出来修改建议,在授课结束后交到我手里,或者发电子邮件给我。平心而论,作为教材的主编,感动之余颇觉愧疚,辜负了同学们认真求学的一片赤诚。这些错漏之处,均由主编本人一力承担,同时向同学们直面指出错误的勇气表示敬意,并致以衷心感谢。希望本版能够助力广大师生学人在学问上更上一层楼。

本版教材由西安科技大学王新平教授继续担任主编,本次修订重点修改了第一版的错漏问题、新增了前导案例。编者分工如下:西安科技大学王新平教授负责编写第一章、第二章、第四章、第三章第五节、第八章、附录 C;运城学院薛耀文教授负责编写第三章第一、二、三节的结构模型技术部分,天津工业大学吴翠花副教授负责编写第三章第四节的多层线性模型部分,西安科技大学陈铁华副教授负责编写第五章、第六章;西安科技大学李玲副教授负责编写第七章、附录 A、附录 B。全书由王新平教授负责统稿。

2011 年,本书第一版出版之前,有幸请西安交通大学管理学院孙林岩教授进行了主审,孙教授提出了许多宝贵的修改意见。书稿出版两年之后,孙老师竟永远地离开了我们。痛惜之余也非常遗憾,孙教授没能看到本书的修订版,但是我们后辈学者有责任把一本高质量的教材奉献给读者和奋进的学人们。在本书修订过程中,西安科技大学博士生导师、延安大学党委书记张金锁教授,对本书的修订提升提出了中肯而专业的意见和建议,在此表示衷心感谢。在本书编写过程中,我们得到了西安科技大学管理学院"系统工程"课程小组的大力支持,他们提供了丰富而翔实的资料。在本书的内容策划方面,我们得到了西安交通大学汪应洛院士、袁治平教授富有激情和创见的授课环节的启发。本书部分章节参阅了大量相关著作和文献,限于篇幅,不能一一致谢,特将主要参考文献列示于书后,在此向有关著作者表示诚致谢意。由于编者学识水平所限,书中存在缺点、不足之处甚至错误在所难免，我们真诚地希望广大读者和专家批评指正。

本版将一如既往地坚持为广大教师和同学提供最佳的支持和服务。为了便于学习和掌握，本书配备了完善的课后思考练习题，配套提供完整的授课 Power Point 课件以及相关多媒体资料，并基于学科新的进展每年都会增加新的案例资料，这些都将提供给广大师生，努力为广大师生学习和掌握系统工程哲学方法论及建模技术提供全面支持。需要以上资料的师生，请发电子邮件到 wangxp@xust.edu.cn。

王新平

2022 年 5 月 20 日

# 目　录

# 第一章　系统与系统工程概述

**【前导案例】**

## 我国载人航天工程第三步拉开序幕，系统思想闪耀太空

中国载人航天工程是我国航天史上迄今为止规模最大、系统组成最复杂、技术难度和安全可靠性要求最高的跨世纪国家重点工程。2020年5月5日18时，我国载人空间站工程研制的长征五号B运载火箭，搭载新一代载人飞船试验船和柔性充气式货物返回舱试验舱，拉开了我国载人航天工程"第三步"的任务序幕。

作为目前我国近地轨道运载能力最大的火箭，长征五号B运载火箭首飞成功验证了火箭总体方案及各分系统方案的正确性、协调性，突破了大尺寸整流罩分离技术、大直径舱箭连接分离技术、大推力直接入轨偏差精确控制技术等一批新技术。航天系统工程全线采取封闭式管理、远程化会诊、全系统协同等方式，优化测试流程，为我国空间站在轨建造任务奠定了重要基础。

长征五号B运载火箭的发射成功是高精尖技术的成功，更是整个航天系统工程的成功。长征五号火箭发射涉及2 204个动作过程，高动态紧耦合，配套复杂。中国运载火箭技术研究院牵头搭建产业协同创新组织平台，将分散、独立的生产联合体、科研院所等各类组织的优势资源充分整合，实现能力互补、力量联合、资源共享；生产运输系统、发射场系统、技术风险管理体系、新型综合保障与管理体系提供坚实保障；推进系统、控制系统、电气系统等航天系统分工合作。航天系统不同子系统相互联系、相互作用，各个组成部分最大限度地相互协调，不断反馈系统信息、控制调剂系统进程、对系统进行整体优化。航天系统不同分系统、不同层次结构之间的协同运作铸就了长征五号运载火箭的成功。

系统思想扎根于现实的土壤，从诸子百家时期的"有无相生，难易相成，长短相形"，到长征五号B运载火箭的发射成功，无不蕴含着系统与系统工程思想。用系统思想去看待问题，学习系统科学理论知识，以现代系统工程方法论为指导，就会发现，呈现在我们眼前的事物不再是单一的个体，而是一个各个部分协调运行、相互联系、相互作用的有机整体。

**【学习目标】**

☆ 理解系统的定义与五大属性；

☆ 掌握系统的要领与特性；

☆ 了解系统思想的演变；

☆ 了解系统科学理论体系；

☆ 了解系统工程的概念及发展历程；

☆ 深入理解系统工程的内容及特点。

系统科学在现代科学领域中的地位日益提高。正如规范的科学研究需要首先对研究对象进行明确界定一样，要较为全面地学习和了解管理系统工程的哲学思想、方法论及建模等问题，我们首先必须对其相关基本概念进行讨论。作为本书的开篇章节，本章将对系统的定义和属性、系统的分类、系统的结构与功能及系统的要领与特性等基础问题进行阐述。本章还将向读者介绍中外古代先贤和现代系统科学学者们的系统思想和理念，他们的思想对现代系统科学的迅猛发展起到了重要的奠基作用。

本章的学习重点集中在以下四个方面：① 系统思想的产生及发展；② 系统的概念与特性；③ 系统科学理论体系；④ 系统工程的内容及特点。

## 第一节　系统的定义与属性

### 一、系统的定义

清末民初经史学家陈澹然曾在《寤言二迁都建藩议》中指出："不谋万世者，不足谋一时；不谋全局者，不足谋一域"。意思是说，不从全局角度考虑问题的人不具备取得局部胜利的智慧；不从长远利益角度策划的人不能筹划好一时之事。看问题必须眼光长远，不考虑长远利益，必然不能做出长远计划；看问题也必须全面，不能从全局出发想问题，那么在小的方面也不会有所成就。管理系统工程就是让我们获得洞察力的学问，是让我们获得长远发展眼光的学科。简而言之，管理系统工程就是要让我们做到统筹兼顾，"讲全局、懂全局"，进而"谋全局"。

现在，"系统"已经普及到一切领域。总结起来，系统的概念大致有以下几种。

《韦氏词典》：系统是有组织的或组织化了的总体；是构成总体的各种概念、原理的综合；是以有规律的相互作用、相互依赖的形式结合起来的对象的集合。

日本工业标准(JIS)：系统就是多数构成要素保持有机的秩序，向同一目的行动的事物。

中国学者：系统是由一群相关元件(Elements)所组成的一种组织体，借由这个组织体的运作，以达成特定之目的。

《中华大词典》中，"系统"有两种解释。第一，同类事物按一定的关系组成的整体，如组织系统、灌溉系统。第二，有条有理的，如系统学习、系统研究。详细解释如下，系统：① 有条理；有顺序：系统知识|系统研究。② 同类事物按一定的秩序和内部联系组合而成的整体：循环系统|商业系统|组织系统|系统工程。③ 由要素组成的有机整体。与要素相互依存、相互转化，一个系统相对较高一级系统时是一个要素(或子系统)，而该要素通常又是较低一级的系统。系统最基本的特性是整体性，其功能是各组成要素在孤立状态时所没有的。它具有结构和功能在涨落作用下的稳定性，具有随环境变化而改变其结构和功能的适应性以及历时性。④ 多细胞生物体内由几种器官按一定顺序完成一种或几种生理功能的联合体。如高等动物的呼吸系统，包括鼻、咽、喉、气管、支气管和肺，能进行气体交换。

综上所述，尽管系统一词频繁出现在社会生活和学术领域中，但不同的人在不同的场合往往赋予它不同的含义。长期以来，系统概念的定义和其特征的描述尚无统一规范的定论。对系统的一般定义如下：系统是由两个或两个以上相互区别、相互依赖和相互制约的单元(或要素、组成部分)有机结合起来的具有特定功能的有机整体。

一般地，我们可以从以下三个方面理解系统的概念。

(1) 系统是由若干要素(部分)组成的。这些要素可能是一些个体、元件、零件，也可能其本身就是一个系统(或称之为子系统)。如运算器、控制器、存储器、输入(输出)设备组成了计算机的硬件系统，而硬件系统又是计算机系统的一个子系统。

(2) 系统有一定的结构。一个系统是其构成要素的集合，这些要素相互联系、相互制约。系统内部各要素之间相对稳定的联系方式、组织秩序及失控关系的内在表现形式，就是系统的结构。例如钟表是由齿轮、发条、指针等零部件按一定的方式装配而成的，但一堆齿轮、发条、指针随意放在一起却不能构成钟表；人体是由各个器官组成，但单个器官简单拼凑在一起不能成为一个有行为能力的人。

(3) 系统有一定的功能，或者说系统要有一定的目的性。系统的功能是指系统与外部环境在相互联系和相互作用中表现出来的性质、能力和功能。例如信息系统的功能是进行信息的收集、传递、储存、加工、维护和使用，辅助决策者进行决策，帮助组织实现目标。

与此同时，我们还要从以下几个方面对系统进行理解：系统由部件组成，部件处于运动之中；部件间存在着联系；系统各部分构成之整体的贡献大于各部分贡献的和，即常说的1＋1＞2；系统的状态是可以转换、可以控制的。

“系统”在实际应用中总是以特定系统出现，如消化系统、生物系统、教育系统等，其前面的修饰词描述了研究对象的物质特点，即“物性”，而“系统”一词则表征所述对象的整体性。对某一具体对象的研究，既离不开对其物性的描述，也离不开对其系统性的描述。系统科学研究将所有实体作为整体对象的特征，如整体与部分、结构与功能、稳定与演化等。

## 二、系统的属性

### (一) 整体性

整体性是系统最基本、最核心的本质属性，是系统性最集中的体现。

具有相对独立功能的系统要素以及要素间的相互关联，是根据系统功能依存性和逻辑统一性的要求，协调存在于系统整体之中。系统的构成要素和要素的机能、要素的相互联系和作用要服从系统整体的目的和功能，在整体功能的基础上展开各要素及相互之间的活动，这种活动的总和形成了系统整体的有机行为。在一个系统整体中，即使每个要素并不是都很完善，但它们也可以协调、综合成为具有良好功能的系统；反之，即使每个要素都是良好的，但作为整体却不具备某种良好的功能，也就不能称之为完善的系统。任何一个要素都不能离开整体去研究，要素间的联系和作用也不能脱离整体的协调去考虑。

集合的概念就是把具有某种属性的一些对象作为一个整体而形成的结果，因而系统集合性是整体性的具体体现。

### (二) 层次性

构成系统的要素，相互之间具有层次之分，并不是处于同一层次上。而一个大系统，也可以依照层次划分为若干个子系统(也可称为分系统)，直至系统研究的最小单元——系统的要素(Elements)。其层次划分结构如图1-1所示。

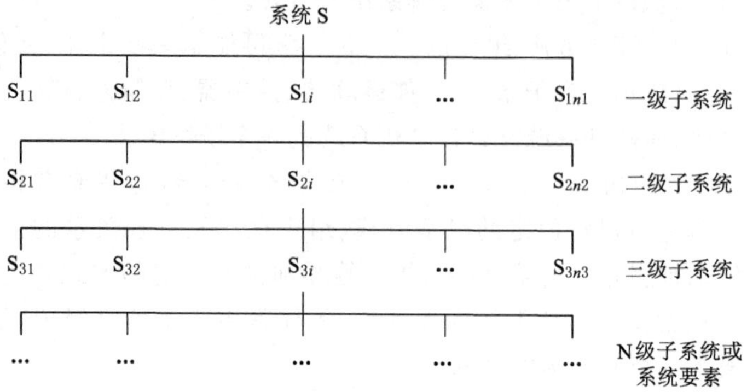


图 1-1　系统的层次性

（三）关联性

构成系统的要素是相互联系、相互作用的；同时，所有要素均隶属于系统整体，并具有互动关系。关联性表明这些联系或关系的特性，并且形成了系统结构问题的基础（图 1-2）。

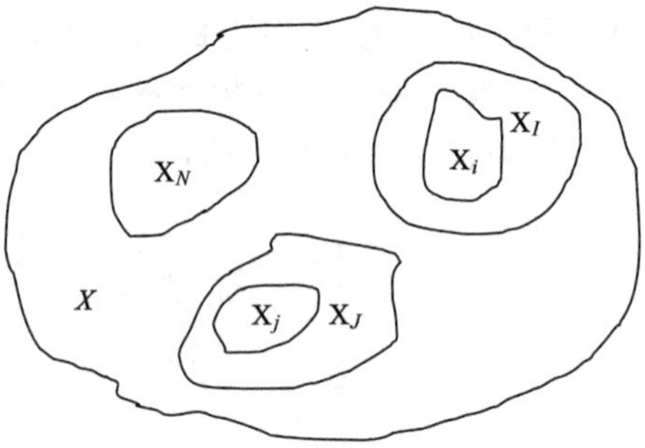


图 1-2　系统的关联性

（四）环境适应性

系统的开放性及环境影响的重要性是当今系统问题的新特征，日益引起人们的关注。任何一个系统都存在于一定的环境之中，并与环境之间产生物质、能量和信息的交流。环境的变化必然会引起系统功能及结构的变化。系统必须首先适应环境的变化，并在此基础上使环境得到持续改善。管理系统的环境适应性要求更高，通常应区分不同的环境类（技术环境、经济环境、社会环境等）和不同的环境域（外部环境、内部环境等）。

（五）目的性

目的性是典型的人造系统所具有的属性，人类建设和运行某个系统总是具有某种目的的。实际上，几乎所有的人造系统都是为了达成某种目的而建造的；或者说当人们利用自然系统去达成自身的目的时，该自然系统才具有目的性。

# 第二节　系统的分类

系统的分类可以有很多种，其关键是选定的分类标准是什么。认识系统的类型，有助于在实际工作中对系统的性质做进一步的分析和研究。

## 一、自然系统与人造系统

自然系统（Nature System）主要是由自然物（动物、植物、矿物、水资源等）所自然形成的系统，像海洋系统、矿藏系统等；人造系统（Artificial System）则是根据特定的目标，通过人的主观努力所建成的系统，如生产系统、管理系统等。实际上，大多数系统是自然系统与人造系统的复合系统。近年来，系统工程愈来愈注意从自然系统的关系中，探讨和研究人造系统。

## 二、实体系统与概念系统

凡是以矿物、生物、机械和人群等实体为基本要素所组成的系统均称为实体系统（Physical System）；凡是由概念、原理、原则、方法、制度、程序等概念性的非物质要素所构成的系统均称为概念系统（Conceptual System）。在实际生活中，实体系统和概念系统在多数情况下是结合的，实体系统是概念系统的物质基础，而概念系统往往是实体系统的中枢神经，指导实体系统的行动或为之服务。系统工程通常研究的是这两类系统的复合系统。

## 三、静态系统和动态系统

静态系统（Static System）是表征系统运行规律的模型中不含有时间因素，即模型中的量不随时间而变化的系统；动态系统（Dynamic System）是系统的状态随时间而变化的系统。静态系统可视作动态系统的一种特殊情况，即状态处于稳定的系统。实际上大多数系统都是动态系统，但由于动态系统中各种参数之间的相互关系非常复杂，要找出其中的规律性有时非常困难，这时为了方便起见而假设系统是静态的，或使系统中的各种参数随时间变化的幅度很小，而视同稳态的。也可以说，系统工程研究的是在一定时期、一定范围内和一定条件下具有某种程度稳定性的动态系统。

## 四、封闭系统与开放系统

封闭系统（Closed System）是指该系统与环境之间没有物质、能量和信息的交换，因而呈一种封闭状态的系统；开放系统（Open System）是指系统与环境之间具有物质、能量与信息的交换的系统。这类系统通过系统内部各子系统的不断调整，来适应环境变化，以保持相对稳定状态，并谋求发展。开放系统一般具有自适应和自调节的功能。系统工程研究的是有特定输入、输出的相对孤立系统。

## 五、确定系统与概率系统

确定系统（Deterministic System）指的是系统的作用是可以预测的，并且系统现状和系统输入可以完全决定系统的输出和下一个状态的系统；概率系统（Probability System）指的是系统的状态只能依靠概率分布进行大致估计的系统。在系统工程研究工作中,人类往往要面对大量的情况未知或者不大确知的系统问题,此类问题实际上也是系统工程学科的重点研究对象。正是通过系统工程的理论和方法论进行研究、预测、模拟、控制等工作,来强化对不确定性的认识和控制能力。这也就是系统工程学科近年来得到普遍重视和迅猛发展的原因。

另外,按照系统的规模大小可以分为大系统(Large System)、小系统(Little System)、巨系统(Giant System)三类;按照系统结构简单与否可以分为简单系统(Simple System)、复杂系统(Complex System)两种,而复杂系统又可以分为一般复杂巨系统和特殊复杂巨系统两种。

为了方便研究和学习,我们在这里给出简单、复杂以及系统规模的大致判断标准:

(1) 简单系统(Simple System)。基本特征:满足叠加原理,其原理和运动规律可以用牛顿力学来加以研究的系统就是简单系统。例如,几乎所有的中观物质系统。

(2) 简单巨系统(Simple Giant System)。基本特征:系统要素间存在自组织(熵),并且有层次,有"涌现"(Emergence)。例如,星系、简单粒子的运动系统等。"涌现"指的是系统要素作为单独个体不具有,而只有作为系统整体才能体现出来的性质或特征。例如,气体的温度。单个气体分子无所谓"温度",只有大量气体分子聚集在一起,分子之间相互碰撞的剧烈程度才对外体现为一定的"温度"。事实上,气体的"温度"就是气体分子相互之间碰撞剧烈程度的一种度量。

(3) 复杂巨系统(Complex Giant System)。基本特征:系统元素数量大,具有层次结构,元素间关联方式复杂。例如,宇宙天体系统。

(4) 开放的/(特殊)复杂巨系统(Open Complex Giant System,OCGS)。基本特征:元素间关系错综复杂,非线性关系,人的因素。例如,社会系统、经济管理系统、人体、人脑等。开放的复杂巨系统是钱学森等提出的,它是指与环境具有物质、能量和信息交换、由成千上万个子系统构成,子系统种类和系统层次繁多的一类系统。该类系统的解决方法是由定性到定量的综合集成方法与综合集成研讨体系。

## 第三节　系统的要领与特性

系统的要领与特性主要指的是系统有关的核心概念,包括:系统的要素(element)、结构(structure)、功能(function)、行为(behavior)、环境(environment)、境界(boundary)、目的(objective)等。这些概念对于深入理解和领会系统思想是非常重要的。

(1) 要素:构成系统的基本单元或部分。在本课程学习中,我们规定,系统的要素是最小的研究单位,不再细分。即本课程只研究要素之间的相互联系以及对系统整体的作用,而不关注要素本身的构成及其细部的问题——除非把它作为一个新的系统去研究。要素可形象地表示为图 1-3 中的"点"。

(2) 结构:系统内部各组成部分或要素之间在时间、空间等方面的有机联系、相互作用的组织机构、方式和秩序。结构可形象地表示为图 1-3 中要素之间的"线"。

(3) 功能:系统诸要素在一定的系统结构下形成的效应。功能由结构所规定,并通过系统整体的运动表现出来。功能是结构的外在体现,而结构则是功能的内在动因。

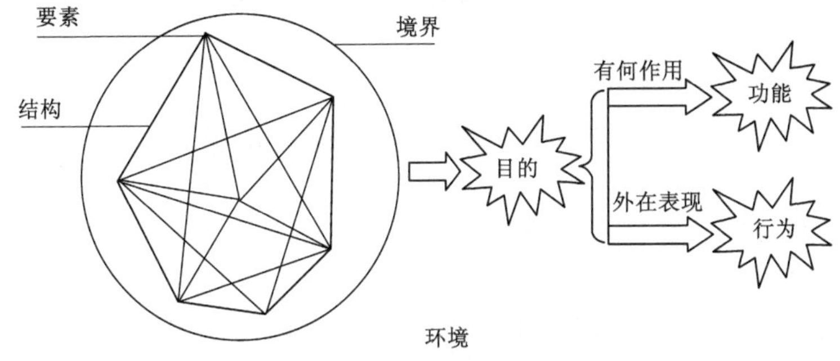


图 1-3　系统的核心概念示意图

系统结构是系统内诸要素相互关系的总和。系统结构的概念起源于 19 世纪马克思的社会经济结构概念以及布特列洛夫的化学结构概念。系统功能与行为这个概念有关，行为原是心理学名词，控制论将其引入系统。一般系统论认为，系统相对于外部事物的变化就是其行为，而这个行为对外部事物的作用就是其功能（图 1-4）。从辩证法的角度来看，系统是结构与功能的统一体。结构是系统内部要素相互作用的秩序，功能是系统对外部作用的秩序，结构是功能的内在基础，功能是结构的外在表现，也就是说，系统的结构决定系统的功能。

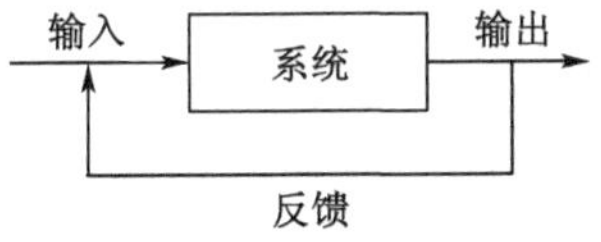


图 1-4　系统功能示意图

（4）行为：实现系统目标所进行的活动，也是系统功能的外部表现。

（5）环境：系统以外的其他与之有关的事物的集合构成系统的环境。“环境”并不仅仅指的是有形的物质状态的环境，事实上，特别是对于典型的管理问题而言，“环境”一词往往包括社会的、政治的、经济的、历史的、文化的、民族的、宗教的等，都可能构成“环境”的一部分。

（6）境界：系统与环境之间的边界称为境界。尽管在图 1-3 中用一条明确标出的“境界线”来表示“境界”，但是需要指出的是，事实上大多数系统并不具有明确而严格的“境界”，而由系统研究人员根据具体问题进行识别，哪些是境界之外的，哪些是境界之内的。

（7）目的：系统（尤其是，但并不特指人造系统）运行趋向的目标。

具体的，可以用图 1-3 来形象地表示系统相关的核心概念。

系统结构与功能的关系，需要做如下强调。人类的社会组织都是系统，系统的结构决定系统的功能是最基本的系统原理。但是现实中存在着大量的相同组织结构具有不同功能的事实，却似乎与这个基本原理相矛盾。对此，学者杨建梅认为，系统的功能既然是系统对外部的作用，当然也与外部环境有关，所以结构决定功能的原理是针对环境不是变数的情况下来说的。杨建梅进一步提出“组织结构的系统悖论”——相同的组织部门结构有着不同组织功能的现象——的解释：在不否认系统结构决定系统功能这个原理的情况下，只要将组织看成人类活动系统，而将人类活动系统的要素定义为人的活动，就可以解决这个悖论。

## 第四节 系统思想的演变

从人类认识世界的过程看，首先是从直观的、笼统的认识开始的，进而走向自己的对立面——抛开事物的总的联系，对自然界进行解剖和分析，对其各个组成部分分门别类地进行考察；然后发展到从总体出发，把分析和综合结合起来，形成对物质世界的整体化、系统化的认识，即整体—部分—整体（系统），或综合—分析—综合（在新的基础上的综合）。总体而言，系统思想的演变可以分为以下三个阶段。

### 一、古代朴素的系统思想

系统的概念来源于长期的社会实践。原始社会，由于社会生产力低下，自然力统治着人们，认为神是整体的主宰，图腾体现了神灵的意志，图腾禁忌意味着神灵对人的规定或限制。中国的商代，出现了巫。巫不仅代表鬼神发言，并且参与国家政治，同时也进行求雨、治疗疾病等活动。最早对系统的认识来源于古代人类的社会实践，人类要开展各项社会活动，要同各类对象打交道，于是逐渐积累了认识系统、处理系统问题的经验，这样就产生了整体思想，这是人类系统思想发展的早期阶段。中国古代的农业、工程、医药、天文、军事等方面的知识成就中，都不同程度地反映出已自发地应用系统概念。例如，古代农书中对农作物与种子、地形、土壤、水分、肥料、季节、气候等诸要素之间的相互关系都有过整体、辩证的描述。

系统思想的发展经历了三个阶段，即"只见森林"（15 世纪中叶以前，朴素的系统思想）阶段⟶"只见树木"（15 世纪下半叶至近代科学兴起，机械论的整体观）阶段⟶"先见森林，后见树木"（19 世纪上半叶至今，科学的系统思想）阶段。在朴素的系统思想形成阶段，古代中国和古希腊在系统思想的产生与早期发展中具有突出地位和贡献。

《管子·地员篇》《诗经·国风·七月》等古籍，对农作物与种子、地形、土壤、水分、肥料、季节、气候诸因素的关系，都有辩证的论述。齐国名医扁鹊主张按病人气色、声音、形貌综合辩证，用针灸、汤液、按摩、熨帖、砭法等多种疗法治病。周秦至西汉初年的古代医学总集《黄帝内经》强调人体各器官的有机联系，生理现象和心理现象的联系，身体健康与自然环境的联系等。

#### （一）二十四节气

二十四节气反映了宇宙天象的结构、变化及发展，揭示了天体运行与季节变化之关系，是根据太阳在黄道（即地球绕太阳公转的轨道）上的位置来划分的。太阳从春分点（黄经零度，此刻太阳垂直照射赤道）出发，每前进 15°为一个节气；运行一周又回到春分点，为一回归年，合 360°，因此分为 24 个节气。节气的日期在阳历中是相对固定的，如立春一般是在阳历的 2 月 3 日至 5 日之间。但在农历中，节气的日期却不大好确定。再以立春为例，它最早可在上一年的农历十二月十五日，最晚可在正月十五日。

从二十四节气的命名可以看出，节气的划分充分考虑了季节、气候、物候等自然现象的变化。其中，立春、立夏、立秋、立冬、春分、秋分、夏至、冬至是用来反映季节的，将一年划分为春、夏、秋、冬四个季节。春分、秋分、夏至、冬至是从天文角度来划分的，反映了太阳高度变化的转折点。而立春、立夏、立秋、立冬则反映了四季的开始。由于中国地域辽阔，具有非常明显的季风性和大陆性气候，因此不同地区的四季变化也有很大差异。

（二）中药按照“君、臣、佐、使”划分药性

君臣本是政治术语，古代天子、诸侯皆称君，辅佐君者称为臣，君臣有着严格的等级之分。古代中医药学家将其引入药物配伍组方中，成为方剂组成的基本原则。

《黄帝内经·素问·至真要大论》中，岐伯回答黄帝关于“方制君臣”时说：“主病之谓君，佐君之谓臣，应臣之谓使”。《神农本草经》记载：药有君、臣、佐、使，以相宣摄合和。明代的何伯斋更进一步阐释说：大抵药之治病，各有所主。主治者，君也；辅治者，臣也；与君药相反而相助者，佐也；引经使治病之药至病所者，使也。这十分清楚地讲明了君、臣、佐、使之药的功能。

详尽一点说，君药是针对主病或主证，起主要作用的药物，按需要可用一味或几味；臣药是辅助君药加强治疗主病或主证作用的，或者是对兼病或兼证起主要治疗作用的药物；佐药是辅助君臣药起治疗作用，或治疗次要症状，或消除（减轻）君、臣药的毒性，或用于反佐药；使药是起引经或调和作用的药物。

以《伤寒论》中第一方“麻黄汤”为例，主治外感风寒的表实症。君药——麻黄（3 两），辛温，发汗解表以散风寒，宣发肺气以平喘逆；臣药——桂枝（2 两），辛甘温，温经和营，助麻黄发汗解表；佐药——杏仁（70 个），苦温，降肺气助麻黄平喘；使药——炙甘草（1 两），苦温，调和诸药又制约麻黄、桂枝发汗太过。麻黄、桂枝、杏仁皆入肺，有引经之效，故不再用引经的使药。麻黄、桂枝、杏仁、炙甘草的药性有主次，相互制约又相互补充，协调作用，形成一股强大的药力，去攻克外感风寒这一堡垒，临床疗效十分显著，成为千古名方、经方。中药方剂的组成不是几种药物的简单组合，而是在丰富的临床实践基础上形成的一个有机的整体，其中文化内涵的核心就是儒家所强调的“和”。

（三）《孙子兵法》

《孙子兵法》“经五事”：道（政治）、天（天时）、地（地利）、将（将帅）、法（法制），即战争应该从五个方面去对敌我双方进行全面比较和权衡，以分析胜负。这些观点即使在今天的商界仍对其有极高的评价。

（四）古代系统工程的杰作：都江堰

战国时期，李冰主持修建都江堰，正确处理鱼嘴分水堤、飞沙堰溢洪道、宝瓶口引水口等主体工程的关系，使其相互依赖、功能互补，形成布局合理的系统工程，联合发挥分流分沙、泄洪排沙、引水疏沙的重要作用，使都江堰枯水不缺、洪水不淹。都江堰的三大部分，科学地解决了江水自动分流、自动排沙、控制进水流量等问题，消除了水患。

（五）老子的《道德经》

中国古代的系统思想在老子的《道德经》中得到了高度概括和提炼。《道德经》中的“道”或“一”超越了时空界限，“独立而不改，周行而不殆，可以为天下母”。老子认为，只有按照“道”的原则，才能实现既定的目标，“天得一以清，地得一以宁，神得一以灵，谷得一以

盈，万物得一以生，侯王得一以为天下正”。这里的“道”或“一”在某种意义上可以和今天讲的“系统”画等号。

(六) 德谟克利特的“原子论”

德谟克利特是古希腊唯物主义哲学家，原子论的创始人之一，率先提出原子论(万物由原子构成)，著有《宇宙大系统》和《宇宙小系统》。德谟克利特在其著作《宇宙大系统》中，最早采用了“系统”一词，并认为世界是由原子构成的大系统。

(七) 亚里士多德的“整体与部分”

亚里士多德是世界古代史上最伟大的哲学家、科学家和教育家之一，柏拉图的学生，亚历山大的老师，是现代系统思想的先驱之一。他提出了“整体大于它的各部分的总和”的论断，认为“整体和部分的总和并不是一回事”。他指出，地上的世界由土、水、气、火四大元素组成，其中每种元素都代表四种基本特性(干、湿、冷、热)中两种特性的组合。土＝干＋冷；水＝湿＋冷；气＝湿＋热；火＝干＋热。他认为天上的世界由以太组成(行星等)。

总体而言，人类先哲认识周围世界，乃是从总体的联系上来把握现象的，古代中国和古希腊的唯物主义思想家都从承认统一的物质本源出发，把自然界当作一个统一体。这是一种原始的“整体式”研究方式，虽然强调对自然界整体性、统一性的认识，但古代社会的生产和认识水平都比较低下，这种“整体式”的认识尚处于“混沌状态”，缺乏对这一整体各个细节的认识，因而对整体性和统一性的认识是不完整、不深刻的。它是基于感觉的直观所得出的一种朦胧的意识，不能科学地、具体地说明自然界。严格地说来，它还不能算作科学的知识。由于当时的生产和科学技术都相当落后，人类改造世界的能力很弱，规模也小，对客观世界的微弱干预当然不可能使事物之间复杂的依赖关系和制约关系充分地显露出来。这种情况下，人类对系统的感觉自然是相当淡薄的，对整体的成因、功能等都还无法理解，缺乏对细节的认识手段。反映到认识上的系统观念自然也是相当朴素的和肤浅的，人类在强调对自然界整体性、统一性认识的时候忽视了(实际上也没有能力)对各个局部、各个细节和各个侧面进行深入认识。因而，当时对整体性和统一性的认识也是不完全的，与真正的系统观还有很大的距离。因此，古代朴素的整体思想是简陋的、直觉的，然而却包含了正确的整体观因素。用自发的系统概念考察自然现象，是古代中国和古希腊唯物主义哲学思想的一个特征。古代辩证唯物的哲学思想包含了系统思想的萌芽。

## 二、机械论的整体观

机械论的整体观发展阶段大致为 15 世纪下半叶至 19 世纪上半叶。

15 世纪下半叶，近代科学开始兴起，力学、天文学、物理学、化学、生物学等科目逐渐从混为一体的自然哲学中分离出来，获得迅速的发展。近代自然科学发展了研究自然界的独特的分析方法，包括实验、解剖和观察，把自然界的细节从总的自然联系中“抽”出来分门别类地加以研究。这种考察自然界的方法对科学、技术、文化的蓬勃发展起到不可磨灭的重要作用。

研究学者们利用各种手段把事物分门别类地加以研究，科技水平的大幅度提升使得人们对细节的深刻认识成为可能。例如，在力学系统中，人们习惯于把研究对象隔离出来进行研究；在生物系统中，人们习惯于采用解剖的手段，单独研究生物体某个器官的功能，并顺理成章地认为，各部分功能（性质）的加总就是研究对象整体的功能（性质）。在物理、化学、天文等学科中，尤其是这样。科学不断地把研究对象还原为更深层次的元素，知识领域不断划分为更多更专门化的分支，使人们对客观世界的了解越来越深入、精细。这种对自然界的研究方法，把个别的事物作为现实的对象置于认识的中心，对象在主体面前表现为简单的经验事实。人们只是从个别现象本身的存在出发，撇开了包含这个现象的系统，也撇开了产生这个现象的条件；似乎作为认识对象的个体实物，它的质和量本来就是如此的，而且永远也是如此的。这种对待对象的方法是具有其历史必然性的、是合理的，因为必须先研究事物，而后才能研究过程；必须先知道一个事物是什么，而后才能觉察这个事物中所发生的变化。在这样的研究方法下，必然形成一幅机械的、分析的、线性的、被组织的世界图景。按照这样的时代科学提供的见解，天地及其间的万物固定不变，一切自然现象都是互不联系、各自孤立的东西，它们只能是在空间中彼此无关地无组织地并列着，复杂性只是表面的而非实质的，而且它们也没有时间上的发展变化的历史，仅仅是存在着的而非演化着东西。

笛卡尔断言“动物是机器”；拉美特利声称“人是机器”；拉普拉斯设想的全能全知的“恶魔”被认为是最为明确、最为彻底地表述了机械决定论的理想。经典力学所描述的机械系统图景统治人类长达三个世纪之久。它构造了一个封闭的、简单的宇宙模式，其中所有事物都精确地有规律地运动着。一个系统只要知道了它的初始状态，就可以根据普遍适用的动力学规律推演出它随时间变化经历的一切状态。科学唯一的目的就是对客体进行精确的解剖，从部分直接引出整体的性质，而受整体内相互作用所制约的那些性质、层次之间的联系和转化，都在研究者的视野之外。

在对客观世界的了解越来越深入、精细的同时，人们也形成了撇开总体联系来考察事物和过程的形而上学的思维方式，堵塞了从了解部分到了解整体、洞察普遍联系的道路；在知识领域迅速向纵深扩展的同时，忽略了横向的沟通；在对局部的了解越来越精细的同时，对总体的了解越来越零碎、模糊。尽管少数卓越思想家（如莱布尼兹）表现出很高的系统思想认识，但总的说来，近代学者的系统思想水平低于古代学者。自从形而上学的思想占据主导地位以后，人类的科学思维便长期停留在主要“以实物为中心”的“机械论”水平上。

一方面，这种思维方式为人们更加清楚地认识局部提供了丰富的方法，也为19世纪上半叶以前人类科技水平的发展和物质文明的提升做出了巨大贡献；另一方面，人们自觉不自觉地撇开了事物的整体联系，往往只看到局部，因此，也可以称之为“只看见局部的机械论整体观”。

### 三、辩证的系统思想

19世纪中叶开始，人们为了证明物质世界的客观规律性，在获得关于事物和现象的直接知识的同时，也开始认识到它们之间的联系和统一。一些科学家和哲学家力图借助数学、天文学和物理学的成果，建立一个统一的、有机的、综合的、非线性的、自组织的系统世界图景。人们不但能指出各个领域内过程之间的联系，而且能指出领域与领域之间的普遍联系以及整体性的观点。

德国哲学家康德通过对太阳系的起源和发展的研究，首先给机械自然观打开了一个缺口;到19世纪中叶,由于自然科学上许多伟大发现,特别是能量守恒和转化、细胞和进化论的发现,使人类对自然过程的相互联系的认识有了很大提高;19世纪下半叶,自然科学的研究中关于复杂事物的整体性、有序性及其组成的各个部分的联系和转化规律等,又有许多重要的发现,如化学元素周期表、电磁理论、热力学中的熵理论等。19世纪,随着社会的发展、科学技术的发展、哲学社会科学的发展,各门学科各个领域都表现出由分析进入综合的趋势、由部分发展到整体的趋势。正如恩格斯指出的,我们不仅能够指出自然界中各个领域内的过程之间的联系,而且总的说来也能指出各个领域之间的联系。这样,我们就能够依靠自然科学本身所提供的事实,以近乎系统的形式描绘出一幅自然界联系的清晰图画。

20世纪以来,科学在宏观、微观两方面都在不断地纵深发展,科学研究的对象扩大到各种极为复杂的系统客体,科学所要解决的问题具有跨学科的性质,因而科学研究的任务和性质发生了相应的变化,许多问题超出了一门传统科学所能胜任的范围,譬如环境保护、能源开发、自然资源的综合利用、国民经济的发展计划和管理等问题都是一些变量多、计算量大、随机性强、复杂的大系统,这类问题涉及工程技术、自然科学和社会科学的各个领域,解决这类问题必须采取跨学科的方式和方法。从20世纪中叶起,国际上涌现一系列与系统研究相关的新兴学科,它们或产生于自然科学(如一般系统论、生命系统论等),或产生于社会科学(如管理科学、决策理论等),或产生于工程技术(如信息论、网络理论等),或产生于多学科交叉领域(如运筹学、控制论等)。其中,有的以一般系统为对象,有的以某类广泛存在的系统(如事理系统、通信系统等)为对象;有的侧重于系统方法的应用研究(如系统分析、系统设计等),有的侧重于系统问题的理论研究;有的从哲学高度来概括系统研究(如拉兹洛、邦格、鲍勒等人代表的研究领域)。系统研究如此繁荣兴盛的局面表明,系统思想实现了从哲学思辨到定性到定量的科学技术的发展,新的理论不断产生出来,如模糊系统理论、突变理论、大系统理论、耗散结构理论、超循环理论、混沌理论等。

这一阶段,人类的科技水平取得了突飞猛进的发展。推动了整个工业革命发展的蒸汽机(1804年)、掀开人类通信史的新篇章的电话(1876年)、载着时代向前奔驰的汽车工业(1885年)、第一台真正清晰的电视开播(1939年)、世界上第一台电脑"ENIAC"的诞生(1946年)、破解生命的千古密码基因的发现(1953年)、可传输视频节目的地球同步卫星(1964年)、人类航天史上迈出地球的登月(1969年)、国际互联网的出现(1972年)等则是其中的重要代表。

这一阶段可以称之为"既见森林,又见树木"的"辩证的系统思想"阶段。

## 第五节　系统科学理论体系

系统科学的理论体系,一般可以分为以下四部分:一般系统论;系统理论专论;系统工程方法论;系统工程方法论的应用。

### 一、一般系统论

一般系统论(General System Theory,20世纪40—60年代)是研究复杂系统一般规律的学科,又称普通系统论,是奥地利理论生物学家贝塔朗菲(Bertalanff,1901—1972年)提出的。贝塔朗菲把哲学中的协调、联系、秩序和目的性等概念用于对有机体的研究上，主张把有机体作为一个整体或系统，从生物与环境相互关系的观点来说明生物现象的本质，于1937年提出“一般系统论”思想。现代科学可按所研究的对象系统的具体形式划分成各门学科，如物理学、化学、生物学、经济学和社会学等；也可按研究方法划分成两大类别，即简单系统理论和复杂系统理论。一般系统论是研究复杂系统理论的学科，着重研究复杂系统的潜在的一般规律。

一般系统论的主要观点有以下几点。

(1) 整体性原则：生物体是不可分割的。虽然系统是由要素或子系统组成的，但系统的整体性能可以大于各要素的性能之和。因此在处理系统问题时要注意研究系统的结构与功能的关系，重视提高系统的整体功能。任何要素一旦离开系统整体，就不再具有它在系统中所能发挥的功能。

(2) 动态结构原则：生物体是一种动态结构，以组成物质的不断代谢、变化为其生存条件，与其说是存在，不如说是发生和发展着。

(3) 能动原则：生物体不是被动系统，而是能动系统；生物体受系统制约和影响，同时也可以能动地影响系统。

(4) 组织等级原则：生命的本质是个组织问题，而生物体的组织是有层次的、有序的。一个系统总是由若干子系统组成的，该系统本身又可看作是更大的系统的一个子系统，这就构成了系统的层次性。在研究复杂系统时要从较大的系统出发，考虑到系统所处的上下左右关系。

1972年，贝塔朗菲发表了《一般系统论的历史和现状》一文，试图将系统论思想推广应用到其他方面，并对“一般系统论”重新定义。贝塔朗菲明确指出，虽然起源有所不同，一般系统论的原理和辩证唯物主义的类同是显而易见的。

贝塔朗菲创立的一般系统论，从理论生物学的角度总结了人类的系统思想，运用类比和同构的方法，建立开放系统的一般系统理论。他创立的一般系统论属于类比型一般系统论，对系统的有序性和目的性并没有作出满意的解答。

苏联学者乌耶莫夫提出参量型一般系统论。他认为贝塔朗菲的一般系统论是用同构和同态等类比形式创立的，在实际运用中受到一定的限制。参量型一般系统论是用系统参量来表达系统的原始信息，再用电子计算机建立系统参量之间的联系，从而确定系统的一般规律。

一般系统论发展中出现的另一个重要领域是数学系统论或一般系统的数学理论。其代表人物有梅萨罗维奇、怀莫尔和克利尔。

1988年，我国学者林福永教授提出了一种新的一般系统论——一般系统结构理论。一般系统结构理论从数学上提出了一个新的一般系统概念体系，特别是揭示系统组成部分之间的关联的新概念，如关系、关系环、系统结构等，并在此基础上，抓住了系统环境、系统结构和系统行为以及它们之间的关系及规律等一切系统都具有的共性问题，从数学上证明了系统环境、系统结构和系统行为之间存在固有的关系及规律，在给定的系统环境中，系统行为由系统基层次上的系统结构决定和支配。这一结论为系统研究提供了精确的理论基础。在这一结论的基础上，一般系统结构理论从理论上揭示了一系列的一般系统原理与规律，解决了一系列的一般系统问题，如系统基层次的存在性及特性问题，是否存在从简单到复杂的自然法则的问题,以及什么是复杂性根源的问题等,从而把一般系统论发展到了具有精确的理论内容并且能够有效解决实际系统问题的高度。

## 二、系统理论专论

系统理论专论是指针对系统对象某些方面的特点,研究系统结构、功能、行为等的专门学科。以下主要简要介绍 13 个方面的系统理论专论。

### (一) 运筹学

运筹学(Operational Research,OR)以定量化最优方法为核心,为系统工程理论的定量化提供了基础。

### (二) 控制论

控制论(Cybernetics)研究机器、生物体和社会等系统中控制和通信过程的科学,它处理的是系统的动态问题。20 世纪 70 年代以来的现代控制论着重于研究复杂大系统的最优控制理论和方法。控制论的创始人是美国的诺伯特・维纳(Norbert Wiener,1894—1964)。

### (三) 信息论

信息论(Informatics,Information Science)研究信息的采集、度量、传输、识别和处理的一般规律,它不局限于人造通信系统,而且渗透到心理学、生物医学、语言学和社会科学领域。

### (四) 耗散结构理论

耗散结构理论(Dissipative Structure Theory)于 1969 年由比利时统计物理学家普里高津(Prigogine)提出。耗散结构理论是研究远离平衡态的开放系统从无序到有序的演化规律的一种理论,认为远离平衡态的开放系统必须不断地与周围环境发生物质、能量、信息的传递与交换,以转化、增强或调整自身的结构,才能保持系统的动态平衡并向上进化。事物的这种在非平衡态下新的稳定有序结构称为耗散结构(Dissipative Structure)。

耗散结构理论比一般系统论的先进之处在于它揭示了系统稳定的具体机制。

### (五) 协同学

协同学(Synergetics)是研究协同系统从无序到有序的演化规律的新兴综合性学科,由联邦德国理论物理学家哈肯(Haken)于 1969 年提出。哈肯发现激光是一种典型的远离平衡态时由无序转化为有序的现象,但他发现即使在平衡态时也有类似现象,如超导和铁磁现象。这说明一个系统从无序转化为有序的关键并不在于系统是平衡或非平衡,也不在于离平衡态有多远,而是通过系统内部各子系统之间的非线性相互作用,在一定条件下,能自发产生在时间、空间和功能上稳定的有序结构,这就是自组织(Self-organization)。

该理论研究系统各部分如何进行协作,并通过协作使系统出现新的空间、时间或功能上的有序结构。协同是有序的原因,有序是协同的结果。它比耗散结构理论的先进之处在于进一步揭示了系统动态演化的过程和系统有目的性的原因。

"耗散结构理论"和"协同学"被合称为自组织理论。

### (六) 超循环理论

超循环理论(Hypercycle Theory)由德国生物物理学家艾根(Eigen)提出,他吸收了进化论和自组织理论，提出超循环理论，把生命起源解释为自组织现象，指出自然界演化的自组织原理——超循环。这是研究分子自组织的一种理论。

（七）微分动力系统

微分动力系统（Differential Dynamical Systems）是 20 世纪 60 年代初由美国数学家斯梅尔和北大数学教授廖山涛共同开创的新领域，是系统科学的一个数学分支，主要研究随时间演变的动力系统的整体性质及其在扰动中的变化。微分动力系统的研究始于 20 世纪 60 年代初，其前身为常微分方程定性理论和动力系统理论。随着对非线性力学问题研究的深入和系统科学各分支的形成，微分动力系统越来越成为有关学者关注的新兴学科领域。

（八）突变论

20 世纪 60 年代末，突变论（Catastrophe Theory）由法国数学家托姆（Thom）提出。突变论是研究不连续现象的一个新兴数学分支，也是一般形态学的一种理论，能为自然界中形态的发生和演化提供数学模型。托姆于 1972 年发表《结构稳定性与形态发生学》一文，主要讨论自然界各种形态结构和社会活动中的非连续性突然变化现象，并从系统运行的机制上，广义地回答了为什么有的事物不变、有的渐变、有的突变的问题，它从另一方面深化了量变、质变的思想。

突变论通过将耗散结构理论、协同论与系统论联系起来，并推动系统论的进一步深化与发展。

（九）非线性科学和复杂性研究

非线性科学和复杂性研究的兴起对系统科学的发展起到了积极推动作用。系统科学特别关心系统的性能怎样随时间而变化，有没有稳定的终态（Finality），这在非线性动力学中就是有没有稳定的定常状态（Stable Steady State，稳定定态，稳态）和分岔（Bifurcation）问题。分岔理论（Bifurcation Theory）是 20 世纪 50 年代，由苏联学者安德罗诺夫等提出，主要研究分岔现象的特性和产生机理的数学理论。但是，早在 19 世纪，雅可比和庞加莱等人就已引进“分岔”概念。

（十）卡姆定理

卡姆定理（KAM Theorem）是 20 世纪 50 年代中期至 60 年代初期，由柯尔莫戈罗夫、阿诺德、莫泽先后提出和证明。它是关于哈密顿力学系统运动稳定性的一种论断，反映“弱”不可积（或接近可积）系统的运动规律。该定理是牛顿力学在 20 世纪的重大进展。

（十一）泛系统理论

1976 年，泛系统理论（Pansystems Theory）由中科院武汉数理所研究员吴学谋提出，是一种研究广义系统、关系的理论和方法，又称为泛系方法或泛系方法论。

（十二）灰色系统理论

灰色系统理论（Gray Systems Theory）于 1979 年由华中科技大学邓聚龙教授提出，是关于信息不完全或不确定系统的控制理论，应用在系统预测等方面。

灰色系统理论将系统分为两类：① 本征灰色系统。这类系统没有物理原型，运行机制不明确，例如人文、经济、生态、农业、市场等系统。② 一般灰色系统。这类系统有物理原型，但信息不完全，如工业控制系统。灰色系统理论强调信息的处理、生成和利用。基于信息利用和不断补充的思想，灰色系统可以白化（明确）；基于信息生成的思想，对众多的白化客体可以作认识论层次的升华，即情况也可以灰化。基于信息的可补充性和认识的可深化性，灰色系统的任何结果都带有阶段性、局部性。阶段性和局部性必然导致解的非唯一性、集类的开性、结果的拓扑性和可构造性。将原始数据累加生成可获得灰指数（区间性的）函数。基于这类函数可定义微分方程的背景值和平射性，有限与无限的相对性，并可定义指标拓扑空间的导数（即灰导数），从而可建立功能较强的微分方程模型。其研究内容包括：系统分析、数据生成、建模、预测、决策和控制，已应用到军事、经济、工业、农业、生态、气象、地震、教育等方面。

（十三）复杂系统理论

复杂系统理论是以非线性自组织理论为核心的系统理论。

1984 年，美国新泽西州成立了以研究复杂性为宗旨的圣菲研究所（The Santa Fe Institute，SFI），这是以三位诺贝尔奖获得者——默里·盖尔曼（M. Gell-Mann）、肯尼斯·约瑟夫·阿罗（K. J. Arrow）、菲利普·安德森（P. Andeson）——为首的一批不同学科领域的著名科学家组织和建立的，宗旨是开展跨学科、跨领域的研究，他们称之为“复杂性研究”。以圣菲研究所为代表的理论框架，其代表性理论是 1994 年霍兰提出的复杂适应系统（Complex Adaptive System，CAS）理论（被称为美国学派）。

以钱学森为代表的一批中国学者，关于开放的复杂巨系统理论（OCGS）为核心的理论体系（被称为中国学派）的研究，在国际系统科学研究方面产生了巨大影响。

### 三、系统工程方法论

方法论（Methodology）是关于认识、评价和改造世界的方法的理论。按其不同层次有哲学方法论、一般科学方法论、具体科学方法论之分（《辞海》1999 年版）。一般指两个方面：① 系统思路或思维方法、工作程序、逻辑步骤（在本课程中通常用框图来表达）；② 基本方法、常用或通用方法。

因本书第二章将专门论述系统工程方法论，并将在第三章、第四章、第六章、第八章等详细阐述多种系统建模方法及其具体应用，因此这里仅仅列出近年来比较典型的几种系统工程建模方法，不一一进行具体介绍。以下是本书后续章节拟向读者详细介绍的几种主流的建模方法。

- ISM（Interpretative Structure Model）——解释结构模型；
- SSM（Status Space Model）——状态空间模型；
- SD（System Dynamics）——系统动力学；
- HLM（Hierarchical Linear Modeling）——多层线性模型；
- IRT（Item Response Theory）——项目反应理论；
- RM（Relevance Matrix）——关联矩阵法；
- AHP（Analytic Hierarchy Process）——层次分析法；
- FCJ（Fuzzy Colligation Judgment）——模糊综合评价法；
- IOA（Input and Output Analysis）——投入产出分析；
- CA（Conflict Analysis）——冲突分析。

需要说明的是，鉴于各高等学校的具体情况以及课程学时安排的不同，此处所列出的系统工程建模方法不一定要求全部讲解和学习。各高校可根据授课对象的具体情况和培养目标要求，有侧重地选择其中的几种方法让学生学习。但是，对于管理专业的本科生而言，解释结构模型(ISM)、状态空间模型(SSM)、系统动力学(SD)、关联矩阵法(RM)、层次分析法(AHP)、模糊综合评价法(FCJ)等几种方法应当是必修的。多层线性模型(HLM)、项目反应理论(IRT)、投入产出分析(IOA)和冲突分析(CA)一般是管理专业的硕士研究生、博士研究生为了开展管理研究和进行定量化建模而学习的方法，对本科生教育可以不做要求。

### 四、系统工程方法论的应用

社会生活是复杂的，自然世界也是复杂的，而随着社会及科学技术水平的进一步发展，未来的不确定性正在增加。为了处理日益复杂的问题，系统工程方法论正日益受到重视。目前，系统工程方法论已经广泛运用于各个领域，用来解决使用其他任何一门独立的学科知识及技术所不能解决的问题，特别是比较复杂的社会、经济问题，甚至是全球性的大系统问题。例如，全球能源资源问题、世界性的环境问题、全球气候变化问题、城市和地区性的能源规划、国家人才和教育规划、农业系统工程、区域经济发展战略、投入产出分析、军事系统工程、水资源的开发利用等。

在后续章节的学习过程中，本书将向读者陆续展示一些系统工程方法论应用的实际案例。

## 第六节　系统工程的概念及其发展

### 一、系统工程的概念

系统工程(Systems Engineering，SE)作为一门发展中的新学科，尚没有统一的定义。

(一) 切斯纳(美国，1967)

虽然每个系统都是由许多不同的特殊功能部分所组成，而这些功能部分之间又存在着相互关系，但是每一个系统都是完整的整体，每一个系统都有一定数量的目标。系统工程则是按照各个目标进行权衡，全面求得最优解的方法，并使各组成部分能够最大限度地相互协调。

(二) 日本工业标准 JIS8121(日本，1967)

系统工程是为了更好地达到系统目的，对系统的构成要素、组织结构、信息流动和控制机构等进行分析与设计的技术。

(三) 莫顿(美国，1967)

系统工程是用来研究具有自动调整能力的生产机械，以及像通信机械那样的信息传输装置、服务性机械和计算机械等的方法，是研究、设计、制造和运用这些机械的基础工程学。

（四）美国质量管理学会系统委员会（美国，1969）

系统工程是应用科学知识设计和制造系统的一门特殊工程学。

（五）寺野寿郎（日本，1971）

系统工程是为了合理进行开发、设计和运用系统而采用的思想、步骤、组织和方法等的总称。

（六）《大英百科全书》（英国，1974）

系统工程是一门把已有学科分支中的知识有效地组合起来用以解决综合化的工程技术。

（七）《苏联大百科全书》（苏联，1976）

系统工程是一门研究复杂系统的设计、建立、试验和运行的科学技术。

（八）三浦武雄（日本，1977）

系统工程与其他工程不同之点在于它是跨越许多学科的科学，而且是填补这些学科边界空白的一种边缘科学。因为系统工程的目的是研制系统，而系统不仅涉及工程学的领域，还涉及社会、经济和政治等领域，为了适当解决这些领域的问题，除了需要某些纵向技术以外，还要有一种技术纵横的方向把他们组织起来，这种横向技术就是系统工程。

（九）王慧炯（中国，1979）

系统工程是一门综合性科学技术，研究对象是大型复杂系统的设计与运行（一般偏重于设计），以达到总体最佳的效果为目标。系统工程既是一门跨各学科专业的总体工程学，又是一种思想方法论与工作方法论。

（十）汪应洛（中国，1998）

所谓系统工程，是用来开发、运行和革新一个大规模复杂系统所需理论、方法论、方法的总和（总称）。

（十一）钱学森（中国，1978）

系统工程是组织管理的技术。把极其复杂的研制对象称为系统，即由相互作用和相互依赖的若干组成部分结合成具有特定功能的有机整体，而且这个系统本身又是它所从属的一个更大系统的组成部分。……系统工程则是组织管理这种系统的规划、研究、设计、制造、试验和使用的科学方法，是一种对所有系统都具有普遍意义的科学方法。

综合以上观点，本书认为，系统工程是用来开发、运行和革新一个大规模复杂系统所需理论、方法论、方法的总和（总称），通常以达到总体最优和全局最优为目的。

## 二、系统工程的产生与发展

系统工程首次提出并应用是在1940年，美国贝尔实验室研制电话通信网络时，将研制工作分为规划、研究、开发、应用和通用工程等五个阶段，提出了排队论原理。1940年，美国研制原子弹的曼哈顿计划应用了系统工程原理进行协调。自觉应用系统工程方法而取得重大成果的两个例子是美国的登月火箭阿波罗计划和北欧跨国电网协调方案。

系统工程在1957年前后正式定名，1960年左右形成体系，是一门具有高度综合性的管理工程技术方法论，涉及应用数学（如最优化方法、概率论、网络理论等）、基础理论（如信息论、控制论、可靠性理论等）、系统技术（如系统模拟、通信系统等）以及经济学、管理学、社会学、心理学等各种学科。系统工程的主要任务是根据总体协调的需要，把自然科学和社会科学中的基础思想、理论、策略、方法等从横向联系起来，应用现代数学和电子计算机等工具，对系统的构成要素、组织结构、信息交换和自动控制等功能进行分析研究，借以达到最优化设计、最优控制和最优管理的目标。20 世纪 70 年代，系统工程已发展了许多分支，如经营管理系统工程、后勤系统工程、行政系统工程、科研系统工程、环境系统工程、军事系统工程等。

第二次世界大战以后，为适应社会化大生产和复杂的科学技术体系的需要，逐步把自然科学与社会科学中的某些理论和策略、方法联系起来，应用现代数学和电子计算机等工具解决复杂系统的组织、管理相控制问题，以达到最优设计、最优控制和最优管理的目标。构成系统工程的基本要素是：人、物、财、目标、机器设备、信息等六大因素。各个因素之间是互相联系、互相制约的关系。20 世纪 70 年代以来，系统工程广泛地应用于交通运输、通信、企业生产经营等部门。

## 三、系统工程的主要内容与特点

系统工程的基本特点是：把研究对象作为整体看待，要求对任一对象的研究都必须从它的组成、结构、功能、相互联系方式、历史的发展和外部环境等方面进行综合考察，做到分析与综合的统一。一般而言，系统工程强调以下基本观点：

（1）整体性和系统化观点（系统工程的前提）。

（2）总体最优或平衡协调观点（系统工程的目的）。

（3）多种方法综合运用观点（系统工程的手段）。

（4）问题导向及反馈控制观点（系统工程的保障）。

读者可以从以下几个方面去综合理解系统工程这门学科。

· 系统工程是一门工程技术，但它又与机械工程、电子工程、水利工程等其他工程学科的性质不完全相同。

· 系统工程所处理的主要对象是信息，基于此，有些学者认为系统工程是一门“软科学”。

· 系统工程在自然科学与社会科学之间架设了一座相互沟通的桥梁。

· 系统工程是一门艺术——综合的艺术，综合运用各种各样的理论、技术、方法和工具，来解决用任何一门学科知识所不能解决的问题——复杂的巨系统。

· 系统工程＝整体最优。

## 四、系统工程的理论基础

总体来说，系统科学的结构层次如图 1-5 所示。

系统工程的理论基础指的是系统科学界常说的所谓“三大论”——运筹学、控制论、信息论。

### （一）运筹学

运筹学（Operational Research）以定量基础上的优化为核心，是一门研究如何有效地组

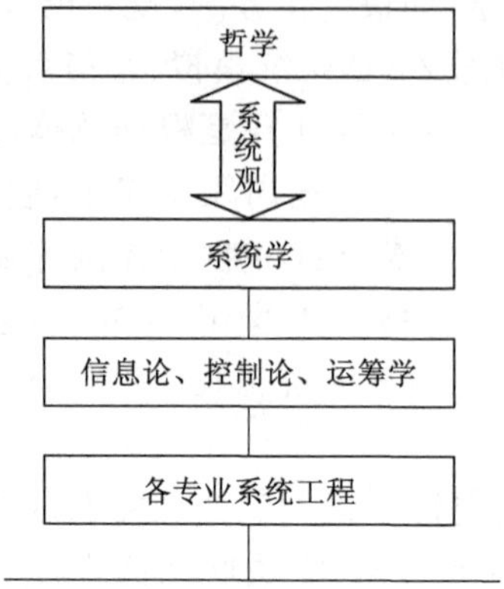


图 1-5　系统科学的结构层次

织和管理人机系统的科学。主要研究内容涉及线性规划(对偶问题、整数规划、运输问题、目标规划、动态规划)、非线性规划、图与网络、存储论(库存论)、对策论(博弈论、矩阵对策论)、排队论、决策论(含多目标决策)、系统仿真等。

运筹学的研究假定:理论上,任何问题都存在最优解,而且至少可以求得一个最优解。

(二) 控制论

控制论是 20 世纪 40 年代末开始形成的一门新兴科学。第二次世界大战期间,由于自动化技术、导弹和电子计算机的发展,要求自然科学在理论上进行系统研究和科学总结。1948 年,美国数学家维纳(Norbert Wiener)总结了前人的经验,创立了控制论这门学科。

控制论的定义曾有多种表达方式,但各种定义的内涵相差无几。维纳指出,信息就是信息,不是精神也不是物质。一切系统都是信息系统,一切系统都是控制系统。维纳把控制论定义为:"关于在动物和机器中控制和通信的科学"。钱学森给出的定义为:"控制论的对象是系统";"为了实现系统自身的稳定和功能,系统需要取得、使用和传递能量、材料和信息,需要对系统的各个组成部分进行组织";"控制论研究系统各个部分如何进行组织,以实现系统的稳定和有目的的行为"。

可见,控制论是研究系统调节与控制一般规律的科学,是自动控制、无线电通信、神经生理学、生物学、心理学、电子学、数学、医学和数理逻辑等多种学科互相渗透的产物。

(三) 信息论

信息论源于通信理论,是一门研究信息传输和信息处理系统中一般规律的学科;于 1948 年由美国科学家申农提出。信息论是控制论的基础。

信息论包括狭义信息论和广义信息论。狭义信息论研究通信控制系统中信息传递的规律,以及如何提高信息传递的有效性和可靠性。广义信息论则是利用狭义信息论观点研究一切问题的理论,研究机器、生物、人类对信息的获取、交换、传输、存储、处理、利用和控制的规律,以设计制造各种信息处理和控制器,以部分模拟和代替人的功能,从而提高人类改造世界的能力。

信息论的基本思想和特有方法完全撇开了物质与能量的形态,而把任何通信和控制系统看作一个信息的传输和加工处理系统,把系统的有目的的运动抽象为一个信息变换过程，通过系统内部的信息交流才使系统维持正常的有目的的运动。任何实践活动都可以简化为多股流，即人流、物流、资金流、信息流等，其中，信息流起着支配作用，它调节着其他流的数量、方向、速度、目标，并控制人和物进行有目的、有规律的活动。因此，信息论可以说是控制论的基础。

信息论已经进入其他学科，特别是进入大系统和复杂系统领域的信息研究，需要从更一般的意义上探求信息的一般规律，因此形成了信息科学。信息科学基于信息论，综合了计算机、自动化技术、生物学、数理科学、物理学等新兴科学，研究领域比信息论更加广泛。

运筹学、控制论、信息论之间的相互关系可以做这样的表述：信息论反馈系统信息，控制论进行控制调节，而运筹学达到整体优化。具体如图 1-6 所示。

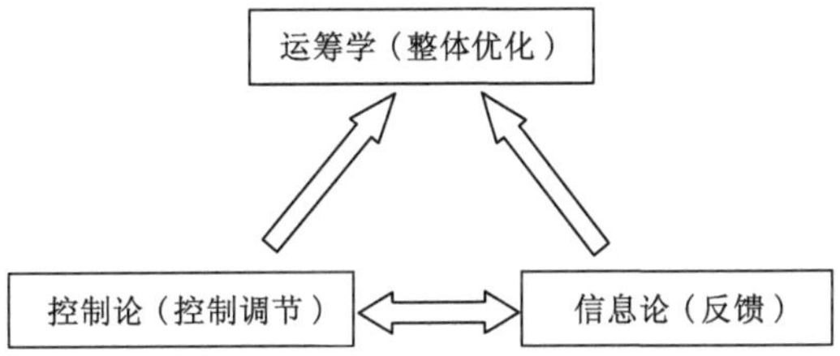


图 1-6　运筹学、控制论、信息论的相互关系

## 本章小结

本章是全书的基础。深入正确地理解系统与系统工程的基本概念，能够从系统哲学的视角去看待“系统与系统工程”的基本问题，是学习本课程的基本前提，因而，本章的学习对于后续课程的理解和掌握至关重要。系统的五大特性——整体性、层次性、关联性、环境适应性、目的性，可以对系统建模内容的学习和实践应用提供良好的理念基础；系统相关要领和特性的学习则为系统基本构成的关系和系统分析方法提供基础；系统思想的演变和系统科学理论体系的学习，则更有利于理解现代系统工程思想及其方法论；对于系统工程内容及特点的学习，有利于从一个全新的高度来看待系统工程学科。

## 本章习题

1. 学习系统科学有什么重要意义？试结合“系统”“秩序”“组织”概念的区别与联系进行阐述。

2.《道德经》是中国古代一部系统哲学的经典之作。其中第二章中有一句“天下皆知美之为美，斯恶已。皆知善之为善，斯不善已。故有无相生，难易相成，长短相形，高下相倾，音声相和，前后相随”，试讨论这句话中蕴含的系统工程思想。

3. 讨论“还原论”思想方法与钱学森“综合集成法”的区别和联系。

4. 结合一个实际的管理系统问题，讨论以下四个问题：

(1) 系统的功能及要素。

(2) 系统的环境影响及输入、输出要素。

(3) 系统的结构(尽可能具体化,最好能用框图表达)。

(4) 系统功能与结构和环境的关系。

5. 如何理解系统工程学? 如何理解系统科学的内容及特点?

# 第二章　系统工程方法论

**【前导案例】**

## 系统工程方法论与智慧城市建设

目前，我国正处于城镇化加速发展时期，部分地区“城市病”问题日益严峻。为解决城市发展难题，实现城市高质量发展，建设智慧城市已成为当今世界城市发展不可逆转的潮流。智慧城市是利用先进的信息技术，实现城市智慧式管理和运行，进而为城市中的人们创造更美好的生活。

华为于 2013 年启动智慧城市建设，旨在打造全球首个基于智慧大脑的智慧城市，目前已形成以“政企合作、基础先行、数据为王、利政惠民”为特色的建设模式。在华为的帮助下，深圳市龙岗区实现了“三个全国率先”：率先接入信息系统的智慧中心，率先用“一张图”管理城市应用和率先使用“一键便可知全局”的掌上大数据，服务全区 500 万人口。智慧城市本身就是复杂的巨系统，智慧城市建设方需要足够“大”，大到能容纳城市的各种需求，既要注重系统整体中各个部分的相互联系和制约，又要不忽略从环境的角度来观察、分析以至规划、协调和控制系统的变化，力求最好地处理一切问题。以系统工程方法论为指导，可以优化建设智慧城市的路径，从系统全局出发，创新技术架构、体制机制、运营模式，保证长期可持续升级发展。

方法论是关于认识世界和改造世界的方法的理论。大到载人航天工程、智慧城市建设，小到学习工作，都可以用系统工程方法论指导。通过本章学习有助于读者逐步了解“硬系统”与“软系统”问题的最大区别，掌握处理“硬系统”“软系统”问题所采用方法论的不同，而系统分析则是系统工程全局优化的基本前提，树立系统全局观念，有助于读者更好地解决生活中和工作中的问题。

**【学习目标】**

☆ 掌握霍尔(Hall)三维结构方法论；
☆ 掌握切克兰德(Checkland)方法论；
☆ 了解软系统思想方法论；
☆ 理解综合集成方法论；
☆ 掌握系统分析原理及程序。

方法论(Methodology)是系统工程中最为核心的内容，它是一切工作进一步深化的基础和本源。《辞海》(1999 年版)中对方法论的解释是：“关于认识世界和改造世界的方法的理论”，并分别从“A. 系统思路或思维方法、工作程序、逻辑步骤”和“B. 基本方法、常用或通用方法”两个方面加以说明。可见，方法论应该从思维方式和一系列方法两个层面去理解和学习。

## 第一节　霍尔三维结构方法论

霍尔三维结构是由美国系统工程学者 A. D. 霍尔等人在大量工程实践的基础上，于 1969 年提出的，其内容反映在可以直观展示系统工程各项工作内容的三维结构图中，具体如图 2-1 所示。霍尔三维结构集中体现了系统工程方法的系统化、综合化、最优化、程序化和标准化等特点，是系统工程方法论的重要基础内容。霍尔三维结构又称霍尔系统工程，后人将其与软系统方法论（Soft System Methodology，SSM）对比，称之为硬系统方法论（Hard System Methodology，HSM）。

霍尔三维结构模式的出现，为解决 20 世纪初期大型复杂工程系统的规划、组织、管理问题提供了一种统一的思想方法，因而在世界各国得到了广泛应用。霍尔三维结构是将系统工程整个活动过程分为前后紧密衔接的 7 个阶段和 7 个步骤，同时还考虑了为完成这些阶段和步骤所需要的各种专业知识和技能。这样，就形成了由时间维（time）、逻辑维（logic）和知识维（knowledge）所组成的三维空间结构。其中，时间维 T 表示系统工程活动从开始到结束按时间顺序排列的全过程，分为规划、拟订方案、研制、生产、安装、运行、更新 7 个时间阶段。T-L-K 三维结构体系形象地描述了系统工程研究的框架，对其中任一阶段和每一个步骤，又可进一步展开，形成了分层次的树状体系。下面将逻辑维的 7 个步骤逐项展开讨论，可以看出，这些内容几乎覆盖了系统工程理论方法的各个方面。

如图 2-1 所示，霍尔三维结构是由时间维、逻辑维和知识维组成的立体空间结构。

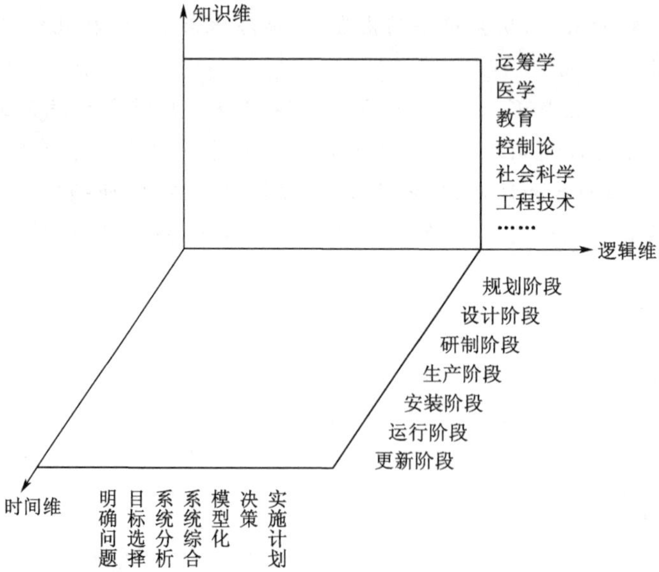


图 2-1　霍尔三维结构示意图

## 一、时间维 T

时间维表示系统工程的工作阶段或进程。系统工程工作从规划到更新的整个过程或寿命周期可分为以下 7 个阶段。

(1) 规划阶段。根据总体方针和发展战略制订规划。

(2) 设计阶段。根据规划设计系统的具体计划方案。

(3) 研制阶段。实现系统的研制方案，分析、制订出较为详细而具体的生产计划。

(4) 生产阶段。运筹各类资源及生产系统所需要的全部"零部件"，并提出详细而具体的实施和"安装"计划。

(5) 系统实施或"安装"阶段。把系统"安装"好，制订出具体的运行计划。

(6) 运行阶段。系统投入运行，为预期用途服务。

(7) 更新阶段。改进或取消旧系统，建立新系统。

其中规划、设计与研制阶段共同构成系统的开发阶段。

## 二、逻辑维 L

逻辑维是指系统工程每阶段工作所应遵从的逻辑顺序和工作步骤。运用系统工程方法解决某一大型工程项目时，一般分为以下 7 个步骤。

1. 明确问题

由于系统工程研究的对象复杂，包含自然界和社会经济各个方面，而且研究对象本身的问题有时尚不清楚，如果是半结构性或非结构性问题，也难以用结构模型定量表示。因此，系统开发的最初阶段首先要明确问题的性质，特别是在问题的形成和规划阶段，搞清楚要研究的是什么性质的问题，以便正确地设定问题，否则，以后的许多工作将会劳而无功，造成很大浪费。国内外学者在问题的设定方面提出了许多行之有效的方法。

(1) 直观的经验方法。这类方法中，比较知名的有头脑风暴法(Brain Storming)、5W1H 法(What、Why、When、Where、Who、How)、KJ 法等，日本人将这类方法称为创造工程法。其特点是总结人们的经验，集思广益，通过分散讨论和集中归纳，整理出系统所要解决的问题。

(2) 预测法。系统要分析的问题常常与技术发展趋势和外部环境的变化有关，其中有许多未知因素，这些因素可用打分的办法或主观概率法来处理。预测法主要有德尔菲法、情景分析法、交叉影响法、时间序列法等。

(3) 结构模型法。复杂问题可用分解的方法，形成若干相关联的相对简单的子问题，然后用网络图方法将问题直观地表示出来。常用的方法有解释结构模型法(ISM)、决策实验室法(DEMATEL 法)、图论法等。

(4) 多变量统计分析法。用统计理论方法所得到的多变量模型一般是非物理模型，对象也常是非结构的或半结构的。统计分析法中比较常用的有因子分析法、主成分分析法等，成组分析和正则相关分析也属此类。

2. 目标选择

目标选择就是建立价值体系或评价体系。评价体系要回答以下一些问题：评价指标如何定量化，评价中的主观成分和客观成分如何分离，如何进行综合评价，如何确定价值观问题等。行之有效的价值体系方法有效用理论、费用/效益分析法、风险估计、价值工程等几种方法。

3. 系统分析

不论是工程技术问题还是社会环境问题，系统分析首先要对所研究的对象进行描述，建模的方法和仿真技术是常采用的方法，对难以用数学模型表达的社会系统和生物系统等，也常用定性和定量相结合的方法来描述。系统分析的主要内容涉及以下几方面。

(1) 系统变量的选择。用于描述系统主事状态及其演变过程的是一组状态变量和决策变量，因此，系统分析首先要选择出能反映问题本质的变量，并区分内生变量和外生变量，用灵敏度分析法可区别各个变量对系统命题的影响程度，并对变量进行筛选。

(2) 建模和仿真。在状态变量选定后，要根据客观事物的具体特点确定变量间的相互依存和制约关系，即构造状态平衡方程式，得出描述系统特征的数学模型。在系统内部结构不清楚的情况下，可用输入输出的统计数据得出关系式，构造出系统模型。系统对象抽象成模型后，就可进行仿真，找出更普遍、更集中和更深刻反映系统本质的特征和演变趋势。现已有若干实用的大系统仿真软件，如用于随机服务系统的GPSS软件，用于复杂社会经济系统仿真的系统动力学(SD)软件等。

(3) 可靠性工程。系统可靠性工程是研究系统中元素的可靠性和由多个元素组成的系统整体可靠性之间的关系。一般来讲，可靠的元件是组成可靠系统的基础，然而，局部的可靠性和整体可靠性间并非简单的对应关系，系统工程强调从整体上来看问题。在20世纪40年代，冯·诺依曼(von Neumann)开始研究用重复的不那么可靠的元件组成高度可靠系统的问题，并进行了可靠性理论探讨。钱学森教授也提出，现在大规模集成电路的发展使得元器件的成本大大降低，如何用可靠性较低的元器件组成可靠性高的系统，是个很有现实意义的问题。近年来，已采用的可靠性和安全性评价方法有故障树分析(Failure Tree Analysis，FTA)或事件树分析(Event Tree Analysis，ETA)等树状图形方法。

4. 系统综合

系统综合是在给定条件下，找出达到预期目标的手段或系统结构。系统综合的过程常常需要有人的参与，计算机辅助设计(CAD)和系统仿真可用于系统综合，通过人机交互，利用多人的经验知识，使系统具有推理和联想的功能。近年来，知识工程和模糊理论已成为系统综合的有力工具。

5. 模型化

在系统的数学模型和目标函数已经建立的情况下，可用最优化方法选择使目标值最优的控制变量值或系统参数。所谓优化，就是在约束条件规定的可行域内，从多种可行方案或替代方案中得出最优解或满意解。实践中要根据问题的特点选用适当的最优化方法，目前应用最广的仍是线性规划和动态规划，非线性规划的实用性尚有待改进，大系统优化已开发了分解协调的算法。组合优化适用于离散变量，整数规划中的分支定界法、逐次逼近法等的应用也很广泛。多目标优化问题的最优解处于目标空间的非劣解集上，可采用人机交互的方法处理所得的解，最终得到满意解。

6. 决策

“决策就是管理”“决策就是决定”，人类的决策管理活动面临着被决策系统的日益庞大和日益复杂。

在系统分析和系统综合的基础上，人们可根据主观偏好、主观效用和主观概率做决策。决策的本质反映了人的主观认识能力，因此，就必然受到人的主观认识能力的限制。近年来，决策支持系统受到人们的重视，系统分析者将各种数据、条件、模型和算法放在决策支持系统中，该系统甚至包含了有推理演绎功能的知识库，使决策者在做出主观决策后，从决策支持系统中尽快得到效果反应，以求得到主观判断和客观效果的一致。但是，在真实的决策中，被决策对象往往包含许多不确定因素和难以描述的现象，群决策有利于克服某些个人决策中主观判断的失误，但决策过程较长。

7. 实施计划

有了决策就要付诸实施，实施就要依靠严格的有效的计划。一项大的开发项目，涉及设计、开发、研究和施工等许多环节，每个环节又涉及组织大量的人、财、物。在系统工程中常用的计划评审技术(Program/Project Evaluation and Review Technique，PERT)和关键路线法(Critical Path Method，CPM)在制订和实施计划方面起了重要作用。

### 三、知识维 K

知识维的内容表征从事系统工程工作所需要的知识(如社会科学知识、运筹学、控制论、管理科学、工程技术知识等)，也可反映系统工程的专门应用领域(如企业管理系统工程、社会经济系统工程、工程系统工程等)。

霍尔三维结构强调明确目标，核心内容是最优化，并认为现实问题基本上都可归纳成工程系统问题，应用定量分析手段，求得最优解答。该方法论具有研究方法上的整体性(三维)、技术应用上的综合性(知识维)、组织管理上的科学性(时间维与逻辑维)和系统工程工作的问题导向性(逻辑维)等突出特点。

由于知识维度的具体内容不可能完全加以枚举，而且不同的问题需要不同的知识支撑，因此一般也把未列出知识维度的时间—逻辑矩阵(TL 矩阵)称之为系统工程活动矩阵。

## 第二节 软系统思想方法论

软系统方法论(Soft System Methodology，SSM)是英国兰切斯特大学教授切克兰德(Checkland)于 1981 年首次提出的。其背景是自 20 世纪 60 年代开始，针对起源于工程问题解决的系统方法论在社会系统应用过程中的局限性而产生的对系统方法改造的需要，是在硬系统方法论的基础上提出来的。

### 一、切克兰德方法论

随着应用领域不断扩大和系统工程不断发展，系统工程方法论也需要加以发展和创新。20 世纪 40—60 年代期间，系统工程主要用来寻求各种“战术”问题的最优策略、组织管理大型工程项目等，进入 70 年代以后，系统工程越来越多地用于研究社会经济的发展战略和组织管理问题，涉及的人、信息和社会等因素相当复杂，使得系统工程的对象系统软化，并导致其中的许多因素又难以量化。为适应这种发展，从 20 世纪 70 年代中期开始，许多学者在霍尔方法论基础上，进一步提出了各种软系统工程方法论。

切克兰德软系统方法论认为，人类活动系统中的问题不像人造系统中的问题那样是“公众的知识”，“什么是问题”本身成了一个问题。因此，硬系统方法论的第一个阶段——明确问题，变成了有关的人对问题情境进行感知。第二个阶段——确定目标，变成了定义相关系统。运用系统方法论的过程也由寻优过程变成了学习过程，结果是有关的人感到问题情境有所改进，而不是问题的解决。切克兰德认为，软系统方法论的这些特点是由于人的“维特沙”（Weltanschuung，德文：世界观、价值观之意）的普遍存在且不相统一造成的。因此在人的活动系统中存在的问题大多是边界模糊、难于定义、结构不良的软问题，这些问题更应该用软系统方法论来处理，而不能应用传统的起源于工程问题解决的硬系统方法论（Hard System Methodogy，HSM）思想。

相对于优化解决方案的 HSM 而言，切克兰德的 SSM 思想是全新的，其基本思想是通过试误法，反复进行系统理论构思与现实世界的问题情境进行比较，以不断改善系统。软系统方法论使用四种智力活动：感知—判断—比较—决策，构成了各个阶段联系在一起的学习系统。切克兰德认为，完全按照解决工程技术问题的思路来解决社会问题或“软科学”问题，会遇到很多问题。他提出的软系统工程方法论的主要内容和工作过程如图 2-2 所示。

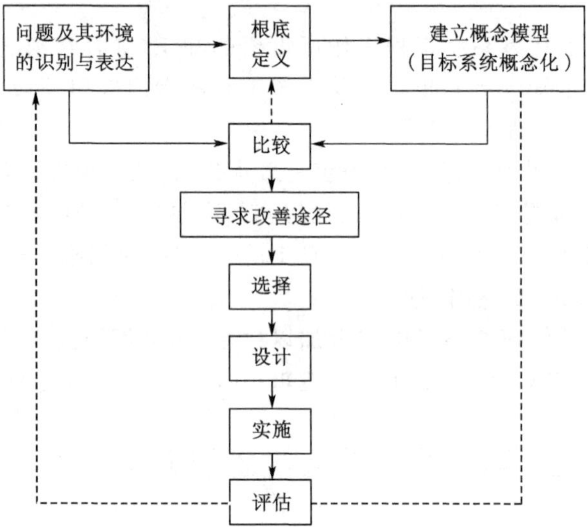


图 2-2　切克兰德方法论示意图

（一）认识问题

收集与问题有关的信息，表达问题现状，寻找构成或影响因素及其关系，以便明确系统问题结构、现存过程及其相互之间的不适应之处，确定有关的行为主体和利益主体。

（二）根底定义

根底定义是该方法中较具特色的阶段，其目的是弄清系统问题的关键要素，为系统的发展及其研究确立各种基本的看法，并尽可能选择出最合适的基本观点。根底定义所确立的观点要能经得起实际问题的检验。根底定义英文写作 Root definition，可译作“基本定义”，但“根底定义”更适合切克兰德的意图。作者试图用该术语来强调它在该方法论中的生发作用。

（三）建立概念模型

概念模型是来自于根底定义、通过系统化语言对问题抽象描述的结果，其结构及要素必须符合根底定义的思想，并能实现其要求。

（四）比较及探寻

将第一步所明确的现实问题（主要是归纳的结果）和第三步所建立的概念模型（主要是演绎的结果）进行对比。有时通过比较，也需要对根底定义的结果进行适当修正。

（五）选择

针对比较的结果，考虑有关人员的态度及其他社会、行为等因素，选择出现实可行的改善方案。

（六）实施

通过详尽并有针对性的设计，形成具有可操作性的方案并加以实施，并使得有关人员乐于接受和愿意为方案的实现竭尽全力。

（七）评估（与反馈）

根据在实施过程中获得的新的认识，修正问题描述、根底定义及概念模型等。

切克兰德方法论的核心是"比较"与"探寻"，它强调从"理想"模式（概念模型）与现实状况的比较中，探寻改善现状的途径，使决策者满意（化）。通过认识与概念化、比较与学习、实施与再认识等过程，对社会经济等问题进行分析研究。这是一般软系统工程方法论的共同特征。

## 二、两种方法论的比较

霍尔三维结构与切克兰德方法论均为系统工程方法论，均以问题为起点，具有相应的逻辑过程。在此基础上，两种方法论主要存在以下不同点。

(1) 霍尔方法论主要以工程系统为研究对象，而切克兰德方法论更适合于对社会经济和经营管理等"软"系统问题的研究。

(2) 霍尔方法论的核心内容是优化分析，而切克兰德方法论的核心内容是比较学习。

(3) 霍尔方法论更多关注定量分析方法，而切克兰德方法论比较强调定性或定性与定量有机结合的基本方法。

## 三、软系统方法论

（一）软系统方法论的处理过程

软系统方法论，目的在于发展一种能够使用系统观点来处理软的、无良好结构的问题的方法。这个程序假定人类活动系统的概念与这类问题有关，它的目的也包括要找到更多关于这类问题的描述。软系统方法所要处理的是现实世界的管理者所面临的实际问题，其成功的标准是有关人员感到问题已经被"解决"，或问题情景已经得到改善或者获得了洞察力。

对于典型的无良好结构的问题，有如下的软系统方法论加以处理，如图 2-3 所示。

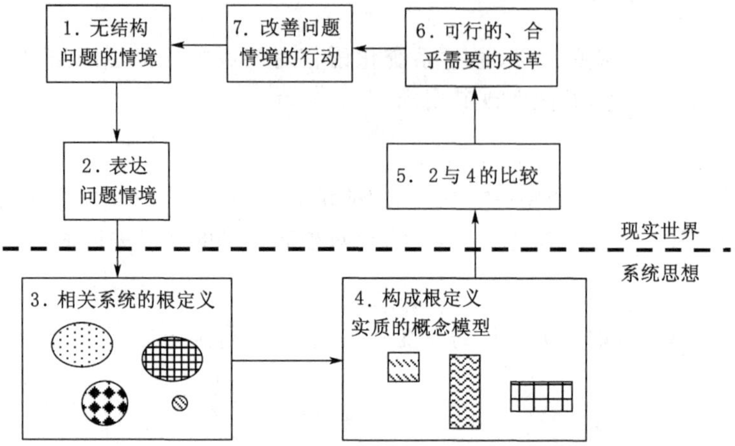


图 2-3　劣结构软系统方法论示意图

根定义(Root Definition)应当是一种从某一特定角度对人类活动系统的简要描述。这种描述包括阐明(可以在某些约束的条件下)由某种输入条件,得到某种输出结果的系统。根定义描述了系统是什么,概念系统则描述系统必须做什么才是根定义所规定的系统。从根定义到概念模型是整个方法论最严密、最接近"技术"的阶段。当构架模型的工作开始以后,一种显著的倾向是把这项工作变成对已知的现实活动的描述,这是需要防止的,因为这违背了我们建立概念模型的目的:通过选择关于某一问题情景的观点,产生一些与改善问题情景有关的基本思想。如果只是对现实进行描述,就很难获得改进。另外,如果概念模型是从根定义适当地导出的,但仍然不能够导致富有新意的比较,那么问题就在于根定义不够基本,应该尝试另一种表述。

(二) 开始系统论研究的操作手册

1. 识别问题情境

对于典型的管理问题,问题及其情境的识别非常重要。把研究情境当作这样一个情境,其中一个委托人已委托了这项分析,将有一个问题求解系统(包括分析者)的努力被用来影响问题内容系统(包括问题拥有者和决策执行人等这些可以重合的角色)。需要明确的问题有两个:① 委托人是谁? ② 他的愿望是什么?

2. 问题的内容系统

问题的内容系统就是需要明确该问题究竟由哪些方面、哪些因素所构成。一般包括以下内容:

(1) 问题拥有者和决策执行人这两个角色的拥有者是谁?

(2) 问题拥有者和决策执行人对问题本质的看法是什么?

(3) 问题拥有者和决策执行人把"这个问题"看作一个问题的理由是什么?

(4) 问题拥有者和决策执行人对问题求解系统的期望是什么?

(5) 问题拥有者和决策执行人对哪些事务持有高度评价?

(6) 在初步描写问题内容系统时,有哪些可能相关的要素?

(7) 问题内容系统的一些可能名称是什么?

(8) 问题内容系统的环境约束是什么?

3. 问题的求解系统

问题的求解系统就是指解决该问题需要的人员、各种资源等多方面的支持。一般包括以下内容:

(1) 问题解决者角色的占有人是谁?

(2) 问题求解系统中的其他角色是谁?

(3) 问题求解系统的资源是:人员、物理资源、技能、资金、时间。

(4) 可能的或已知的对问题求解系统的环境约束是什么?

(5) 问题解决者懂得此问题已经"被解决"是在何时。

## 第三节　综合集成方法论

系统工程方法论一直是系统工程研究开发及应用的重要内容,近年来不断有所创新和发展,并日益引起高度重视。以霍尔、切克兰德等方法论及系统分析方法为基础,以东方文化与西方文明等多方面的结合为重要特征,对系统工程方法论的研究与应用在国内外取得了不少新的成果,值得关注。

中国科学家钱学森等针对开放复杂巨系统问题,于 20 世纪 90 年代初提出了从定性到定量的综合集成系统方法论。该方法论以对社会系统、人体系统、地理系统等三类复杂巨系统的研究实践为基础,形成一个整体,其主要特点是:① 根据开放的复杂巨系统的复杂机制和变量众多的特点,把定性研究与定量研究有机地结合起来,从多方面的定性认识上升到定量认识;② 按照人—机结合的特点,将专家群体、数据和各种信息与计算机技术有机结合起来;③ 由于系统的复杂性,把科学理论与经验知识结合起来,把人对客观事物星星点点的知识综合集中起来,力求问题的有效解决;④ 根据系统思想,把多种学科结合起来进行研究;⑤ 根据复杂巨系统的层次结构,把宏观研究与微观等研究统一起来;⑥ 强调对知识工程及数据挖掘技术等的应用。该方法论在社会经济系统工程等领域已得到了成功应用。

在中国科学家钱学森、许国志及美国华裔专家李耀滋等的工作基础上,中国系统工程专家顾基发和英国华裔专家朱志昌于 20 世纪 90 年代中期提出了物理—事理—人理(WSR)系统方法论。物理主要涉及物质运动的机理,通常要用到自然科学知识,主要回答这个"物"是什么,它需要的是真实性;事理是做事的道理,主要解决如何去安排这些事物,通常用到管理科学方面的知识,主要回答怎样去做;人理是做人的道理,处理任何事和物都离不开人,以及由人来判断这些事和物是否得当,通常要用到人文社会科学的知识,主要回答应当如何。WSR 作为一个统一的工作过程,可由理解领导意图、调查分析、形成目标、建立模型、协调关系、提出建议等六个步骤来构成。在应用 WSR 方法论时通常还需要遵循参与、综合集成、人—机结合且以人为主、迭代和学习等主要原则。WSR 方法论的主要内容如表 2-1 所示。该方法论已在水资源管理、商业标准体系制定、商业综合自动化评价、海军武器系统评价、高技术开发区评价、飞行器安全性、劳动力市场评估、科研周转金评价等系统分析问题中得到应用。

20 世纪 90 年代,日本系统科学学者提出西那雅卡那系统方法论,其吸取了切克兰德等思想，针对日本文化特点形成了一种软硬结合、刚柔相济的系统方法论。中国系统工程专家提出了旋进原则方法论，强调在系统工程工作中，系统分析、系统策划、系统实施具有旋进式三角循环关系。近年来，适应世纪之交社会、经济、科技及其管理的诸多新变化，面向各种具体问题的系统工程方法论或其应用成果越来越多，并将继续朝着特色化及实用化方向发展。

**表 2-1　WSR 系统方法论内容**

| 项目 | 类别 | | |
|---|---|---|---|
| | 物理 W | 事理 S | 人理 R |
| 道理 | 物质世界法则、规则的理论 | 管理和做事的理论 | 人、纪律、规范的理论 |
| 对象 | 客观物质世界 | 组织、系统 | 人、群体、关系、智慧 |
| 着重点 | 是什么？（功能分析） | 怎样做？（逻辑分析） | 应当怎样做？（人文分析） |
| 原则 | 诚实、追求真理，尽可能正确 | 协调、有效率，尽可能平滑 | 人性、有效果，尽可能灵活 |
| 需要的知识 | 自然科学 | 管理科学，系统科学 | 人文知识，行为科学 |

# 第四节　系统分析原理

## 一、系统分析的概念及其要素

系统分析一词最早是在第二次世界大战后由美国兰德公司开发的研究大型工程项目等大规模复杂系统问题的一种方法论时出现的。

1972 年，欧美十二国的有关部门联合组成国际应用系统分析研究所（International Institute for Applied Systems Analysis，IIASA），从而使得系统分析的应用扩大到社会、经济、生态等领域，并有了新的意义。从狭义上理解，系统分析的重要基础是霍尔三维结构中逻辑维的基本内容，并与切克兰德方法论等有相通之处；从广义上理解，有时把系统分析作为系统工程的同义语使用。

### （一）系统分析的定义及内容

系统分析是应用建模及预测、优化、仿真、评价等技术对系统的各个方面进行定性与定量相结合的分析，为选择最优或满意的系统方案提供决策依据的分析研究过程。

在进行系统分析时，系统分析人员对与问题有关的要素进行探索和展开，对系统的目的与功能、环境、费用与效果等进行充分的调查研究，并分析处理有关的资料和数据，据此对若干备选的系统方案建立必要的模型，进行优化计算或仿真实验，把计算、实验、分析的结果同预定的任务或目标进行比较和评价，最后把少数较好的可行方案整理成完整的综合资料，以作为决策者选择最优或满意的系统方案的主要依据。

### （二）系统分析的要素

系统分析有六个基本要素，具体如下。

(1) 问题。在系统分析中，一方面，问题代表研究的对象，或称对象系统，需要系统分析人员和决策者共同探讨与问题有关的要素及其关联状况，恰当地定义问题；另一方面，问题表示现实状况（现实系统）与希望状况（目标系统）的偏差，这为系统改进方案的探寻提供了线索。

（2）目的及目标。目的是对系统的总要求，目标是系统目的的具体化。目的具有总体性和唯一性，目标具有从属性和多样性。目标分析是系统分析的基本工作之一，其任务是确定和分析系统的目的及其目标，分析和确定为达到系统目标所必须具备的系统功能和技术条件。目标分析可采用目标树等结构分析的方法，并要注意对冲突目标的协调和处理。

（3）方案。方案即达到目标的途径。为了达到预定的系统目的，可以制定若干备选方案。例如，改造一条生产线可以有重新设计、从国外引进和在原有设备的基础上改造等三种方案。通过对备选方案的分析和比较，才能从中选择出最优系统方案，这是系统分析中必不可少的一环。

（4）模型。模型是由说明系统本质的主要因素及其相互关系构成的。模型是研究与解决问题的基本框架，可以起到帮助认识系统、模拟系统和优化与改造系统的作用，是对实际系统问题的描述、模仿或抽象。在系统分析中常常通过建立相应的结构模型、数学模型或仿真模型等来规范分析各种备选方案。

（5）评价。评价即评定不同方案对系统目的的达到程度。它是在考虑实现方案的综合投入（费用）和方案实现后的综合产出（效果）后，按照一定的评价标准，确定各种待选方案优先顺序的过程。进行系统评价时，不仅要考虑投资、收益这样的经济指标，还必须综合评价系统的功能、费用、时间、可靠性、环境、社会等方面的因素。

（6）决策者。决策者作为系统问题中的利益主体和行为主体，在系统分析中自始至终具有重要作用，是一个不容忽视的重要因素。实践证明，决策者与系统分析人员的有机配合是保证系统分析工作成功的关键。

## 二、系统分析的程序

按照系统分析的定义、内容及要素，参照系统工程的基本工作过程，可将系统分析的基本过程归结为如图 2-4 所示的几个步骤。

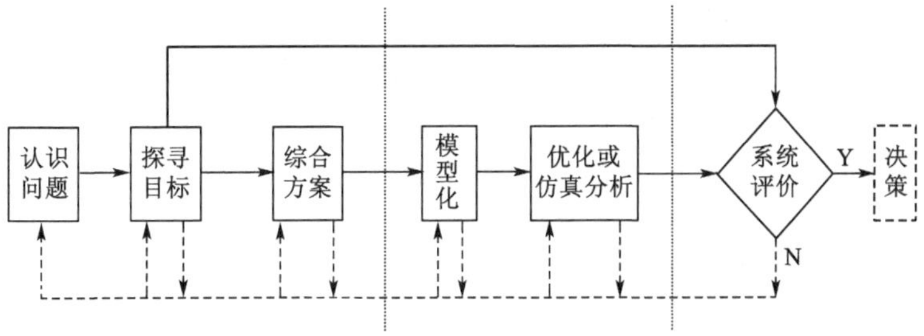


图 2-4　系统分析的基本过程

认识问题、探寻目标及综合方案构成了初步的系统分析。在初步系统分析阶段，为了尽快明确问题的总体框架，通常需要采用创造性技术，至少围绕以下六个方面的问题来展开：① What，研究什么问题？对象系统（问题）的要素是什么（问题与哪些因素有关）？② Why，为什么要研究该问题？目的或希望的状态是什么？③ Where，系统边界和环境如何？④ When，分析的是什么时候的情况？⑤ Who，决策者、行动者、所有者等关键主体是谁(问题与谁有直接关系)？⑥ How，如何实现系统的目标状态？这些既是使系统分析走上正轨的过程，又是使系统分析人员与决策者一起进入"角色"的过程。

环境分析几乎贯穿于系统分析的全过程，具有重要的作用。第一，在认识问题阶段，只有正确区分出各种环境要素，才能划定系统边界。第二，在探寻目标阶段，要根据环境对系统的要求建立系统的目标结构，以求得系统对环境的最优和最大输出。第三，在综合方案阶段，要考虑到环境条件及其变化对方案可行性的影响，选择出能适应环境变化的切实可行的行动方案。第四，在模型化及其分析阶段，要充分而正确地考虑到各主要环境条件(如人、财、物、政策等)对系统优化的约束。第五，在评价与决策阶段，要通过灵敏度分析和风险分析等途径，"减少"环境变化对最佳决策方案的影响，提高政策与策略的相对稳定性和环境适应性。

还需要指出的是，并非对所有问题进行系统分析的过程都要完全履行图 2-4 所示的几个环节，而往往是根据实际问题的需要有所侧重或只涉及其中的一部分环节。但认识问题、综合方案、系统评价等过程通常是必不可少的。

### 三、系统分析的原则

系统分析适应实际问题的需要，坚持问题导向、着眼整体、权衡优化、方法集成等基本原则，其主要特点及相应的要求如下。

#### (一) 坚持问题导向

系统分析是一种处理问题的方法，有很强的针对性，其目的在于寻求解决特定问题的最优或满意方案。系统分析人员要适应实际问题的需要，制定方案，选择方法，并通过适时调整使分析过程及结果对问题的不确定性变化具有较好的适应性。帮助决策者解决实际问题，这是系统分析的目的。

#### (二) 以整体为目标

系统分析是把问题作为一个整体来处理，全面考虑各主要因素及其相互影响，强调以最少的综合投入和最良好的总体效果来完成预定任务。系统中的各组成部分，都具有各自特定的功能和目标，只有相互分工协作，才能发挥出系统的总体效能。系统分析既要从系统整体出发，考虑系统中所要解决的各种问题及其多重因素，防止顾此失彼；又要注意不拘泥于细节，抓住主要矛盾及其方面，致力于提出解决主要矛盾的方法和措施，避免因小失大。以整体最优为核心的系统观点是系统分析的前提条件。

#### (三) 方案模型分析和选优

根据实际问题的需要和系统目标的要求收集各种信息，寻找多个方案，并对其进行模型化及优化或仿真计算，尽可能求得定量化的分析结果，这是系统分析的核心内容。

在系统方案综合(设计)中应注意的几个问题是：① 要搞多方案，但不要过多，通常以 3～4 个为宜；② 方案要有基本的同目的性(可替代性)、能实现性(方案详细可分)、可识别性(能评价系统目的、功能的达成度或优劣)等要求；③ 方案产生过程中要注意采用各种创造性技术。

（四）定量分析与定性分析相结合

系统分析采用定量分析与定性分析相结合的基本方法。分析中既要利用各种定量资料和模型化及优化或仿真计算的结果，使方案的优劣以定量分析为基础；又要在其同时充分利用分析者、决策者和其他有关人员的直观判断和经验，进行综合分析与判定。这是系统分析的基本手段。唯经验判断和唯定量分析，都是与系统分析的要求相违背的。

（五）多次反复进行

对复杂系统问题的分析，往往不是一次可以圆满完成的。它需要根据对象系统及其所处环境的可能变化，通过反复与决策者对话，适时、不断地修正分析的过程及其结果，形成分析过程中的多次及多重反馈，逐步得到与系统目标要求最接近、令决策者较为满意的系统方案。这是系统分析成功的重要保障。

## 本章小结

方法论是系统工程的核心内容。方法论的正确掌握，有助于确立正确的学习、工作和研究方向。本章按照系统工程方法论研究和提出大致的时间顺序，先后介绍了霍尔三维结构方法论、切克兰德方法论、软系统思想方法论，再到以钱学森为主要代表的中国学者提出的综合集成方法论等。这几种方法论的学习和掌握，可以使得读者逐步了解"硬系统""软系统"问题的最大区别以及处理"硬系统""软系统"问题所采用方法论的不同。而系统分析则是系统工程全局优化的基本前提。在系统开发，直至系统建设、系统实施过程中，系统分析的五大原则都必须给予足够重视。

## 本章习题

1. 什么是霍尔三维结构？它有何特点？
2. 霍尔三维结构与切克兰德方法论有何异同点？
3. 什么是系统分析？它与系统工程关系如何？
4. 系统分析的要素有哪些？各自有何含义？
5. 你如何正确理解系统分析的程序？
6. 初步系统分析有何意义？如何做好这项工作？
8. 请通过一实例，说明应用系统分析的原理。
9. 请总结近年来系统工程方法论的新发展及其特点。

# 第三章　系统模型化技术

**【前导案例】**

## 何以沉迷？短视频“魅力”分析

据中国互联网络信息中心发布的第45次《中国互联网络发展状况统计报告》，截至2020年3月，我国网络视频(含短视频)用户规模达8.50亿，占网民整体的94.1%；其中，短视频用户规模为7.73亿，占网民整体的85.6%。互联网激活了时代的科技存在感，短视频正值风口浪尖，短视频的传播方式适合现代人时间碎片化、生活快节奏的特点，并且随着5G的商用普及，短视频将呈现出势不可挡的井喷之势。然而，短视频沉迷作为越来越显见的现象，为社会带来了新的焦虑。短视频沉迷现象源于网民对娱乐的需要，短视频使用者在现实生活中的某种需求受到了干扰和阻碍，得不到满足，产生了大量的负面情绪，他们进而会转向网络寻求满足感和成就感。

短视频有什么“魅力”？造成短视频沉迷现象的影响因素主要有哪些？各影响因素之间有何种内在联系(正相关、负相关或者无直接关系)？我们可以运用解释结构模型、结构方程模型等方法来进行深层次探究。此类方法的优点在于可同时探究多个因变量之间的相互影响以及影响路径的强弱关系，除此之外，每个因素变量都可以选择一个或多个指标进行衡量。使用所提及的系统建模方法进行研究分析时需要注意，模型构建或修正完成后，需对模型的拟合程度、参数的估计值等进行检查，判断其是否在合理的范围之内，并观察结果与假设之间的关系。

总的来说，本章的系统建模方法可以定性地表示系统构成要素及它们之间本质上相互关联、相互依赖或相互制约情况，有助于系统认识和准确把握复杂问题，已被成功应用于多个领域。除此之外，类似探究上述问题的研究均可采用本章的系统模型化技术。

**【学习目标】**

☆ 了解系统建模的定义、本质、作用；了解系统模型的分类；

☆ 掌握结构化模型技术(ISM)和结构模型方程方法(SEM)；

☆ 了解多层线性模型和项目反应理论(本科生)；

☆ 掌握多层线性模型和项目反应理论(硕士研究生、博士研究生)。

# 第一节 系统模型定义和作用

## 一、系统模型及系统模型化的定义

系统模型可以说是现实系统的替代物。系统模型应能反映出系统的主要组成部分、各部分的相互作用以及在运用条件下的因果作用及相互关系。利用系统模型可以用较少时间和费用来对实际系统做研究和实验,可以重复演示和研究,因此更易于洞察系统的行为。建立模型是科学和艺术的结合,不仅需要科学理论和工程技术知识,也需要实践的经验和技艺。因此,系统模型是现实系统的理想化抽象或简洁表示,它描绘了现实系统的某些主要特点,它是为了客观地研究系统而发展起来的。

系统模型有三个特征:① 它是现实世界部分的抽象或模仿;② 它是由那些与分析的问题有关的因素构成;③ 它表明了有关因素间的相互关系。

系统模型是描述现实世界的一个抽象。由于描述现实世界,因此必须反映实际;由于它的抽象特征,又应高于实际,在构造模型时,要兼顾到它的现实性和易处理性。考虑到现实性,模型必须包含现实系统中的主要因素。考虑到易处理性,模型要采取一些理想化的办法,即去掉一些外在的影响并对一些过程作合理的简化。当然,这样会使模型的现实性有所牺牲。一个好的模型是要兼顾到现实性和易处理性,如果偏重哪一方面,都不是一个好的模型。

系统模型化就是为描述系统的构成和行为,对实体系统的各种因素进行适当筛选后,用一定方式(数学、图像等)表达系统实体的方法。简言之,就是建模的过程。

## 二、系统模型化的本质、作用及地位

(1) 系统模型化本质:利用模型与原型之间某方面的相似关系,在研究过程中用模型来代替原型,通过对模型的研究得到关于原型的一些信息。这里的相似关系是指两事物不论其自身结构如何不同,其某些属性是相似的。

(2) 系统模型化作用:① 模型本身是人们对客体系统一定程度研究结果的表达。这种表达是简洁的、形式化的。② 模型提供了脱离具体内容的逻辑演绎和计算的基础,这会导致对科学规律、理论、原理的发现。③ 利用模型可以进行“思想”试验。

总之,利用模型研究具有经济、方便、快速和可重复的特点,它使得人们可以对某些不允许进行试验(如社会、经济)的系统进行模拟试验研究,快速显示其在各种条件下漫长的反应过程,而且非常经济,可以重复多次进行。

(3) 系统模型化地位:模型的本质决定了它的作用的局限性。它不能代替对客观系统内容的研究,只有在和对客体系统内容研究相配合时,模型的作用才能充分发挥。模型是对客体的抽象,由它得到的结果,必须再回到现实中去检验。

系统模型(化)的作用与地位如图 3-1 所示。

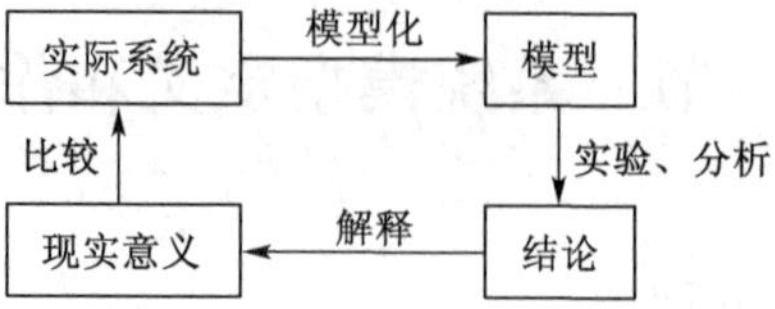


图 3-1　系统模型的作用与地位

# 第二节　系统模型的分类、原则及方法

## 一、系统模型的分类

一般说来，模型可按图 3-2 所示进行分类。

概念模型是通过人们的经验、知识和直觉形成的。它们在形式上可以是思维的、字句的或描述的。当人们试图系统地想象某一系统时，就用到这种模型。思维模型通常不好定义，不容易交流（传送）。字句模型在结构上比前者好些，但仍难于传送。描述性模型表示了高度的概念化，并可以传送。

符号模型用符号来代表系统的各种因素和它们间的相互关系。这种模型是抽象模型。它通常采用图示或数学形式，一般分为结构模型和数学模型。结构模型多采用图（如有向图）、表（如矩阵表）等形式，其优点是比较直观、简洁。数学模型使用数学表示式的形式，其优点是准确、简洁和易于操作。

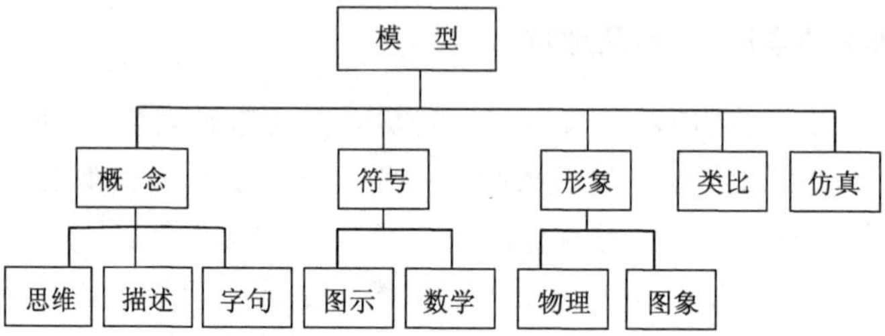


图 3-2　模型分类

## 二、构造模型的一般原则

### （一）建立方框图

一个系统是由许多子系统组成的。建立方框图的目的是简化对系统内部相互作用的说明。用一个方框代表一个子系统。系统作为一个整体，可用子系统的连接来表示。这样，系统的结构就很清晰。图 3-3 所示的工厂系统，就是用方框图表示的一个例子。图中将每个车间（子系统）用一个方框来表示。每个方框有自己的输入和输出。图 3-3 清楚地表明了工厂系统的各个子系统的相互关系。

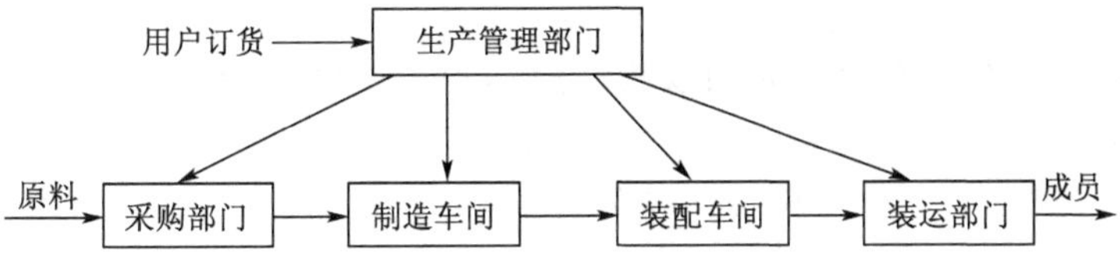


图 3-3　工作生产系统

（二）考虑信息相关性

模型中只应包括系统中与研究目的有关的信息。例如，在工业管理中，研究工艺流程对生产效率的影响时，不需要考虑工人的工资。虽然与研究目的无关的信息包括在模型中不会有什么害处，但会增加模型的复杂性，因此模型中只应包括与研究目的有关的信息。

（三）考虑准确性

建模时，对所收集的用以建模的信息应考虑其准确性。例如，在飞机系统中，飞行的精度是靠机身运动的表达式来描述的。建模时，可以充分地认为机身是刚体，而且在结构上，机身的挠度也在许可的振动范围内。这样，就可在控制翼面运动和飞行方向中推导出很简单的关系，也可利用它估算燃料的消耗量。如果要考虑旅客舒适的要求，就需要考虑机身振动，需要对机身做详细的描述。

（四）考虑结集性

建模时需要进一步考虑的因素是把一些个别的实体组成更大实体的程度。例如，在工厂系统中，图 3-3 所示的描述形式能满足厂长的工作需要，但是不能满足车间管理人员的需要，因为车间管理人员是把车间的每个工段作为一个单独的实体。对于活动的表示，也应考虑到集结性。

## 三、构造系统模型基本方法和步骤

（一）系统模型的基本方法

模型化是一种艺术性很强的工作。归纳和演绎虽然有助于建模，但还必须靠创新性思考和观察。

1. 分析法

分析法是指分析解剖问题，深入研究客体系统内部细节（如结构形式、函数关系等）。利用逻辑演绎方法，从公理、定律导出系统模型。

**例 3-1**　如图 3-4 所示力学装置，研究某物体的运动规律。

$$\begin{cases} f=ma \\ f=-(Bv+kx)+F(t) \end{cases}$$

整理得：

$$m\frac{\mathrm{d}^2x}{\mathrm{d}t^2}+B\frac{\mathrm{d}x}{\mathrm{d}t}+kx=F(t) \qquad (3\text{-}1)$$

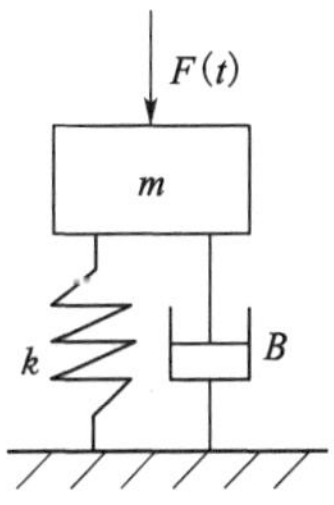


图 3-4　力学装置

2. 实验法

实验法是指通过对于实验结果的观察、分析，利用逻辑归纳法导出系统模型。数理模型方法是典型代表。

**例 3-2** 通过对于大量统计数据分析表明核武器杀伤力($k$)与其命中精度($c$)、威力($Y$)的关系为 $k=Y^{\frac{2}{3}}/c^2$，这样就构造了核武器杀伤力模型。

实验方法基本上包括三类：① 模拟法；② 统计数据分析法；③ 试验分析法。

3. 综合法

综合法是指既重视实验数据又承认理论价值，将实验数据与理论推导统一于建模之中。实验数据与理论不可分，没有实验就建立不了理论，没有理论指导也难以得到有用的数据。

在实际工作中综合法是最常用的方法。通常是利用演绎方法从已知定理导出模型，对于某些不详之处，则利用实验方法来补充，利用归纳法从实验数据中搞清关系、建立模型。

**例 3-3** 从经济理论得知，由劳动力 $A$ 和资本投入 $P$ 得出产值 $Y$，因此可知

$$Y=f(A,P) \tag{3-2}$$

这一步即是由理论推出模型结构。假设是相加(广义)关系，则

$$Y=cA^{\alpha}P^{\beta} \tag{3-3}$$

这里 $c,\alpha,\beta$ 都是未知系数，利用统计数据就可以得出 $c,\alpha,\beta$ 值来，可以得到 Cobb-Douglas 生产函数模型。

4. 老手法

老手法中主要有 Delphi 法。Delphi 是古希腊的一个地名，在这个地方人们常祈求太阳神的神谕以解决自己的困难。

对于复杂的系统，特别是有人—机系统，用以上方法建模是十分困难的。其原因在于人们对于这样的系统认识不足，因此必须采用 Delphi 等方法。通过专家们之间启发式地讨论，逐步完善对系统的认识，构造出模型。这在社会系统规划、决策中是常用的方法。这种方法的本质在于集中了专家们对于系统的认识(包括直觉、印象等不确定因素)及经验。通过实验修正，往往可以得到较好的效果。

5. 辩证法

辩证法的基本观点是：系统是个对立统一体，是由矛盾的两方面构成的。矛盾双方相互转化与统一乃是真实情景。同时，现象不一定是本质，形式不一定就是内容。因此，必须构成两个相反的分析模型。相同数据可以通过两个模型来解释。这样关于未来的描述和预测是两个对立模型解释的辩证发展的结果。因此，可以防止片面性，最终结果优于单方面的结果。

目前，已有管理对策辩证咨询系统。

(二) 构造系统模型的基本步骤

对于建模，很难给出一个严格的步骤。建模主要取决于对问题的理解、洞察力、训练和技巧。现列出建模的基本步骤如下：

(1) 明确建模的目的和要求，以便使模型满足实际要求，不致产生太大偏差。

(2) 对系统进行一般语言描述。因为系统的语言描述是进一步确定模型结构的基础。

(3) 弄清系统中的主要因素(变量)及其相互关系(结构关系和函数关系),以便使模型准确表示现实系统。

(4) 确定模型的结构。这一步决定了模型定量方面的内容。

(5) 估计模型的参数。用数量来表示系统中的因果关系。

(6) 实验研究。对模型进行实验研究,进行真实性检验,以检验模型与实际系统的符合性。

(7) 必要修改。根据实验结果对模型做必要的修改。

类比模型和实际系统的作用相同。这种模型利用一组参数来表示实际系统的另一组参数。

仿真模型是用计算机对系统进行仿真时所用的模型。

形象模型是把现实的东西的尺寸进行改变(如放大或缩小)后的表示。这种模型有物理模型和图像模型。物理模型是以具体的、明确的材料构成。图像模型是客体的图像。这些模型是描述的而不是解释的。

当然,模型分类的方式很多,可按它们的不同特征(如用途、变量的性质等)加以分类,这里不再一一列举。

#### (三) 系统模型的简化方法

1. 减少变量,减去次要变量

例如,在物理中对碰撞的研究,假设物体是刚体,忽略了形变损失的力。

2. 改变变量性质

例如,变常数、连续变量离散化、离散变量连续化等变换方法。

3. 合并变量(集结)

例如,在做投入产出分析时,把各行业合并成工、农等产业部门。

4. 改变函数关系

例如,去掉影响不显著的函数关系(去耦、分解),将非线性化转化成线性化或用其他函数关系代替。

5. 改变约束条件

通过增加、修改或减少约束来简化模型。

## 第三节　结构模型技术

### 一、解释结构模型的基本原理

#### (一) 结构分析的概念和意义

1. 解释结构模型的概念及背景

任何系统都是由两个以上有机联系、相互作用的要素所组成的,具有特定功能与结构的整体。结构即组成系统诸要素之间相互关联的方式,包括现代企业在内的大规模复杂系统具有要素及其层次众多、结构复杂和社会性突出等特点。在研究和解决这类系统问题时，往往要通过建立系统的结构模型，进行系统的结构分析，以求得对问题全面和本质的认识。

结构模型是定性表示系统构成要素以及它们之间存在着的本质上相互依赖、相互制约和关联情况的模型。结构模型化即建立系统结构模型的过程，它是应用有向连接图来描述系统各要素间的关系，以表示一个作为要素集合体的系统的模型(图 3-5)。该过程注重表现系统要素之间相互作用的性质，是系统认识、准确把握复杂问题并对问题建立数学模型、进行定量分析的基础。阶层性是大规模复杂系统的基本特性，在结构模型化过程中，对递阶结构的研究是一项重要工作。

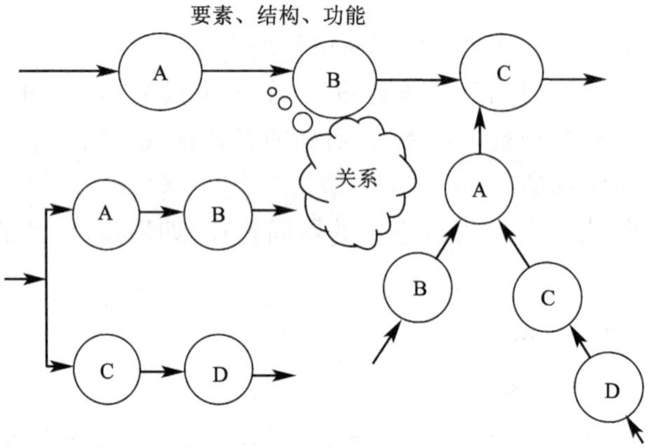


图 3-5　要素、结构、功能之关系

结构分析是系统分析的重要内容，是系统优化分析、设计与管理的基础。尤其是在分析与解决社会经济系统问题时，对系统结构的正确认识与描述更具有数学模型和定量分析所无法替代的作用。

而解释结构模型(Interpretive Structure Model，ISM)是结构化模型技术的一种方法。ISM 技术是美国沃菲尔德(Warfield)教授于 1973 年作为分析复杂的社会经济系统结构问题的一种方法而开发的。其基本思想是：通过各种创造性技术，提取问题的构成要素，利用有向图、矩阵等工具和计算机技术，对要素及其相互关系等信息进行处理，最后用文字加以解释说明，明确问题的层次和整体结构，提高对问题的认识和理解程度。该技术由于具有不需高深的数学知识、模型直观且有启发性、可吸收各种有关人员参加等特点，因而广泛适用于认识和处理各类社会经济系统的问题。

2. ISM 建模基本原理

(1) 应用有向连接图来描述系统各要素间的关系。

(2) 可用矩阵形式来描述有向连接图的关系，以便通过逻辑演算用数学方法进行处理，进一步研究各要素间的关系。

(3) 使用邻接矩阵来描述各节点两两之间的关系，$S_i$ 与 $S_j$ 有关系用 1 表示，没有关系用 0 表示。

使用可达矩阵来描述有向连接图各节点之间，经过一定长度的通路后可能到达的程度。ISM 的基本工作原理如图 3-6 所示。

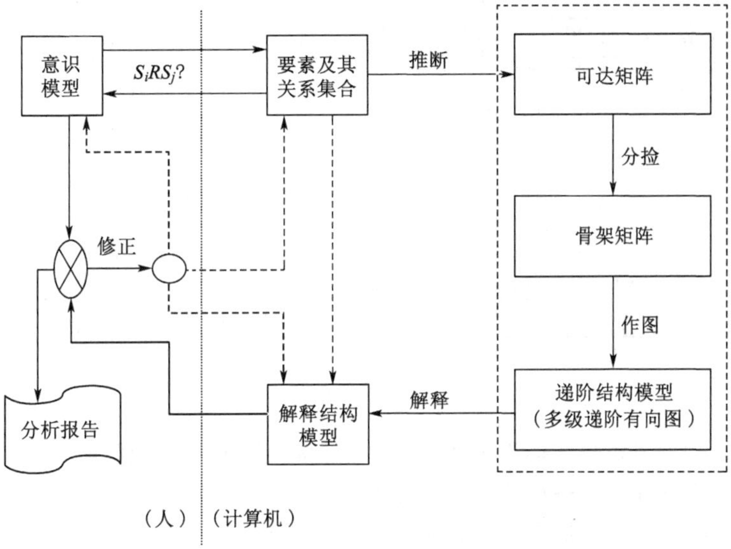


图 3-6　ISM 工作原理图

由图 3-6 可知，实施 ISM 技术，首先是提出问题，组建 ISM 实施小组。接着，采用集体创造性技术，搜集和初步整理问题的构成要素，并设定某种必须考虑的二元关系（如因果关系），经小组成员及与其他有关人员的讨论，形成对问题初步认识的意识（构思）模型。在此基础上，实现意识模型的具体化、规范化、系统化和结构模型化，即进一步明确定义各要素，通过人机对话，判断各要素之间的二元关系情况，形成某种形式的“信息库”；根据要素间关系的传递性，通过对邻接矩阵的计算或逻辑推断，得到可达矩阵；将可达矩阵进行分解、缩减和简化处理，得到反映系统递阶结构的骨架矩阵，据此绘制要素间多级递阶有向图，形成递阶结构模型；通过对要素的解释说明，建立起反映系统问题某种二元关系的解释结构模型。最后，将解释结构模型与人们已有的意识模型进行比较，如不相符合，一方面可对有关要素及其二元关系和解释结构模型的建立进行修正；另一方面，人们通过对解释结构模型的研究和学习，可对原有的意识模型有所启发和修正。经过反馈、比较、修正、学习，最终得到一个令人满意、具有启发性和指导意义的结构分析结果。

通过对可达矩阵的处理，建立系统问题的递阶结构模型，这是 ISM 技术的核心内容。根据问题的规模和分析条件，可在掌握基本原理及其规范方法的基础上，采用多种手段、选择不同方法来完成此项工作。

3. ISM 的工作程序

ISM 方法的作用是把任意包含许多离散的、无序的静态系统，利用系统要素之间已知的但凌乱的关系揭示出系统的内部结构，如图 3-7 所示。

ISM 的基本方法步骤：

（1）组织实施 ISM 的小组。

（2）设定问题。

（3）选择构成系统的要素。

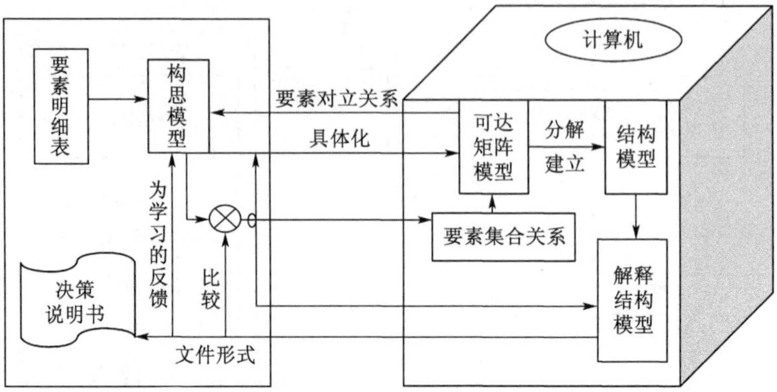


图 3-7 ISM 方法示意图

(4) 根据要素明细表制作构思模型,并建立邻接矩阵和可达矩阵。

(5) 对可达矩阵进行分解后建立结构模型。

(6) 根据结构模型建立解释结构模型。

(二) 系统结构的基本表达方式

系统的要素及其关系形成系统的特定结构。在通常情况下,可采用集合、有向图和矩阵等三种相互对应的方式来表达系统的某种结构。

1. 系统结构的集合表达

设某一系统由 $n(n\geqslant 2)$ 个要素 $(S_1,S_2,\cdots,S_n)$ 组成,集合为 $S$,则有:$S=\{S_1,S_2,\cdots,S_n\}$。

系统的诸多要素有机地联系在一起,并且一般都是以两个要素之间的二元关系为基础的。所谓二元关系是根据系统的性质和研究的目的所约定的一种需要讨论的、存在于系统中的两个要素 $(S_i,S_j)$ 之间的关系 $R_{ij}$(简记为 $R$)。通常有影响关系、因果关系、包含关系、隶属关系以及各种可以比较的关系(如大小、先后、轻重、优劣等)。二元关系是结构分析中所要讨论的系统构成要素间的基本关系,一般有以下三种情形:

(1) $S_i$ 与 $S_j$ 间有某种二元关系 $R$,即 $S_iRS_j$。

(2) $S_i$ 与 $S_j$ 间无某种二元关系 $R$,即 $S_i\overline{R}S_j$。

(3) $S_i$ 与 $S_j$ 间的某种二元关系 $R$ 不明,即 $S_i\tilde{R}S_j$。

通常情况下,二元关系具有传递性,即若 $S_iRS_j$、$S_jRS_k$,则有 $S_iRS_k$。传递性二元关系反映两个要素的间接联系,可记作 $R^t$($t$ 为传递次数),如可将 $S_iRS_k$ 记作 $S_iR^2S_k$。有时候,对系统的任意构成要素 $S_i$ 和 $S_j$ 来说,既有 $S_iRS_j$,又有 $S_jRS_i$,这种相互关联的二元关系叫强连接关系。具有强连接关系的各要素之间存在相互替换性。

以系统要素集合 $S$ 及二元关系的概念为基础,为便于表达所有要素间的关联方式,我们把系统构成要素中满足其种二元关系 $R$ 的要素 $S_i$、$S_j$ 的要素对 $(S_i,S_j)$ 的集合,称为 $S$ 上的二元关系集合,记作 $R_b$,即有:$R_b=\{(S_i,S_j)\mid S_i、S_j\in S,S_iRS_j,i、j=1,2,\cdots,n\}$,且在一般情况下,$(S_i,S_j)$ 和 $(S_j,S_i)$ 表示不同的要素对。这样,“要素 $S_i$ 和 $S_j$ 之间是否具有某种二元关系 $R$”,也就等价于“要素对 $(S_i,S_j)$ 是否属于 $S$ 上的二元关系集合 $R_b$”。

至此，我们就可以用系统的构成要素集合 $S$ 和在 $S$ 上确定的某种二元关系集合 $R_b$ 来共同表示系统的某种基本结构。

**例 3-4**　某系统由 8 个要素（$S_1, S_2, \cdots, S_8$）组成。经过两两判断认为：$S_2$ 影响 $S_1$，$S_3$ 影响 $S_4$，$S_4$ 影响 $S_5$，$S_7$ 影响 $S_2$，$S_4$ 和 $S_6$ 相互影响，$S_8$ 影响 $S_7$。这样，该系统的基本结构可用要素集合 $S$ 和二元关系集合 $R_b$ 来表达，其中：$S=\{S_1, S_2, S_3, S_4, S_5, S_6, S_7\}$，$R_b=\{(S_2, S_1), (S_3, S_4), (S_4, S_5), (S_7, S_2), (S_4, S_6), (S_6, S_4)\}$。

2. 系统结构的有向图表达

有向图（$D$）——是系统中各要素之间的联系情况的一种模型化描述方法，是由节点和连接各节点的有向弧（箭线）组成，可用来表达系统的结构。它由节点和边两部分组成。

（1）节点——利用一个圆圈代表系统中的一个要素，圆圈标有该要素的符号。

（2）边——用带有箭头的线段表示要素之间所存在的影响关系。箭头代表影响关系的方向，可理解为“影响”“取决于”“先于”“需要”“导致”或其他含义。

有向图（$D$）具体方法是：用节点表示系统的各构成要素，用有向弧表示要素之间的二元关系。从节点 $i(S_i)$ 到 $j(S_j)$ 的最小（少）的有向弧数称为 $D$ 中节点间通路长度（路长），即要素 $S_i$ 与 $S_j$ 间二元关系的传递次数。在有向图中，从某节点出发，沿着有向弧通过其他某些节点各一次可回到该节点时，在 $D$ 中形成回路。呈强连接关系的要素节点间具有双向回路。

表达例 3-4 给出的系统要素及其二元关系的有向图如图 3-8 所示。其中 $S_3$ 到 $S_5$、$S_3$ 到 $S_6$、$S_7$ 到 $S_1$ 和 $S_8$ 到 $S_2$ 的路长均为 2。另外，$S_4$ 和 $S_6$ 间具有强连接关系，$S_4$ 和 $S_6$ 相互到达，在其间形成双向回路，其有向图如图 3-8 所示。

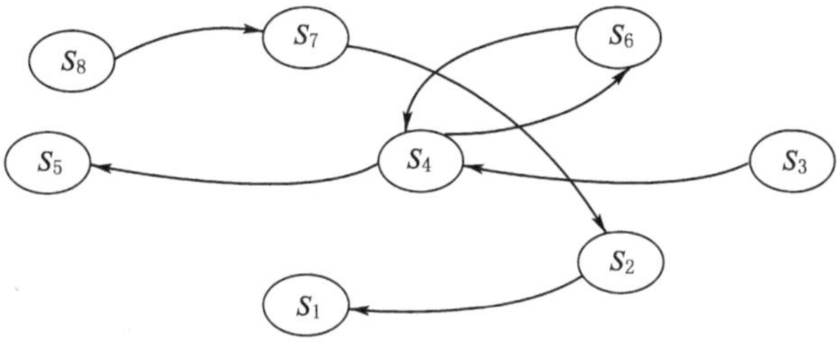


图 3-8　例 3-4 有向图

**例 3-5**　在教育技术应用中的计算机辅助教学（CAI）其过程可以简单表示为：教师设计 CAI 课件提供给学生自主学习，CAI 课件通过计算机向学生显示教学内容，并对学生提问，学生根据计算机的提问作出反应回答。这样一类 CAI 活动过程，可以用图 3-9 表示。

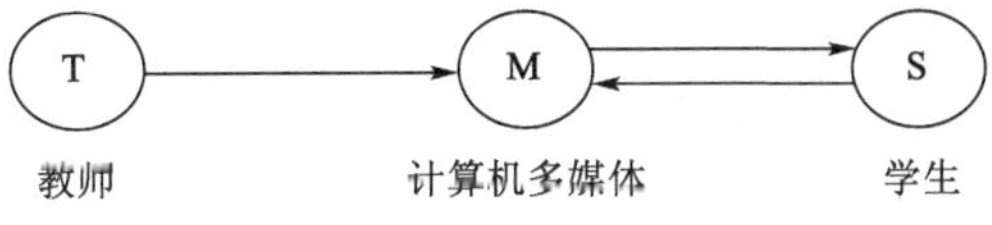


图 3-9　CAI 系统结构模型

3. 系统结构的矩阵表达

对于一个有向图，我们可以用一个 $m \times m$ 方形矩阵来表示。$m$ 为系统要素的个数。矩阵的每一行和每一列对应图中一个节点(系统要素)。矩阵表达法规定,要素 $S_i$ 对 $S_j$ 有影响时,矩阵元素 $a_{ij}$ 为 1,要素 $S_i$ 对 $S_j$ 无影响时,矩阵元素 $a_{ij}$ 为 0,即

$$a_{ij}=\begin{cases}1 & \text{当 } S_i \text{ 对 } S_j \text{ 有影响时} \\ 0 & \text{当 } S_i \text{ 对 } S_j \text{ 无影响时}\end{cases} \tag{3-4}$$

对图 3-7 中,$m=8$ 即可构成一个 $8\times8$ 的方阵,表示为:

$$\boldsymbol{A}=\begin{bmatrix} a_{11} & a_{12} & a_{13} & a_{14} & a_{15} & a_{16} & a_{17} & a_{18} \\ a_{21} & a_{22} & a_{23} & a_{24} & a_{25} & a_{26} & a_{27} & a_{28} \\ a_{31} & a_{32} & a_{33} & a_{34} & a_{35} & a_{36} & a_{37} & a_{38} \\ a_{41} & a_{42} & a_{43} & a_{44} & a_{45} & a_{46} & a_{47} & a_{48} \\ a_{51} & a_{52} & a_{53} & a_{54} & a_{55} & a_{56} & a_{57} & a_{58} \\ a_{61} & a_{62} & a_{63} & a_{64} & a_{65} & a_{66} & a_{67} & a_{68} \\ a_{71} & a_{72} & a_{73} & a_{74} & a_{75} & a_{76} & a_{77} & a_{78} \\ a_{81} & a_{82} & a_{83} & a_{84} & a_{85} & a_{86} & a_{87} & a_{88} \end{bmatrix}$$

根据式(3-4)则用矩阵表示为:

$$\boldsymbol{A}=\begin{array}{c} \\ S_1 \\ S_2 \\ S_3 \\ S_4 \\ S_5 \\ S_6 \\ S_7 \\ S_8 \end{array}\begin{array}{c} \begin{array}{cccccccc} S_1 & S_2 & S_3 & S_4 & S_5 & S_6 & S_7 & S_8 \end{array} \\ \begin{bmatrix} 0 & 0 & 0 & 0 & 0 & 0 & 0 & 0 \\ 1 & 0 & 0 & 0 & 0 & 0 & 0 & 0 \\ 0 & 0 & 0 & 1 & 0 & 0 & 0 & 0 \\ 0 & 0 & 0 & 0 & 1 & 1 & 0 & 0 \\ 0 & 0 & 0 & 0 & 0 & 0 & 0 & 0 \\ 0 & 0 & 0 & 1 & 0 & 0 & 0 & 0 \\ 0 & 1 & 0 & 0 & 0 & 0 & 0 & 0 \\ 0 & 0 & 0 & 0 & 0 & 0 & 1 & 0 \end{bmatrix} \end{array}$$

对图 3-8 中,如果 $m=3$,即可构成一个 $3\times3$ 的方阵,表示为:

$$\boldsymbol{A}=\begin{bmatrix} a_{11} & a_{12} & a_{13} \\ a_{21} & a_{22} & a_{23} \\ a_{31} & a_{32} & a_{33} \end{bmatrix}$$

根据式(3-4)则可用矩阵表示为:

$$\boldsymbol{A}=\begin{array}{c} \\ \mathrm{T} \\ \mathrm{M} \\ \mathrm{S} \end{array}\begin{array}{c} \begin{array}{ccc} \mathrm{T} & \mathrm{M} & \mathrm{S} \end{array} \\ \begin{bmatrix} 0 & 1 & 0 \\ 0 & 0 & 1 \\ 0 & 1 & 0 \end{bmatrix} \end{array}$$

上述这种与有向图形对应的,并用 1 和 0 表现元素的矩阵称为邻接矩阵,一般记作矩阵 $\boldsymbol{A}$。

很明显,$\boldsymbol{A}$ 中“1”的个数与例 3-4 和例 3-5 中 $R_b$ 所包含的要素对数目和图 3-8、图 3-9 中有向弧的条数相等,前者均为 7,后者为 2。在邻接矩阵中,若有一列(如第 $j$ 列)元素全为 0,则 $S_j$ 是系统的输入要素(称为源点),如图 3-8 中的 $S_3$ 和 $S_8$,图 3-9 中的 $T$;若有一行(如第 $i$ 行)元素全为 0,则 $S_i$ 是系统的输出要素(称为汇点),如图 3-8 中的 $S_1$ 和 $S_5$。

### （三）邻接矩阵 A 与可达矩阵 M

#### 1. 邻接矩阵 A

我们通过下面例子来理解邻接矩阵 **A** 的性质。

实验过程本身就是一个系统，它包含有实验者($S_1$)、实验对象($S_2$)、实验因素(自变量)($S_3$)、干扰因素($S_4$)和实验反应(因变量)($S_5$)等五个基本要素。这五个因素之间的联系关系可以用表 3-1 表示，根据此表，也可以用有向图[图 3-10(a)]和邻接矩阵 **A**[图 3-10(b)]表示。

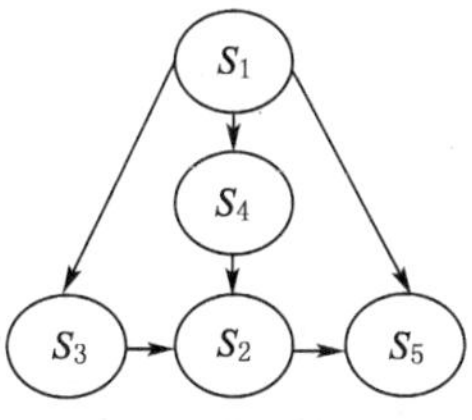


(a) 有向图

$$\mathbf{A}=\begin{array}{c}\\ S_1\\ S_2\\ S_3\\ S_4\\ S_5\end{array}\begin{array}{c}\begin{array}{ccccc}S_1 & S_2 & S_3 & S_4 & S_5\end{array}\\ \begin{bmatrix}0 & 0 & 1 & 1 & 1\\ 0 & 0 & 0 & 0 & 1\\ 0 & 1 & 0 & 0 & 0\\ 0 & 1 & 0 & 0 & 0\\ 0 & 0 & 0 & 0 & 0\end{bmatrix}\end{array}$$

(b) 邻接矩阵

图 3-10 有向图和邻接矩阵

**表 3-1 因素之间的联系**

| | 实验者($S_1$) | 实验者($S_2$) | 实验因素($S_3$) | 干扰因素($S_4$) | 实验反应($S_5$) |
|---|---|---|---|---|---|
| 实验者 $S_1$ | | | ○控制变量 | ○排除干扰 | ○测量反应 |
| 实验对象 $S_2$ | | | | | ○作出反应 |
| 实验因素 $S_3$ | | ○刺激对象 | | | |
| 干扰因素 $S_4$ | | ○干扰对象 | | | |
| 实验反应 $S_5$ | | | | | |

邻接矩阵 **A** 描述了系统各要素之间的直接关系，它具有如下性质。

(1) 邻接矩阵和有向图是同一系统结构的两种不同表达形式。矩阵与图一一对应，有向图确定，邻接矩阵也就唯一确定。反之，邻接矩阵确定，有向图也就唯一确定。

(2) 邻接矩阵的矩阵元素只能是 1 和 0，它属于布尔矩阵。布尔矩阵的运算主要有逻辑和运算以及逻辑乘运算，运算规则如下：

逻辑和运算：$0+0=0$，$0+1=1$，$1+0=1$，$1+1=1$。

逻辑乘运算：$0\times0=0$，$0\times1=0$，$1\times0=0$，$1\times1=1$。

(3) 在邻接矩阵 **A** 中，如果第 $j$ 列元素全部都为 0，则这一列所对应的要素 $S_j$ 可确定为该系统的输入端。例如，上述矩阵中，对应 $S_1$ 列全部为 0，要素 $S_1$ 可确定为系统的输入端。每一节点的列中，“1”的数量表示进入该点的有向弧数。

(4) 计算 $A^k$，如果 **A** 矩阵元素中出现 $a_{ij}=1$，则表明从系统要素 $S_i$ 出发，经过 $k$ 条边可达到系统要素 $S_j$。这时我们说系统要素 $S_i$ 与 $S_j$ 之间存在长度为 $k$ 的通道。即可达矩阵的形成过程。邻接矩阵 **A** 表明，存在长度为 1 的 6 条通道为：①→③；①→④；①→⑤；②→⑤；③→②；④→②。

$$A^2=\begin{bmatrix}0&1&0&0&0\\0&0&0&0&0\\0&0&0&0&1\\0&0&0&0&1\\0&0&0&0&0\end{bmatrix}$$

基于邻接矩阵 $\boldsymbol{A}$，计算矩阵 $\boldsymbol{A}^2$ 则表明，从系统要素 $S_1$ 出发经过两条长度为 2 的通道均可分别到达 $S_2$。同时，系统要素 $S_3$ 和 $S_4$ 也分别有长度为 2 的通道可以到达系统要素 $S_5$。它们分别为：

①→④→②；①→③→②；③→②→⑤；④→②→⑤。

计算出矩阵 $\boldsymbol{A}^3$ 得到：

$$A^3=\begin{bmatrix}0&0&0&0&1\\0&0&0&0&0\\0&0&0&0&0\\0&0&0&0&0\\0&0&0&0&0\end{bmatrix}$$

基于 $\boldsymbol{A}^2$，可以计算出的矩阵 $\boldsymbol{A}^3$ 表明，从系统要素 $S_1$ 出发，经过长度为 3 的通道可以到达系统要素 $S_5$。这样的通道有两条，它们是：①→③→②→⑤；①→④→②→⑤。

2. 可达矩阵 $\boldsymbol{M}$

若要素 $S_i$ 和 $S_j$ 间存在着某种传递性二元关系，或在有向图中存在着由节点 $i$ 至 $j$ 的有向通路时，则称 $S_i$ 是可以到达 $S_j$ 的。

所谓可达矩阵 $\boldsymbol{M}$，就是表达系统要素之间任意次传递性二元关系或有向图上两个节点之间通过一定长的路径可以到达情况的方阵。通过对邻接矩阵 $\boldsymbol{A}$ 的运算可以求出系统要素的可达矩阵。

如果一个矩阵，仅其对角线元素为 1，其他元素均为 0，这样的矩阵称为单位矩阵，用 $\boldsymbol{I}$ 表示。根据布尔矩阵运算法则，可以证明：如果系统 $\boldsymbol{A}$ 满足条件 $(\boldsymbol{A}+\boldsymbol{I})^{k-1}\neq(\boldsymbol{A}+\boldsymbol{I})^k=(\boldsymbol{A}+\boldsymbol{I})^{k+1}=\boldsymbol{M}$，则称 $\boldsymbol{M}$ 为系统 $\boldsymbol{A}$ 的可达矩阵。可达矩阵表示从一个要素到另一个要素是否存在连接的路径。

3. 其他矩阵

在邻接矩阵和可达矩阵的基础上，还有其他表达系统结构并有助于实现系统结构模型化的矩阵形式，如缩减矩阵、骨架矩阵等。

(1) 缩减矩阵。

根据强连接要素的可替换性，在已有的可达矩阵 $\boldsymbol{M}$ 中，将具有强连接关系的一组要素看作一个要素，保留其中的某个代表要素，删除掉其余要素及其在 $\boldsymbol{M}$ 中的行和列，即得到该可达矩阵 $\boldsymbol{M}$ 的缩减可达矩阵 $\boldsymbol{M}'$，简称缩减矩阵。如例 3-4 可达矩阵的缩减矩阵为：

$$M'=\begin{array}{c} \\ S_1 \\ S_2 \\ S_3 \\ S_4 \\ S_5 \\ S_7 \\ S_8 \end{array}\begin{array}{c} \begin{array}{ccccccc} S_1 & S_2 & S_3 & S_4 & S_5 & S_7 & S_8 \end{array} \\ \begin{bmatrix} 0 & 0 & 0 & 0 & 0 & 0 & 0 \\ 1 & 0 & 0 & 0 & 0 & 0 & 0 \\ 0 & 0 & 0 & 1 & 0 & 0 & 0 \\ 0 & 0 & 0 & 0 & 1 & 0 & 0 \\ 0 & 0 & 0 & 0 & 0 & 0 & 0 \\ 0 & 1 & 0 & 0 & 0 & 0 & 0 \\ 0 & 0 & 0 & 0 & 0 & 1 & 0 \end{bmatrix} \end{array}$$

(2) 骨架矩阵。

对于给定系统，$\boldsymbol{A}$ 的可达矩阵 $\boldsymbol{M}$ 是唯一的，但实现某一可达矩阵 $\boldsymbol{M}$ 的邻接矩阵 $\boldsymbol{A}$ 可以具有多个。我们把实现某一可达矩阵 $\boldsymbol{M}$、具有最小二元关系个数（“1”元素最少）的邻接矩阵叫作 $\boldsymbol{M}$ 的最小实现二元关系矩阵，或称之为骨架矩阵，记作 $\boldsymbol{A}'$。

系统结构的三种基本表达方式相互对应，各有特色。用集合来表达系统结构概念清楚，在各种表达方式中处于基础地位；有向图形式较为直观、易于理解；矩阵形式便于通过逻辑运算，用数学方法对系统结构进行分析处理。以它们为基础和工具，通过采用各种技术，可实现复杂系统结构的模型化。

（四）常用的系统结构模型化技术

系统结构模型化技术是以各种创造性技术为基础的系统整体结构的决定技术。它们通过探寻系统构成要素、定义要素间关联的意义、给出要素间以二元关系为基础的具体关系，并且将其整理成图、矩阵等较为直观、易于理解和便于处理的形式，逐步建立起复杂系统的结构模型。结构模型作为对系统进行描述的一种形式，是处在自然科学领域所用的数学模型形式和社会科学领域所用的以文字表现的逻辑分析形式之间。因此，它适合用来处理以社会科学为对象的复杂系统和比较简单的以自然科学为对象的系统所存在问题的分析，是一种以定性分析为主的模型，既可以分析系统要素的选择是否合理，还可以分析系统要素及其相互关系变化时对系统总体的影响等问题。结构分析是系统分析的重要内容，是系统优化分析、设计与管理的基础。尤其是分析与解决社会经济系统问题时，对系统结构的正确认识与描述更加具有数学模型和定量分析所无法替代的作用。

常用的系统结构模型化技术有：关联树法、解释结构模型化技术、系统动力学结构模型化技术等，其中解释结构模型化技术是最基本和最具特色的系统结构模型化技术。

## 二、建立解释结构模型的规范方法

建立反映系统问题要素间层次关系的递阶结构模型，可在可达矩阵 $\boldsymbol{M}$ 的基础上进行，且一般要经过区域划分、级位划分、骨架矩阵提取和多级递阶有向图绘制等四个阶段。这是建立递阶结构模型的基本方法。

（一）区域划分

区域划分即将系统的构成要素集合 $S$，分割成关于给定二元关系 $R$ 的相互独立的区域的过程。

为此，需要首先以可达矩阵 $\boldsymbol{M}$ 为基础，划分与要素 $S_i(i=1,2,\cdots,n)$ 相关联的系统要素的

类型,并找出在整个系统(所有要素集合 S)中有明显特征的要素。有关要素集合的定义如下:

1. 可达集 $R(S_i)$

系统要素 $S_i$ 的可达集是在可达矩阵或有向图中由 $S_i$ 可到达的诸要素所构成的集合,记为 $R(S_i)$。其定义式为:$R(S_i)=\{S_j \mid S_j \in S, m_{ij}=1, j=1,2,\cdots,n\}$,其中,$i=1,2,\cdots,n$。

如在给出的可达矩阵中有:

$R(S_1)=\{S_1\}$,$R(S_2)=\{S_1,S_2\}$,$R(S_3)=\{S_3,S_4,S_5,S_6\}$,$R(S_4)=R(S_6)=\{S_4,S_5,S_6\}$,$R(S_5)=\{S_5\}$,$R(S_7)=\{S_1,S_2,S_7\}$。

2. 先行集 $A(S_i)$

系统要素 $S_i$ 的先行集是在可达矩阵或有向图中可到达 $S_i$ 的诸系统要素所构成的集合,记为 $A(S_i)$。其定义式为:$A(S_i)=\{S_j \mid S_j \in S, m_{ji}=1, j=1,2,\cdots,n\}$,其中,$i=1,2,\cdots,n$。

如在给出的可达矩阵中有:

$A(S_1)=\{S_1,S_2,S_7\}$,$A(S_2)=\{(S_2,S_7)$,$A(S_3)\}=\{S_3\}$,$A(S_4)=A(S_6)=\{S_3,S_4,S_6\}$,$A(S_5)=\{S_3,S_4,S_5,S_6\}$,$A(S_7)=\{S_7\}$。

3. 共同集 $C(S_i)$

系统要素 $S_i$ 的共同集是 $S_i$ 在可达集和先行集的共同部分,即交集,记为 $C(S_i)$。其定义式为:$C(S_i)=\{S_j \mid S_j \in S, m_{ij}=1, m_{ji}=1, j=1,2,\cdots,n\}$,其中,$i=1,2,\cdots,n$。如:

$C(S_1)=\{S_1\}$,$C(S_2)=\{S_2\}$,$C(S_3)=\{S_3\}$,$C(S_4)=C(S_6)=\{S_4,S_6\}$,$C(S_5)=\{S_5\}$,$C(S_7)=\{S_7\}$。

系统要素 $S_i$ 的可达集 $R(S_i)$、先行集 $A(S_i)$、共同集 $C(S_i)$ 之间的关系如图 3-11 所示。

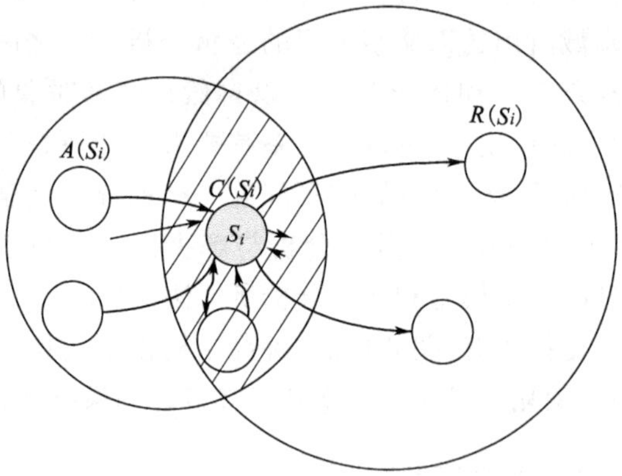


图 3-11 可达集 R、先行集 A、共同集 C 关系示意图

4. 起始集 $B(S)$ 和终止集 $E(S)$

系统要素集合 S 的起始集是在 S 中只影响(到达)其他要素而不受其他要素影响(不被其他要素到达)的要素所构成的集合,记为 $B(S)$。$B(S)$ 中的要素在有向图中只有箭线流出,而无箭线流入,是系统的输入要素。其定义式为:$B(S)=\{S_i \mid S_i \in S, C(S_i)=A(S_i), i=1,2,\cdots,n\}$。

如在与图 3-8 所对应的可达矩阵中,$\boldsymbol{B}(S)=\{S_3,S_7\}$。

当 $S_i$ 为 $S$ 的起始集(终止集)要素时，相当于使图 3-11 中的阴影部分 $C(S_i)$覆盖到整个 $A(S_i)[R(S_i)]$区域。

这样，要区分系统要素集合 $S$ 是否可分割，只要研究系统起始集 $B(S)$中的要素及其可达集要素[或系统终止集 $E(S)$中的要素及其先行集要素]能否分割(是否相对独立)就行了。利用起始集 $B(S)$判断区域能否划分的规则如下。

在 $B(S)$中任取两个要素 $b_u$、$b_v$：

① 如果 $R(b_u)\cap R(b_v)\neq\varnothing$($\varnothing$为空集)，则 $b_u$、$b_v$ 及 $R(b_u)$、$R(b_v)$中的要素属同一区域。若对所有 $u$ 和 $v$ 均有此结果(均不为空集)，则区域不可分。

② 如果 $R(b_u)\cap R(b_v)=\varnothing$，则 $b_u$、$b_v$ 及 $R(b_u)$、$R(b_v)$中的要素不属同一区域，系统要素集合 $S$ 至少可被划分为两个相对独立的区域。

利用终止集 $E(S)$来判断区域能否划分，只要判定"$A(e_u)\cap A(e_v)$"[$e_u$、$e_v$ 为 $E(S)$中的任两个要素]是否为空集即可。

区域划分的结果可记为：$\Pi(S)=P_1,P_2,\cdots,P_k,\cdots,P_m$(其中 $P_k$ 为第 $k$ 个相对独立区域的要素集合)。经过区域划分后的可达矩阵为块对角矩阵[记作 $\boldsymbol{M}(P)$]。

(二) 级位划分

区域内的级位划分，即确定某区域内各要素所处层次地位的过程。这是建立多级递阶结构模型的关键工作。

设 $P$ 是由区域划分得到的某区域要素集合，若用 $L_1,L_2,\cdots,L_h$ 表示从高到低的各级要素集合(其中 $h$ 为最大级位数)，则级位划分的结果可写成：$\Pi(P)=L_1,L_2,\cdots,L_h$。

某系统要素集合的最高级要素即该系统的终止集要素。级位划分的基本方法是：找出整个系统要素集合的最高级要素(终止集要素)后，可将它们去掉，再求剩余要素集合(形成部分图)的最高级要素，依次类推，直到确定出最低一级要素集合(即 $L_1$)。

为此，令 $L_0=\varnothing$(最高级要素集合为 $L_h$，没有零级要素)，则有：

$L_1=\{S_i\mid S_i\in P-L_0,C_0(S_i)=R_0(S_i)$，其中：$i=1,2,\cdots,n\}$

$L_2=\{S_i\mid S_i\in P-L_0-L_1,C_1(S_i)=R_1(S_i)$，其中：$i<n\}$

$$L_k=\{S_i\mid S_i\in P-L_0-L_1-\cdots-L_{k-h},C_{k-h}(S_i)=R_{k-h}(S_i),i<n\} \tag{3-5}$$

式(3-5)中的 $C_{k-h}(S_i)$和 $R_{k-h}(S_i)$是由集合 $P-L_0-L_1-\cdots-L_{k-h}$中的要素形成的子矩阵(部分图)求得的共同集和可达集。经过级位划分后的可达矩阵变为区域块三角矩阵，记为 $\boldsymbol{M}(L)$。

(三) 提取骨架矩阵

提取骨架矩阵，是通过对可达矩阵 $\boldsymbol{M}(L)$的缩减和检出，建立起 $\boldsymbol{M}(L)$的最小实现矩阵，即骨架矩阵 $\boldsymbol{A}'$。这里的骨架矩阵，也即为 $\boldsymbol{M}$ 的最小实现多级递阶结构矩阵。对经过区域和级位划分后的可达矩阵 $\boldsymbol{M}(L)$的缩减共分三步。

第一步：检查各层次中的强连接要素，建立可达矩阵 $\boldsymbol{M}(L)$的缩减矩阵 $\boldsymbol{M}'(L)$。

第二步：去掉 $\boldsymbol{M}'(L)$中已具有邻接二元关系的要素间的越级二元关系，得到经进一步简化后的新的矩阵 $\boldsymbol{M}''(L)$。

第三步：进一步去掉 $\boldsymbol{M}''(L)$中自身到达的二元关系，即减去单位矩阵，将 $\boldsymbol{M}''(L)$主对角线上的"1"全变为"0"，得到经简化后具有最少二元关系个数的骨架矩阵 $\boldsymbol{A}'$。

(四)绘制多级递阶有向图 $D(\boldsymbol{A}')$

根据骨架矩阵 $\boldsymbol{A}'$,绘制出多级递阶有向图 $D(\boldsymbol{A}')$,即建立起了系统要素的递阶结构模型。绘图一般分为如下三步。

第一步:分区域从上到下逐级排列系统构成要素。

第二步:同级加入被删掉的与某要素(如原例 3-4 中 $S_4$)有强连接关系的要素(如 $S_6$),以及表征它们相互关系的有向弧。

第三步:按 $\boldsymbol{A}'$所示的邻接二元关系,用级间有向弧连接成有向图 $D(\boldsymbol{A}')$。

据此,建立起原例的递阶结构模型。

**例 3-6** 任务驱动式教学过程是指教师根据教学目标和学生实际状况向学生提出学习任务,同时提供完成学习任务所需要的学习资源和相关材料,要求学生利用资源完成一个作品,教师还提供对作品的评价指标体系并对学生作品作出评价,要求学生在完成作品和理解教师对作品的评价意见之后,形成有意义的知识,即完成意义的建构。我们将任务驱动式教学过程视作一个系统,该教学过程可以分解为:教师活动($S_1$)、学生活动($S_2$)、学习任务($S_3$)、学习资源($S_4$)、评价指标($S_5$)、学生作品($S_6$)、意义建构($S_7$)七个活动要素。

运用上述方法,我们对例 3-6 进行分析。

1. 建立要素关系表

根据上述这些要素之间存在着的直接因果关系,如教师提出学习任务、提供学习资源、建立作品评价指标等。我们把每一个因素($S_i$)分别与其他因素进行比较,如果存在直接因果关系的,用符号○表示在要素关系表中,如表 3-2 所示。

**表 3-2 要素关系表**

| | 教师 $S_1$ | 学生 $S_2$ | 学习任务 $S_3$ | 学习资源 $S_4$ | 评价指标 $S_5$ | 学生作品 $S_6$ | 意义建构 $S_7$ |
|---|---|---|---|---|---|---|---|
| 教师 $S_1$ | | | ○提出任务 | ○提供资源 | ○制定指标 | | |
| 学生 $S_2$ | | | | | | ○完成任务 | ○形成意义 |
| 学习任务 $S_3$ | | ○驱动学习 | | | | | |
| 学习资源 $S_4$ | | ○学生利用 | | | | | |
| 评价指标 $S_5$ | | | | | | ○评价作品 | |
| 学生作品 $S_6$ | | | | | | | ○学习结果 |
| 意义建构 $S_7$ | | | | | | | |

2. 建立邻接矩阵

根据要素关系表建立邻接矩阵 $\boldsymbol{A}$:

$$\boldsymbol{M}'=\begin{array}{c} \\ S_1 \\ S_2 \\ S_3 \\ S_4 \\ S_5 \\ S_7 \\ S_8 \end{array}\begin{array}{c} \begin{array}{ccccccc} S_1 & S_2 & S_3 & S_4 & S_5 & S_7 & S_8 \end{array} \\ \begin{bmatrix} 0 & 0 & 1 & 1 & 1 & 0 & 0 \\ 0 & 0 & 0 & 0 & 0 & 1 & 1 \\ 0 & 1 & 0 & 0 & 0 & 0 & 0 \\ 0 & 1 & 0 & 0 & 0 & 0 & 0 \\ 0 & 0 & 0 & 0 & 0 & 1 & 0 \\ 0 & 0 & 0 & 0 & 0 & 0 & 1 \\ 0 & 0 & 0 & 0 & 0 & 0 & 0 \end{bmatrix} \end{array}$$

3. 进行矩阵运算,求出可达矩阵

$$(\boldsymbol{A}+\boldsymbol{I})=\begin{bmatrix}1&0&1&1&1&0&0\\0&1&0&0&0&1&1\\0&1&1&0&0&0&0\\0&1&0&1&0&0&0\\0&0&0&0&1&1&0\\0&0&0&0&0&1&1\\0&0&0&0&0&0&1\end{bmatrix},$$

$$(\boldsymbol{A}+\boldsymbol{I})^2=\begin{bmatrix}1&1&1&1&1&1&0\\0&1&0&0&0&1&1\\0&1&1&0&0&1&1\\0&1&0&1&0&1&1\\0&0&0&0&1&1&1\\0&0&0&0&0&1&1\\0&0&0&0&0&0&1\end{bmatrix},$$

$$(\boldsymbol{A}+\boldsymbol{I})^3=\begin{bmatrix}1&1&1&1&1&1&1\\0&1&0&0&0&1&1\\0&1&1&0&0&1&1\\0&1&0&1&0&1&1\\0&0&0&0&1&1&1\\0&0&0&0&0&1&1\\0&0&0&0&0&0&1\end{bmatrix},$$

$$(\boldsymbol{A}+\boldsymbol{I})^4=\begin{bmatrix}1&1&1&1&1&1&1\\0&1&0&0&0&1&1\\0&1&1&0&0&1&1\\0&1&0&1&0&1&1\\0&0&0&0&1&1&1\\0&0&0&0&0&1&1\\0&0&0&0&0&0&1\end{bmatrix}=(\boldsymbol{A}+\boldsymbol{I})^3=\boldsymbol{M}$$

4. 对可达矩阵进行分解

(1) 定义。

① 可达集合 $\boldsymbol{R}(S_i)$:代表要素 $S_i$ 可以到达的要素之集合;即可达矩阵中要素 $S_i$ 对应的行中,包含有 $i$ 的矩阵元素所对应的列要素的集合。

② 先行集合 $\boldsymbol{A}(S_i)$:代表可以到达元素 $S_i$ 的要素之集合;即可达矩阵中要素 $S_i$ 对应的列中,包含有 $i$ 的矩阵元素所对应的行要素的集合。

③ 共同集 $\boldsymbol{C}=R(S_i)\cap A(S_i)$,即集合 $R(S_i)$与 $A(S_i)$交集。

为了对可达矩阵进行区域分解,我们先把可达集合与先行集合及其交集列出在表上,如表 3-3 所示。

**表 3-3　可达集合与先行集合及其交集表**

| $i$ | 可达集 $\boldsymbol{R}(S_i)$ | 先行集 $\boldsymbol{A}(S_i)$ | 共同集 $\boldsymbol{C}=\boldsymbol{R}(S_i)\cap\boldsymbol{A}(S_i)$ |
|---|---|---|---|
| 1 | 1,2,3,4,5,6,7 | 1 | 1 |
| 2 | 2,6,7 | 1,2,3,4 | 2 |
| 3 | 2,3,6,7 | 1,3 | 3 |
| 4 | 2,4,6,7 | 1,4 | 4 |
| 5 | 5,6,7 | 1,5 | 5 |
| 6 | 6,7 | 1,2,3,4,5,6 | 6 |
| 7 | 7 | 1,2,3,4,5,6,7 | 7 |

(2) 对可达矩阵的区域分解。

根据对可达集合及先行集合的分析结果，可以发现，在先行集合 $\boldsymbol{A}(S_i)$ 中显示存在 $S_1$-$S_3$、$S_1$-$S_4$、$S_1$-$S_5$ 有着很强的直接联系，而 $S_2$ 又与 $S_3$、$S_4$ 直接联系。因此，对可达矩阵 $\boldsymbol{M}$ 的行和列位置作适当的变换，即把 $S_1$、$S_3$、$S_4$、$S_5$、$S_2$ 集中在一起，如 $\boldsymbol{M}'$ 所示：

$$
\begin{array}{cc}
 & \begin{array}{ccccccc} S_1 & S_3 & S_4 & S_5 & S_2 & S_6 & S_7 \end{array} \\
\begin{array}{c} \\ \boldsymbol{I} \\ \\ \boldsymbol{M}' = \\ \\ \boldsymbol{II} \\ \\ \end{array}
\begin{array}{c} S_1 \\ S_3 \\ S_4 \\ S_5 \\ S_2 \\ S_6 \\ S_7 \end{array} &
\begin{bmatrix}
0 & 0 & 1 & 1 & 1 & 0 & 0 \\
0 & 0 & 0 & 0 & 0 & 1 & 1 \\
0 & 1 & 0 & 0 & 0 & 0 & 0 \\
0 & 1 & 0 & 0 & 0 & 0 & 0 \\
0 & 0 & 0 & 0 & 0 & 1 & 0 \\
0 & 0 & 0 & 0 & 0 & 0 & 1 \\
0 & 0 & 0 & 0 & 0 & 0 & 0
\end{bmatrix}
\begin{array}{c} \\ \boldsymbol{III} \\ \\ \\ \\ \boldsymbol{IV} \\ \\ \end{array}
\end{array}
$$

用虚线把变换后的矩阵 $\boldsymbol{M}'$ 分割为四部分，这四部分分别代表：

① 左上角子矩阵 ***I*** 表示由元素 $S_1$、$S_3$、$S_4$、$S_5$ 组成的子系统的邻接矩阵(**A**)。

② 右下角子矩阵 ***IV*** 示由元素 $S_2$、$S_6$、$S_7$ 组成的子系统的邻接矩阵(**B**)。

③ 右上角子矩阵 ***III*** 表示子系统(**A**)对子系统(**B**)的影响。

④ 左下角子矩阵 ***II*** 表示子系统(**B**)对子系统(**A**)的影响。图中矩阵全部元素为 0，表示子系统(**B**)对子系统(**A**)没有影响。

(3) 层级分解。

层级分解的目的是更清晰地了解系统中各要素之间的层级关系，最顶层表示系统的最终目标，往下各层分别表示是上一层的原因。利用这种方法，可以科学地建立教学过程或其他问题的类比模型。

层级分解的方法：根据 $\boldsymbol{C}(S_i)=\boldsymbol{R}(S_i)\cap\boldsymbol{A}(S_i)=\boldsymbol{R}(S_i)$ 条件来进行层级的抽取。如表 3-3 中对于 $i=7$ 满足条件，这表示 $S_7$ 为该系统最顶层，也就是系统的最终目标。然后，把表 3-3 中有关 7 的要素都抽取掉，得到表 3-4。

表 3-4 抽出 7 后的结果

| $i$ | 可达集 $\boldsymbol{R}(S_i)$ | 先行集 $\boldsymbol{A}(S_i)$ | 共同集 $\boldsymbol{C}=\boldsymbol{R}(S_i)\cap\boldsymbol{A}(S_i)$ |
|---|---|---|---|
| 1 | 1,2,3,4,5,6 | 1 | 1 |
| 2 | 2,6 | 1,2,3,4 | 2 |
| 3 | 2,3,6 | 1,3 | 3 |
| 4 | 2,4,6 | 1,4 | 4 |
| 5 | 5,6 | 1,5 | 5 |
| 6 | 6 | 1,2,3,4,5,6 | 6 |

从表 3-4 中又可以发现 $i=6$ 满足条件，即可以抽出 6，这表示 $S_6$ 为第二层，且 $S_6$ 是 $S_7$ 的原因。

表 3-5 抽出 6 后的结果

| $i$ | 可达集 $\boldsymbol{R}(S_i)$ | 先行集 $\boldsymbol{A}(S_i)$ | 共同集 $\boldsymbol{C}=\boldsymbol{R}(S_i)\cap\boldsymbol{A}(S_i)$ |
|---|---|---|---|
| 1 | 1,2,3,4,5 | 1 | 1 |
| 2 | 2 | 1,2,3,4 | 2 |
| 3 | 2,3 | 1,3 | 3 |
| 4 | 2,4 | 1,4 | 4 |
| 5 | 5 | 1,5 | 5 |

从表 3-5 中发现 $i=5$，$i=2$ 都满足 $\boldsymbol{R}(S_i)\cap\boldsymbol{A}(S_i)=\boldsymbol{R}(S_i)$ 条件，$S_2$、$S_5$ 为第三层并且是 $S_6$ 的原因。

表 3-6 抽出 2、5 后的结果

| $i$ | 可达集 $\boldsymbol{R}(S_i)$ | 先行集 $\boldsymbol{A}(S_i)$ | 共同集 $\boldsymbol{C}=\boldsymbol{R}(S_i)\cap\boldsymbol{A}(S_i)$ |
|---|---|---|---|
| 1 | 1,3,4 | 1 | 1 |
| 3 | 3 | 1,3 | 3 |
| 4 | 4 | 1,4 | 4 |

从表 3-6 中发现 $i=3$，$i=4$ 都满足 $\boldsymbol{R}(S_i)\cap\boldsymbol{A}(S_i)=\boldsymbol{R}(S_i)$ 条件，$S_3$、$S_4$ 为第四层并且是 $S_2$、$S_5$ 的原因。

表 3-7 抽出 3、4 后的结果

| $i$ | 可达集 $\boldsymbol{R}(S_i)$ | 先行集 $\boldsymbol{A}(S_i)$ | 共同集 $\boldsymbol{C}=\boldsymbol{R}(S_i)\cap\boldsymbol{A}(S_i)$ |
|---|---|---|---|
| 1 | 1 | 1 | 1 |

结果表明，要素 $S_1$ 为该系统的最底层元素，是引起系统运动的最根本原因。各要素间的层次结构关系如图 3-12 所示。

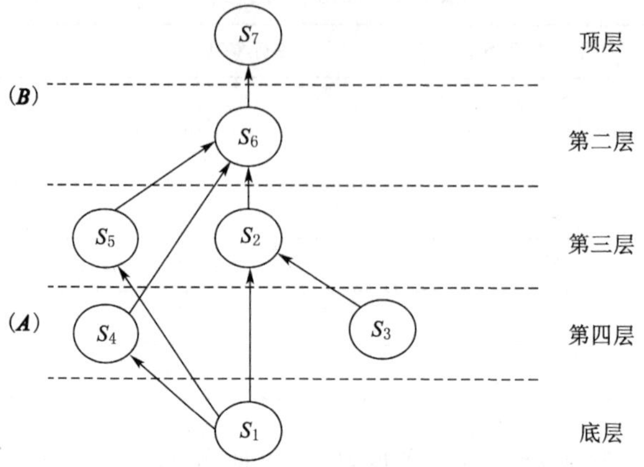


图 3-12 各层关系示意图

(4) 绘制多级递阶有向图 $D(\boldsymbol{A}')$。

根据上述分析，我们便可以把任务驱动的教学过程模式用一个类比模型来表示，如图 3-13 所示。

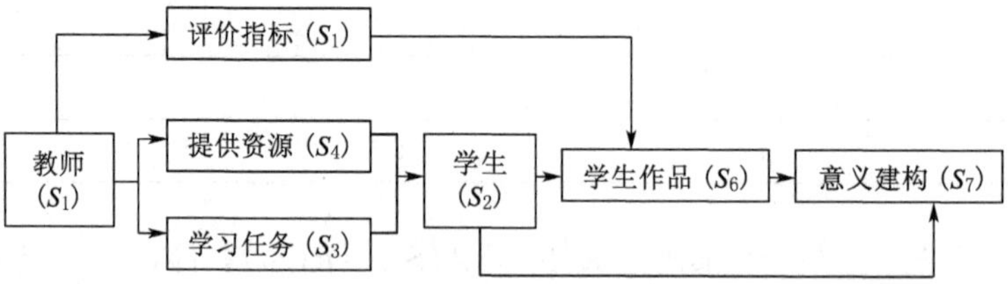


图 3-13 教学过程模式图

### 三、建立解释结构模型的实用方法

按照规范方法所显示的递阶结构模型化基本原理，在系统结构并不十分复杂的情况下，建模工作可采用较为简便的方法来完成，其主要过程如下。

(一) 判定二元关系，建立可达矩阵及其缩减矩阵

在问题设定之后，首先由分析小组或分析人员个人寻找与问题有某种关系的要素，经集中后，根据要素个数绘制如图 3-14 所示的方格图，并在每行右端依次注上各要素的名称。在此基础上，通过两两比较，直观确定各要素之间的二元关系，并在两要素交汇处的方格内用符号 $V$、$A$ 和 $X$ 加以标识。其中 $V$ 表示方格图中的行(或上位)要素直接影响到列(或下位)要素，$A$ 表示列要素对行要素有直接影响，$X$ 表示行列两要素相互影响(称之为强连接关系)。进而根据要素间二元关系的传递性，逻辑推断出要素间各次递推的二元关系，并用加括号的标识符表示。最后，再加入反映自身到达关系的单位矩阵，建立起系统要素的可达矩阵。

| | | | | | | |
|---|---|---|---|---|---|---|
| (A) | | | | | A | $S_1$ |
| A | | | | | $S_2$ | |
| | (V) | (V) | V | $S_3$ | | |
| | X | V | $S_4$ | | | |
| | (A) | $S_5$ | | | | |
| | $S_6$ | | | | | |
| $S_7$ | | | | | | |

图 3-14　判定要素间关系实用方格图

作为方法举例，现根据上述绘制出帮助建立可达矩阵的方格图（图 3-14），并加入单位矩阵，可写出如下可达矩阵（其中将 $S_i$ 简记为 $i$）：

$$
\boldsymbol{M}=\begin{array}{c}\\ 1\\2\\3\\4\\5\\6\\7\end{array}\begin{array}{c}\begin{array}{ccccccc}1&2&3&4&5&6&7\end{array}\\ \left[\begin{array}{ccccccc}1&0&0&0&0&0&0\\1&1&0&0&0&0&0\\0&0&1&1&1&1&0\\0&0&0&1&1&1&0\\0&0&0&0&1&0&0\\0&0&0&1&1&1&0\\1&1&0&0&0&0&1\end{array}\right]\end{array}
$$

（二）对可达矩阵的缩减矩阵进行层次化处理

根据要素级位划分的思想，在具有强连接关系的要素（$S_4$ 与 $S_6$）中，去除 $S_6$（即去除可达矩阵中“6”所对应的行和列），可得到缩减（可达）矩阵 $\boldsymbol{M}'$。在 $\boldsymbol{M}'$ 中按每行“1”元素的多少，由少到多顺次排列，调整 $\boldsymbol{M}'$ 的行和列，得到经过排序的缩减矩阵 $\boldsymbol{M}'\boldsymbol{L}$；最后在 $\boldsymbol{M}'\boldsymbol{L}$ 中，从左上角到右下角，依次分解出到当前为止最大阶数的单位矩阵，并加注方框。每个方框表示一个层次。

对原例可达矩阵的缩减矩阵进行层次化处理的结果为：

$$
\boldsymbol{N}=\begin{array}{c}\\ 1\\5\\2\\4\\7\\3\end{array}\begin{array}{c}\begin{array}{cccccc}1&5&2&4&7&3\end{array}\\ \left[\begin{array}{cc|cc|cc}1&0&0&0&0&0\\0&1&0&0&0&0\\1&0&1&0&0&0\\0&1&0&1&0&0\\1&0&1&0&1&0\\0&1&0&1&0&1\end{array}\right]\end{array}
$$

可见，该例中的要素分为三个层次。$S_1$ 和 $S_5$ 属第一层次，$S_2$、$S_4$ 及 $S_6$ 属第二层次，$S_7$、$S_3$ 为第三层次。

事实上，只要掌握了要素级位划分的基本原理，就可以归结出各种对可达矩阵或其缩减矩阵进行层次化处理的简易方法。

### （三）根据 $M'L$ 绘制多级递阶有向图

首先把所有要素按已有层次排列，然后按照 $M'L$ 中两方框（单位矩阵）交汇处的“1”元素，画出表征不同层次要素间直接联系的有向弧，形成多级递阶有向图。

如根据例 3-6 中第二层到第一层间的 $S_2RS_1$、$S_4RS_5$ 和第三层到第二层间的 $S_7RS_2$、$S_3RS_4$，并补充进被缩减掉的要素 $S_6$，即可绘制出与图 3-12 相类似的多级递阶有向图。

最后，可根据各要素的实际意义，将多级递阶有向图直接转化为解释结构模型。这种建立递阶结构模型的方法以规范方法为基础，简便、实用，有助于人们实现对多要素问题认识与分析的层次化、条理化和系统化。

## 四、实施 ISM 的人员组成

应用解释结构模型时，一般需要三种人员参加：方法技术专家、协调人、参与者。方法技术专家是掌握 ISM 建模方法的技术专家，他们熟悉建模方法，但不一定熟悉问题本身；协调人属于“综合器”“催化剂”，具备沟通与激励机制的知识和技巧，能够引导参与者增进理解、调查和交流，但对方法和问题却未必熟悉；而参与者熟悉问题及其情境，掌握有关问题本身的信息知识，是模型法实施的受益者/受害者。如图 3-15 所示，这三者协调程度的高低对模型实施的效果至关重要。

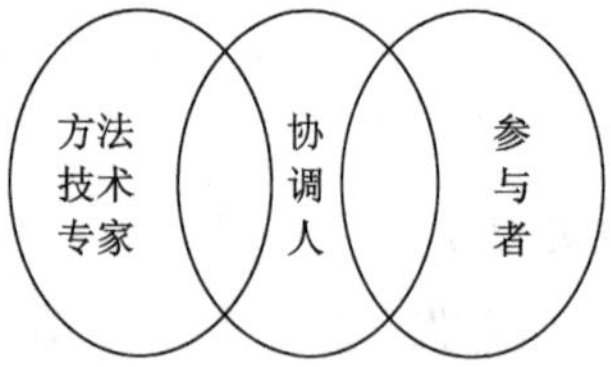


图 3-15　角色的相互关系图

## 五、解释结构模型的缺陷

解释结构方程模型在识别各种复杂因素之间的影响关系中具有重要作用，但同时，该方法也具有以下几个方面的缺陷，需要在应用 ISM 时加以注意。

(1) 应用 ISM 时，最大的问题是推移律的假设。但在实际问题中，各级要素间往往存在反馈回路。我们总是把反馈回路简化成递阶关系，这样有利于分析，却影响了对实际问题的分析精度。

(2) 通过邻接矩阵建立可达矩阵或直接建立可达矩阵来确定系统各要素间的逻辑关系，在一定程度上还要依赖人们的经验。

(3) 关系是一个比较模糊的概念，有无关系的判断也是比较主观的。

(4) 一般而言，执行 ISM 模型处理实际问题，需要方法技术专家、协调人、参与者三种角色的人员参加，而其中协调人的选择对问题的解决责任是相当重要的。我们很难找到同时胜任这三种角色的人。

## 六、结构方程模型

### （一）结构方程模型简介

结构方程模型(Structural equation model,SEM)是自 20 世纪六七十年代出现的新兴的统计分析手段,被称为近年来统计学三大进展之一,近年来在社会学、教育学、心理学以及管理学等学科中的应用越来越广泛,成为一种十分重要的数据分析和科学研究方法。随着管理科学、医学模式向社会—心理—生理模式的转变,在管理学和医学研究领域也出现了许多社会学和心理学的指标,这些指标常常是不可直接观测的潜在变量,或者其测量结果是存在误差的,传统的线性回归等统计分析方法显得无能为力。结构方程模型弥补了传统统计方法的不足,它既可研究可观测变量,又可研究不能直接观测的隐变量;它不仅能研究变量间的直接作用,还能研究变量间的间接作用,通过路径图直观地显示变量间的关系;通过结构方程模型研究者可构建出隐变量间的关系,并验证这种结构关系是否合理。目前,结构方程模型在国内较多地应用于管理科学的研究领域,随着社会和行为科学研究问题复杂性的增加以及统计软件的进一步发展,结构方程模型将获得更多的重视和应用。

结构方程模型也称为结构方程建模,是基于变量的协方差矩阵来分析变量之间关系的一种统计方法。它是包含面很广的数学模型,可以分析一些涉及潜变量的复杂关系,比如智力、学习动机、家庭社会经济地位等。对于家庭社会经济地位这样的一些变量,我们无法直接测量,只能通过一些外显指标去间接测量,如以学生父母教育程度、父母职业及其收入作为学生家庭社会经济地位(潜变量)的指标等。结构方程模型可以弥补传统统计方法不能妥善处理这些潜变量的不足。

### （二）结构方程模型结构与统计方法

1. 结构方程模型的原理

简单来讲,结构方程模型可以分为测量方程(Measurement Equation)和结构方程(Structural Equation)。测量方程描述潜变量与指标之间的关系,如家庭收入等指标与社会经济地位的关系,学习成绩与学业成就之间的关系;结构方程则描述潜变量之间的关系,如社会经济地位与学业成就之间的关系。

指标含有随机误差和系统误差,随机误差是指测量上的不准确性行为(与传统测量误差相当),后者反映指标也同时测量潜变量(即因子)以外的特性(与因子分析中的特殊因子相当),这两种误差统称为测量误差或简称为误差。但潜变量不含这些误差。

(1) 测量模型。

指标与潜变量(例如组织环境与工作成就)之间的关系通常可以写成如下测量方程:

$$\boldsymbol{x}=\boldsymbol{\Lambda}_x\xi+\delta,\boldsymbol{y}=\boldsymbol{\Lambda}_y\eta+\varepsilon \tag{3-6}$$

式中　$\boldsymbol{x}$——外源(Exogenous)指标(如组织环境指标)组成的向量;

$\boldsymbol{y}$——内生(Endogenous)指标(如工作成就指标)组成的向量;

$\boldsymbol{\Lambda}_x$——外源指标与外源潜变量之间的关系(如组织环境指标与工作成就指标),是外源指标在外源潜变量上的因子负荷矩阵;

$\boldsymbol{\Lambda}_y$——内生指标与内生潜变量之间的关系(如组织环境指标与工作成就指标),是内生指标在内生潜变量上的因子负荷矩阵;

$\eta$——内生潜变量(如工作成就)。

$\xi$——外源潜变量(如组织环境)。

$\delta$——外源指标 $x$ 的误差项;

$\varepsilon$——内生指标 $y$ 的误差项。

(2) 结构模型。

对于潜变量间(例如组织环境与工作成就)的关系,通常写成如下结构方程:

$$\eta = B\eta + \Gamma\xi + \zeta \tag{3-7}$$

式中 $\eta$——内生潜变量(如工作成就)。

$\xi$——外源潜变量(如组织环境)。

$B$——内生潜变量间的关系(如工作成就与其他内生潜变量的关系)。

$\Gamma$——外源潜变量对内生潜变量的影响(组织环境对工作成就的影响)。

$\zeta$——结构方程的残差项,反映了 $\eta$ 在方程中未能被解释的部分。

潜变量间的关系,即结构模型,通常是研究的兴趣重点,因此整个分析也称为结构方程模型。

2. 结构方程模型的统计方法

结构方程模型常用的统计方法是回归分析、因子分析,其中方差分析是回归分析的特例,$t$ 检验又是方差分析的特例。方差分析用以检查两组或更多组别的均值差异,但 $t$ 检验只能处理两组均值的差异。

(1) 测量模型的统计方法。

测量模型的目的是分析因子和指标之间的关系。如果因子本身就是指标,结构方程分析就是回归分析;如果只考虑因子之间的相关关系,不考虑因子之间的因果关系,则结构方程分析就是因子分析。

(2) 结构模型的统计方法。

结构模型的目的是分析因子和因子之间的关系,如果只考虑因子之间的因果关系,则结构方程分析就是回归分析。此时,如果要检验数据是否符合某个预先设定的先验模型,结构方程分析就成为验证性因子分析,也可以用结构方程分析做一般探索性因子分析。

与其他统计软件(如 SPSS,SAS)相比,结构方程模型所做的分析结果可能更为恰当,所处理的问题种类也更为复杂,解决的问题更多。如上所述,验证性因子分析、回归类型的结构方程分析中,多个自变因子如何影响多个因变量因子之间的关系,同时也适用于交互作用模型和多层数据结合的模型。与传统研究不同的是,在结构方程模型分析方法中,容许各被试在不同时间接受观测,使得研究设计更有弹性。此外,结构方程模型对分析实验类设计也很有帮助,包括使用虚拟变量或多组分析法。

3. 结构方程模型的优点

(1) 可以同时处理多个因变量。

与传统回归分析相比较,结构方程分析可以同时处理多个因变量,不会忽略其他因变量的存在及其相互之间的影响。

(2) 容许自变量和因变量包含测量误差。

结构方程分析容许自变量和因变量包含测量误差,变量也可以用多个标(题目)测量。

(3) 同时估计因子结构和因子关系。

与传统回归分析相比较,结构方程分析可以同时估计因子结构和因子关系,还会兼顾其他同时存在的变量而有所调整和改变。换言之,同一个研究中其他共存的因子及其结构会相互影响,不仅影响因子间关系,也影响因子的内部结构(即因子与指标的关系)。

(4) 容许更大弹性的测量。

与传统回归分析相比较,结构方程分析可以处理一个指标从属多个因子或者考虑高阶因子等有比较复杂的从属关系的模型,而传统回归分析只容许每一题目从属单一因子。

(5) 可以计算整个模型的拟合程度。

与传统回归分析相比较,除了上述参数的估计外,结构方程分析还可以计算出不同模型对同一样本数据的整体拟合程度,从而判断哪一个模型更接近数据所呈现出的关系,而传统路径分析只能估计每一路径(变量间关系)的强弱。

### (三) 结构方程模型建模及分析步骤

结构方程模型的建立过程有四个主要步骤,即模型构建(Model Specification)、模型拟合(Model Fitting)、模型评价(Model Assessment)以及模型修正(Model Modification)。

#### 1. 模型构建

利用结构方程模型分析变量的关系,根据专业知识和研究目的,构建出理论模型,然后用测得的数据去验证这个理论模型的合理性。建构模型需要确定:① 观测变量与潜变量的关系;② 各潜变量间的相互关系;③ 在复杂的模型中,限制因子负荷或因子相关系数等参数的数值或关系。

#### 2. 模型拟合

结构方程模型分析中的模型拟合目标是使模型隐含的协方差矩阵即模型的"再生矩阵"与样本协方差矩阵尽可能地接近。模型拟合中的参数估计方法有许多种,每种方法有自己的优点和适用情况。常用的参数估计方法包括:不加权的最小二乘法、广义最小二乘法、极大似然法、一般加权最小二乘法、对角一般加权最小二乘法等。目前,极大似然法是应用最广的参数估计方法。

#### 3. 模型评价

评价一个刚建构成或修正的模型时,主要检查:① 结构方程的解是否适当,包括迭代估计是否收敛、各参数估计值是否在合理范围内;② 参数与预设模型的关系是否合理;③ 多个不同类型的整体拟合指数,例如,绝对拟合指数有 $\chi^2$、近似误差均方根(Root Mean Square Error of Approximation, RMSEA)、标准化残差均方根(Standardized Root Mean Square Residual, SRMR)、拟合优度指数(Goodness of Fit Index, GFI)、调整拟合优度指数(Adjusted Goodness of Fit Index, AGFI),以及相对拟合指数(Non-normed Fit Index, NNFI,又称非规范拟合指数)、规范拟合指数(Normed Fit Index, NFI)、比较拟合指数(Comparative Fit Index, CFI)等,用以衡量模型的拟合程度。表 3-8 给出了结构方程模型常用的拟合度指标及判断标准。

**表 3-8 结构方程模型常用的拟合度评价指标**

| 项目 | 显著性 | 绝对配适指标 | | | | | | 增值适配度指标 | | | | | 简约适配度指标 | | | |
|---|---|---|---|---|---|---|---|---|---|---|---|---|---|---|---|---|
| 指标 | $p$ | $\chi^2$ | RMR | SRMR★ | RMSEA★ | GFI | AGFI | TLI(NNFI)★ | NFI | CFI★ | IFI | RFI | PGFI | PNFI | CN | $\chi^2/df$★ |
| 取值范围 | >0 | >0 | >0 | [0,1] | >0 | [0,1] | [0,1] | [0,1+) | — | [0,1+) | [0,1+) | — | [0,1] | — | — | >0 |
| 影响因素 | $N$越大，$p$越小 | 样本越大，$\chi^2$越大 | 数据尺度 | — | $N$较小时，可能高估 | — | GFI、df、变量数量 | NFI、$df$ | 小$N$大$df$时低估 | — | — | — | df、GFI、变量数 | df、NFI | $\chi^2$、适配函数 | — |
| 判断标准 | $N$>200，基本显著，$N$>400显著 | — | <0.05 | <0.05 | <0.05，适配好<br>0.05~0.08，合理<br>0.08~0.10，可接受<br>>0.10，差 | >0.9 | >0.9 | >0.9 | >0.9 | >0.9 | >0.9 | >0.9<br>>0.95，完美 | >0.5 | >0.5 | >200 | <1，过度适配，差。1~3，良好。>5，差 |
| | — | | | <0.08 | <0.10 | >0.9 | >0.9 | >0.9 | >0.9 | >0.9 | — | | | | | <3 |
| | $N$<200时 | | | <0.08 | 90%CI下限接近0，上限<0.08 | 受样本量影响，不用该指标 | | >0.9<br>维度间相关低，TLI糟糕<br>>1时写作1 | >0.9可接受，>0.95非常好 | 空模型(Null Model)的RMSEA<0.158时不使用CFI<br>>1时写作1 | | | | | | 越小越好，不小于1 |
| | | | 受数据尺度影响大 | <0.08 | <0.06 | — | | >0.95 | | >0.95 | — | | | | | |
| | — | | | <0.08 | <0.1或0.08或0.07或0.06<br>90%CI上限<0.08 | >0.9或0.95 | >0.9 | >0.95 | >0.9或0.95 | >0.9或0.95 | — | | | | | <5或<2 |
| | — | | | <0.08 | <0.1 | 可被AGFI修正 | 估计参数越多指标越好，与建模目标相反 | | >0.95 | >0.95 | — | | | | | <2 |
| | — | | | 0~0.05最好，0.05~0.1可接受 | 0~0.05最好<br>0.05~0.08可接受<br>90%CI下限接近0 | >0.9或0.95<br>>0.95最好<br>0.9~0.95可接受 | >0.85或0.9<br>>0.9最好<br>0.85~0.9可接受 | >0.95<br>>0.97最好<br>0.95~0.97可接受 | >0.9<br>>0.95最好<br>0.9~0.95可接受 | >0.9<br>>0.97最好<br>0.95~0.97可接受 | — | | | | | 0~2最好<br>2~3可接受 |

注：① 指标 TLI(NNFI)、IFI 的计算取值有可能大于 1。

② CFI 指标可能会小于 0 或大于 1，但数值上仅显示在[0,1]。

③ 标★号者，为拟合度的重要评价指标。

4. 模型修正

模型的修正主要包括：① 依据理论或有关假设，提出一个或数个合理的先验模型；② 检查潜变量与指标间的关系，建立测量方程模型；③ 若模型含多个因，可以循序渐进地，每次只检验含两个因子的模型，确立测量模型部分合理后，再将所有因子合并成预设的先验模型，做总体检验；④ 对每一模型，检查标准误差、标准化残差、修正指数、参数期望改变值、$\chi^2$ 及各种拟合指数，据此修改模型。

（四）结构方程模型建立原则及注意事项

1. 结构方程模型建立原则

（1）研究结论不能绝对化。虽然结构方程模型在对因果关系的检验上有较传统方法的优势之处，但由于 SEM 所分析的数据大多都是调查数据，对观察数据有影响的很多因素都未加控制，因此 SEM 分析所得的结论并不全面。

（2）一项研究对任何领域的实际贡献在于它对理论框架的澄清。如果这项研究不能解释一定的理论框架，则该项研究的价值将受到影响。

（3）谨慎使用某些重要概念和搜集高质量数据，是良好研究的基本条件。

（4）潜变量结构模型的有效性取决于高度制约和简化的假设以及大样本的可接受性。当假设得不到满足或只满足于小样本时，这些方法的有效性就会受到怀疑。

2. 应用结构方程模型的注意事项

（1）通径图中，内源变量与外源变量间的关系都是线性的。实际工作中的非线性偏离被认为是可以忽略的，若有强的非线性关系则应当设法对变量作变换，以便可以用线性作近似。

（2）结构方程不支持小样本。一般要求样本容量在 200 以上，或是要估计的参数数目的 5～20 倍。

（3）一个完善的通径图并不表示一定包含尽可能多的箭头；相反，统计学上最感兴趣的是，寻找用尽可能少的箭头去联结尽可能多的变量，而这时的通径图又能对所代表的样本拟合得好。

（4）待估参数不应多于$\frac{m(m+1)}{2}$，其中，$m$ 为表征变量的个数。

（5）SEM 的数学和统计学基础建立在方差和协方差分析上，除非特殊条件成立，不应用在相关矩阵分析上。

（6）避免隐变量名实不符的问题。

（7）当模型与数据拟合时，说明数据并不排斥模式，不能说数据可以确认模式，也不能证明某一理论基础。

（8）用同一样本数据，以相同数目的待估参数和不同的组合形式可以产生许多不同模型，而当中也有不少模式所衍生的协方差矩阵是相同的，即同一数日参数能够衍生多个与数据拟合度相同但结构不同的模型。这些等同模型哪一个更适合于研究问题，应按照模式表达的意义从专业角度来鉴别。

（9）SEM 不能验证变量间的因果关系。同其他统计方法一样，当模型与样本拟合时，只能说该模型是可供考虑的模型，是目前为止尚未被否定的模型。只有经严格的实验设计控制其他变量的影响，才能探讨主要变量的因果效应。绝不能因为使用了 SEM 便说证明模型正确。严格地说，尽管 SEM 不能证明因果关系，但它的生命力在于能寻找变量间最可能的因果关系。

（五）结构方程模型的局限性

与任何统计程序一样，SEM 也存在一定的局限性。具体表现为：① 在 SEM 的应用早期，由于其自身的相对复杂性和不完善性，研究者们未能准确把握其内涵，因而出现了误用并把统计结果作为确定因果关系方向的证据，这显然是本末倒置的。又由于 SEM 对模型的接受没有统一标准，所以在有等价模型的情况下研究者很难拒绝某些模型，这也给模型选择带来了困难。② 影响 SEM 解释能力的主要问题是指定误差，但 SEM 程序目前还不能对指定误差加以检验。如果模式未能正确指定概念间的路径或者没有指定所有的关键概念，就可能会引起指定误差。当模型含有指定误差时，该模型可能与样本数据拟合很好，但与样本所在的总体可能拟合得并不好。这时，如果用样本特征推论总体，就会犯以偏概全的错误。③ SEM 对样本容量的要求较高，也要求模型必须满足识别条件并且它不能处理真正的分类变量。总之，尽管 SEM 的优点是主要的，但其局限性也不容忽视，它也还有待于进一步的发展和完善。

结构方程模型的广泛应用反映了数据分析方法的进步。这种分析因果关系的新方法，为我们全面认识和深入研究奠定了方法论基础。但盲目采用结构方程模型，不考虑数据的适用性及使用条件，不仅无法达到探索因果规律的目的，反而会引发错误的结论。为此，研究者应该掌握结构方程模型的基本原理、原则、优点和局限性，在使用过程中遵循一定的标准并注意使用条件，为发挥这种新方法的优势提供可靠的保证。

## 第四节　多层线性模型

### 一、方法背景

多层线性模型（Hierarchical Linear Models，HLM）是对具有层次的嵌套结构变量进行分析的技术方法。多层线性模型这一术语最早由林德利（Lindley）和史密斯（Smith）于 1972 年提出，由于该模型参数估计的方法受到计算技术的限制，所以在很长一段时间不为人知。1977 年，德普斯特、劳德和卢比等人提出了 EM（Expectation Maximization）算法。1981 年，Dempster 等人将 EM 算法应用于解决多层线性模型的参数估计，使得 HLM 的应用成为可能。1983 年，斯特尼奥、维斯伯格和伯里克等相继将 HLM 应用于社会学的研究。1986 年，Goldstein 应用迭代加权广义最小二乘法（Iteratively Reweighted Generalized Least Squares）估计参数。1987 年，Longford 应用费歇尔得分算法（Fisher Scoring Algorithm）对模型参数进行了估计。随着参数估计问题的解决和算法的程序化，相继出现了一些相应的软件，目前较常用的有 HLM，MLwiN 和 VARCL。开创与发展 HLM 的主要贡献者和主要开拓者之一分别是高德斯丁和劳德布什，由于他们的工作使得在 20 世纪 90 年代多层线性模型发展成为系统完整的理论和方法。总之，无论是在横截面数据或是纵向数据中，多层结构特征是广泛存在的，分层技术解决了困扰社会科学很久的生态谬误（Ecological

Fallacy)。

## 二、主要用途

在社会科学中,很多研究问题都体现为多水平的、多层的数据结构特点。其中最为典型的是在教育研究中,存在学生嵌套于班级、班级嵌套于学校的现象。若数据是将学生看成嵌套于学校,则学生代表了数据结构的第一层,而班级或学校代表了数据结构的第二层;若数据是学生嵌套于班级且班级嵌套于学校,则是三层数据结构。传统的线性模型,例如方差分析或回归分析,只能对涉及一层数据的问题进行分析,而不能对涉及两层或多层数据的问题进行综合分析,多层模型提供了解决此类问题的统计方法。

多层次线性模型主要处理有层次结构的数据,若模型的假设能够得到满足,则结果更为准确、可靠。其假设是:变量间存在线性关系,变量总体上服从正态分布。而传统的回归模型的前提假设不仅要求以上两个条件,而且要求各组内的方差齐性,以及个体间随机误差的相互独立。

传统线性模型基本假设的建立基于线性、正态、方差齐性和独立性,后两个假设在嵌套的取样中很难成立。比如在对学校学生进行的研究中,收集到的变量可以分为一定的层次:首先是学生本身的变量,比如年龄、学习成绩等;其次是班级的变量,比如班级的人数、男女生的比例、班主任的管理风格等;最后是学校的变量,比如重点或者非重点、学校所在地等。这样的数据就构成了一种具有层次的嵌套结构。传统方法处理这种嵌套数据有几种变通的方法:① 基于个体水平的分析,即直接把来自不同组的数据进行合并,在个体层次上进行分析,获得对个体整体状况的了解。这样做的不足之处是放弃了对不同组之间差异的考虑,使得很多本来由分组带来的差异被解释为个体的差异。② 基于组水平的分析,即把个体的数据以均数或其他形式代入高一层变量的分析中,仅仅考虑组水平的因素对因变量的影响。这种做法在一定程度上可以反映组因素的作用,不足之处是放弃了对个体差异的解释——使得很多结论没有说服力。

多层线性模型是当数据存在于不同层级时,先以第一层级的变量建立回归方程,然后把该方程中的截距和斜率作为因变量,使用第二层数据中的变量作为自变量,再建立两个新的方程。通过这种处理,可以探索不同层面变量对因变量的影响。由于把第一层回归方程中的截距和斜率作为第一层回归方程中的随机变量,所以这种做法也被称作“回归的回归”。$W$ 对 $Y$ 的作用是通过影响 $X$ 对 $Y$ 回归方程中的截距和斜率来实现的。

两水平情况下线性分析的数学模型可以表示为:

对第一层(如学生):

$$Y_{ij}=B_{0j}+B_{1j}X_{ij}+e_{ij} \tag{3-8}$$

对第二层(如学校):

$$B_{0j}=\gamma_{00}+\gamma_{01}W_j+U_{0j},B_{1j}=\gamma_{10}+\gamma_{11}W_j+U_{1j} \tag{3-9}$$

合并的模型为:

$$Y_{ij}=\gamma_{00}+\gamma_{01}W_j+U_{0j}+(\gamma_{10}+\gamma_{11}W_j+U_{1j})X_{ij}+e_{ij} \tag{3-10}$$

其中,$Y_{ij}$ 表示第 $j$ 个学生因变量的观测值(如学生期末成绩),$X_{ij}$ 表示第 $j$ 个班级第 $i$ 个学生自变量的观测值(如学生的入学考试成绩),$W_j$ 表示第 $j$ 个班级的特征变量(如班主任的管理风格)。$B_{0j}$ 和 $B_{1j}$ 分别表示第 $j$ 个班级入学成绩对期末成绩回归直线的截距和斜率,$e_{ij}$

表示第 $j$ 个班级第 $i$ 个学生的测量误差。对于第二层模型，$\gamma_{00}$ 和 $\gamma_{01}$ 分别表示 $B_{0j}$ 对于班级变量 $W_j$ 的回归直线的截距和斜率，$U_{0j}$ 表示由第 $j$ 个班级的班级变量带来的截距上的误差。$\gamma_{10}$ 和 $\gamma_{11}$ 分别表示斜率 $B_{1j}$ 对于班级变量 $W_j$ 的回归直线的截距和斜率，$U_{1j}$ 表示由第 $j$ 个班级的班级变量带来的斜率上的误差。

## 三、多层线性原理及方法

### （一）多层数据的普遍性和多层线性模型的提出

多层线性模型是针对经典统计技术在处理具有多层结构的数据时所存在的局限以及可能产生的对分析结果的曲解而提出的，它适宜对广泛存在的多层数据结构进行恰当的、深入的分析和解释。

传统的线性模型，比如，ANOVA 或回归分析只能对涉及一层数据的问题进行分析，而不能将涉及两层或多层数据的问题进行综合分析。在教育研究中，更为重要和令人感兴趣的正是关于学生一层的变量与班级或学校一层的变量之间的交互作用问题。比如，学生之间的个体差异在不同班级或学校之间可能是相同的，也可能是不同的。在学生数据层、不同变量之间的关系也可能因班级或学校的不同而不同。这些学生层的差异可以解释为班级或学校层的变量的函数。然而，牵涉两层或三层数据结构的研究课题就不能用传统的统计方法解决，多层模型提供了解决这些问题的统计方法。

### （二）多层线性模型的分析原理

跨层级变量间的作用关系，在社会科学研究中常被称为组效应或者背景效应，因为在社会科学研究的基本假设中，个体并不是生活在真空中的，个体的行为既受到自身个体特征的影响，也受到所处环境的影响。研究者一直试图把个体效应与组效应加以区分。多层分析采用“回归的回归”(Regression of Regression)的运算原理，对这种个体效应和组效应进行分离，基本分析思想是这样的：首先对个体层变量进行回归，保存下回归系数，并将这些统计量与在第二层所观察到的变量混合在一起进行回归分析。例如，$X_{ij}$ 为个体层的自变量，$Y_{ij}$ 是个体层的因变量，$\gamma_{ij}$ 是第二层上的变量，对第一层变量来说，可建立回归方程：

$$Y_{ij} = \beta_{oj} + \beta_{ij} X_{ij} + \gamma_{ij}$$

其中，$i$ 是第一层个体编号，$j$ 为第二层组织编号，在每一组内做同样的回归后，得出 $\beta_{oj}$ 和 $\beta_{ij}$，并将其当作因变量，$W_j$ 作为自变量，即可再建立两个新的回归方程。

虽然多层线性模型的参数估计方法在概念上与进行多次回归的方法十分相似，但是两者的统计估计和验证方法却是不同的，并且多层线性模型的参数估计方法更加稳健。传统线性分析（比如线性回归和 ANOVA）使用普通最小二乘法（Ordinary Least Squares Estimation，OLS）进行参数估计。多层线性回归所使用的是收缩估计（Shrinkage Estimation），它比使用 OLS 进行“回归的回归”更为稳定或精确。这是因为，当第二层单位中只有少量的个体样本时，比如在研究样本中，由于某种原因，某些团队中只有几个成员，而其他的团队则有很多成员时，以小样本为基础的回归估计则是不稳定的。这种情况下，多层线性模型采用两种估计方法的加权综合值作为最后的估计结果。其一是来自每个工作小组的 OLS 估计，其二是第二层或小组间数据的加权最小二乘（Weighted Least

Squares,WLS)估计。最后的估计根据不同团队的样本大小进行加权。以上这两种估计中,样本规模较小者更为依赖第二层的 WLS 估计,而样本规模大的则更为依赖第一层的 OLS 估计。多层线性分析的建模基本形式与结构方程建模相似的是多层分析同样具有一个完整模型(Full Model),即模型中包含第一层的预测变量,也包含第二层的预测变量,这样就可以通过理论构建来说明或解释因变量的总体变异是怎样受第一层和第二层的因素影响的,而其他的模型,如零模型、随机效应回归模型和发展模型则都是根据具体的研究需要由这一完整模型变化而来的。为了更好地理解前文的"统计原理",这里给出最简单的完整模型,即只有一个第一层预测变量和一个第二层预测变量。

第一层:

$$Y_{ij}=\beta_{oj}+\beta_{ij}X_{ij}+\gamma_{ij} \tag{3-11}$$

第二层:

$$\beta_{oj}=\gamma_{oo}+\gamma_{oi}w_{ij}+\mu_{oi} \tag{3-12}$$

$$\beta_{ij}=\gamma_{io}+\gamma_{ii}w_{ij}+\mu_{ij} \tag{3-13}$$

$X_{ij}$、$Y_{ij}$、$W_{ij}$、$\beta_{oj}$ 和 $\beta_{ij}$ 的含义在前文都已经进行了介绍,需要指出的是,$\gamma_{oo}$ 为第二层的方程(3-12)的截距,可以解释为所有第二层单位的总体平均数;$\gamma_{oi}$ 为第二层的方程(3-12)的回归系数,可以解释为第二层变量 $W$ 对第一层回归式(3-11)中截距项差异的影响;$\mu_{oi}$ 和 $\mu_{ij}$ 分别表示第二层方程(3-12)和(3-13)的残差或随机项,即第二层方程未被解释的部分;$\gamma_{io}$ 为方程(3-13)的截距,可以解释为所有第二层的单位在第一层的斜率的总体平均数;$\gamma_{ii}$ 为方程(3-13)的回归斜率,可以解释为第二层变量 $W_{ij}$ 对第一层变量 $X$ 对 $Y$ 作用关系差异的影响。

如果在第一层有更多的解释变量,那么,在方程(3-11)中则可以增加第二个、第三个变量 $X_{2j}$ 和 $X_{3j}$,相对应的回归系数就是 $\beta_{2i}$ 和 $\beta_{3i}$,依此类推。同时,在第二层方程中也可以存在多个预测变量 $W_{ij}$,但在方程(3-12)和(3-13)所使用的第二层的预测变量不一定是相同的。在零模型的方程中,不存在第一层和第二层的任何解释变量,其中只关心因变量的总体变异中有多大比例是由第二层的差异所造成的,因此这种方法也称为方差成分分析。随机效应回归模型则只包含第一层的解释变量,截距项和回归系数均是随机的而不是固定的,研究截距项和斜率在第二层上的变异。在发展模型中,对同一样本的多次观察数据构成模型的第一层数据,样本的个体特征变量构成模型的第二层数据,其中在第一层方程中只将时间变量作为观测结果的解释变量建立发展模型,即将 $X_i$ 替换为时间变量,进而分析第二层变量对第一层变量发展趋势的影响。

(三)多层线性模型方法

以两水平模型为例,可以假设第一水平为个体,第二水平为地区,水平 1 的模型与传统的回归模型类似,所不同的是,回归方程的截距和斜率不再假设为一个常数,而是不同地区回归方程的截距和斜率都不同,是一个随机变量。每个地区回归方程的截距和斜率都线性依赖于第二水平变量(如地区的经济政策),这样就构成了一个两水平模型。

多层线性模型的原理与两次回归非常相似,但它们的估计方法和验证方法是不同的。具体不同之处如表 3-9 所示。

表 3-9 多层线性模型和两次回归的比较

| | 两次回归 | 多层线性模型 |
|---|---|---|
| 方法 | 普通最小二乘法(Ordinary Least Squares Estimation,OLS) | 收缩估计(Shrinkage Estimation),更稳定和精确;广义最小二乘法(IGLS);限制性的广义最小二乘法(RIGLS);马尔科夫链蒙特卡罗法(MCMC) |
| 过程 | 样本规模不相等时,无法对方差和协方差进行估计 | 通过迭代过程(Iterative Process)完成 |

多层线性模型的适用范围非常广,凡是具有嵌套和分层的数据均可使用多层线性模型进行分析。此外,多层线性模型还可以用于纵向研究。采用多层分析的方法处理重复测量数据与时间变量之间的关系,在多层结构中可以对非平衡测量数据得到参数的有效估计。因此,用多层分析法处理重复测量的数据,不要求所有的观测个体有相同的观测次数。在纵向调查研究中,由于各种各样的原因,被试个体观测值部分缺失的情况时有发生,因此多层线性分析法处理缺失数据而不影响参数估计精度的这一特征,使得多层线性分析法在处理纵向观测数据时,比传统多元重复测量方法有很大的优势。

与传统的用于处理多元重复测量数据的方差分析和回归分析方法相比,多层线性分析法至少具有以下优点:多层线性分析法通过考虑测量水平和个体水平的差异,明确表示出个体在水平 1(不同测量点)的变化情况,因而对于数据的解释(个体随时间的增长趋势)是在个体与重复测量交互作用基础上的解释,即不仅包含了不同测量点的差异,而且包含了个体之间存在的差异。多层线性分析法对数据资料较传统多元重复测量方法有较低的要求,对于重复测量的次数和重复测量之间的时间跨度都没有严格的限制。不同个体可以有不同的测量次数,测量与测量之间的时间跨度也可以不同。多层线性分析模型可以定义重复观测变量之间复杂的协方差结构,并且对所定义的不同的协方差结构进行显著性检验。在多层分析模型中,通过定义第一水平和第二水平的随机变异来解释个体随时间的复杂变化情况,当数据满足传统多变量重复测量模型对数据的要求和假设时,层次分析法得到与传统固定效应多元重复测量模型相同的参数估计和假设检验结果。用多层分析模型可以考虑更高一层的变量,如不同地区儿童对个体增长的影响。但是多层分析模型也有缺点,用于多层分析模型的参数估计方法较传统估计参数的方法复杂得多,而且不能处理变量之间间接的影响关系,不能处理复杂的观测变量和潜变量之间的关系。

目前,已经有很多计算机软件可以用于处理多层线性模型的问题,其中由 Scientific Software International 公司开发的 HLM 较为常见。HLM 采用的是 Windows 平台,操作也较为方便,是目前处理多层线性模型较好的工具。

(四)多层线性的样本要求

多层线性分析对样本量的要求与传统统计研究的要求相似,主要体现在统计推断和假设检验,以及样本个数与变量个数间的比例上,例如在统计推断和假设检验中,一般认为随机抽取的样本个数在 30 个以上就能符合正态分布的基本假设,因此多层线性分析也要符合这一基本要求。同时,在统计或计量分析中,一般要求模型中的变量个数和样本个数的比例是 1∶10,这一比例要求同样也适用于多层线性模型的方法。但是,多层分析在分析思想和参数估计方法上的特殊性,使得样本量的要求在不同层数据中有所侧重。一般来说,多层分析的重点在于研究不同层变量之间的交互作用,因此高层样本量的要求比第一层样本量的要求更高。以员工镶嵌于团队的两层数据为例,员工为第一层,团队为第二层,由于HLM使用的是收缩估计,收缩估计的方法是用两层估计加权得到一个更好的估计。在这种情况下,即使有的团队仅有几个人,HLM也可以借助第二层人多的团队的估计优势来估计人少的团队。因此,研究并不需要每个团队都至少有30个以上的员工,但是第二层的样本容量要符合以上两个方面的条件。同时,如果研究仅仅是为了解释方差是来自高层或底层,而不涉及假设检验,就无须遵从上面提到的两个样本量的条件。

## 四、多层线性模型的案例应用

多层数据结构的应用比较普遍,综合起来看,运用多层模型对多层数据结构进行分析的研究主要表现在以下五个领域:一是广泛应用于组织和管理研究;二是对个体进行追踪、多次观测的发展研究;三是前两种应用的综合研究;四是对文献进行综述,即对众多研究成果进行定量综合研究;五是利用多层的数据回答单层数据的问题,这种方法充分利用多层模型较为高级的统计估计方法,来改善单层回归的估计和分析。下面着重对多层模型在管理学纵向研究中的应用举例介绍。

### (一)多层线性模型在管理学中的应用

#### 1. 横截面数据的多层结构

在社会科学中,很多研究问题都体现为多水平的、多层的数据结构。在实证分析中,为了符合研究对样本数量的要求,研究者经常会选择不同企业中的员工对其发放问卷或采集相关统计信息,而所选择的员工往往镶嵌于不同的团队或部门,有着不同的团队或部门领导,同时这些团队或部门又镶嵌于不同的企业。企业或团队层中不同的领导风格或激励机制,往往对员工行为的选择有着重要的作用。因此,员工层变量结果中的差异,或者变量之间的关系的差异,可以解释为团队层上或企业层上的预测变量的函数。例如,在研究组织文化和组织管理者的领导风格时,我们就很想了解组织成员的某种行为或特征与其工作绩效间作用关系的差异,有多少可以被组织文化或领导风格所解释。因此,对这样具有嵌套性质的数据结构,我们往往采用多层线性模型技术进行分析研究,以便能够较为准确地反映管理实践。

#### 2. 纵向研究数据的多层结构

另一种类型的两层镶嵌数据结构来自纵向研究或重复测量研究。在纵向研究中,以不同观测时点的追踪记录结果为第一层数据,以样本的个体特征或不同的实验处理为第二层数据,从而构成两层数据结构。与传统的统计分析方法相比,多层线性模型在数据的基本假设和研究问题的范围上都有显著的扩展。传统统计分析方法在进行纵向研究时,是以样本数据的同方差和无自相关为前提假设的,如方差分析和多元回归分析。但是在实际研究中,这些假设很难成立,例如,同一个体的多追踪数据之间往往具有更多的相似性,在同一时间点观测到的数据也可能存在共同方向上的系统误差,这使得随机误差项的无自相关假设受到了威胁。同时,随着时间的推移,误差项的方差也会发生一定的变化,从而影响同方差的假设。而多层线性模型则不需要以同方差和无自相关为前提假设,因此该方法更适合于进行纵向研究。传统统计方法主要用于比较各次观测结果间差异性是否显著,或前期观测结果对后期观测结果的预测程度，而多层线性模型则可以对多层结构的样本数据进行更广泛的研究，尤其是不同层变量之间的交互作用，例如个体间某些特征的差异是否显著地解释了其发展趋势的不同。

同样，在进行团队研究的过程中，团队发展过程的研究已经成为该领域的前沿问题，这种借助多层线性模型对团队发展过程进行的动态研究能够在纵向研究中起到很好的分析和解释作用，从而可以探究团队的组织结构、制度安排和沟通模式等团队层变量是如何解释团队成长过程和团队绩效的。

（二）多层线性模型在纵向研究中的运用

纵向研究也叫追踪研究，主要用来分析事物在一段时间内或某几个时间点上的变化趋势以及不同个体之间变化趋势的差异。与横向研究相比，纵向研究的最大优点是可以描述事物的连续性变化，以及合理地推论变量之间的因果关系。在医学、生物学、环境科学、心理学等许多领域中，纵向研究都有着广泛的应用。近年来，国外统计学领域中专门的纵向数据分析技术有了长足的发展，其中，多层线性模型在纵向研究中得到了越来越多的运用。传统统计技术在纵向研究中的局限性以及多层线性模型的优势主要有以下几个方面。

1. 方差齐性和随机误差独立性假设的问题

传统统计技术在处理纵向研究数据时主要采用重复测量的方差分析和多元回归分析。然而，这两种统计手段都以方差齐性和随机误差独立性为前提假设。纵向研究中，这些假设很难得到保证。来自同一个体的多次追踪数据可能存在更多的相似性，在同一时间点的多个观测数据可能存在共同方向上的系统误差，这些问题都使随机误差独立性假设受到威胁。在关于发展趋势的纵向研究中，因变量随时间的推移而发生有规律的增减变化，方差也容易发生相应的增减，使方差齐性假设受到威胁。在上述情况下，采用传统统计技术可能导致不合理的甚至是错误的结论。而多层线性模型不需要以方差齐性和随机误差独立性为前提假设，更适合于纵向研究。

2. 缺失值问题和测量间隔不一致问题

纵向研究需要对同一观测对象做多次追踪观测，很容易出现样本的流失。传统的统计手段是删除存在缺失值的观测对象或对其缺失值进行拟合，前者造成了信息的浪费，而后者降低了研究的精确程度。多层线性模型允许缺失值的存在，在建立第一层回归模型时能够最大限度地利用现有样本的信息。另外，传统的统计技术还要求所有被观测对象在相同的时间间隔接受观测，这也给纵向研究增加了额外限制。多层线性模型不但允许不同时间间隔的测量，还允许不同观测对象采用不同的观测时间表，这一特性使研究者有了更多的灵活性。

3. 处理研究假设的能力

传统统计手段的功能主要局限于比较各次观测结果间差异的显著性或前期观测结果对后期观测结果的预测程度，而多层线性模型允许研究者在不同数据层面上提出不同假设。例如，是否存在显著的增长或下降趋势；不同类型个体的变化速率是否一致；哪些因素可以预测不同类型个体在变化速率上的差异；不同类型个体在变化速率上的差异是否得到了足够的解释；等等。还可以建立多个发展模型，通过拟合度检验选出最吻合观测数据的理论假设。

（三）多层线性模型在纵向研究中的运用举例

1. 问题说明

为了进一步理解模型中各部分参数在纵向研究中的实际意义，下面以一组模拟数据为例进行说明。为探索一种新药物对自闭症儿童的治疗作用，对 120 名自闭症儿童进行了研究，其中 64 名儿童未接受药物治疗，56 名儿童接受了药物治疗。以“自闭症儿童适应功能测验”得分为观测指标对上述儿童进行了 4 次追踪，每次追踪间隔 5 个月，以反映自闭症儿童适应能力的改善情况。研究者期望了解药物治疗的作用以及治疗开始前的症状严重程度对疗效的影响。建立两个 SPSS 格式的数据文件，文件 1 中包含儿童编号、测量时间、适应功能测验分数三个变量。文件 2 中包括儿童编号、治疗方法、治疗开始前的症状严重程度三个变量。利用 HLM5 软件读入两个 SPSS 格式的数据，并生成 SSM 数据结构。下面分别通过两个模型来分析纵向变化趋势。

2. 随机效应模型

在随机效应模型中，第二层方程不包含任何自变量。因此该模型的作用是描述全体观测对象的变化趋势，并就是否需要进一步引入第二层解释变量做出决定。在随机效应模型中设定以下两层方程。

第一层的方程是：

$$\text{适应功能测验分数} = \beta_0 + \beta_1(\text{观测时间}) + \varepsilon \tag{3-14}$$

第二层的方程是：

$$\beta_0 = \gamma_{00} + \mu_0 \tag{3-15}$$

$$\beta_1 = \gamma_{10} + \mu_1 \tag{3-16}$$

在 SPSS 数据文件中，对于“测量时间”变量，分别用 −3，−2，−1，0 代表四次测量，这样做的目的是令方程(3-14)的截距 $\beta_0$ 正好等于最后一次适应功能测验的平均分。经过 HLM5 软件进行参数估计，结果如表 3-10 所示。

**表 3-10　随机效应模型的参数估计结果**

| 固定效应部分 | 系数 | 标准误差 | $t$ 检验 |
|---|---|---|---|
| $\gamma_{00}$ | 13.28 | 0.46 | 28.83*** |
| $\gamma_{10}$ | 1.53 | 0.14 | 10.94*** |
| 随机效应部分 | 方差 | 自由度 | 卡方值 |
| $\mu_0$ | 20.09 | 119 | 700.48*** |
| $\mu_1$ | 1.08 | 119 | 232.10*** |

表 3-10 结果表示，最近一次测量中所有儿童的适应功能平均分数是 13.28。每隔 5 个月，自闭症儿童的适应功能分数平均增长 1.53 分，$t$ 检验结果说明增长趋势显著。方程式(3-15)和式(3-16)中的残差变异都显著，说明无论是当前适应功能得分还是变化速率，都存在较大的个体间差异，需要引入第二层线性模型加以分析。

3. 完整模型

为了更充分地解释方程式(3-11)中当前分数和变化速率上的个体差异，引入两个第二层变量:是否接受了药物治疗以及治疗开始前的症状严重程度。这种在两层中都包含自变量的模型称为完整模型。

第一层的方程是:

$$适应功能测验分数=\beta_0+\beta_1(观测时间)+\varepsilon \tag{3-17}$$

第二层的方程是:

$$\beta_0=\gamma_{00}+\gamma_{01}(是否治疗)+\gamma_{02}(严重程度-1)+\mu_0 \tag{3-18}$$

$$\beta_1=\gamma_{10}+\gamma_{11}(是否治疗)+\gamma_{12}(严重程度-1)+\mu_1 \tag{3-19}$$

对于"治疗方法"变量,用0代表未接受治疗,1代表接受药物治疗。另外,考虑到"严重程度"变量的分值是1~7,不存在"严重程度"等于0的被试,为后面解释上的便利,在第二层方程中对"严重程度"变量进行了中心化。经过HLM5软件进行参数估计,结果见表3-11所示。

**表3-11 完整模型的参数估计结果**

| 固定效应部分 | | 系数 | SD | $t$检验 |
|---|---|---|---|---|
| 对于$\beta_0$ | 截距$\gamma_{00}$ | 11.04 | 0.52 | 21.41*** |
| | 治疗效应$\gamma_{01}$ | 4.65 | 0.81 | 5.77*** |
| | 初始症状严重程度效应$\gamma_{02}$ | −0.55 | 0.20 | −2.76** |
| 对于$\beta_1$ | 截距$\gamma_{10}$ | 0.99 | 0.16 | 6.15*** |
| | 治疗效应$\gamma_{11}$ | 0.78 | 0.26 | 4.14*** |
| | 初始症状严重程度效应$\gamma_{12}$ | −0.09 | 0.06 | −1.39 |
| 随机效应部分 | | 方差 | $df$ | $\chi^2$ |
| $\mu_0$ | | 14.28 | 117 | 510.48*** |

与$\beta_0$相关的固定效应提供了以下信息:未接受药物治疗的最低严重程度的自闭症儿童当前适应功能得分平均是11.04分;药物治疗对当前得分有显著影响,治疗组得分比未治疗组高出4.65分;初始症状严重程度对被试当前得分有显著影响,初始症状严重程度每升高1级会导致当前得分下降0.55分。与$\beta_1$相关的固定效应提供了以下信息:未接受药物治疗的最低严重程度的自闭症儿童适应功能变化趋势是每5个月升高0.99分;药物治疗对适应功能增长速度有显著的积极影响,可以使增速提高0.16分;初始症状严重程度对适应功能增长速度无显著影响。随机效应的分析表明,由于完整模型中增加了两个自变量,截距的方差从随机效应模型中的20.09下降到14.28,说明两个新增自变量解释了随机效应模型截距29%的方差,斜率的方差从随机效应模型中的1.08下降到0.78,说明两个新增自变量解释掉随机效应模型斜率28%的方差。从随机效应的显著性检验结果来看,剩余的未被解释的方差仍然显著,还需要考虑引入新的自变量以增加模型的解释力度。

(四)纵向研究中多层线性模型需要注意的问题

运用多层线性模型分析纵向研究资料时,需要注意以下三方面的问题。

(1)至少需要三波次以上的追踪数据。有些纵向研究中只包括了两波次追踪数据,在这种情况下,有些水平1的问题无法得到确定,例如所有的变化都在两次测量之间发生了吗?变化趋势是稳定的还是波动的?两次测量之间的差异是源自变化还是源自测量误差?

因此,无法根据两波次数据做出不同观测对象的发展曲线,而这正是水平1分析中的核心部分。一般认为,测量的波次越多,多层线性分析的结果也就越可靠,而最低要求是有三波次以上的追踪数据。

(2) 应根据研究需要合理选择时间变量。时间变量是水平1分析中的主要自变量,它既影响到研究成本和研究设计,也影响到结果的解释。时间变量的选择没有固定的要求,例如,在疗效研究中既可以选取周数也可以选取治疗次数为时间变量;在教育研究中既可以选取年级也可以选取年龄为时间变量。研究者应根据研究需要,设定最合适的时间变量。各次观测所间隔的时间可以是不相等的(Unequally Spaced Waves),在急速变化期可以有较多的观测次数,而缓慢变化期则可以减少观测次数。如果不同被试采用相同的观测时间表,这种情况被称为结构化时间数据(Time-structured),如果不同被试采用不同的观测时间表,这种情况被称为非结构化时间数据(Time-unstructured),两种情形都可适用于多层线性模型。

(3) 水平1中的结果变量必须在各次测量中具有等价性。结果变量是指水平1上的因变量,它在追踪过程中得到了多次测量。如果各次测量都使用了相同的测量工具,结果变量的等价性基本可以得到保证,即各次测量结果是可比的。但是,有时候在前次测量中的工具无法适合后次测量的需要,例如考查儿童在一学期内阅读能力的变化,每次都需要采用不同的阅读测验。这种情况下,不可以简单地根据标准分进行转化,而需要进行测验等价处理。

## 第五节　项目反应理论

### 一、方法背景

项目反应理论(Item Response Theory,IRT)是近年来在西方教育与心理测量领域得以迅速发展和广泛应用的一种新的教育和测量理论。有人甚至称其为教育与心理测量领域的"爱因斯坦相对论",喻其带来了教育与心理测量理论的革命。

当前,考试的指导理论主要有两种:一是以真分数理论为代表的经典测试理论(Classical Test Theory,CTT),二是项目反应理论。经典测试理论从20世纪初发展起来,包含了多种测量模型。对于试题和试卷的评价说明方法很多,其理论的发展也较成熟,对建立试卷、考分转换与等值处理等均有一套较为完整的方法。经典测试理论建立了一系列试题分析的公式。但此理论仍有不够完善的地方:① CTT 用于评价试题质量的指标(如难度、区分度)严重依赖于被测试样本,对同一问题,如果被测试样本能力水平差异大,则区分度值会很高,反之,区分度值则很低;② CTT 只适用于测验被测试者相对能力水平(常模参照测验),不适于考察实际能力水平(目标参照测验),例如在目标参照测验中,如果被测试者全部不能通过测验,则无法计算难度和区分度;③ CTT 测验某项能力或知识水平时,必须同时使用同一套测验题,否则测验结果无法直接进行比较。该理论模型用测试通过率来定义难度,用题目分数和总分来代表区分度,估计分数真值的标准误差及由此推算出来的信度公式、估算度试题数与信度关系的 Supearman-Brown 公式等。

项目反应理论是针对经典测量理论的不足而提出来的,其理论基础是潜在特质理论。

项目反应理论建立了深刻地、综合地反映考生作答反应与题目质量及能力水平间关系的非线性模型，估计出的能力水平不依赖于特定的施测题目样本，而且能明确算出信息量即测量精度。与经典测试理论相比，它有以下优点：① 试题参数估计更准确；② 定义了信息函数，根据信息函数来选择测试的试题，使得挑选试题更为科学、合理；③ 试题参数的估计独立于被测试样本；④ 能力参数的估计也独立于试题样本；⑤ 可以在得分与题目参数之间建立函数关系，适合编制自适应考试系统。

项目反应理论是一种先进的测量理论，也是 CAT 的重要理论基础。正是由于项目反应理论所具有的优势，它在考试领域有了广泛的应用，最典型的应用就是计算机自适应考试。

项目反应理论的基本思想可以追溯到 20 世纪三四十年代，但项目反应理论诞生的标志是 1952 年洛德(F. Lord)从普林斯顿大学毕业的博士论文 *A Theory of Test Scores*(《关于测验分数的一个理论》)。他的博士论文首次对项目反应理论做了系统的阐述，被认为是 IRT 理论的开端之作，标志着项目反应理论的真正兴起和发展。在随后的 30 年中他进入 ETS 工作不断深入研究这个问题，并且在 1980 年出版的 *Applications of Item Response Theory to Practical Testing Problems* 正式完善了整个 IRT 理论的框架。由于洛德理论的数学复杂性，以及人们对理论本身的怀疑，当时这一新型的测量理论并没有引起人们的关注，直到 1965 年洛德通过大规模的调查研究，证实了他所提出的项目反应理论的假设与现实生活中的测验问题相符，由此而引发项目反应理论的研究和应用。1960 年，丹麦数学家 G. 拉彻提出的“样本无关”的心理测验模型为洛德理论假设的提供了方法支持。这就是以后项目反应理论中重要的单参数模型。

此后，项目反应理论获得了迅速发展。1968 年，洛德和诺维克在《心理测验分数的统计理论》一书中详细地阐述了项目反应理论中具有二、三参数的常态卵形模型和逻辑斯蒂模型的数学问题，至此，项目反应理论的基本体系基本形成。在 20 世纪 70～80 年代，项目反应理论又吸引了众多教育和心理测验学者的关注，从而使得项目反应理论取得了突破性进展。例如，洛德的《项目反应理论在实际测验问题中的应用》(1980 年版)，赫林、德雷斯哥和帕森斯的《项目反应理论在心理测量中的应用》(1983 年版)，汉布尔顿和斯沃米纳塞的《项目反应理论：原理和应用》(1985 年版)；美国《教育测量杂志》(JEM)于 1977 年秋夏季号刊登了“潜在特质理论应用”专辑，共有六篇研究报告；美国《应用心理测量》杂志于 1982 年秋季号发表了“项目反应理论和应用中的进展”专辑。与此同时，项目反应理论在技术上和应用上也取得进展。特别是在近几十年的计算机技术的协助下，先后产生了计算机程序 BISCA 和 LOGIST，它们都较成功地实现了项目反应模型的参数估计，为项目反应理论在实践中的应用扫清了障碍。

## 二、原理及方法

### (一) 项目反应理论的含义

项目反应理论也称项目特征曲线理论，或潜在特质理论(Latent Trait Theory)，它是依据一定的数学模型，用项目特征参数估计潜在特质的一种测量理论。该理论中最重要的两个基本概念是“潜在特质”和“项目特征曲线”。

项目反应理论假设被试有一种“潜在特质”，潜在特质是在观察分析测验反应基础上提出的一种统计构想，在测验中，潜在特质一般是指潜在的能力，并经常用测验总分作为这种潜力的估算。项目反应理论认为被试在测验项目的反应和成绩与他们的潜在特质有特殊的关系。通过项目反应理论建立的项目参数具有恒久性的特点，意味着不同测量量表的分数可以统一。项目反应理论通过项目反应曲线综合各种项目分析的资料，使我们综合直观地看出项目难度、鉴别度等项目分析的特征，从而起到指导项目筛选和编制测验比较分数等作用。

洛德在 1952 年提出的 IRT 模型可以描述为：

$$P(\theta) = c + (1-c)\int_{-\theta}^{a(\theta-b)} \frac{e^{-\frac{t^2}{2}}}{\sqrt{2\pi}}dt \tag{3-20}$$

这个模型也叫作“3 参数 Normal-ogive 模型”(3-Parameter Normal-ogive Model)，简称为 3PN。在实际应用中，人们出于数值处理的简便，更倾向于使用“3 参数 Logistic 模型”(简称 3PL 模型，3-Parameter Logistic Model)，该模型的表达式如下：

$$P(\theta)=c+\frac{1-c}{1+e^{-Da(\theta-b)}} \tag{3-21}$$

其中量表因子 D 为常数 1.7。

根据这两个模型所绘制出的曲线也叫作项目特征曲线(Item Characteristic Curve, ICC)，形状如图 3-16 所示。其意义在于描述出“成功解答某一特定考试项目的可能性”和“被测试者能力”(在函数中以 $\theta$ 表示)之间的关系。

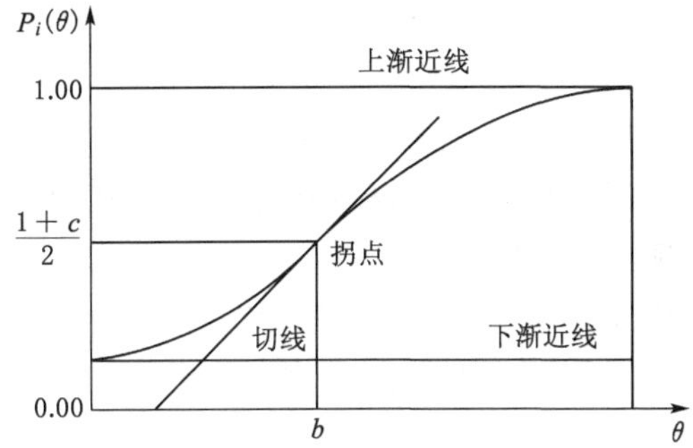


图 3-16　项目特征曲线示意图

在以上的两个模型中，共有 3 个参数：$a$、$b$、$c$。其中参数 $c$ 一般被称为“猜测参数”(Guessing Parameter)或者“伪猜测参数”(Pseudo-guessing Parameter)。在图像上，$c$ 所代表的是 ICC 的下限，其直观意义为：当一个被测试者的能力值非常低(比如接近负无穷)，但是他仍然能够做对这道题目的概率 $c$ 就是他猜测的能力。当猜测参数 $c=0$(曲线的下渐近线为 0)时，$b$ 等于 $P(\theta)=0.50$ 时的 $\theta$ 值，因为对于一条完整的 ICC，拐点恰好是曲线的中点和对称点。当 $c>0$ 时，就有 $P(\theta)=\frac{1+c}{2}$。

$b$ 称为项目难度参数，也称为项目难度(Item Difficulty)。$b$ 一般表示 ICC 图像最陡的那一点所对应的 $\theta$ 值。对于下限为 0 的 ICC 函数来说，$b$ 所对应的是概率为 0.5 的测试者能力值。改变 $b$ 会导致 ICC 的左右移动，但是不改变其形状。当 $b$ 值增加，ICC 曲线向右移动($\theta$ 值高的方向),即使 $\theta$ 保持不变,答题正确率也下降,亦即题目难度增加。反之当 $b$ 值减小,ICC 曲线向左移动,题目难度降低。$b$ 表示一个项目的难度,其取值范围一般在 $-3.0 \sim +3.0$ 之间。$b$ 值越大,表示项目的难度越大。

$a$ 称为区分度参数或项目区分度(Item Discrimination)。在数学上,$a$ 值是 ICC 曲线拐点处的斜率,即斜率的最大值。在这一点上,能力值微小的改变会造成最大的 $P$ 值(回答正确率)变动。所以 $a$ 体现的是该项目的最大区分度。

早期的项目反应模型主要是单维度模型,而且更强调双歧项目模式(如拉希模型和三参数逻辑斯蒂模型),如今一些多维度项目反应模型也逐步发展起来,并向其他项目模式的拓展,使得它能应用于更多的领域。如今,项目反应理论模型已发展出了等级量表模型、分部评分模型和多重选项计分模型等。

### (二) 项目反应理论基本理论假设

项目反应理论(IRT)的质量指标——项目参数的估计值与样本选择无关;对被试能力水平的估计值与测试试题无关;同时能给出能力或知识水平估计值的精度。

目前,大多数的项目反应理论模型都假设在某一项目反应上只有一个单一潜在特质起作用,并且可以采用数学模型来描述这一潜在特质水平与项目反应之间的函数关系。鉴于此,可以归纳出项目反应理论的三条基本假设。

(1) 一维性假设。即测验只测量被试的某一种能力(如计算能力),而可以忽略其他能力对测验结果的影响(如阅读能力)。也就是说,被试对测验结果的反应只受一种能力水平支配,而不受其他能力水平的束缚。绝大多数的项目反应模型是基于这一假设的。也正是由于这一假设,项目反应理论受到了反对者的攻击,因为显而易见的是,在测验实践中完全满足一维性假设是较困难的。

(2) 局部独立性。事实上,这是与一维性假设相等同的,它是指被试对测验中不同题目的反应在统计上是互相独立的。也就是说被试在测验中对某题目上的正确反应概率不依赖于它在其他题目上的正确反应概率。

(3) 项目特征曲线形成的假设。这主要是指被试对项目所作反应的概率遵循一定的函数关系,这种函数关系可以用项目特征曲线形式表示出来。

### (三) 项目反应理论基础模型及其简化

#### 1. 逻辑斯蒂模型的含义

由图 3-16 可见,所假设的项目特性曲线形状是以拐点为对称中心的 S 形。

曲线下部的渐近线离坐标原点有一定的距离 $c_j$,这是由于存在猜测因素,即使能力素质很低的被试仍有可能答对该项目,因此距离 $c_j$ 即可定义为项目 $j$ 的“猜测参数”。

由图 3-16 还可看到,拐点在纵轴上的投影落在 $c_j$ 与 1 之间的中点 $(1+c_j)/2$ 上,这表明对于能力素质水平为 $b$(拐点在横轴上的投影)的被试来说,若不考虑猜测因素,则答对与答错项目的概率恰好相等,即对于能力素质水平为 $b$ 的被试来说,所回答的项目有适当的难度(不太容易也不太难),所以通常就把 $b$ 定义为该项目的“难度参数”。

此外,曲线越陡峭,正答概率 $P_i(\theta)$ 随能力 $\theta$ 的变化就越敏感,该项目区分被试的能力就越强。而曲线的陡峭程度是由拐点处的斜率决定的,因此,可以将曲线在拐点处的斜率定义为该项目的“区分度参数”,并用 $a$ 表示。

由此可见，项目特性曲线所描述的实际上是，被试的正答概率 $P_i(\theta)$ 与项目质量数 $a$、$b$、$c$ 以及被试的能力素质水平 $\theta$ 之间的数值关系。

如上所述，项目特性曲线描述的是被试测验得分与被试内在素质、能力水平之间的关系。在图中具有不同能力水平的各个被试用 $\theta$ 表示；被试关于项目 $i$（即第 $i$ 题）的测验得分用"正答概率"$P_i(\theta)$ 表示。一定能力水平的被试对某一测验项目的正答概率只与该项目（即试题）的质量有关。

2. 逻辑斯蒂模型的基础模型

在 IRT 研究过程中，人们提出了多种项目反应模型，这些模型主要分为两大类：静态模型与动态模型。静态模型描述被试某时刻的素质、能力水平（不随时间变化）；动态模型则用来描述被试的内在素质、能力水平随时间变化的情况。目前比较成熟的是静态模型。静态模型还可以根据测试能力的维度分为单维、多维，根据测验的评分方式分为二值记分和多值记分（二值记分是指用 1 表示答对，用 0 表示答错），以及根据项目特性曲线的形状分为正态卵模型和逻辑斯蒂模型等多种。目前应用较广的是单维逻辑斯蒂模型。

逻辑斯蒂模型是由伯恩鲍姆于 1957 年提出的。逻辑斯蒂模型有单参数、双参数及三参数之分，其中以三参数逻辑斯蒂模型应用最为广泛。其函数表达式分别如下。

单参数逻辑斯蒂模型：

$$P_i(\theta)=\frac{1}{1+\mathrm{e}^{-\mathrm{D}(\theta-b_i)}} \tag{3-22}$$

双参数逻辑斯蒂模型：

$$P_i(\theta)=\frac{1}{1+\mathrm{e}^{-\mathrm{D}a_i(\theta-b_i)}} \tag{3-23}$$

三参数逻辑斯蒂模型：

$$P_i(\theta)=c_i+\frac{1-c_i}{1+\mathrm{e}^{-\mathrm{D}a_i(\theta-b_i)}} \tag{3-24}$$

其中，$P_i(\theta)$ 表示能力为 $\theta$ 时的被试在项目 $i$ 上正确作答的概率；$\theta$ 表示被试的能力；$b_i$ 表示项目 $i$ 的难度参数；e 表示自然对数之底，e＝2.718 28；D 表示量表因子，为常量，D＝1.7；$a_i$ 表示项目 $i$ 的区分度参数；$c_i$ 表示项目 $i$ 的伪随机水平参数，习惯称猜测参数。

3. 逻辑斯蒂拱形函数的应用和简化

在三个质量参数的逻辑斯蒂模型的基础上，可做如下简化分析。

对于三参数逻辑斯蒂模型 $P_i(\theta)=c_i+\frac{1-c_i}{1+\mathrm{e}^{-\mathrm{D}a_i(\theta-b_i)}}$，除了选择题和是非题以外，对于其他类型的试题来说一般不含有猜测因素，因而可令 $c_i=0$，这样就得到双参数逻辑斯蒂模型的数学表达式 $P_i(\theta)=\frac{1}{1+\mathrm{e}^{-\mathrm{D}a_i(\theta-b_i)}}$；在不含有猜测因素，并且测验中各个试题又有大致相同区分度的情况下，可令上式中的 $a$ 取某一数值，比如令 $a=1$，这时项目的质量参数剩下难度一个，从而得到单参数逻辑斯蒂模型 $P_i(\theta)=\frac{1}{1+\mathrm{e}^{-\mathrm{D}(\theta-b_i)}}$。式中，$P(\theta)$ 为被试能力素质水平值，$b_i$ 为项目的难度，$b_i$ 随项目而变化。

当被试能力素质 $\theta$ 等于难度 $b_i$ 时，正答概率 $P(\theta)=1/2$；当 $\theta>b_i$ 时，$(\theta-b_i)$ 为正值，$P(\theta)$ 将大于 1/2，被试的能力越强（$\theta$ 越大），$P(\theta)$ 越接近于 1；当 $\theta<b_i$ 时，$(\theta-b_i)$ 为负值，

$P(\theta)$将小于 1/2，被试能力越弱($\theta$越小)，$P(\theta)$越接近于 0。

可知，在逻辑斯蒂模型中，对项目参数的估计可以和能力素质的估计完全分开。这就是说，只要测验项目符合该模型，对于被试能力素质的估计就独立于所使用的测验项目(即与施测所用试题无关)；反之，只要被试符合该模型，对项目参数的估计就独立于被试样本的能力素质分布(即与被试样本的选择无关)。

## 三、模型参数估计

在单维型假设的前提下，任何项目反应模型都可以统一描述成 $P_i(\theta)=F(\theta,a,b,c)$ 的形式。其中包含两类参数，一类是被试的能力参数；另一类是项目的质量参数，用 $a$、$b$、$c$ 标识，分别称为区分度参数、难度参数和猜测参数。这些参数值都不能由直接测量得到，而必须通过被试的反应数据进行估计来求出。通常采用的是极大似然估计法。项目反应理论用项目特征曲线表示被试的潜在特质与其对项目的正确反应的概率之间的关系，再用一定的数学模型拟合项目特征曲线，从而为估计被试的潜在特质奠定了基础。

将题目参数已知的测验施测后，我们要根据被试所得分数矩阵估计出被试的能力(特质)参数。为了方便，首先考虑一个被试。若能力(特质)水平为 $\theta$ 的被试在第 $i$ 题上的反应变量为 $Q_i$，如果 $U_i$ 为 1 或 0 取值的二分变量，则该被试在第 $i$ 题上的答对率为：

$$P(U_i/\theta)=P_i^{U_i}Q_i^{1-U_i} \tag{3-25}$$

其中，$Q_i=1-P_i$。$P_i$ 就是前面计算得到的能力为 $\theta$ 的被试在项目 $i$ 上正确作答的概率 $P_i(\theta)$。

### (一) 极大似然估计法

设有一批实测数据，这些数据是用 $m$ 道试题组成的试卷对 $n$ 名被试进行测验而得到的。该测验采用二值评分，所有被试在 $m$ 个测验项目上的得分构成一个“二值得分矩阵”(项目反应矩阵)。在极大似然估计中，似然函数的一般形式为：

$$L(U/\theta,a,b,c) = \prod_{i=1}^{n}\prod_{j=1}^{m}P_{ij}^{U}Q_{ij}^{(1-U)} \tag{3-26}$$

式中 $P_{ji}$——被试 $i$ 答对项目 j 的概率；

$Q_{ji}$——被试 $i$ 答错项目 $j$ 的概率；

$U$——$n\times m$ 的项目反应矩阵，其元素为 $U_{ji}$，用于似然函数估计可表示为：

$$U_{ji}=\begin{cases}1\text{——当 } i \text{ 被试答对项目 } j \text{ 时}\\0\text{——当 } i \text{ 被试答错项目 } j \text{ 时}\end{cases}$$

式(3-26)为一个连乘式，为了便于计算，对该式取自然对数，可得到对数型式的似然函数：

$$\ln L(U/\theta,a,b,c) = \sum_{i=1}^{n}\sum_{j=1}^{m}[U_{ij}\ln P_{ji} + (1-U_{ji})\ln Q_{ji}] \tag{3-27}$$

这是三参数逻辑斯蒂模型似然函数，适用于最一般的情况。单参数和双参数逻辑斯蒂模型的似然函数可作为它的特例。在进行参数估计时，应寻找能使似然函数达到最大值的那个参数值。为此，求出 $\ln L$ 对于各个参数的一阶偏导数并令其等于零，可以求出被试能力参数和项目质量参数的估计值：

$$\frac{\partial \ln L}{\partial Q_i}=0;\frac{\partial \ln L}{\partial a_j}=0;\frac{\partial \ln L}{\partial b_j}=0;\frac{\partial \ln L}{\partial c_j}=0 \tag{3-28}$$

对于有 $n$ 个被试和 $m$ 个项目，每个项目有 3 个参数，因此从理论上说，上述方程组共包含 $n\times 3$ 个方程，这些都是非线性的，应当用数值计算方法求解（例如可用 Newton-Raphsontdp 迭代法）。

（二）参数估计的基本过程

在实际测量工作中，对两类参数（能力参数和质量参数）的估计可按如下述过程进行。

首先，按下列方式为能力参数和质量参数指定初值。

能力参数的初值＝经典测量理论中的标准分 $Z$，$Z$ 可按下式求出：

$$Z=\frac{X_i-X}{S}$$

其中，$X_i$ 为第 $i$ 个被试的测验得分，$X$ 为平均分，$S$ 为标准差。则区分度参数的初值＝经典测量理论中的难度值＋2（2 是比例因子）；猜测参数的初值＝试题 $j$ 的可选项数倒数。

然后，按以下步骤进行迭代运算。第一步，把三个质量参数看作已知值，用极大似然估计法估算出能力参数。第二步，将上一步中估出的能力参数作为已知值，用极大似然估计法估算出三个质量参数。第三步，判别结束条件是否满足，若满足则最后一次的估计值即为最终估计值；若不满足，则返回第一步继续迭代运算。结束条件可以是指定的迭代次数，也可以是趋于稳定的参数值（当前后两次估计值之差小于某个指定值时，即可认为趋于稳定）。

（三）项目与测验的信息函数

信息函数是项目反应理论中的一个重要概念。某个试题 $j$ 的信息函数值的大小直接反映出该试题对被试能力素质水平的估计精度，信息函数值越大，这种估计就越精确。在项目反映理论中某个测验项目 $j$ 的信息函数定义为：

$$I_j(Q)=\frac{P_j'}{P_jQ_j} \tag{3-29}$$

式中　$P_j$——被试答对项目 $j$ 的概率；

$Q_j=1-P_{ji}$；

$P_j'$——项目反应函数 $P_j$ 的一阶偏导数。

从式(3-29)可以看出，在项目信息函数中，每个项目所提供的信息量是被试特质水平的函数，因而项目信息函数值随被试能力取值的不同而不同。

测验信息函数是项目反应理论中非常有用的一个特征，能从本质上告诉研究者一项测验在整个能力分数范围内对被试能力水平进行估计的精确程度。以三参数逻辑模型斯蒂模型为例，可求出项目 $j$ 的信息函数为：

$$I_j(Q)=\frac{1.7^2a_j^2(1-c_j)}{[c_j+e^{1.7a(Q-b)}][1+e^{-1.7a(Q-b)}]^2} \tag{3-30}$$

由信息函数定义公式和项目 $j$ 的信息函数公式得出以下结论：

(1) 对某一测验项目 $j$ 而言，其质量指标 $a$、$b$、$c$ 是一定的，因而信息函数的数值就只与被试能力素质水平有关。这样，信息函数就可以在被试能力素质的每一水平上被用来描述某道试题的测量有效性；经典测量理论所提供的测验信度，则被用于所有的被试而不管被试的能力素质如何。

(2) 对某个特定被试而言，由于其能力素质水平是一定的。所以某一试题信息函数值大小(即所能提供信息的大小)就取决于该试题的质量(即由其质量参数决定)：猜测参数 $c_j$ 越小，$I_j(Q)$就越大，区分参数 $a_j$ 越大，$I_j(Q)$值也越大。

(3) 信息数具有可加性。假定某个测验共有 $m$ 道试题，则该测验的信息函数 $I(Q)$，可通过对该测验所含各个试题 $I_j(Q)$简单相加求出。在一个测验中，各测验项目对测验信息函数 $I(Q)$的贡献是各自独立的，相互无关的；在经典测量理论的整体分析中，每个项目对测验信度和效度的贡献与测验中的其他项目密切相关。

信息函数的可加性还表明，组成测验的各道试题的质量越高，它们所能提供的信息量越大，从而根据该测验对被试的能力素质水平所作出的估计就越准确，越接近其真值。信息函数的可加性充分说明了信息函数是反映测验有效性的一个客观而精确的指标。

## 四、模型的应用

项目反应理论的一个成功应用，就是自适应测验(Adaptive Test)的编制。在通常的考试和测验中，无论被试水平的高低，所接受的都是同样数量的一批相同试题的测验。对于低水平的被试来说，那些难度大的试题，根本无法作答，这样的题如同虚设；对于高水平被试来说，那些难度小的试题，考不出他的真实水平。只有当试题难度与被试特质水平相适应、大体相当时，试题所提供的信息量最大，测验结果的效度与被试接受测验的积极性均可大大提高。所谓“自适应”，就是测验本身自动地去适应被试的具体情况，在施测试题的难度和数量上去适应被试特点而灵活变通。

### (一) 题库系统的组成和基本功能

题库不仅要有足够数量的试题，同时还要明确它所使用的测量理论，以确定的测量理论建立数学模型，这是无论建立什么学科的题库都需解决的问题。例如，英语题库、数学题库、物理题库、化学题库等，它们都有各自独有的特点，虽然不同学科的题库系统的构成会有些不同，但是对其功能要求大体上是一致的。一个题库系统所应具备的基本功能是：建库和维护；查询和检索；生成试卷；试题和试卷的测试分析。这些功能分别由系统中各个子系统完成。

#### 1. 建库和维护子系统

该系统的任务是将各试题的指标、题文、附图、答文、答图等有关信息准确方便地送入各子库中，并能对库中的试题进行增、删、修改、更换以及按题号排序及查对等。

#### 2. 查询和检索子系统

该系统的作用是查询题库中试题的分布情况，包括总库及各分库的试题按任一指标分布的情况。此外，也可根据用户的要求，查询任意指定试题的指标、题文、附图、答文和答图，以便及时了解题库中试题的分布情况，对使用、修改和扩充进行必要的指导。

#### 3. 交互式组卷子系统

该子系统的功能是允许用户通过人机对话方式指定试题的指标来选择试题生成试卷。这种组卷方式，比较适合于在具体的教学环境下，生成有针对性的试卷。

4. 自动组卷子系统

该系统由用户向系统送入试卷要求，系统就自动地生成试卷。用这种方式生成的试卷客观性强，也比较规范化。

5. 试卷和试题输出子系统

该系统用来给出一定格式的试卷、解答及试卷和试题的指标，以便各指标信息的显示或打印。

6. 试题和试卷测试分

该系统可对送入计算机的考试结果进行统计，然后给出试卷和试题的实测指标，并可根据实测值修改试题库中试题的有关指标。

这些子系统在主控模块的控制下互相联系，组成一个有机体。

（二）题库系统建立的人员组成

试题库系统是一个相当复杂的系统，它的建立需要专业课教师、程序设计人员和教育测量专家的分工合作才能完成。如图 3-17 所示，① 教育测量专家为建立题库提供经典的或现代的教育测量理论，能够根据不同要求生成高水平的试卷，并能对考试结果进行科学统计、分析和评价，使题库具有科学的数学模型的测量，真正起到促进教学研究、提高教学质量的作用；② 程序设计人员的任务是设计程序：选择题库运行环境，设计题库系统的结构框图，画出流程图，进行程序设计，使之实现题库系统的各种功能，并能迅速、协调和可靠地工作；③ 专业课教师的任务是为建库提出目标，并提供有足够数量的题卡。

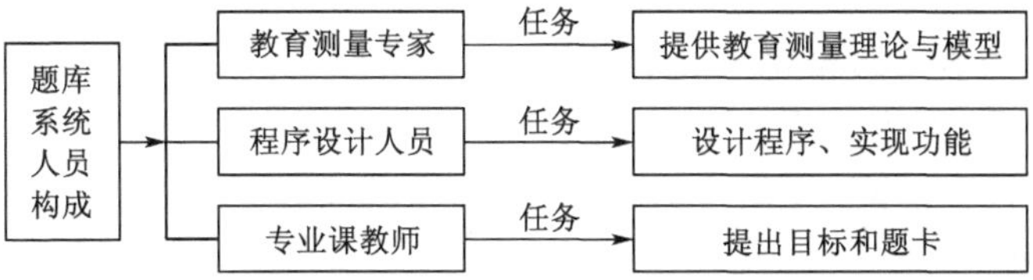


图 3-17　题库系统人员组成与任务分配框架图

题库系统的建设是一项工作量很大的系统工程，不仅需要大量的人力和时间，还要有周密的实施计划和方案，并在实践过程中进行不断调整。

如上所述，题库系统作为计算机辅助测验系统的一种重要形式，在国内外得到了越来越广泛的应用。它在生成试卷、进行试题和试卷分析等方面可以为教师节省大量的时间，而且能够在大范围内进行高质量的测验，因此受到普遍的重视。多数题库系统仍以脱机形式实施测验，阅卷评分也由人工完成，这样做可以省去许多设备，有利于普及和推广；但是，也限制了试题的形式，不利于测验考生的综合能力、理解能力和文字表达能力。

（三）成绩分析

对于被试群体的成绩分析，经常使用的测量指标有平均分和标准差。平均分数是用得最多的一种集中量数。所谓集中量数是指反映分数集中位置这个特征的数值，它代表一批分数，反映一批分数的典型情况，因此常用它进行不同分数组之间的比较。集中量数的形式有多种，如算术平均数、中位数、众数等。算术平均数是最常用的一种。这些参数计算起来比较简单，此处不再赘述。

（四）项目分析

通常对考试的分析与评价可从两方面进行。一是对各个试题进行的分析，称为“项目分析”；二是对整个试卷或考试进行的分析和评价，称为“整体分析”。在教育测量中，把用于衡量学生相对水平的测验叫作常模参照测验；把用于衡量学生实际水平的测验叫作目标参照测验。目标参照测验是以学生必须达到的标准来决定他是否具备某种能力的测验。它所关心的是测知一个人所能做的是什么，而不是要参照别人的学习能力水平来决定名次。常模参照测验和目标参照测验对项目分析和整体分析有不同的要求，一般常模参照测验的项目分析包括难度分析、区分度分析和迷惑答案的有效性分析等。

1. 难度分析

难度是指试题的难易程度，确定试题难度的方法有多种，其中一种常用的方法是利用下式计算：

$$P=(P_H+P_L)/2 \tag{3-31}$$

式中　$P$——难度指数；

$P_H$——高分组答对的人数；

$P_L$——低分组答对的人数。

优点：

(1) 答对百分比表示难度，其数值愈大，题目愈简单。

(2) 使用次序量尺，可以指出题目的等级顺序或相对难度。

缺点：

(1) 无法指出各难度间差异大小。

(2) 单位不相等，即 $P_1-P_2\neq P_2-P_3$。

在编制试题时，一般取难度适中的题目，同时，试题难度的选取还应考虑考试的目的。

2. 区分度分析

区分度即鉴别度，也称内部一致性，旨在了解各个试题的功能是否和整个测验的功能相符合，它是指测验项目对被试者的区分程度或鉴别能力。计算区分度比较普遍的一种方法是两端分组法。它是指比较得分在高、低两端的受试者通过该题目的比率。

假设 $P_H$ 和 $P_L$ 分别为高分组和低分组通过某个题目的百分比，下式提供了该题目的区分度指标：

$$D=P_H-P_L \tag{3-32}$$

式中　$D$——区分度指数。

$D$ 值在 $-1\sim+1$ 之间。$D=+1$，表示高分组全部答对，而低分组全都答错；$D=-1$ 则与上面的情形相反，低分组的全部答对，高分组的却全都答错；$D=0$，则表示两个分数组的通过率相等。一般认为，$D$ 在 0.4 以上就非常好了。

(1) $-1\leqslant D\leqslant 1$。

若 $D=0$，即 $P_H-P_L=0$，无鉴别度。或者是试题太简单，高分组与低分组学生全部答对；或者是试题太难，高分组与低分组学生全部答错。

(2) $D=+1$，高分组学生全部答对，低分组学生全部答错（$P_H=1$，$P_L=0$）。

(3) $D=-1$，低分组学生全部答对，高分组学生全部答错（$P_H=0$，$P_L=1$）。

显然，两个组越是处于极端，二者之间的差异越是明显。

3. 迷惑答案的有效性分析

迷惑答案的有效性分析是对选择题而言的，它是在难度分析和区分度分析的基础上进行的。迷惑答案的有效性分析可以为教师提供修改试题的参考信息。分析选择题是否具有诱答性，只要对高低组每个学生在每个试题选答上的次数分配加以判断即可。

中国台湾台北大学心理与教育学家郭生玉教授提出判断原则：① 每一错误选项至少有一低分组学生选择；② 选择错误选项的低分组学生应比高分组学生还高。

例如，一次测验的考生人数为100人，按考试成绩取前面27人和后面27人分别构成高分组和低分组。表3-12和表3-13是该测验的部分试题的项目情况分析。

**表3-12　某次测验部分试题的项目迷惑性分析**

| 组别 | 选项 | | | | | $D$ | $P$ |
|---|---|---|---|---|---|---|---|
| | A | B* | C | D | 未答 | | |
| 高分组 | 2 | 16 | 1 | 1 | 0 | 0.40 | 0.60 |
| 低分组 | 5 | 8 | 4 | 3 | 0 | | |

注：B* 为正确选项。

由此数据可知，此题目的选择答案均合理有效。

**表3-13　某次测验部分试题的项目迷惑性分析**

| 组别 | 选项 | | | | | $D$ | $P$ |
|---|---|---|---|---|---|---|---|
| | A* | B | C | D | 未答 | | |
| 高分组 | 14 | 0 | 0 | 6 | 0 | 0.10 | 0.65 |
| 低分组 | 12 | 0 | 8 | 0 | 0 | | |

注：A* 为正确选项。

由此数据可知，选项B没有诱答性，应该进行修改；选项D可能意义不清；有两个正确答案或受试者作答不小心，也应进行修改。

（五）整体分析

整体分析是利用测验的结果对试卷进行全面的分析和评价。它是通过两个数量指标来描述的。这两个指标称为效度和信度，它们是表明测验的有效性和可靠性的数量指标。

1. 信度

信度又称可靠性，它是指测验的一致性程度。表现同一个测验在不同时间上所得结果的一致性，通常以相关系数为数据指标，称为信度系数。如果信度系数大，则测验信度高，如果信度系数小，则测验信度低。信度常用的估计方法有以下几种。

（1）再测法。以同一份试卷，在不同的时间内对同一组受测者施测两次，根据两次测验分数计算得到的相关系数称为再测信度。如果两次测验分数相关程度高，表明测验结果稳定、可靠。但是，两次测验结果的稳定性受它们之间的时间间隔长短的影响，因此，一般标准化测验很少用再测信度来估计测验结果的可靠性。

(2) 复本法。编制两套题目不同、形式相同的试卷,题目的难度和区分度类同,在最短的时间内用两套试卷测试同一个群体,所得结果的相关系数称为复本信度。

(3) 分半法。一测验施予受测者后,将全部试题分为相等的两部分(一般奇、偶题分半),并分别计算每个学生在两半试题的得分,再求得两半试题得分的相关系数,这是半个考试的信度系数。整个测验的信度,可采用斯布公式(Spearman-Brown Coefficient)计算:

$$r_{xx}=\frac{2r_{hh}}{1+r_{hh}} \tag{3-33}$$

式中 $r_{xx}$——整个测验的信度;

$r_{hh}$——两半试题得分的相关系数。

(4) 库理法。这是一种常用的方法,使用 $K\text{-}R20$ 公式与 $K\text{-}R21$ 公式(库理 20 公式与库理 21 公式)估计测验的信度。

库理信度适用在答案只有对错两者或是选项只有两个时。有库理 20 号及 21 号信度,如果假设测验题目的困难度都相同,亦即测验中每题答对与答错人数百分比的乘积都相等,则可以用库理 21 号公式求得信度系数。库理 20 与 21 号公式的差别就是对题目困难度的假设不同,若所有题目的困难度都相等,则两个公式所计算出来的信度系数相同,如果题目困难度不一,则库理 21 号公式所计算的信度系数会比 20 号公式要来得低。

$$KR\text{-}20=\frac{k}{k-1}\left[1-\frac{\sum pq}{S_T^2}\right] \tag{3-34}$$

式中 $KR\text{-}20$——信度系数;

$k$——测验的题目数;

$p$——答对某一题目的人数百分比;

$q$——答错某一题目的人数百分比($p+q=1$);

$S_T^2$——测验总分的变异量。

$$KR\text{-}21=\frac{k}{k-1}\left[1-\frac{\overline{X}(k-\overline{X})}{kS_T^2}\right] \tag{3-35}$$

式中 $KR\text{-}21$——信度系数;

$\overline{X}$——测验总分的平均值。

其余符号意义同前。

用库理法估计测验的信度只适于客观性测验,对于主观性测验可用克伦巴赫 $\alpha$ 系数公式估计其信度:

$$\alpha_k=\frac{k}{k-1}\left[1-\frac{\sum S_i^2}{S_T^2}\right] \tag{3-36}$$

式中 $\alpha$——克伦巴赫系数值,即信度系数;

$k$——测验的题目数;

$S_i^2$——每一题目分数的变异量;

$S_T^2$——测验总分的变异量。

2. 效度

效度即测验的有效性，指测验结果的正确性程度，即测验在多大程度上测量到了所要测的东西。由于测验的目标不一样，便产生了几种效度形式：内容效度、效标关联效度和结构效度。

(1) 内容效度是指测验内容与预定要测量的内容间的一致性程度。

(2) 效标关联效度。所谓效标，是衡量测验有效性的参照标准，是指测验所要测量或所要预知的行为特征，这种特征又常用另一种测验的结果来表示。例如，对大学生来说，可用他们的“大学的成功”作为大学入学考试的效标。“大学的成功”的标准通常用效标分数来表示，即用大学期间的学习成绩或一年级的学年平均成绩作为效标分数。根据测验分数与效标分数之间的时间关系，效标关联效度分为同时效度和预测效度。如果测验分数和作为效标的分数两者获得的时间间隔很短，称为同时效度；若获得这两种分数的时间间隔较长(通常是测验分数在前，效标分数在后)，则称为预测效度。

(3) 结构效度是指测验能测量理论上的结构或心理特性的程度。所谓结构是指用来解释人类行为的理论体系或心理特质。如“理解能力”“研究能力”“智力”“动机”“自尊心”等。当用考分测量某种心理特质时，亦即根据考分的高低来推论具有这种心理特质的程度时，就需要采用结构效度作为衡量的指标。

### 五、争议和趋势

项目反应理论是建立在一种数学模型基础上的，那么如何确定充分模拟被试与测验题目交互反应所需的必要成分的数目，则是测量学家们争论的问题。

提倡单参数项目反应模型的人认为，只需要一个人的参数(即能力水平 $\theta$)和项目的一个参数(即项目难度 $b$)即能设计项目反应模型。而反对者认为，除了在模型中包含难度参数外，还需考虑项目的区分度参数和被试对项目猜测的参数，也即认为项目反应模型应是三参数的。这种争论表面上只是涉及各自对项目反应模型的假设，即前者认为，具有相同能力的被试对同样难度的测题有着同等成功的可能性，而后者认为结果并非如此。这似乎是项目反应理论的内部争论。实质上，这种争论涉及两者在测量基本原理上存在的分歧，这也可以进一步说是在测验编制和评定中使用项目反应理论方法的提倡者和反对者之间的差异。这里的中心问题是测量方法与测量内容的关系问题。

项目反应理论的支持者认为，科学在寻求能促使经验产生的最简单方法的过程中实现了进步。当一个人回答测题时，该情形具有潜在的复杂性，许多方面的因素影响了个体对该测题所做出反应的结果，因而不能不以一种可起作用的人的反应理论加以说明。为了达到一种可操作的状况，则必须应用一个简单思想并尽力编好测题和测试个体，以便它们之间的相互反应受制于这一思想，最后将其统计结果输入数据库中，检验这种发明是否有用。

相反，项目反应理论的怀疑者认为，一个良好的教育成绩测验必须自身界定了被测量的目标。这意味着，不应允许评定的方法来决定测验的内容或更改测验中所暗示的目标的定义。从测验编制者的立场出发，目标的定义是不可侵犯的，他不能在定义上做手脚。通过那些对教育目标作出决定且负责的社会机构，将目标传递给测验编制者；并且测验编制者必须做的是，努力在他们组成的测验中尽可能清楚地、精确地体现目标的定义。

尽管存在着争议，项目反应理论还是对教育和心理测量领域产生了极大的影响，并且朝着完善和成熟而不断前进着。目前还不可能彻底查明使用数据满足假设的精确度，因为对于表面上满足了假设的数据而言，只有当从项目反应理论中所作出的预言能独立地加以证实后，才令人心安。同时，项目反应理论的应用通常比经典测验理论的相似应用在代价上更昂贵，并且许多情况下要借助于计算机工具。因而，如何较好地解决这两个问题，是项目反应理论自身发展的趋势之一。此外，项目反应理论发展的另一趋势就是如何在多级评分体制下构造项目反应模型。

## 本章小结

本章首先介绍了模型化的定义、本质、作用、分类问题以及系统建模的方法和步骤。解释结构模型(ISM)是系统工程课程首先要求读者熟练掌握的模型化技术，这也是构建系统模型的基本素质要求。结构方程模型(SEM)是ISM的深化，该方法在近年来的管理研究中得到了极为广泛的应用。多层线性模型(HLM)提出的时间并不太长，但对于相互嵌套的多层数据结构可以取得更为准确和可靠的研究结论。项目反应理论(IRT)实际上是一种教育与心理测量理论方面的方法，由于近年来管理研究问题中越来越重视心理影响、个体特征、人群行为特征的心理差异基础，使得该方法逐渐开始较多地运用到了管理科学的研究工作中，成为一种管理研究的新型重要工具。

事实上，学完本章内容，读者已经进入了系统建模的天地，之后要深入了解甚至掌握复杂的建模方法，就已经拥有了最初的基础和平台。

## 本章习题

1. 请简述结构分析在系统分析中的地位和作用。
2. 请说明系统结构三种表达方式的特点并加以比较。
3. 为什么说级位划分是建立多级递阶结构模型的关键工作？
4. 试探索一种建立递阶结构模型的简便方法。
5. 给定描述系统基本结构的有向图如图3-18(a)、(b)所示。要求：

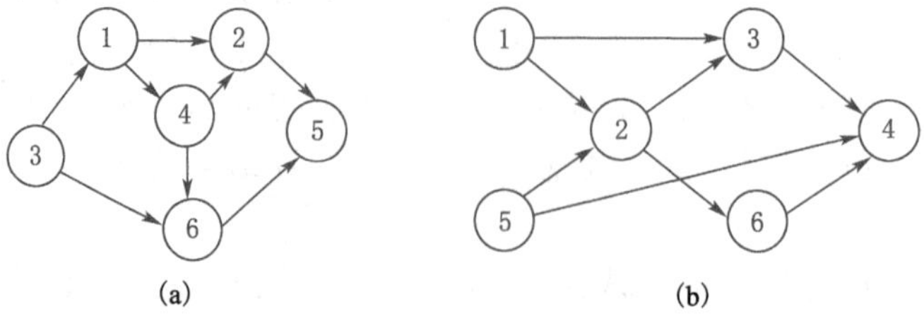


图3-18　第5题图

(1) 写出系统要素集合$S$及$S$上的二元关系集合$R_b$。

(2) 建立邻接矩阵 $\boldsymbol{A}$、可达矩阵 $\boldsymbol{M}$ 及缩减矩阵 $\boldsymbol{M}'$。

6. 为什么要建立系统模型？一个适用的系统模型有哪些特征？

7. 系统模型有哪些类型？请举例说明其中一种分类方法和相应的系统模型的名称。

8. 对系统模型有哪些要求？系统模型建模的方法主要有哪些？请分别说明这些建模方法的适用对象和建模思路。

9. 什么是结构分析？系统结构的表达形式有哪些？

10. 解释结构模型的特点、作用和适用范围有哪些？

11. 已知下面的系统可达矩阵，分别用规范方法和实用化方法建立其递阶结构模型。

$$
\begin{array}{c} \\ 1 \\ 2 \\ 3 \\ 4 \\ 5 \\ 6 \\ 7 \end{array}
\begin{array}{c} \begin{array}{ccccccc} 1 & 2 & 3 & 4 & 5 & 6 & 7 \end{array} \\
\begin{bmatrix}
1 & 0 & 0 & 0 & 1 & 0 & 1 \\
0 & 1 & 0 & 0 & 0 & 0 & 0 \\
0 & 0 & 1 & 0 & 1 & 1 & 0 \\
0 & 1 & 0 & 1 & 0 & 0 & 0 \\
0 & 0 & 0 & 0 & 1 & 0 & 0 \\
0 & 0 & 1 & 0 & 1 & 1 & 0 \\
0 & 0 & 0 & 0 & 1 & 0 & 1
\end{bmatrix} \end{array}
$$

12. 请依据图 3-19 建立可达矩阵。

| | | | | | | | |
|---|---|---|---|---|---|---|---|
| V | V | A | A | | A | | 1 |
| V | V | A | | A | | 2 | |
| V | | | V | | 3 | | |
| V | V | V | V | 4 | | | |
| V | V | A | 5 | | | | |
| V | | 6 | | | | | |
| V | 7 | | | | | | |
| 8 | | | | | | | |

图 3-19　第 12 题图　要素关系方格图

13. 什么是结构方程模型？其特点及常用的统计方法有哪些？

14. 考虑如图 3-20 所示系统，试写出其邻接矩阵与可达矩阵，进行分解，求得结构模型。

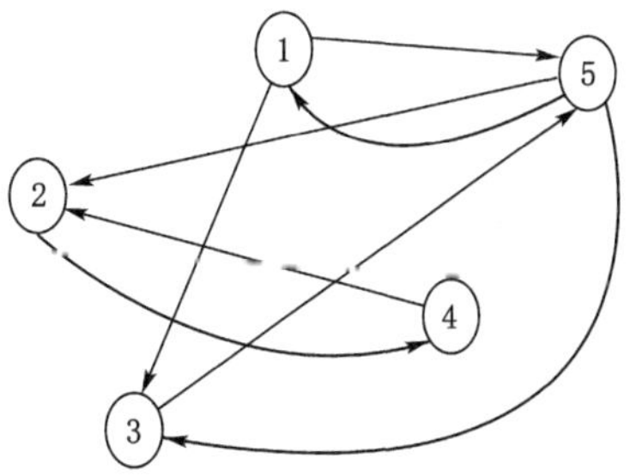


图 3-20　第 14 题图

15. 确定具有如下邻接矩阵所示系统的多层递阶结构模型。

$$A=\begin{array}{c|cccccccc|} & S_1 & S_2 & S_3 & S_4 & S_5 & S_6 & S_7 & S_8 \\ S_1 & 0 & 0 & 0 & 0 & 0 & 1 & 0 & 0 \\ S_2 & 1 & 0 & 0 & 0 & 0 & 1 & 0 & 0 \\ S_3 & 0 & 1 & 0 & 0 & 0 & 0 & 0 & 0 \\ S_4 & 0 & 0 & 1 & 0 & 0 & 0 & 0 & 0 \\ S_5 & 0 & 1 & 1 & 0 & 0 & 0 & 1 & 0 \\ S_6 & 1 & 0 & 0 & 0 & 0 & 0 & 0 & 0 \\ S_7 & 0 & 1 & 0 & 0 & 0 & 0 & 0 & 0 \\ S_8 & 0 & 0 & 0 & 0 & 0 & 0 & 1 & 0 \end{array}$$

16. 确定具有如下可达矩阵的系统多层递阶结构。

$$A=\begin{array}{c|cccccccc|} & S_1 & S_2 & S_3 & S_4 & S_5 & S_6 & S_7 & S_8 \\ S_1 & 1 & 1 & 0 & 1 & 0 & 0 & 0 & 0 \\ S_2 & 0 & 1 & 0 & 0 & 0 & 0 & 0 & 0 \\ S_3 & 0 & 1 & 1 & 1 & 0 & 0 & 0 & 0 \\ S_4 & 0 & 1 & 0 & 1 & 0 & 0 & 0 & 0 \\ S_5 & 0 & 1 & 0 & 1 & 1 & 0 & 1 & 1 \\ S_6 & 0 & 1 & 0 & 1 & 1 & 1 & 1 & 1 \\ S_7 & 0 & 1 & 0 & 1 & 1 & 0 & 1 & 1 \\ S_8 & 0 & 0 & 0 & 0 & 0 & 0 & 0 & 1 \end{array}$$

17. 用数学归纳法证明，对任何正整数 $n$ 下列等式恒成立：

$$(\boldsymbol{I}\cup\boldsymbol{A})^n \equiv\equiv \boldsymbol{I}\cup\boldsymbol{A}\cup\boldsymbol{A}^2\cup\cdots\cup\boldsymbol{A}^n$$

18. 确定具有如图 3-21 所示系统的多层递阶结构模型。要求：

(1) 写出邻接矩阵 $\boldsymbol{A}$。

(2) 写出初始可达矩阵 $\boldsymbol{R}$。

(3) 求系统的多层递阶结构模型。

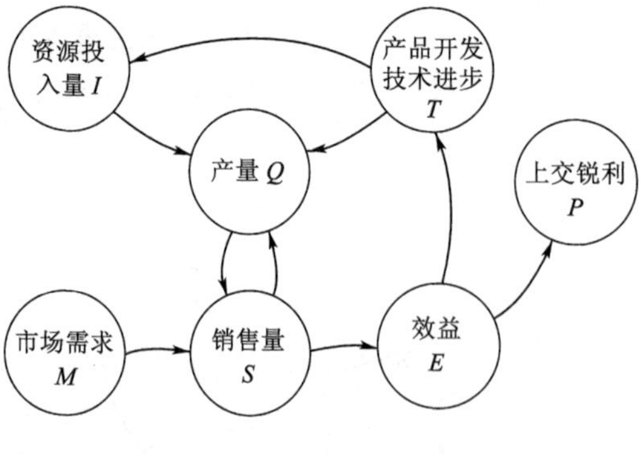


图 3-21　第 18 题图

19. 多层线性模型产生的背景及其主要方法有哪些？其应用领域有哪些？

20. 项目反应理论的基本内容是什么？常用方法是什么？其应用的领域有哪些？

# 第四章　系统仿真与预测

**【前导案例】**

## 新冠肺炎疫情传染模型仿真与预测分析

2019 年年底，新冠肺炎疫情暴发。如果能够对病毒的传染模式、疫情中受感染人数及确诊人数、死亡人数等进行预测，就可以提前应对，制定预案，完善防控措施，预先准备医疗设施等。对于此类问题，可以运用系统工程中的仿真模型和预测技术，通过建立新冠肺炎疫情传染病模型，将人群分为易感人群、已被感染但无症状处于潜伏期的人群、已表现出症状但未被隔离的患病人群、康复人群等四类，并假设他们之间按一定的概率进行转移；此外还需考虑可再生数、平均潜伏期时间和平均收治时间，而可再生数，即一名被感染者平均每天传染到的人数。疫情防控期间，我国学者通过系统仿真得出了以下结论：① 疫情新增感染、新增发病、新增住院的峰值期已过；② 春节返城及复工，会带来接触率上升，但不会超过疫情发生前，不会造成二次暴发，疫情仍然可防可控。对整体趋势的成果预测，这些仿真和疫情发展趋势预测为疫情防控提供了较为准确的参考。

**【学习目标】**

☆ 了解系统仿真的基本概念、作用及基本的仿真方法；

☆ 掌握状态空间模型；

☆ 掌握系统动力学模型化原理；

☆ 掌握 DYNAMO 方程的应用。

对于典型的物理、化学问题而言，在实验室中进行试验以判断猜想或验证某个研究方案的可行性，是一件轻而易举的事情。然而，对于绝大多数的社会经济管理问题而言，试验则要困难得多，很多时候甚至完全不可能。这时，仿真就成为必然选择。因此，作为一种重要的预测事物发展前景、验证某种社会和经济管理改革方案效果的重要手段，在人类社会的发展进程中，仿真正发挥着越来越重要的作用。

本章将介绍系统预测与仿真的有关知识和方法，并重点介绍定量化预测技术中的状态空间模型和系统动力学模型。

# 第一节 系统仿真概述

## 一、概念及作用

### （一）基本概念

所谓系统仿真（System Simulation），就是根据系统分析的目的，在分析系统各要素性质及其相互关系的基础上，建立能描述系统结构或行为过程的且具有一定逻辑关系或数学方程的仿真模型，据此进行实验或定量分析，以获得正确决策所需的各种信息。

### （二）系统仿真的实质

（1）系统仿真是一种对系统问题求数值解的计算技术。尤其当系统无法建立数学模型求解时，仿真技术能有效地处理这类问题。

（2）仿真是一种人为的实验手段，进行类似于物理实验、化学实验那样的实验。它和现实系统实验的差别在于，仿真实验不是依据实际环境，而是作为实际系统映象的系统模型以及在相应的"人造"环境下进行的，这是仿真的主要功能。

（3）在系统仿真时，尽管要研究的是某些特定时刻的系统状态或行为，但仿真过程也恰恰是对系统状态或行为在时间序列内的全过程进行描述。换句话说，仿真可以比较真实地描述系统的运行、演变及发展过程。

### （三）系统仿真的作用

（1）仿真的过程也是实验的过程，而且还是系统地收集和积累信息的过程。尤其是对一些复杂的随机问题，应用仿真技术是提供所需信息的唯一令人满意的方法。

（2）对一些难以建立物理模型和数学模型的对象系统，可通过仿真模型顺利解决预测、分析和评价等系统问题。

（3）通过系统仿真，可以把一个复杂系统降阶成若干子系统以便于分析。

（4）通过系统仿真，能启发新的思想或产生新的策略，还能暴露出原系统中隐藏着的一些问题，以便及时解决。

## 二、系统仿真方法

系统仿真的基本方法是建立系统的结构模型和数学模型，并将其转换为适合在计算机上编程的仿真模型，然后对模型进行仿真实验。由于连续系统和离散（事件）系统的数学模型具有很大差别，因此系统仿真方法基本上分为两大类，即连续系统仿真方法和离散系统仿真方法。

连续系统是指系统中的状态变量随时间连续地变化的系统。由于连续系统数学模型主要描述每一实体的变化速率，故数学模型通常是由微分方程组成的。当系统比较复杂，尤其是包含非线性因素时，这种微分方程的求解就非常困难，故要借助仿真技术，其基本思想为：将用微分方程所描述的系统转变为能在计算机上运行的模型，然后进行编程、运行或其他处理，以得到连续系统的仿真结果。连续系统仿真方法根据仿真时所采用计算机的不同，可分为模拟仿真法、数字仿真法及混合仿真法。在连续系统仿真中，还需要解决仿真任务分配、采样周期选择和误差补偿等特殊问题。

离散系统是离散事件动态系统的简称，是指系统状态变量只在一些离散的时间点上发生变化的系统。这些离散的时间点称为特定时刻，在这些特定时刻由于有事件发生所以才引起系统状态发生变化，而其他时刻系统状态保持不变。离散系统的另一个主要特点是随机性。因为这类系统中有一个或多个输入量是随机变量而不是确定量，因此它的输出也往往是随机变量。描述这类系统的模型一般不是一组数学表达式，而是一幅表示数量关系和逻辑关系的流程图，可分为三部分，即"到达"模型（输入）、"服务"模型（输出）和"排队"模型（系统活动）。前两者一般用一组不同概率分布的随机数来描述，而系统活动则通常由一个运行程序来描述。对这类系统问题，主要使用数字计算机进行仿真实验。这种仿真实验的步骤包括：画出系统的工作流程图；确定"到达"模型、"服务"模型和"排队"模型；编制描述具体系统活动的运行程序并在计算机上运行。这些模型大多在"生产运作管理"或"运筹学"等课程中介绍和学习，限于篇幅，此处不再赘述。

一般说来，在管理领域中经常遇到的往往是离散事件动态系统，常见的有库存控制系统、随机服务系统等。

在以上两类基本方法的基础上，还有一些用于系统（特别是社会经济和管理系统）仿真的特殊而有效的方法，如系统动力学方法、蒙特卡洛法等。系统动力学方法通过建立系统动力学模型（流图等）、利用 DYNAMO 仿真语言在计算机上实现对真实系统的仿真实验，从而研究系统结构、功能和行为之间的动态关系。该方法不仅仅是一种系统仿真方法，其方法论充分体现了系统工程方法的本质特征。

## 第二节　状态空间模型

系统预测需要研究动态系统的行为，有两种既有联系也有区别的方法：输入-输出法和状态变量法。输入-输出法又称端部法，它只研究系统的端部特性，而不研究系统的内部结构。系统的特性用传递函数表示。状态变量法在 20 世纪 60 年代才得到推广使用。它仍然是处理系统的输入和输出间的关系。但是在这些关系中，还附加另一组变量，称为状态变量。在物理系统中，典型的变量有位置（与势能有关）、速度（与动能有关）、电容上的电压（与它们存储的电能有关）、电感上的电流（与它们存储的磁能有关）、温度（与热能有关）。状态变量法可用于线性的或非线性的、时变的或时不变的及多输入、多输出的系统，并且更适合仿真和使用计算机的目的，故得到广泛应用。

### 一、系统的状态和状态变量

（1）状态：为完全描述 $t \geqslant t_0$ 时系统行为所需变量的最小集合，该集合构成状态空间。完全描述的条件包括：① 已知系统 $t \geqslant t_0$ 时的输入；② 已知 $t_0$ 时刻集合中所有变量的值（初始条件）。

（2）状态变量：上述最小变量集合中的每个变量称状态变量。

**例 4-1**　一般机械系统由三种基本元件组成，即质块 $M$、弹簧 $k$ 和阻尼器 $B$，如图 4-1 所示。根据元件的受力和力平衡法则就可以建立状态方程，则有：

$$M\frac{\mathrm{d}^2x}{\mathrm{d}t^2}+B\frac{\mathrm{d}x}{\mathrm{d}t}+kx=F(t)$$

$$\because \frac{\mathrm{d}^2x}{\mathrm{d}t^2}=-\frac{B}{M}\frac{\mathrm{d}x}{\mathrm{d}t}-\frac{k}{M}x+\frac{1}{M}F(t)$$

$\therefore \frac{\mathrm{d}x}{\mathrm{d}t}$和 $x$ 是完全描述系统行为的最小集合(状态)。

令 $x_2=\frac{\mathrm{d}x}{\mathrm{d}t}, x_1=x$($x_1, x_2$ 即为状态变量)

即 $x_2=\frac{\mathrm{d}x_1}{\mathrm{d}t}, \dot{x}_2=\frac{\mathrm{d}^2x}{\mathrm{d}t^2}=-\frac{B}{M}x_2-\frac{k}{M}x_1+\frac{1}{M}F(t)$

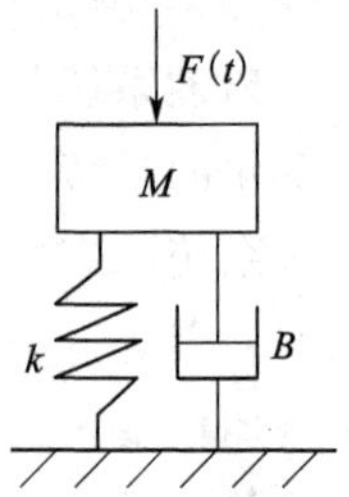


图 4-1 质块系统图

整理得：$\begin{cases}\dot{x}_1=x_2\\ \dot{x}_2=-\frac{k}{M}x_1-\frac{B}{M}x_2+\frac{1}{M}F(t)\end{cases}$

故得状态方程：

$$\dot{X}=\begin{bmatrix}\dot{x}_1\\ \dot{x}_2\end{bmatrix}=\begin{bmatrix}0 & 1\\ -\frac{k}{M} & -\frac{B}{M}\end{bmatrix}\begin{bmatrix}x_1\\ x_2\end{bmatrix}+\begin{bmatrix}0\\ \frac{1}{M}\end{bmatrix}F(t) \tag{4-1}$$

## 二、微分方程与连续变量的模型表达

连续动态系统的数学模型是微分方程，刻画系统的动态变量(状态变量的导数或高阶导数)对状态变量的依存关系以及状态变量之间的相互影响。

**例 4-2** $y^{(n)}+a_1y^{(n-1)}+\cdots+a_{n-1}y'+a_ny=u$

令$\begin{cases}x_1=y\\ x_2=y'\\ \vdots\\ x_n=y^{(n-1)}\end{cases}$ 则$\begin{cases}\dot{x}_1=x_2\\ \dot{x}_2=x_3\\ \vdots\\ \dot{x}_n=y^{(n)}=-a_nx_1-a_{n-1}x_2-\cdots-a_1x_n+u\end{cases}$

故有状态方程为：

$$\dot{X}=\begin{bmatrix}\dot{x}_1\\ \dot{x}_2\\ \vdots\\ \dot{x}_n\end{bmatrix}=\begin{bmatrix}0 & 1 & 0 & \cdots & 0\\ 0 & 0 & 1 & \cdots & \vdots\\ \vdots & \vdots & \vdots & \vdots & 1\\ -a_n & -a_{n-1} & \cdots & \cdots & -a_1\end{bmatrix}\begin{bmatrix}x_1\\ x_2\\ \vdots\\ x_n\end{bmatrix}+\begin{bmatrix}0\\ 0\\ \vdots\\ 1\end{bmatrix}u=\boldsymbol{A}X+\boldsymbol{B}U$$

$\because y=x_1$，故有输出方程为：

$$y=C^{\mathrm{T}}x=[1,0,\cdots,0]\begin{bmatrix}x_1\\ x_2\\ \vdots\\ x_n\end{bmatrix}$$

线性连续动态系统的数学模型为线性常微分方程，可以使用一元高阶方程，也可以使用多元一阶联立方程组来描述。其一般形式为：

$$\begin{cases}\dot{X}=\boldsymbol{A}X+\boldsymbol{B}U(\text{状态方程}) & \boldsymbol{A}_{n\times n}\text{状态转移矩阵} \quad \boldsymbol{B}_{n\times m}\text{输入分配阵} \\ Y=\boldsymbol{C}X+\boldsymbol{D}U(\text{输出方程}) & \boldsymbol{C}_{r\times n}\text{输出系数阵} \quad \boldsymbol{D}_{r\times m}\text{输入输出阵}\end{cases} \tag{4-2}$$

其中，$X$ 为 $n$ 维纵向量；$U$ 为 $m$ 维纵向量；$Y$ 为 $r$ 的维纵向量。

若 $U=0$，即系统未加输入，则该系统为自由系统；否则为强制系统。若 $\boldsymbol{A}$、$\boldsymbol{B}$、$\boldsymbol{C}$、$\boldsymbol{D}$ 矩阵中的元素有些或全部是时间的函数，则为线性时变系统；否则为线性定常系统。

上述变换将 $n$ 阶一元微分方程，转变为 $n$ 维一阶微分方程，表达简洁，便于分析。

### 三、差分方程与离散变量的模型表达

（1）连续变量的离散化。

$$\dot{X}(t)\doteq\frac{X(t+h)-X(t)}{h}=\boldsymbol{A}X(t)+\boldsymbol{B}U(t) \quad (u\text{ 在区间}[t,t+h]\text{为定量})$$

$$X(t+1)=X(t)+h\boldsymbol{A}X(t)+h\boldsymbol{B}U(t)=(\boldsymbol{I}+h\boldsymbol{A})X(t)+\boldsymbol{B}U(t) \quad (\boldsymbol{I}\text{ 为单位阵})$$

改写为：$X(t+1)=\boldsymbol{A}\cdot X(t)+\boldsymbol{B}\cdot U(t)$，即将连续变量离散化。

对于线性定常离散系统（有 $n$ 个状态变量，$m$ 个输入和 $r$ 个输出），可用下列矩阵方程来描述：

$$\begin{cases}x(k+1)=\boldsymbol{A}x(k)+\boldsymbol{B}U(k) \\ y(k)=\boldsymbol{C}x(k)+\boldsymbol{D}U(k)\end{cases} \quad (k=0,1,2,3,\cdots) \tag{4-3}$$

（2）差分方程导出离散变量。

很多离散系统的输入输出关系可用差分方程来描述。应指出，差分方程的描述可以变为状态方程的描述。

**例 4-3**　$Y(t)+C_1Y(t-1)+C_2Y(t-2)+\cdots+C_rY(t-r)=U(t)$

令
$$\begin{cases}x_1(t)=y(t-r) \\ x_2(t)=y(t-r+1) \\ \quad\vdots \\ x_r(t)=y(t-1)\end{cases}$$

则可得下列状态方程：

$$\begin{cases}x_1(t+1)=x_2(t) \\ x_2(t+1)=x_3(t) \\ \quad\vdots \\ x_{r-1}(t+1)=x_r(t) \\ x_r(t+1)=-c_rx_1(t)-c_{r-1}x_2(t)-c_1x_r(t)+u(t)\end{cases}$$

即
$$X(t+1)=\begin{bmatrix}x_1(t+1) \\ x_2(t+1) \\ \vdots \\ \vdots \\ x_r(t+1)\end{bmatrix}=\begin{bmatrix}0 & 1 & 0 & \cdots & 0 \\ 0 & 0 & \ddots & \ddots & \vdots \\ \vdots & \vdots & \ddots & \ddots & 0 \\ 0 & 0 & \cdots & 0 & 1 \\ -c_r & -c_{r-1} & \cdots & \cdots & -c_1\end{bmatrix}X(t)+\begin{bmatrix}0 \\ 0 \\ \vdots \\ 0 \\ 1\end{bmatrix}U(t)$$

### 四、矩阵的特征值、特征向量、矩阵变换

（1）特征值 $\lambda$：使 $|\lambda\boldsymbol{I}-\boldsymbol{A}|=0$ 的根，即特征值是特征方程的根。

(2) 特征向量：使 $\boldsymbol{A}t=\lambda t$，即使 $(\lambda I-\boldsymbol{A})t=0$ 的非零 $t$ 向量。

(3) 特征向量构成的 $T$ 阵，使得 $T^{-1}\boldsymbol{A}T=\boldsymbol{\Lambda}=\begin{bmatrix}\lambda_1 & & & \\ & \lambda_2 & & \\ & & \cdots & \\ & & & \lambda_n\end{bmatrix}$。

**例 4-4** $\boldsymbol{A}=\begin{bmatrix}0 & 1\\ -6 & -5\end{bmatrix}$

① 求特征值。

$|\lambda I-\boldsymbol{A}|=\begin{vmatrix}\lambda & -1\\ 6 & \lambda+5\end{vmatrix}=0$

$\lambda^2+5\lambda+6=0$，利用十字相乘法分解 $(\lambda+2)\cdot(\lambda+3)=0$

故有：$\lambda_1=-2$，$\lambda_2=-3$

② 求特征向量。

当 $\lambda_1=-2$ 时，由 $[\lambda I-\boldsymbol{A}]\cdot[t]=0$，有

$$\begin{bmatrix}-2 & -1\\ 6 & 3\end{bmatrix}\cdot\begin{bmatrix}t_1\\ t_2\end{bmatrix}=0\Rightarrow\begin{matrix}-2t_1-t_2=0\\ 6t_1+3t_2=0\end{matrix}\Rightarrow 2t_1=-t_2$$

取 $t_1=1$，则

$$t_2=-2\quad t'=\begin{bmatrix}1\\ -2\end{bmatrix}$$

当 $\lambda_2=-3$ 时，有

$$\begin{bmatrix}-3 & -1\\ 6 & 2\end{bmatrix}\cdot\begin{bmatrix}t_1\\ t_2\end{bmatrix}=0\Rightarrow\begin{matrix}-3t_1-t_2=0\\ 6t_1+2t_2=0\end{matrix}\Rightarrow 3t_1=-t_2$$

取 $t_2=-3$，则

$$t^2=\begin{bmatrix}1\\ -3\end{bmatrix}$$

③ 特征向量构成的 $\boldsymbol{T}$ 阵。

$$\boldsymbol{T}=[t^1,t^2]=\begin{bmatrix}1 & 1\\ -2 & -3\end{bmatrix},T^{-1}=\begin{bmatrix}3 & 1\\ -2 & -1\end{bmatrix}$$

④ $\boldsymbol{\Lambda}=\boldsymbol{T}^{-1}\boldsymbol{A}\boldsymbol{T}=\begin{bmatrix}3 & 1\\ -2 & -1\end{bmatrix}\cdot\begin{bmatrix}0 & 1\\ -6 & -5\end{bmatrix}\cdot\begin{bmatrix}1 & 1\\ -2 & -3\end{bmatrix}$

$$=\begin{bmatrix}-6 & -2\\ 6 & 3\end{bmatrix}\cdot\begin{bmatrix}1 & 1\\ -2 & -3\end{bmatrix}=\begin{bmatrix}-2 & 0\\ 0 & -3\end{bmatrix}$$

## 五、离散状态方程的求解

离散状态方程的求解，一般用计算机求解。连续系统的解析解需借助于拉氏变换，离散系统的解析解可以借助 $z$ 变换。

(一) 自由系统($u=0$)

$\because X_{(k+1)}=\boldsymbol{A}\cdot X_{(k)}$

$\therefore X_{(1)}=\boldsymbol{A}X_{(0)}$

$X_{(2)}=\boldsymbol{A}\cdot X_{(1)}=\boldsymbol{A}^2\cdot X_{(0)}$

$X_{(k+1)}=\boldsymbol{A}X_{(k)}=\boldsymbol{A}^{k+1}\cdot X_{(0)}$

利用矩阵变换有 $X_{(k+1)}=\boldsymbol{T}\cdot\boldsymbol{\Lambda}^{k+1}\cdot\boldsymbol{T}^{-1}\cdot X_{(0)}$

$$\boldsymbol{\Lambda}^{k+1}=\begin{bmatrix}\lambda_1^{k+1} & & \\ & \ddots & \\ & & \lambda_n^{k+1}\end{bmatrix}$$

**例 4-5**　$\boldsymbol{A}=\begin{bmatrix}0.4 & 0.3 & 0.3\\ 0.6 & 0.3 & 0.1\\ 0.6 & 0.1 & 0.3\end{bmatrix}$

令 $|\lambda I-\boldsymbol{A}|=0$,求得 $\lambda_1=1,\lambda_2=\frac{1}{5},\lambda_3=\frac{1}{5}$

进一步求得 $t_1=\begin{bmatrix}1\\1\\1\end{bmatrix}t_2=\begin{bmatrix}0\\-1\\1\end{bmatrix}t_3=\begin{bmatrix}-1\\1\\1\end{bmatrix}$

$$\boldsymbol{T}=\begin{bmatrix}1 & 0 & -1\\ 1 & -1 & 1\\ 1 & 1 & 1\end{bmatrix},\ \boldsymbol{T}^{-1}\boldsymbol{AT}=\begin{bmatrix}1 & 0 & 0\\ 0 & \frac{1}{5} & 0\\ 0 & 0 & -\frac{1}{5}\end{bmatrix}$$

该系统为自由系统,则 $X_{(k+1)}=\boldsymbol{A}\cdot X_{(k)}$。若求 $X_{(3)}$,$X_{(100)}$,则计算如下:

$X_{(3)}=T\cdot\boldsymbol{\Lambda}^3\cdot T^{-1}\cdot X_{(0)}$

$$=\begin{bmatrix}1 & 0 & 1\\ 1 & -1 & 1\\ 1 & 1 & 1\end{bmatrix}\cdot\begin{bmatrix}1 & 0 & 0\\ 0 & \frac{1}{5} & 0\\ 0 & 0 & -\frac{1}{5}\end{bmatrix}\cdot\begin{bmatrix}\frac{1}{2} & \frac{1}{4} & \frac{1}{4}\\ 0 & -\frac{1}{2} & \frac{1}{2}\\ -\frac{1}{2} & \frac{1}{4} & \frac{1}{4}\end{bmatrix}\cdot X(0)$$

$$=\begin{bmatrix}0.496 & 0.252 & 0.252\\ 0.504 & 0.252 & 0.244\\ 0.504 & 0.244 & 0.252\end{bmatrix}\cdot X(0)$$

$$X_{(100)}=\begin{bmatrix}1 & 0 & 1\\ 1 & -1 & 1\\ 1 & 1 & 1\end{bmatrix}\cdot\begin{bmatrix}1 & 0 & 0\\ 0 & \left(\frac{1}{5}\right)^{100} & 0\\ 0 & 0 & \left(-\frac{1}{5}\right)^{100}\end{bmatrix}\cdot\begin{bmatrix}\frac{1}{2} & \frac{1}{4} & \frac{1}{4}\\ 0 & -\frac{1}{2} & \frac{1}{2}\\ -\frac{1}{2} & \frac{1}{4} & \frac{1}{4}\end{bmatrix}\cdot X_{(0)}$$

$$=\begin{bmatrix}\frac{1}{2} & \frac{1}{4} & \frac{1}{4}\\ \frac{1}{2} & \frac{1}{4} & \frac{1}{4}\\ \frac{1}{2} & \frac{1}{4} & \frac{1}{4}\end{bmatrix}\cdot X_{(0)}$$

（二）强制系统

$\because X_{(k+1)}=A\cdot X_{(k)}+B\cdot U_{(k)}$

$\therefore X_{(1)}=A\cdot X_{(0)}+B\cdot U_{(0)}$

$X_{(2)}=A\cdot X_{(1)}+B\cdot U_{(1)}=A^2\cdot X_{(0)}+A\cdot B\cdot U_{(0)}+B\cdot U_{(1)}$

$\vdots$

$$X_{(k)}=A^k\cdot X_{(0)}+\sum_{i=0}^{k-1}A^{k-(i+1)}\cdot B\cdot U_{(i)}$$

## 六、状态方程模型的应用

（一）宏观经济模型

考虑下列四个经济变量间的关系（单位：元）：$C$——消费支出；$P$——价格水平；$W$——工资水平；$M$——货币供应。

用来描述这四个变量间相互关系的典型方程组是：

$$\begin{cases}C_{(k)}=\alpha_1C_{(k-1)}+\alpha_2P_{(k-1)}+\alpha_3W_{(k-1)}+\alpha_4W_{(k-2)}\\P_{(k)}=\beta_1P_{(k-1)}+\beta_2W_{(k-1)}+\beta_3W_{(k-2)}+\beta_4M_{(k-1)}\\W_{(k)}=\gamma_1P_{(k-3)}+\gamma_2C_{(k-1)}\end{cases}\tag{4-4}$$

式中　$\alpha,\beta,\gamma$——参数；

$C,P,W$——内生变量；

$M$——外生（政策）变量，可用于研究政府货币供应对 $C$、$P$、$W$ 的影响。

现在要用状态方程来表示上述三个典型方程式。在离散时间状态变量的表达式中，一般形式是下列向量差分方程：$x_{(k+1)}=f(x_{(k)},u_{(k)})$。

对于线性定常系统，应为 $x_{(k+1)}=A\cdot x_{(k)}+B\cdot u_{(k)}$ 的形式。从直观角度来看，选取 $C_{(k)}$、$P_{(k)}$、$W_{(k)}$ 作为状态变量，但是上述三个典型方程式并没有这样的形式。因为 $W_{(k-2)}$ 出现在典型方程式的右端，以及 $P_{(k-3)}$ 出现在 $W_{(k)}$ 式的右端。

$x_{(k+1)}=f(x_{(k)},u_{(k)})$ 只允许有一个时间滞后的各种状态变量出现在方程右端。

下面导出其状态方程：

$$令\begin{cases}u_{(k)}=M_{(k)}\\x_{1(k)}=C_{(k)}\\x_{2(k)}=P_{(k)}\\x_{3(k)}=W_{(k)}\\x_{4(k)}=x_{3(k-1)}=W_{(k-1)}\\x_{5(k)}=x_{2(k-1)}=P_{(k-1)}\\x_{6(k)}=x_{5(k-1)}=P_{(k-2)}\end{cases}$$

$$得\begin{cases}x_{1(k)}=\alpha_1\cdot x_{1(k-1)}+\alpha_2\cdot x_{2(k-1)}+\alpha_3\cdot x_{3(k-1)}+\alpha_4\cdot x_{4(k-1)}\\x_{2(k)}=\beta_1\cdot x_{2(k-1)}+\beta_2\cdot x_{3(k-1)}+\beta_3\cdot x_{4(k-1)}+\beta_4\cdot u_{(k-1)}\\x_{3(k)}=\gamma_2\cdot x_{1(k-1)}+\gamma_1\cdot x_{6(k-1)}\end{cases}$$

上述三个方程已具有状态变量表示式的正确结构，再加上

$x_{4(k)}=x_{3(k-1)}$

$x_{5(k)}=x_{2(k-1)}$

$x_{6(k)}=x_{5(k-1)}$

共六个状态变量，这样便可得到状态变量的矩阵形式：

$$\begin{bmatrix} x_{1(k)} \\ x_{2(k)} \\ x_{3(k)} \\ x_{4(k)} \\ x_{5(k)} \\ x_{6(k)} \end{bmatrix}=\begin{bmatrix} \alpha_1 & \alpha_2 & \alpha_3 & \alpha_4 & 0 & 0 \\ 0 & \beta_1 & \beta_2 & \beta_3 & 0 & 0 \\ \gamma_2 & 0 & 0 & 0 & 0 & \gamma_1 \\ 0 & 0 & 1 & 0 & 0 & 0 \\ 0 & 1 & 0 & 0 & 0 & 0 \\ 0 & 0 & 0 & 0 & 1 & 0 \end{bmatrix}\begin{bmatrix} x_{1(k-1)} \\ x_{2(k-1)} \\ x_{3(k-1)} \\ x_{4(k-1)} \\ x_{5(k-1)} \\ x_{6(k-1)} \end{bmatrix}+\begin{bmatrix} 0 \\ \beta_4 \\ 0 \\ 0 \\ 0 \\ 0 \end{bmatrix}u_{(k-1)}$$

（二）人口模型

1. 人口过程分析

对个体：人口经历出生→成长→死亡三个过程，可用图 4-2 表示。

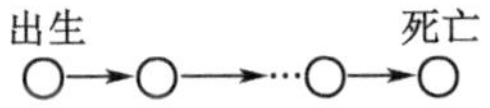


图 4-2　人口成长过程示意图

对群体：还涉及迁移、出生、存留问题，可采用下面的表达式和图形进行描述，如图 4-3 所示。

$t$ 年 $i$ 岁人口数 $=t-1$ 年 $i-1$ 岁人口存留数 $-[t-1,t]$ 年间迁出的该年龄人口 $+[t-1,t]$ 年间迁入的该年龄的人口。

$t$ 年 1 岁人口数 $=[t-1,t]$ 年期间新出生人口数 $+[t-1,t]$ 年期间该年龄人口迁入迁出之差。

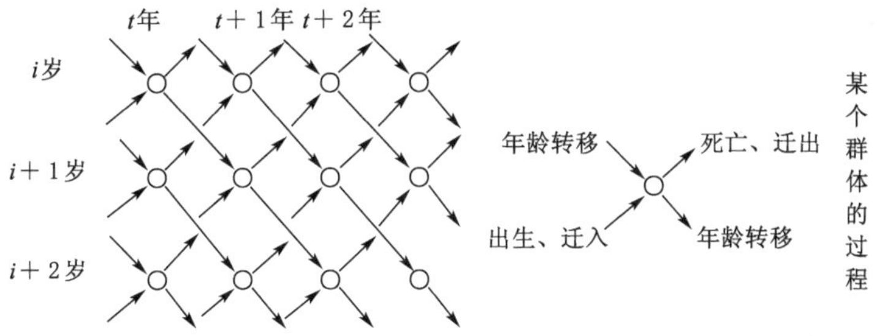


图 4-3　群体人口成长迁移、存留示意图

此外，影响出生的因素有婚姻状况、育龄、胎数等；影响成长的因素有健康状况、保健营养等。将这些因素抽象化，以便进行数量描述，可把它们抽象成女性比、育龄分布、胎数、死亡率、平均寿命等。

2. 人口数学模型

$$X_{(t+1)}=H_{(t)}\cdot X_{(t)}+\beta_{(t)}\cdot B_{(t)}\cdot X_{(t)}+F_{(t)}$$

其中，$\boldsymbol{X}(t)=\begin{bmatrix} x_1(t) \\ x_2(t) \\ \vdots \\ x_m(t) \end{bmatrix}$表示人口状态，其中 $m$ 值为最高年龄。

$$\boldsymbol{H}(t)=\begin{pmatrix} 0 & 0 & \cdots & 0 & 0 \\ 1-\mu_1(t) & 0 & \cdots & 0 & 0 \\ 0 & 1-\mu_2(t) & \cdots & 0 & 0 \\ \vdots & & \ddots & \vdots & \vdots \\ 0 & 0 & \cdots & 1-\mu_{m-1}(t) & 0 \end{pmatrix}_{m\times m}$$ 表示转移阵。

$\mu_i(t)$为 $i$ 岁死亡率；$\beta(t)$为总和生育率。

$$\boldsymbol{B}(t)=\begin{bmatrix} 0 & 0 & \cdots & b_{r_1}(t) & b_{r_2}(t) & 0 & \cdots & 0 \\ 0 & & & & & & & 0 \\ & \ddots & & & & & \cdot^{\cdot^{\cdot}} & \\ & & \ddots & & & \cdot^{\cdot^{\cdot}} & & \\ & & & \ddots & \cdot^{\cdot^{\cdot}} & & & \\ & & & \cdot^{\cdot^{\cdot}} & \ddots & & & \\ & & \cdot^{\cdot^{\cdot}} & & & \ddots & & \\ & \cdot^{\cdot^{\cdot}} & & & & & \ddots & \\ 0 & & & & & & & 0 \end{bmatrix}$$ 表示妇女生育矩阵。

$b_{ri}(t)=k_i(t)\cdot h_i(t)$，$k_i(t)$ 为 $i$ 岁女性比，$H_i(t)$ 为生育模式 $\sum_{i=b_{r1}}^{b_{r2}} H_i(t)=1$；

$\boldsymbol{F}(t)$为干扰向量；$\beta(t)$，$H_i(t)$为政策变量（它们为可控变量）。

3. 人口常用统计指标

人口总数 $P=\sum x_i$。

人口平均年龄$=\dfrac{1}{m}\sum_{i=1}^{m} i\cdot x_i(t)$。

出生率＝新生儿童/总人口。

死亡率＝死亡人数/总人口。

自然增长率$=P(t+1)/P(t)$。

劳动力指数$=\sum_{i=15}^{55} x_i/P=c$。

抚养指数$=\left(\sum_{i=0}^{14} x_i+\sum_{i=56}^{m} x_i\right)/P$。

老化系数$=\sum_{i=56}^{m} x_i/P$。

4. 利用模型可研究的问题

(1) 死亡率变化的影响。

(2)人口扰动的影响，利用人口迁移达到一定人口目标，如大型工程建设将会迁入大量的人口，可以用来研究迁入或迁出对人口数量、质量的影响。

(3) 计划生育的影响。

① 胎数：胎数上升导致人口上升（可能会使人口结构趋于年轻化）；胎数下降导致人口下降（可能会使人口结构趋于老龄化）。通过研究合理的胎数，可控制人口数量和质量。

② 生育模式：在确定的胎数条件下，若平均生育年龄早，则人口更新快，状态变化快；若平均生育年龄迟，则人口更新慢，状态变化慢，

生育年龄区间对人口目标的影响：若生育年龄区间宽，则人口状态平缓；若生育年龄区间窄，则人口状态波动明显。

### （三）某高校教师数量及结构预测

**例 4-6**　某校现有教师 300 人，根据近年数据统计，每年大约有 10%～20%的人员调整或退休，按上级及学校制定的政策，职称分布及各类职称每年晋升比例如表 4-1 所示。同时每年招聘与补充 60 人，其中见习教师 40%，助教 30%，讲师 20%，副教授 10%。试建立 SSM 模型，并预测今后 4 年内该校教师人数及其职称分布情况。

**表 4-1　某高校教师各类职称每年晋升比例**

| 比例 | 职称系列 | | | | |
|---|---|---|---|---|---|
| | 见习教师 $x_1$ | 助教 $x_2$ | 讲师 $x_3$ | 副教授 $x_4$ | 教授 $x_5$ |
| 现有人数 | 20 | 80 | 140 | 40 | 20 |
| 职称晋升比例 | 0.30 | 0.40 | 0.20 | 0.20 | — |
| 调离、退休比例 | 0.20 | 0.20 | 0.20 | 0.10 | 0.20 |
| 留任原职称比例 | 0.50 | 0.40 | 0.60 | 0.70 | 0.80 |

**解**：以学校各类（职称）教师人数作为状态变量，设 $X_i(k)$ 为预测期内第 $k$ 年第 $i$ 类（职称）的人数，$i=1,2,3,4,5$。预测前一年（$k=0$）的初始状态为：

$$x(0)=[x_1(0),x_2(0),\cdots,x_5(0)]^T=[20,80,140,40,20]^T$$

$y(k)$ 为预测期内第 $k$ 年的教师总人数，由于描述晋升比例的状态转移矩阵 $\boldsymbol{A}$（其中元素 $a_{ii}$ 代表留任原职称的比例，$a_{ij}(j>i)$ 为从 $i$ 类晋升为上一级 $j=i+1$ 类的比例）和输入状态向量 $\boldsymbol{B}$ 在预测期内不改变。

故问题的模型如下：

$$x(k+1)=A\cdot x(k)+B\cdot u$$
$$y(k)=I\cdot x(k)$$

其中：

$$\boldsymbol{A}=\begin{bmatrix}0.5&0&0&0&0\\0.3&0.4&0&0&0\\0&0.4&0.6&0&0\\0&0&0.2&0.7&0\\0&0&0&0.2&0.8\end{bmatrix},\boldsymbol{B}=[0.4,0.3,0.2,0.1,0]^T,u=60$$

则第一年的情况为（即 $k=1$）：

$$\begin{Bmatrix} x_1(1) \\ x_2(1) \\ x_3(1) \\ x_4(1) \\ x_5(1) \end{Bmatrix} = \begin{bmatrix} 0.5 & & & & \\ 0.3 & 0.4 & & & \\ & 0.4 & 0.6 & & \\ & & 0.2 & 0.7 & \\ & & & 0.2 & 0.8 \end{bmatrix} \cdot \begin{Bmatrix} 20 \\ 80 \\ 140 \\ 40 \\ 20 \end{Bmatrix} + \begin{Bmatrix} 0.4 \\ 0.3 \\ 0.2 \\ 0.1 \\ 0 \end{Bmatrix} \cdot 60 = \begin{Bmatrix} 34 \\ 56 \\ 128 \\ 62 \\ 24 \end{Bmatrix}$$

第 1 年年末教师总人数为：

$y(1)=I\cdot X(1)=34+56+128+62+24=304$(人)。

同理，可递推计算以后几年的教师拥有量及其职称分布情况，具体结果如表 4-2 所示。

**表 4-2　教师拥有量及其职称分布情况**

| 年份 | 类别 | | | | | 合计 |
|---|---|---|---|---|---|---|
| | 见习教师 $x_1$ | 助教 $x_2$ | 讲师 $x_3$ | 副教授 $x_4$ | 教授 $x_5$ | |
| $K=0$ | 20 | 80 | 140 | 40 | 20 | 300 |
| $K=1$ | 34 | 56 | 128 | 62 | 24 | 304 |
| $K=2$ | 41 | 51 | 111 | 75 | 32 | 310 |
| $K=3$ | 44 | 51 | 99 | 81 | 41 | 316 |
| $K=4$ | 46 | 52 | 92 | 82 | 49 | 321 |
| $K=5$ | 47 | 53 | 88 | 82 | 55 | 325 |

需要说明的是，上述预测期内任一年的职称分布，也可直接利用公式计算，以 $k=4$ 为例，有：

$$x(4) = A^4x(0) + \sum_{i=0}^{4-1} A^{4-(i+1)}Bu = A^4 \cdot x(0) + (A^3 + A^2 + A + I)Bu$$

以 $A,B,x(0)$ 和 $u$ 的数据代入，可得相同结果。

# 第三节　系统动力学的发展及特点

## 一、系统动力学的由来和发展

### （一）系统动力学的由来

系统动力学(Systems Dynamics，SD)是美国麻省理工学院弗雷斯特(Forrester)教授最早提出的一种对社会经济问题进行系统分析的方法论和定性与定量相结合的分析方法。目的在于综合控制论、信息论和决策论的成果，以电子计算机为工具，分析研究信息反馈系统的结构和行为。第三章的系统模型化技术和本章第二节的状态空间模型等也是 SD 描述与研究系统的方法论及方法基础。

SD 的出现始于 20 世纪 50 年代后期，当时主要应用于工商企业管理，处理诸如生产与雇员情况的波动、企业的供销、生产与库存、股票与市场增长的不稳定性等问题，并创立“Industrial Dynamics”(1959)。此后在整个 20 世纪 60 年代，动力学思想与方法的应用范围日益扩大，其应用几乎遍及各类系统，深入各种领域。作为方法论基础，出现了“Principles of Systems(1968)”。总结美国城市兴衰问题的理论与应用研究成果的“Urban Dynamics (1969)”和著名的“World Dynamics(1971)”等也是弗雷斯特等人的重要成就。

1972 年正式提出“Systems Dynamics”。从 20 世纪 50 年代末到 70 年代初的十多年，是 SD 成长的重要时期。

20 世纪 70 年代以来，SD 经历两次严峻的挑战并走向世界，进入蓬勃发展时期。第一次挑战(20 世纪 70 年代初到 70 年代中)：SD 与罗马俱乐部一起闻名于世，走向世界，其主要标志是两个世界模型(WORLD Ⅱ、Ⅲ)的研制与分析[WORLD Ⅱ—“World Dynamics, Forrester, 1971”; WORLD Ⅲ—“The Limits to Growth, D. Meadows, 1972”和“Toward Global Equilibrium, D. Meadows, 1974”]。第二次挑战(20 世纪 70 年代初到 80 年代中)：对美国全国 SD 模型的研制和对美国与整个西方国家经济长波(Long Wave)问题的研究。

近年来，SD 正在成为一种新的系统工程方法论和重要的模型方法，渗透到许多领域，尤其在国土规划、区域开发、环境治理和企业战略研究等方面，正显示出它的重要作用。目前，随着国内外管理界对学习型组织的关注，SD 思想和方法的生命力更为强劲，因此应更加注重 SD 的方法论意义，并注意其定量分析手段的应用场合及条件。

### （二）系统动力学的研究对象

SD 的研究对象主要是社会(经济)系统。该类系统的突出特点包括以下几点。

(1) 社会系统中存在着决策环节。

社会系统的行为总是经过信息采集，并按照某个政策进行信息加工处理做出决策后出现的，决定是一个经过多次比较、反复选择、优化的过程。

对于大规模复杂的社会系统来说，其决策环节所需要的信息量是十分庞大的。其中既有看得见、摸得着的实体，又有看不见、摸不到的价值、伦理、道德观念及个人、团体的偏见等因素。

(2) 社会系统具有自律性。

自律性就是自己做主进行决策，自己管理、控制、约束自身行为的能力和特性。工程系统是由于导入反馈机构而具有自律性的；社会系统因其内部固有的“反馈机构”而具有自律性。因此，研究社会系统的结构，首先(也是最重要的)就在于认识和发现社会系统中所存在着的由因果关系形成的反馈机构。

(3) 社会系统的非线性。

非线性是指社会现象中原因和结果之间所呈现出的极端非线性关系。如原因和结果在时间和空间上的分离性、出现事件的意外性、难以直观性等。

高度非线性是由于社会问题的原因和结果相互作用的多样性、复杂性造成的。具体来说，一方面是由于社会问题的原因和结果在时间、空间上的滞后，另一方面是由于社会系统具有多重反馈结构。这种特性可以用社会系统的非线性多重反馈机构加以研究和解释。

SD 方法就是要把社会系统作为非线性多重信息反馈系统来研究，进行社会经济问题的模型化，对社会经济现象进行预测、对社会系统结构和行为进行分析，为企业、地区、国家、国际制定发展战略、进行决策，提供有用的信息。

### （三）系统动力学模型特点

(1) 多变量。这主要是由 SD 对象系统的动态特性和复杂性所决定的。SD 模型有三种基本变量，五到六种变量。

(2) 定性分析与定量分析相结合。SD 模型由结构模型(流图)和数学模型(DYNAMO 方程)所组成。

(3) 以仿真实验为基本手段和以计算机为工具。SD 作为一种计算机仿真分析方法，是实际系统的"实验室"，可在 PD-plus、Vensim 等软件支持下运行。

(4) 可处理高阶次、多回路、非线性的时变复杂系统问题。

控制论目前只是在线性系统中的应用较成功，与其有关的方法(如状态空间方法)主要研究系统平衡点或工作点附近的特性，较适合作短期预测，较难进行长期过程的研究，经济计量学和经济控制论都十分重视真实系统的统计观测值和模型精确度，它们所依赖的经济理论大多是静态而不是动态的，且传统的数学工具很难分析研究非线性关系。因此，经济计量学和经济控制论很难描述复杂的、非线性的动态系统。SD 与以上方法比较，似乎更注重系统的内部机制与结构，强调单元之间的关系和信息反馈。

### (四) 系统动力学工作程序

SD 的一般工作过程如图 4-4 所示。

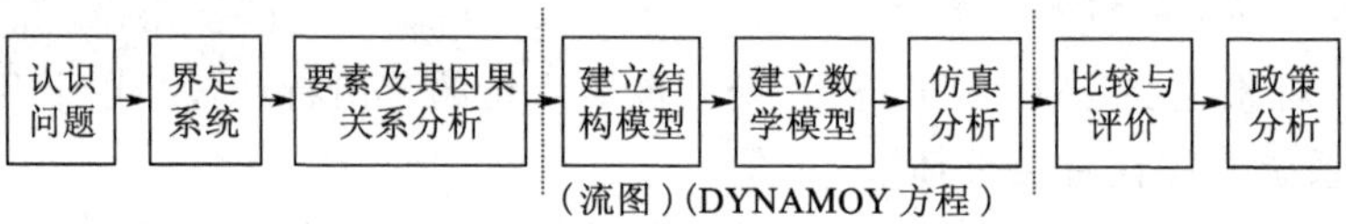


图 4-4　SD 工作程序示意图

## 二、系统动力学模型化原理

### (一) SD 的基本工作原理

首先对实际系统进行观察，采集有关对象系统状态的信息，随后使用有关信息进行决策。决策的结果是采取行动。行动又作用于实际系统，使系统的状态发生变化，这种变化又为观察者提供新的信息，从而形成系统中的反馈回路[图 4-5(a)]。这个过程可用 SD 流程图表示[图 4-5(b)]。

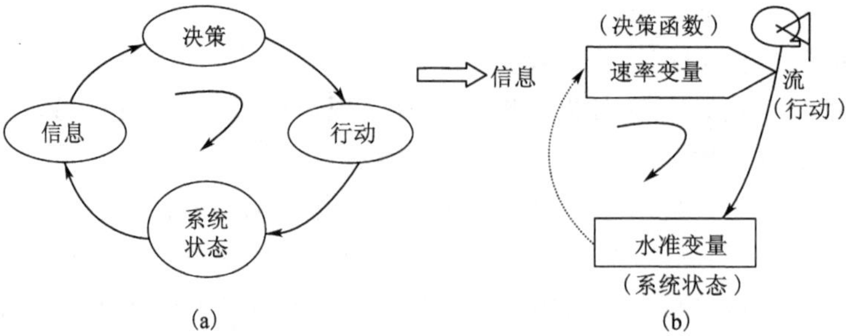


图 4-5　SD 基本工作原理

据此可归结出 SD 的四个基本要素、两个基本变量和一个基本(核心)思想如下：

SD 的四个基本要素——状态或水准、信息、决策或速率、行动或实物流。

SD 的两个基本变量——水准变量(Level)、速率变量(Rate)。

SD 的一个基本思想——反馈控制。

需要说明的是：① 信息流与实体流不同，前者源于对象系统内部，后者源于系统外部；② 信息是决策的基础，通过信息流形成反馈回路是构造 SD 模型的重要环节。

（二）因果关系图和流程图

1. 因果关系图

（1）因果箭：连接因果要素的有向线段。箭尾始于原因，箭头终于结果。因果关系有正负极性之分。正（＋）为加强，负（－）为削弱。

因果链：因果关系具有传递性。用因果箭对具有递推性质的因素关系加以描绘即得到因果链。因果链极性的判别标准：因果链的符号与所含因果箭符号的乘积符号相同。

（2）因果（反馈）回路。原因和结果的相互作用形成因果关系回路（因果反馈回路、环）。它是一种特殊的（即封闭的、首尾相接的）因果链。如图 4-6(a)、(b)和(c)所示。

社会系统中的因果反馈环是社会系统中各要素的因果关系本身所固有的。正反馈回路，起到自我强化的作用，负反馈回路具有“内部稳定器”的作用。

多重因果（反馈）回路：社会系统的动态行为是由系统本身存在着的许多正反馈和负反馈回路决定的，从而形成多重反馈回路。如图 4-6(c)、(d)所示。

SD 认为，系统的性质和行为主要取决于系统中存在的反馈回路，系统的结构主要是指系统中反馈回路的结构。因果关系图举例具体如图 4-6(a)～(d)所示，其中包含了因果箭、因果链、因果反馈回路和多重因果反馈回路等。

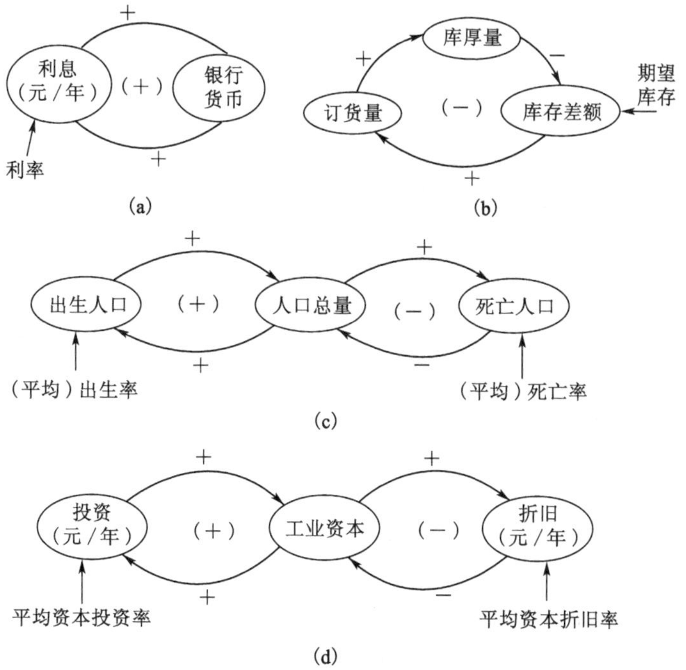


图 4-6　因果关系图

2. 流程图

流程图(Flow Diagram,也称“流图”)是 SD 结构模型的基本形式,绘制流图是 SD 建模的核心内容。流图通常由以下各要素构成。

(1) 流(Flow):是系统中的活动和行为,通常只区分出实体流和信息流。符号如图 4-7(a)所示。

(2) 水准(Level):是系统中子系统的状态,是实物流的积累。符号如图 4-7(b)所示。

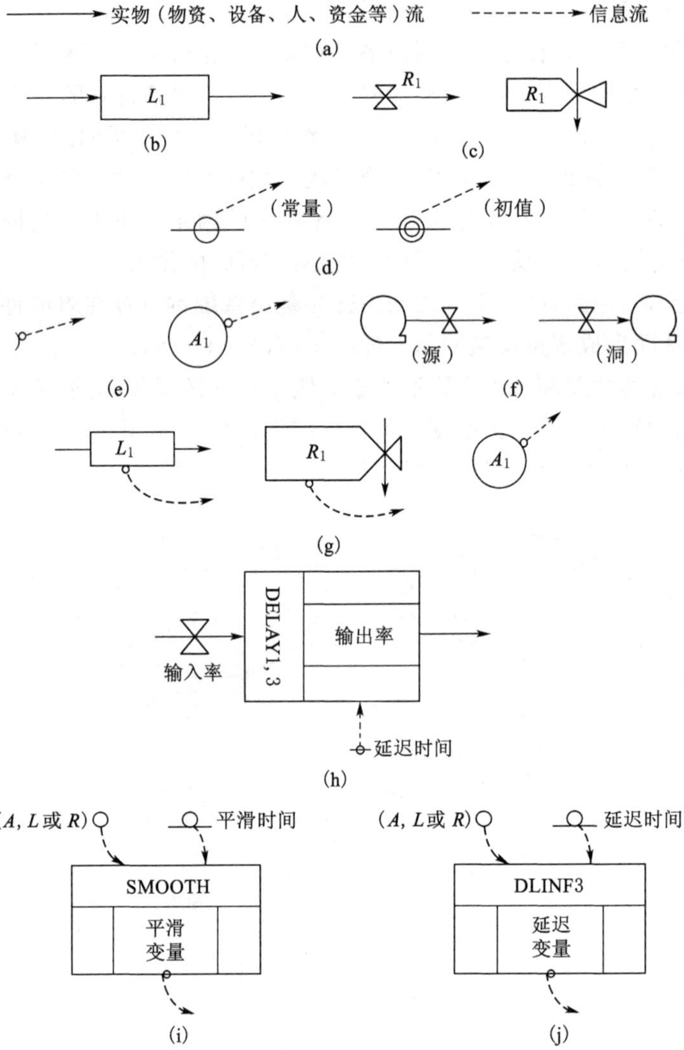


图 4-7　流程图

(3) 速率(Rate):表示系统中流的活动状态,是流的时间变化。在 SD 中,$R$ 表示决策函数。符号如图 4-7(c)所示。

(4) 参数(量)(Parameter):是系统中的各种常数,或者是在一次运行中保持不变的量。符号如图 4-7(d)所示。

(5) 辅助变量(Auxiliary Variable):其作用在于简化 $R$ 的表示,使复杂的决策函数易于理解。符号如图 4-7(e)所示。

(6) 源(Source)与洞(Sink):其含义和符号如图 4-7(f)所示。

(7) 信息(Information)的取出:常见情况及其符号如图 4-7(g)所示。

(8) 滞后或延迟(Delay):由于信息和物质运动需要一定的时间,于是就带来原因和结果、输入和输出、发送和接收等之间的时差,并有物流和信息流滞后之分。在 SD 中共有如下四种情况:

① DELAY1——对物流速率进行一阶指数延迟运算(一阶指数物质延迟)。符号如图 4-7(h)所示。

② DELAY3——三阶指数物质延迟。符号如图 4-7(h)所示。

③ SMOOTH——对信息流进行一阶平滑(一阶信息延迟)。符号如图 4-7(i)所示。

④ DL INF3——三阶信息延迟。符号如图 4-7(j)所示。

(三) 流程图绘制程序及方法

(1) 明确问题及其构成要素。

(2) 绘制要素间相互作用关系的因果关系图,注意一定要形成回路。

(3) 确定变量类型($L$ 变量、$R$ 变量和 $A$ 变量)。将要素转化为变量,是建模的关键一步。在此,应考虑以下几个具体原则:

① 水准($L$)变量是积累变量,可定义在任何时点;而速率($R$)变量只在一个时段才有意义。

② 决策者最为关注和需要输出的要素一般被处理成 $L$ 变量。

③ 在反馈控制回路中,两个 $L$ 变量或两个 $R$ 变量不能直接相连。

④ 为降低系统的阶次,应尽可能减少回路中 $L$ 变量的个数。故在实际系统描述中,辅助($A$)变量在数量上一般是较多的。

另外,在绘制流程图时,应特别注意形成正确的回路和用好信息连接线,并注意不要把不同的实物流直连在一起。如图 4-8 所示为一个自动供水系统及其流程示意图,严格来讲,该流程图并不符合规范画法,但对于学习及理解 SD 绘图方法也有帮助。

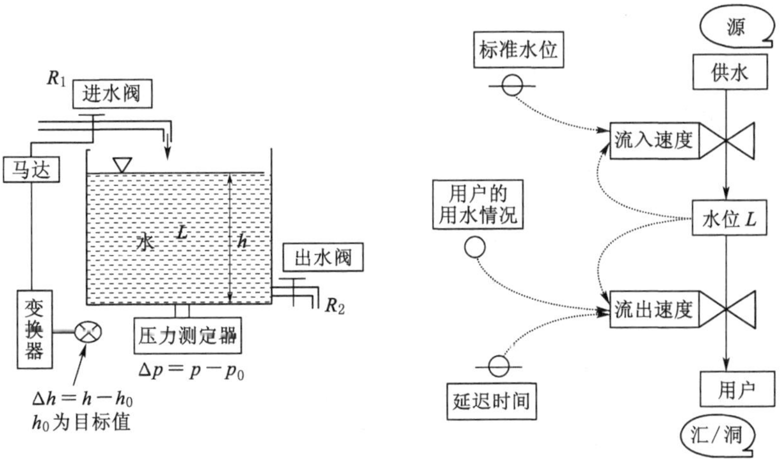


图 4-8　一个自动供水系统及其流程图

（四）SD结构模型的建模步骤

（1）明确系统边界，即确定对象系统的范围。

（2）阐明形成系统结构的反馈回路，即明确系统内部活动的因果关系链。

（3）确定反馈回路中的水准变量和速率变量。

水准变量是由系统内的活动产生的量，是由流的积累形成的、说明系统某个时点状态的变量。速率变量是控制流的变量，表示活动进行的状态。

（4）阐明速率变量的子结构或完善、形成各个决策函数，建立起SD结构模型（流程图）。

## 三、基本反馈回路的DYNAMO仿真分析

（一）基本DYNAMO方程

SD的主要过程之一是通过确定对象系统的水准变量、速率变量、常量、辅助变量等，分析各变量之间存在的函数关系，建立DYNAMO仿真模型，进行人工或计算机仿真。这是得到描述系统内部反馈机制的流程图后建立数学模型并进行定量分析的主要工作。DYNAMO方程就是SD的数学模型。

DYNAMO是主要采用差分方程式描述有反馈的社会系统的宏观动态行为，并通过对差分及代数方程式的求解（简单迭代）进行计算机仿真的专用语言。其最大特点是简单明了，容易使用。

SD的对象系统是随时间连续变化的动态系统。在DYNAMO方程中变量一般带有时间标号，如图4-9所示。

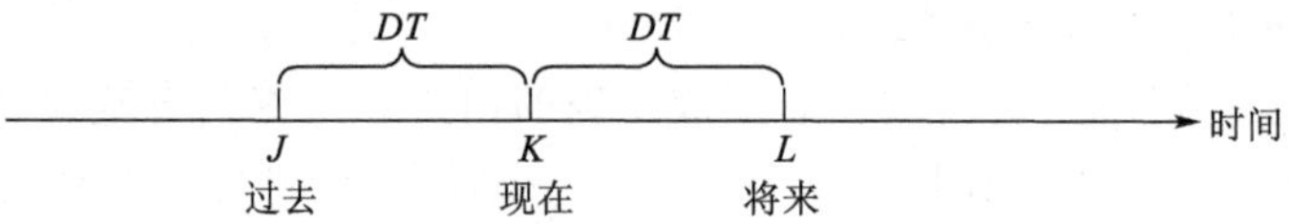


图4-9　DYNAMO方程时间标号及其含义

SD使用逐步（Step by Step）仿真的方法，仿真的时间步长记为单位时间 $DT$。$DT$ 一般取值为0.1～0.5倍的模型最小时间常数。

SD中的基本DYNAMO方程主要有以下几种。

（1）水准方程：计算水准变量的方程。其标准形式为：

$L$　LEVEL. $K$=LEVEL · $J+DT*$(RIN. $JK$-ROUT. $JK$)

（2）速率方程：计算速率变量的方程，是决策函数的具体形式。

$R$　RATE. $KL=f(L\cdot K, A\cdot K, C, \cdots)$

① 无一定格式（因为函数关系 $f$ 不能唯一确定）。建立速率方程颇费功夫。

② 速率的值在 $DT$ 内不变。进一步说，速率方程是在 $K$ 时刻进行计算，而在自 $K$ 至 $L$ 的时间间隔（即 $DT$）中保持不变。

（3）辅助方程：辅助说明速率变量或简化决策函数的方程。

$A$　AUX. $K=g(A.K, L.K, P.JK, C, \cdots)$

① 没有统一的标准格式；

② 时间下标中必有 $K$，函数关系中的时间下标一般用 $K$ 或 $JK$；

③ 可由现在时刻的其他变量($A,L,R$ 等)求出；

④ 有时需用 $T$ 方程进一步说明 $A$ 方程。

(4) 赋初值方程。

$N$　LEVEL＝…　或 $\begin{cases} N \quad \text{LEVEL}=L_0, \\ C \quad L_0=\cdots \end{cases}$

(5) 常量方程。

$C$　CON＝…

在以上各种方程中，$L$ 方程是积累(或差分)方程；$R$、$A$ 方程是代数运算方程；$C$、$N$、$T$ 为模型运行提供参数值，在一次模拟运算中保持不变($C$、$T$)。

(二) 几种典型反馈回路及其仿真计算①

1. 一阶正反馈回路(以某地区人口的增加机理为例)

(1) 结构模型和流程图，如图 4-10 所示。

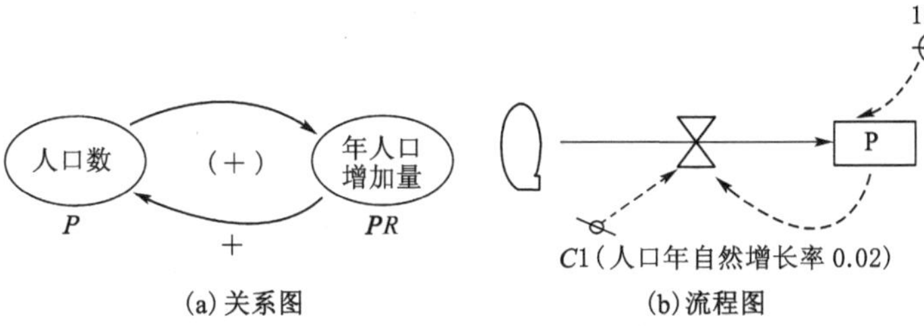


图 4-10　简单人口系统的因果关系图和流程图

请注意，系统的阶次数为回路中所含水准变量 $L$ 的个数，即系统包含多少个水准变量，该模型就是多少阶次的。由此可见，建模者可以根据问题本身的复杂程度和建模需要，把某些变量"处理"或"不处理"成水准变量。一般而言，需要把待预测、待仿真的核心变量"处理"成水准变量。但需要注意的是，水准变量数量过多，会使得所建立的模型变得十分复杂从而不利于求解。

(2) 数学模型及仿真计算。

$L$　$P.K=P.J+DT*(PR.\text{JK}-0)$

$N$　$P=100$

$R$　$PR.\text{KL}=C1*P.K$

$C$　$C1=0.02$

仿真计算结果如表 4-3 和图 4-11 所示。

2. 一阶负反馈回路(一个简单库存系统)

(1) 结构模型，如图 4-12 所示。

① 本部分例子引自汪应洛. 系统工程理论方法与应用(第二版)[M]. 北京：高等教育出版社，1998.

**表 4-3　简单人口系统仿真计算示例**

| 仿真周期 | 人口数量 $P$ | 人口年增长数量 $PR$ |
| --- | --- | --- |
| 0 | 100 | 2 |
| 1 | 102 | 2.04 |
| 2 | 104.04 | 2.080 8 |
| …… | …… | …… |

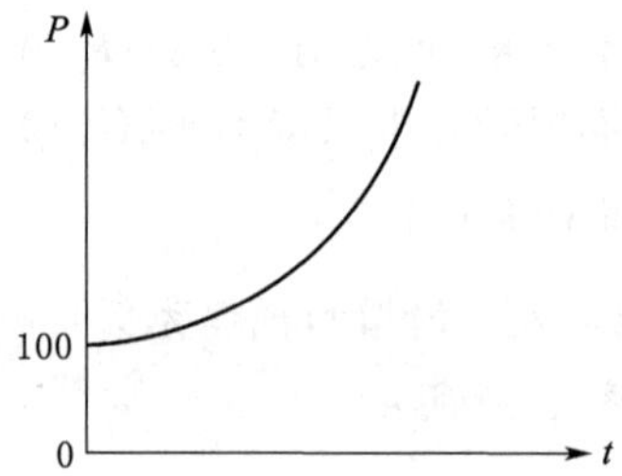


图 4-11　简单人口系统输出特性示意图

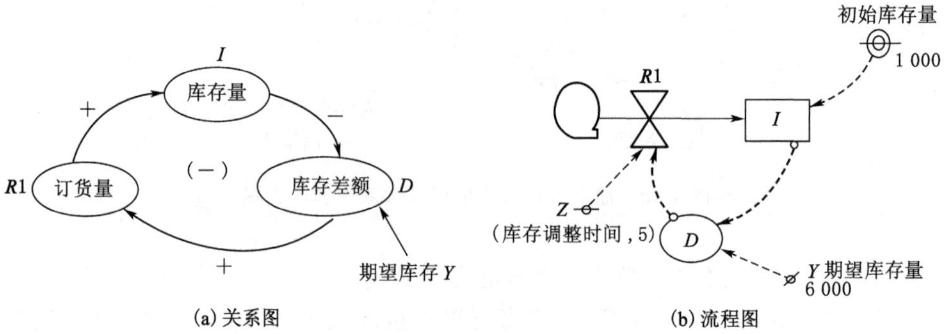


图 4-12　简单库存系统的因果关系图和流程图

(2) 数学模型及仿真计算

$L\quad I.K=I.J+\mathrm{DT}*R1.\mathrm{JK}$

$N\quad I=I_0$

$C\quad I_0=1\ 000$

$R\quad R1.\mathrm{KL}=D.K/Z$

$A\quad D.K=Y-I.K$

$C\quad Z=5$

$C\quad Y=6\ 000$

仿真计算结果如表 4-4 所示。

**表 4-4　简单库存问题仿真计算表**

| 仿真周期 | 当前库存量 $I$ | 库存差额 $D$ | 订货速率 $R1$ |
|---|---|---|---|
| 0 | 1 000 | 5 000 | 1 000 |
| 1 | 2 000 | 4 000 | 800 |
| 2 | 2 800 | 3 200 | 640 |
| …… | …… | …… | …… |

仿真变化趋势图如图 4-13 所示。

从图 4-13 可以看出，只要调整周期一经确定，负反馈就开始起作用，系统自动调整订货速度使库存量符合管理者规定的期望库存量。最终将得到实际库存 $I$ 无限逼近目标值6 000 的情况。

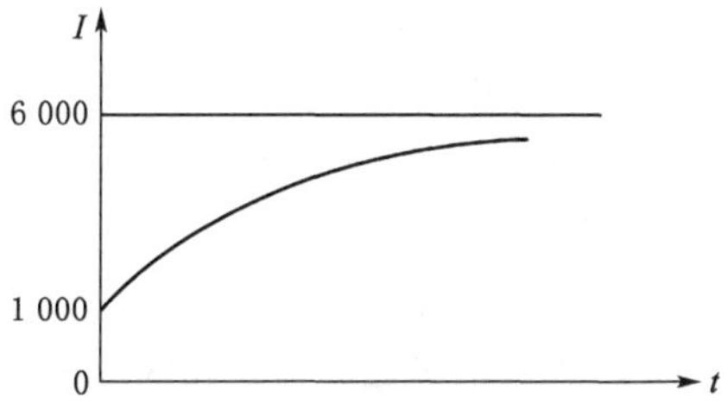


图 4-13　简单库存系统输出特性示意图

因此，负反馈的特征就是：趋向于保持其特定系统的平衡状态。但是一阶负反馈是从小到大地趋近某一特定的平衡状态，而下文谈到的二阶负反馈是上下反复振荡式的趋近。

3. 二阶负反馈回路(以简单库存系统为基础)

(1) 结构模型，如图 4-14 和图 4-15 所示。

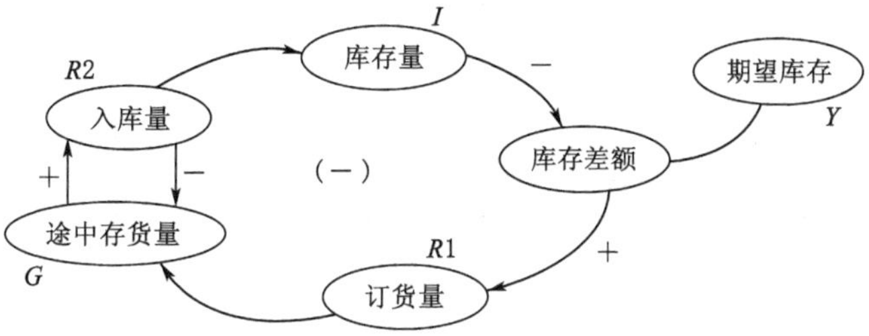


图 4-14　二阶库存系统的因果关系图

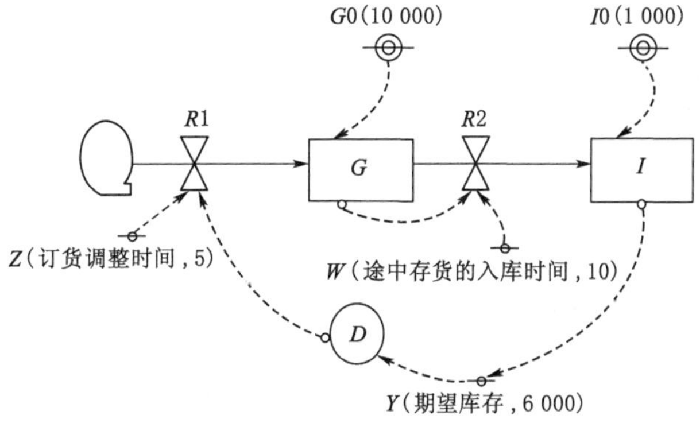


图 4-15　二阶库存系统的流程图

(2) 量化分析模型及仿真计算

$L\quad G.K=G.J+DT*(R1.JK-R2.JK)$

$N\quad G=G0$

$C\quad G0=10\ 000$

$R\quad R1.KL=D.K/Z$

$A\quad D.K=Y-I.K$

$C\quad Z=5$

$C\quad Y=6\ 000$

$R\quad R2.KL=G.K/W$

$C\quad W=10$

$L\quad I.K=I.J+DT*R2.JK$

$N\quad I=I0$

$C\quad I0=1\ 000$

仿真计算结果如表 4-5 和图 4-16 所示。

**表 4-5　二阶库存系统 SD 仿真计算结果**

| | *G1. JK* | *G. K* | *R2. KL* | *I. K* | *D. K* | *R1. KL* |
|---|---|---|---|---|---|---|
| 0 | — | 10 000 | 1 000 | 1 000 | 5 000 | 1 000 |
| 1 | 0 | 10 000 | 1 000 | 2 000 | 4 000 | 800 |
| 2 | −200 | 9 800 | 980 | 3 000 | 3 000 | 600 |
| 3 | −380 | 9420 | 942 | 3 980 | 2 020 | 404 |
| … | … | … | … | … | … | … |

注:$G1=R1-R2$。

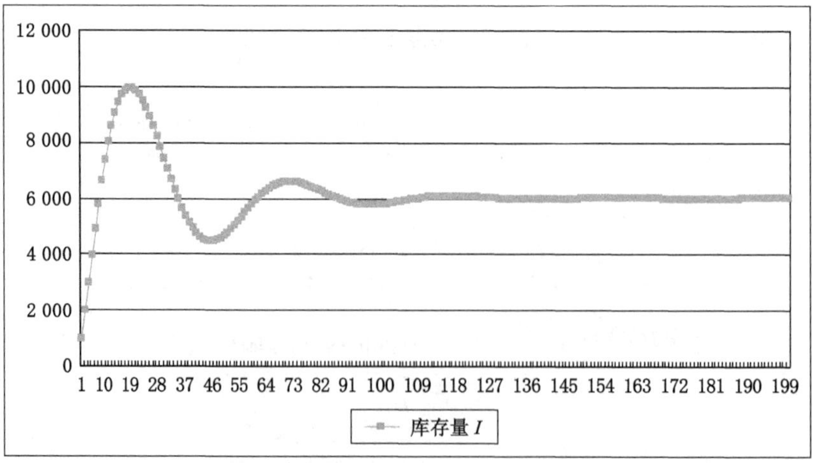


图 4-16　二阶库存系统输出特性示意图

# 本章小结

物理、化学问题可以轻易地在实验室中完成某些新奇想法的"仿真"——通过实验的方法。然而，对于大多数社会问题和管理问题而言，却远没有如此幸运。本章向读者介绍的系统仿真方法正是为了解决类似的问题而提出来的。其中，状态空间模型(SSM)可以分别以微分方程和差分方程两种方式来表达；它主要是基于输入—输出的原理，通过具体研究系统内部状态转化的机理，来对系统长期的趋势进行仿真和预测的——对于不是太长期的微观问题，SSM 方法是一种很好的选择。相比之下，系统动力学(SD)方法则可以在 SSM 的基础上进行更为广泛和深远的仿真——尤其是对于复杂系统问题的长期仿真。基于此，可以说 SD 方法比 SSM 方法具有更为广泛和深远的用武之地；对于描述系统演化的长期趋势之类的问题，SD 更是具有得天独厚的优势。

# 本章习题

1. 蓄水池模型。试用状态空间模型研究上、下两个管道相连接的蓄水池液面变化情况。其中，设输入流量为 $U(t)$，输出流量为 $Q_1(t)$，管阀阻抗分别为 $R_1$、$R_2$，各池截面积分别为 $A_1$ 与 $A_2$，如图 4-17 所示。$X_1(t)$、$X_2(t)$ 表示池中水深变量(提示：可取水深变化率 $dX_1/dt$ 和 $dX_2/dt$ 作为状态变量)。

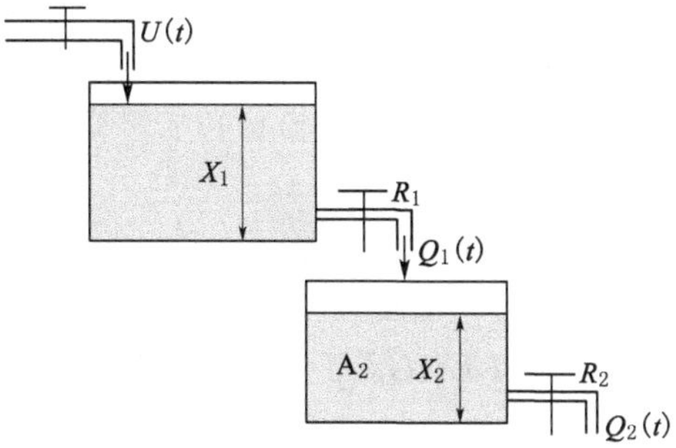


图 4-17　第 1 题图　蓄水池模型

2. 系统仿真在系统分析中起何作用？系统仿真方法的特点有哪些？

3. SD 的基本思想是什么？其反馈回路是怎样形成的？请举例加以说明。

4. 请分析说明 SD 与解释结构模型化技术、状态空间模型方法的关系及异同点。

5. 请举例说明 SD 结构模型的建模原理。

6. SD 为什么要引入专用函数？请说明各主要 DYNAMO 函数的作用及适用条件?。

7. 如何理解 SD 在我国现实的社会经济和组织管理系统分析中更具有方法论意义？

8. 请用 SD 结构模型来描述学习型组织的一般机理。

9. 假设每月招工人数 $MHM$ 和实际需要人数 $RM$ 成比例，招工人员的速率方程是：$MHM.KL=P*RM.K$。请回答以下问题：

(1) $K$ 和 $KL$ 的含义是什么？

(2) $RM$ 是什么变量?

(3) $MHM$、$P$、$RM$ 的量纲是什么?

(4) $P$ 的实际意义是什么?

10. 已知如下的部分 DYNAMO 方程:

$MT.K=MT.J+DT*(MH.JK-MCT.JK)$

$MCT.KL=MT.K/TT.K$

$TT.K=STT*TEC.K$

$ME.K=ME.J*DT*(MCT.JK-ML.JK)$

其中,$MT$ 表示培训中的人员(人),$MH$ 表示招聘人员速率(人/月),$MCT$ 表示人员培训速率(人/月),$TT$ 表示培训时间,$STT$ 表示标准培训时间,$TEC$ 表示培训有效度,$ME$ 表示熟练人员(人),$ML$ 表示人员脱离速率(人/月)。请画出对应的 SD 流程图。

11. 高校在校本科生和教师人数($S$ 和 $T$)是按一定的比例而相互增长的。已知某高校现有本科生 10 000 名,且每年以 SR 的幅度增加,每一名教师可引起增加本科生的速率是 1 人/年。学校现有教师 1 500 名,每个本科生可引起教师增加的速率($TR$)是 0.05 人/年。请用 SD 模型分析该校未来几年的发展规模,要求:

(1) 画出因果关系图和流程图。

(2) 写出相应的 DYNAMO 方程。

(3) 列表对该校未来 3~5 年的在校本科生和教师人数进行仿真计算。

(4) 请问该问题能否用其他模型方法来分析? 如何分析?

12. 某城市国营和集体服务网点的规模可用 SD 来研究。现给出描述该问题的 DYNAMO 方程及其变量说明。要求:

(1) 绘制相应的 SD 流程图(绘图时可不考虑仿真控制变量);

(2) 说明其中的因果反馈回路及其性质。

$L\quad S.K=S.J+DT*NS.JK$

$N\quad S=90$

$R\quad NS.KL=SD.K*P.K./(LENGTH-TIME.K)$

$A\quad SD.K=SE-SP.K$

$C\quad SE=2$

$A\quad SP.K=SR.K/P.K$

$A\quad SR.K=SX+S.K$

$C\quad SX=60$

$L\quad P.K=P.J+DT*NP.JK$

$N\quad P=100$

$R\quad NP.KL=I*P.K$

$C\quad I=0.02$

其中,$LENGTH$ 为仿真终止时间,$TIME$ 为当前仿真时刻,均为仿真控制变量;$S$ 为个体服务网点数(个),$NS$ 为年新增个体服务网点数(个/年),$SD$ 为实际千人均服务网点与期望差(个/千人),$SE$ 为期望的千人均网点数,$SP$ 为的千人均网点数(个/千人),$SX$ 为非个体服务网点数(个),$SR$ 为该城市实际拥有的服务网点数(个),$P$ 为城市人口数(千人),$NP$

为年新增人口数(千人/年),$I$ 为人口的年自然增长率。

13. 为研究新住宅对家具销售的影响,考虑分房和家具销售两个子系统。

在分房子系统中,分房数量(*FFL*)的增加使分到新房的户数(*XFS*)增加,进而使未分房户数(*WFS*)减少。其中未分房户数还受到需住房总户数(*XQS*)的影响;分房数量与未分房户数成比例,比例系数记为分房系数(*FFX*)。

在家具销售子系统中,未买家具新房户数(*WMS*)的增加使家具销售量(*XSL*)成比例增加,比例系数记为销售系数(*XSX*);销售量的增加又使得已买家具户数(*YMS*)增加。假定在一定时期(如若干年)内,*XQS*、*FFX* 和 *XSX* 保持不变。要求:

(1) 画出新住宅对家具销售影响的因果关系图,并指出两个子系统各自回路的性质。

(2) 指出给定所有变量的类型,建立用 SD 研究该问题的结构模型。

(3) 写出该问题的 SD 数学模型,并就其中任一子系统,指出各方程的名称和作用。

(4) 适当设定初值和常量,仿真计算 3~5 年后所有状态变量的数值。

(5) 分别画出两个子系统中状态变量随时间的响应趋势。

14. 根据以下说明,画出因果关系图、建立流程图模型,并自拟变量名和数据,写出 DYNAMO 方程。

(1) 人口与经济增长。

城市就业机会多,是人口流入城市的原因之一。但迁入者不一定会马上在该地区得到许多就业机会,得知并取得就业需要一段时间。迁入人口的增加,促使城市产业扩大。而产业经济的扩大,形成附加的需要,这种需要更加增加了该地区的就业机会。

(2) 人口与土地使用。

人口增加,除了促进经济增长之外,还使住宅建设按照人口增长的速度发展。现在假定,可供产业和住宅用的土地是固定不变的。因此,住宅储备的增加,使可供产业扩大的用地减少。一旦没有更多的土地可供使用,该地区的产业发展就受到抑制,劳动力需求减少,结果就业机会也就减少。潜在的移入者一旦知道就业机会减少,移入人口随之减少,地区人口就停止增长。

15. 请根据某产品销售速率、销售量及市场需求量的相互关系(假定销售速率与实际销售量成正比,比例系数与市场需求情况有关),分别就以下两种市场状况,采用系统动力学或其他方法,建立预测和分析销售量变化的模型,并据此图示销售量随时间变化的轨迹(趋势)。

(1) 该产品由某企业独家经营,且市场远未饱和。

(2) 该产品的市场需求量已接近饱和。

16. 假定某商品的库存仅发生在生产厂家,且出厂价格(元/吨)取决于库存量。库存增加,价格下降;库存下降,价格上升,且价格是库存的非线性函数[图 4-18(a)],另外,销售率是价格的反比函数[图 4-18(b)]。这里给出的价格取过去一季度的平均价格(建议采用具有三个月或一个季度延迟的指数平滑平均值)。由于厂家增加生产能力需较长时间,且固定成本较高,可以认为商品生产速率是一每月 1 000 吨的常数。请建立描述该问题的 SD 结构模型和数学模型。

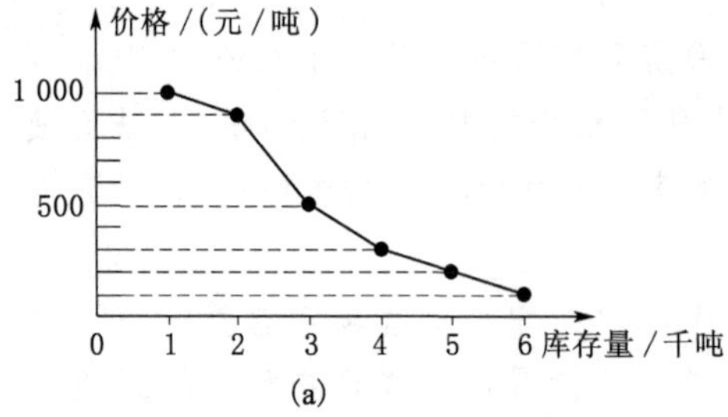


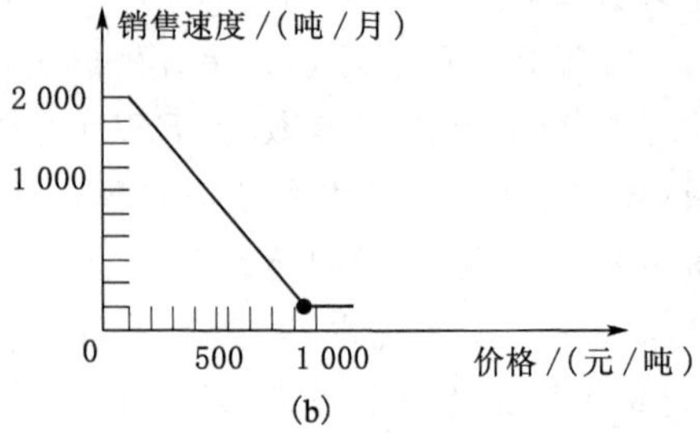


图 4-18 第 16 题图

17. 已知描述新冠肺炎疫情传染蔓延系统的部分 DYNAMO 方程及其变量说明，要求：

(1) 改正 DYNAMO 方程在书写上的错误；

(2) 根据改正后的方程绘制流图，并说明其中的因果反馈回路及其性质；

(3) 建立速率-水准(CR-IP)关系方程，并据此说明新冠肺炎疫情蔓延系统的反馈性质。

L $LP.K=IP.J+DT*CR.KL$

C $IP=10$

R $CR.JK=IPC*NCF*IP.K*SP.K$

C $IPC=0.1$

C $NCF=0.02$

A $SP=P-P.K$

C $P=1\ 000$

其中，$IP$——患病人口(人)；$CR$——每日感染人数(人/日)；$IPC$——每次接触的感染率(无量纲)；$NCF$——额定接触系数(比例数/人·日)；$SP$——未患病人数；$P$——总人口(人)。

# 第五章　系统分析

**【前导案例】**

## 大学生创新创业项目可行性分析

“给珠穆朗玛峰安装电梯”这样的项目是否可行？大学生创新创业项目是否需要科学研究以确定项目的可行性？

为深入贯彻落实2018年9月10日的全国教育大会精神，加快培养创新创业人才，持续激发大学生创新创业热情，教育部连续多年举办了“互联网+”大学生创新创业大赛。浙江大学“智能视力辅具及智能可穿戴近视防控设备”项目团队、北京航空航天大学“Unicorn无人直升机系统”项目团队、西北工业大学“翱翔系列微小卫星”项目团队、浙江大学“杭州光珀智能科技有限公司”项目团队、北京理工大学“中云智车”项目团队、清华大学“交叉双旋翼复合推力尾桨无人直升机”项目团队先后获得大赛冠军。可行性分析在此类大赛中起到了重要的作用，通过对项目技术、经济与管理等方面全面地分析比较，可以促进高质量项目的实施。

纵观历届比赛的金奖项目，均在设计过程中从技术、经济、管理与社会等方面进行了科学地可行性分析，深入分析市场现状及项目发展前景，从而选择了投资少、速度快、效益高的最佳方案。大学生在参与这类创新创业大赛或者创业的过程中，应对项目的可行性进行深入分析，形成包括系统描述、目标、预算及期望、结论的可行性报告，以减少与避免决策上的失误所造成的人、财、物等方面不必要的损失。

本章所学习的系统分析方法可以广泛运用到日常经济管理问题中，为系统决策提供重要依据，对系统各要素及其环境之间的协调起到重要作用。

**【学习目标】**

☆ 了解系统分析的基本概念；
☆ 理解技术经济分析的指标选择原则；
☆ 掌握成本效益分析方法；
☆ 掌握量本利分析方法；
☆ 掌握可行性分析的内容与基本方法。

系统分析是系统工程解决问题过程的一个环节，也是系统工程处理问题的核心内容之一，在系统工程产生和发展过程中，系统分析起着重要作用。

# 第一节　系统分析的基本概念

## 一、系统分析的定义

“系统分析”一词源于美国兰德公司(Research and Development,RAND)。兰德公司成立于1945年,该公司作为民间组织,不以营利为目的,依靠政府资助,每年就美国国内外政策,向美国政府、国会提供建议。人们称它为智囊团,由它发展的一套解决问题的方法称为“系统分析”。

1972年,由美国、英国、法国、苏联、民主德国、联邦德国、日本等国的科学家和其他相应组织倡导并成立的“国际应用系统分析研究所”(International Institute for Applied Systems Analysis,IIASA),进一步推进了系统分析的方法。IIASA通常邀请国际上有名望的系统分析专家就国际重大问题,如人类只有一个地球、能源、环境、债务、发展中国家发展战略等国际性问题进行研究,并将研究报告分送给有关国家。这种通过国际合作,采用系统分析方法解决现代社会所面临的全球问题的做法,受到世界各国的关注,是一种行之有效的分析、研究复杂系统问题的方法和手段。

系统分析的目的在于分析系统内部与系统环境之间、系统内部各要素之间的相互依赖、相互制约、相互促进的复杂关系,分析系统要素的层次结构关系及对系统功能和目标的影响,通过建立系统的分析模型使各要素及其环境之间的协调达到最佳状态,最终为系统决策提供依据。

对于系统分析的定义有广义和狭义之分。广义的解释是把系统分析作为系统工程的同义语,认为系统分析就是系统工程。狭义的解释是把系统分析作为系统工程的一个重要组成部分,或者说一门技术,一个逻辑步骤,一个在系统工程处理大型复杂系统的规划、计划、研制和营运问题时必须经过的逻辑步骤。由此可见,无论是广义系统分析还是狭义系统分析,对研究复杂系统问题都是非常重要的。

由于系统分析技术的发展仅有几十年时间,因此关于系统分析的概念还没有形成统一的说法,下面是最具特征的几种观点。

兰德公司认为,系统分析是系统地探讨决策原本的目的,对能实现目的的替代方案(政策和策略)的费用、有效度及风险进行有限制的比较,当被探讨的替代方案有缺陷时制订出新的替代方案,从而帮助决策者选择行动的一种方法。

西安交通大学汪应洛教授认为,系统分析是一个有目的、有步骤的探索过程;目的是为决策者提供直接判断和决定最优方案所需的信息资料;步骤是使用科学方法,对系统的目的、功能、环境、效益等进行充分地调查研究,把试验、分析、计算的各种结果,同预期的目标进行比较,最后整理成完整、正确、可行的综合资料,作为决策者择优的主要依据。

美国兰德公司政策分析专家魁德(E. Quad)认为,系统分析是一种研究战略的方法,是在各种不确定条件下帮助决策者处理复杂问题的方法,具体来说就是通过调查全部问题,找出目标与可能选择的方案,利用恰当的评价准则,发挥专家们的独到见解,帮助决策者选择一系列方案的一种行动。

《新学科新知识词典》(中国国际广播出版社,1989年版)认为,系统分析是一门由定性、定量方法组成的为决策者提供正确决策和决定系统最优方案所需信息和资料的技术。它从系统总体最优的观点出发，对系统的目的、功能、环境、费用、效益等进行充分调查，搜集、分析和处理有关的数据和信息，并据此建立若干方案和必要的模型，并进行大量的仿真计算。在定量分析的基础上，考虑一些未能和无法列入模型的因素，综合考虑各替代方案，形成正确、可行的报告提交给决策者。

《美国百科全书》指出，系统分析是研究相互影响的因素的组成和运用情况，其特点是完整地而不是零星地处理问题。它要求人们考虑各种主要的变化因素及其相互的影响，并要用科学和数学方法对系统进行研究与应用。

虽然不同专家从不同角度对系统分析进行定义，但总的来说，这些定义为如何进行系统分析提供了一种有效的分析框架，并明确了系统分析目的是为决策者决策服务，即系统分析是为了发挥系统的整体功能及达到系统的总目标，采用科学合理的分析方法，对系统的环境、目的、功能、结构、费用与效益等问题进行深入地调查，细致地分析、设计和试验，经过不断地分析和探索，从而制定出一套经济有效的处理步骤或程序，或提出对原有系统进行改进的方案，或提出决策者关心的某项工程的设想和建议等，以此为决策者提供正确决策所需的信息和资料。

## 二、系统分析的特点

注重系统与环境及系统各要素之间的关系，借助定量和定性分析方法，寻求使系统整体综合最优的策略是系统分析的最主要特点。

### （一）以系统整体最优为目标

系统中的各分系统都具有各自特定的功能和目标，它们相互联系，构成一个有机整体。在系统分析时应以系统的整体综合最优为主要目标，如果只研究改善某些局部问题，而忽略其他分系统，则系统的整体效益将不能得到保证。因此，任何系统分析都必须以发挥系统整体的最大效益为前提，不可局限于个别分系统，以防顾此失彼。

### （二）以特定问题为对象

系统分析是一种处理问题的方法，以求解决特定问题的最优方案。许多问题都含有不确定性因素，有很强的针对性。因此，在系统分析时需研究不确定情况下解决问题的各种方案所可能产生的结果，如足球比赛的排兵布阵，需要针对不同对手、不同的状态等排出不同的阵形，才可能夺取胜利。又如企业合作伙伴的选取，要根据目前国家之间的关系，不同企业在行业的地位和发展趋势以及竞争伙伴合作的可能性，提出可操作的建议。

### （三）以系统价值为判断依据

系统分析不能完全反映客观世界的所有情况，在系统分析的过程中需要对事物做某种程度的假设，或者是使用过去的历史资料来推断系统未来的发展趋势。然而未来环境的变化总是具有一定的不确定性，从而很难保证分析结果的完全客观性。此外，方案的优劣应该是定量和定性分析的结合，数据和经验的结合。因此，进行方案的评价时，需凭借价值判断、综合权衡，以判断由系统分析提供的各种不同策略可能产生的效益的优劣，以便选择最优的方案。

（四）运用定量方法解决系统问题

系统分析在处理问题的手段上不能单凭定性方法，它需要借助于相对可靠的的数字资料及其所建立起来的系统模型作为分析判断的基础，以保证分析结果的客观性、科学性。定量化方法对于具有历史资料和数据的系统问题处理是十分有效的，特别是在相对微观的系统中应用得更为普遍。

## 三、系统分析的基本要素

系统是千变万化的，而且所有的系统都处在各不相同的环境中。另外，不同系统的功能不同，内部的构造、因素的组成也不相同，即使是同一系统，由于分析的目的不同，所采用的方法和手段也不相同。因此，要找出技术上先进、经济上合理、环境上允许的最佳系统是一件困难的事情。为了应对千变万化的系统，人们往往把系统分析作为一个系统来处理，认为要进行有效的系统分析就必须抓住系统分析过程中的基本要素，抓住了这些基本要素，才有可能使系统分析顺利进行，并达到分析的要求。

美国兰德公司曾对系统分析的方法论做过如下论述，认为系统分析人员必须抓住、掌握如下五条，即五个基本要素：① 确定期望达到的目标。② 分析达到期望目标所需的技术与设备。③ 分析达到期望目标的各种方案所需要的资源和费用。④ 根据分析，找出目标、技术设备、环境资源等因素间的相互关系，建立各方案的数学模型。⑤ 以方案的费用多少和效果优劣为准则，将方案依次排队，寻找最优方案。

根据兰德公司的启迪，人们在进行系统分析时往往注重系统目标、替代方案、评价指标、分析模型和研究报告工作，紧紧抓住这些工作，才能为系统分析奠定基础。

（一）系统目标

系统目标就是对系统的要求，它是系统分析的基础。系统分析人员最初的也是最重要的任务就是要了解领导者意图，明确存在的问题，确定系统的目标。其次，目标是目的的具体化，是建立和更新系统的依据。由于系统问题的复杂性，系统的决策者难以确切提出系统的目标，往往是通过分析者与决策者进行多次“对话”后得到的，确定目标时应遵守必要性、合理性、可行性原则，使提出的目标科学、合理。

（二）替代方案

能够实现系统目标的各种可能的途径、措施和办法构成替代方案，到底哪一种方案最合适，这正是系统分析所要解决的问题。首先达到同一目标可由不同方案和途径来实现，但实现同一目标的各替代方案在性能、费用、时间等指标上互有长短，但要能对比，即替代方案具有可比性。其次替代方案的构造是优选的前提，没有足够的替代方案就没有优化。这就是说，系统分析者和决策者要运用自己丰富的想象力、创造力，根据已掌握的信息，提出达到同一目标的多种方案。例如，两点之间运输方式的选择问题，可供选择的运输方式有航空、铁路、公路、水运；而铁路有高速、一般（单轨、双轨），公路有高速、一级、二级等，为达到某一运输需求量的要求，可将上述运输方式进行不同组合，构造出替代方案。又如某地块的开发问题，在满足总体规划的前提下，设计出不同的开发方案。

（三）评价指标

在系统分析中，常把系统的性能、费用、效益、时间等方面的内容作为评价指标（当方案的社会、环境、生态等方面的效应相差不大时),由于达到同一目标而消耗的人、财、物不同,产生的效益不同,需要的时间也不同。因此,不同指标的综合分析和对比是决定方案优劣、取舍的基础。在评价方案优劣尺度的设计时要有标准可依,其概念要明确、具体、单一,还要可计量,尽可能用数据表示。例如,在大型超市的评价体系中,可以用“每月投诉次数”来量化“客户满意度”。又如,在企业对员工进行评价时,可以使用“每月无故缺勤天数”作为量化“工作态度”的一个指标。在计算各项指标时要考虑系统生命周期内的投入和产出,还要考虑环境的收益和副作用。

(四)分析模型

分析模型是根据系统分析的目标要求,用若干参数或因素对系统本质方面进行描述的产物,也可以说,是根据某种目标要求,将系统进行抽象复制的复制品。例如在经典的金融模型中,金融学家通常把股价的波动描述为对数正态分布,再通过代入其他参数进行系统仿真,就可以预测出股价未来的波动范围。

利用分析模型和计算机以及所需信息、资料,能方便地进行预测、评价和优化,以便分析者在计算结果的基础上,综合考虑其他因素作用,得到较满意的方案。

(五)研究报告

研究报告是系统分析的最终产物,具体形式可采用报告、建议或意见等形式。在撰写研究报告时,应该注意以下几点。

(1)研究报告的成果虽然是基于严谨的逻辑分析,大量的数据运算,甚至复杂的数学模型推导而获得,但在表述方面则应该采用通俗易懂的语言,使决策者容易理解和使用。

(2)研究报告的作用只是阐明问题和提出处理问题的意见和建议,而不是代替决策者进行决策。因此,研究报告不仅要阐述最终的研究结论,还要将结论的主要依据、关键信息以及所做的一些基本假设等告诉决策者,以便决策者正确决策。例如,在对上海延安路高架道路东段外滩节点(左连匝道)的施工方案进行决策时,承担方案研究的上海交通大学交通运输研究所曾采用三维动画对各个备选方案进行仿真,这样不但可以帮助决策者从多个角度观察高架桥的外观,而且可以测试在不同车流量的情况下,各方案对交通状况的改善程度,为决策提供了很好的依据。如有可能应根据阅读者的情况,撰写出不同类型的研究报告。

## 四、系统分析的主要步骤

应用系统思想、观点和科学的方法对复杂问题进行系统分析的整个过程,主要包括界定问题、确定目标、提出方案、建立分析模型、评价可行方案和综合分析与评价六个典型环节。

(一)界定问题

进行系统分析,首先要明确问题性质,界定问题范围。一般来说,问题是在一定的外部环境作用和系统内部发展的需要中产生的,它不可避免地带有一定的本质属性和存在范围。只有明确了问题的性质和范围,系统分析才有可靠的起点。其次,要进一步研究问题所包含的因素,以及因素间的联系和外部环境的联系,把问题界限进一步划清。

（二）确定目标

为了解决问题，要确定出具体的目标，它们可以通过某些指标来表达。标准是衡量目标达到的尺度。系统分析是根据所提出的具体目标展开的，由于系统功能的实现是靠多方面因素来保证的，因此系目标一般有若干个，如经营管理系统的目标就包括产品品种、产量、质量、成本、利润等。而一项目标本身又可能由更小的目标集组成，如利润就是一个综合性指标。要增加利润，就要扩大盈利产品的销售量和降低单位产品的成本，而要增加销售量又要做好广告宣传、采取正确的销售渠道等。在多目标的情况下，要保证各目标之间相互协调，防止发生抵触或顾此失彼，在明确目标的过程中，还要注意目标的整体性、可行性和经济性。

（三）收集资料，提出方案

资料是系统分析的基础和依据，根据所明确的总目标和分目标，集中收集必要的资料和数据，为分析做好准备。收集资料通过多借助于调查、实验、观察、记录及引用外国资料等方式，收集资料切忌盲目性。有时说明一个问题的资料很多，但不是都有用，因此，选择和鉴别资料又是收集资料中所必须注意的问题。收集资料须注明可靠性，说明重要目标的资料需经过反复核对和推敲。资料必须是说明系统目标的，对照目标整理资料，找出影响目标的诸因素，然后提出达到目标条件的各种替代方案。所拟定的方案应具备先进性、创造性、多样性的特色。先进性是指方案在解决问题上应采纳当前国内外最新科技成果，符合世界发展趋势，前瞻未来若干年，当然也要结合国情和实力；创造性是指方案在解决问题上应有创新精神，新颖独到，有别一般，包括设计人员的一切智慧的结晶；多样性是指所提方案应从事物的多个侧面提出，解决问题的思路是使用多种方法计算模拟方案，避免落于主观、直觉的误区。

（四）建立分析模型

在调查研究的基础上，根据分析的目的和已掌握的资料可建立不同的模型。模型可以表示全部，也可以是系统的一部分，可以定量的因素当然要列入模型，不可直接定量的因素，可设法间接定量后列入模型，或不列入模型，留在系统综合时考虑。针对研究对象不同或同一对象的不同要求，建立若干不同模型，可以用几个模型同时解决一个问题，当然，也可以用一个模型解决多个问题。投入产出模型、计量经济模型、系统动力学模型、经济控制论模型是社会经济系统常用的模型。要根据系统分析要解决的问题，选用、改进或创造系统分析模型。

（五）评价可行方案

利用已建立各种模型对可行方案可能产生的结果进行计算测定，考察各种指标完成的程度。譬如费用指标，则应考虑投入的劳动力、设备、资金等。不同方案的输入、输出不同，其结果就不同，得到的指标也不同。当分析模型比较复杂，计算工作较大时，可借助计算机求解。

（六）综合分析与评价

在上述分析的基础上，再考虑各种无法量化的定性因素，对比系统目标达到的程度，用标准来衡量，这就是综合分析与评价。评价结果应能推荐一个或几个可行方案，或列出各方案的优先顺序，供决策者参考。鉴定方案的可行性，系统仿真是经济有效的方法，经过仿真后的可行方案，就可避免实际执行时可能出现的问题。

有些复杂的系统，系统分析并非进行一次即可完成。为完善修订方案中的问题，有时根据分析结果要对提出的目标进行再探讨，甚至重新划定问题的范围。

上述分析步骤仅是一般的方法框架，并不是所有实际的系统分析过程都必须按照这些环节进行。在实际应用中，所采取的步骤可以有所不同，应根据问题的性质和特点设置相应的环节。

## 第二节 技术经济分析

技术经济分析是系统分析的一个重要方面，所谓技术经济分析就是主要从经济的角度对方案的经济效益进行分析、计算和评价，从而区分出技术上先进，经济上合理的优化方案，为决策工作提供科学的依据。

### 一、技术与经济的关系

#### （一）技术的含义

所谓技术是指根据生产实践经验和自然科学原理，为实现一定的目的而提出的解决问题的各种操作技能以及相应的劳动工具、生产的工艺过程或作业方法。也可以说，技术是包括劳动工具、劳动对象和劳动者技能在内的一种范畴的总称。它是变革物质、进行生产的手段，是科学与生产相联系的纽带，是改造自然、推动经济发展和社会进步的力量。作为技术的延伸，出现了“软技术”。

#### （二）经济的含义

“经济”一词是多义的，第一是指生产关系，例如经济制度、经济基础等名词中的经济概念；第二是指物质财富的生产以及相应的交换、分配、消费，例如通常所说的经济活动即指生产与流通过程；第三是指节约与收支情况，例如日常生活中常说的“经济实惠”等。技术经济分析术语中的“经济”一词，其含义主要是指节约与收支情况。

#### （三）技术与经济的关系

技术与经济的关系十分密切，经济的发展须依赖一定的技术手段，而技术的应用则须消耗人力、物力、财力等资源。所以二者相互促进又相互制约，经济发展是技术进步的动力和方向，而技术进步则是推动经济发展的条件和手段。

任何新技术的产生与应用都需要经济的支持，受到经济的制约。纵观世界各国，凡是科技领先的国家，对技术研究与开发的投入都是相当高的。但同时，技术的突破将会对经济产生巨大的推动作用。迄今为止，人类社会发生了三次世界性的重大技术革命，有力地推动了生产的发展和社会进步。

因此，技术与经济是不可分割的两个方面。一方面，发展经济必须依靠一定的技术；另一方面，技术的进步要受到经济条件的制约。研究技术和经济之间的合理关系，寻求技术和经济协调发展的规律，是技术经济学的重要任务。技术经济分析作为系统工程的一项内容，主要是应用技术经济学的研究成果，同系统思想和定量化系统方法相结合，服务于系统工程的实践活动。

技术经济分析必须兼顾社会效益。任何技术不但可以带来正面效应,也可以带来负面效应。当代社会,人的物质享受大大丰富了,但是生活环境却存在很多问题:环境污染、生态恶化、臭氧层空洞、水土流失、资源枯竭等。因此,不少学者提出疑问:科学技术究竟给人类带来了什么?是福还是祸?我们今天能发展,后代还能不能发展?人类已经发出呼声:要与大自然和平共处,要实现可持续发展。进行技术经济分析时应该对此给予充分重视。

## 二、技术经济分析的基本指标

进行技术经济分析必须有一套指标体系,用来衡量生产活动的技术水平和经济效益。不同的工业部门或企业,其技术经济指标体系不尽相同,都是同自身的产品、原材料、机器设备、工艺过程等相适应的。但是,在各种指标体系中,有一些指标是构成其他指标的基本要素,而且在技术经济分析中是首先要考虑的,称为基本指标,例如产值、成本、收入、投资、价格等。

### (一) 产值

产值分为总产值与净产值。

(1) 总产值。这是企业或部门在一定时期内生产活动成果的货币表现。它可以按下式计算:

$$S = \sum_{i=1}^{n} K_i x_i \tag{5-1}$$

式中 $K_i$——第 $i$ 种产品(或服务)的价格;

$x_i$——第 $i$ 种产品(或服务)的产量(或工作量)。

这里所说的产品与服务包括成品、半成品、在制品、其他生产和服务活动。

从政治经济学的观点看,总产值由三部分构成:

$$S=C+V+M \tag{5-2}$$

式中 $C$——已消耗的生产资料的转移价值;

$V$——劳动者为自己创造的价值;

$M$——劳动者为社会创造的价值。

从国民经济宏观而言,总产值计算包含了许多重复,这是不合理的。因此,在我国目前的国民经济核算体系中已经不采用总产值指标,在微观经济分析中,总产值仍然可以作为一个参考指标。

(2) 净产值。这是企业或部门在一定时期内生产活动新创造的价值。它反映生产活动的净成果,是计算国民收入的基本依据。计算净产值有生产法与分配法两种方法。

生产法是以总产值减去生产过程中的物质消耗(原材料、燃料、外购电力、生产用固定资产折旧等)所得的余额为净产值。记净产值为 N,可表示为:

$$N=S-C \tag{5-3}$$

式中 $S$——总产值;

$C$——已消耗的生产资料的转移价值。

分配法是从国民收入初次分配的角度出发,把构成净产值的各种要素直接相加之和作为净产值。用公式表达如下:

$$N=V+M \tag{5-4}$$

或为：

$$净产值=工资+税金+利润+其他$$

在实际运用中，两者计算结果往往不一致。一般按生产法计算比较准确，但是计算工作比较复杂，按分配法计算则要简单一些。

（二）成本

企业的产品成本，即企业制造（或包括销售）产品所发生的费用，主要包括消耗掉的生产资料价值和支付的劳动报酬。产品成本的构成如表 5-1 所示。产品价值的构成如表 5-2 所示。

**表 5-1 产品成本的构成**

| 原材料 | 燃料和动力 | 工资和动力 | 废品损失 | 车间经费 | 企业管理费 | 销售费用 |
|---|---|---|---|---|---|---|
| 车间成本 | | | | | | |
| 工厂成本 | | | | | | |
| 完全成本 | | | | | | |

**表 5-2 产品价值的构成**

| 产品价值 $W$ | | | | | | | | | |
|---|---|---|---|---|---|---|---|---|---|
| 物化劳动的价值补偿 $C$ | | | | | | 活劳动创造的新价值 | | | |
| 劳动手段的价值补偿 $C_1$ | | 劳动对象的价值补偿 $C_2$ | | | | 为自己劳动 $V$ | | 为社会劳动 $M$ | |
| 基本折旧费 | 大修理费用 | 原材料 | 燃料 | 动力 | 其他消耗材料 | 工资 | 奖金 | 利润 $M_1$ | 税金 $M_2$ |
| 产品成本：$C_1+C_2+V$ | | | | | | | | | |

表 5-2 中的基本折旧费与大修理费用主要包含在表 5-1 的车间经费中，部分地包含在企业管理费中，这是因为两者分析问题的角度有所不同。

（三）收入

收入分为销售收入与纯收入。销售收入是售出产品（或服务）后的收入，即已售出的产品（或服务）的价值。它与总产值不同，总产值包括已生产的与正在生产的产品的价值。纯收入又称作盈利，是销售收入扣除产品成本后的余额。它是产品价值中劳动者为社会创造的新价值，包括税金和利润。

（四）投资

投资是指为实现技术方案所花费的资金，分为固定资产投资和流动资金。

固定资产投资是指新建、改建、扩建和恢复各种生产性和非生产性固定资产所花费的资金。所谓固定资产，其特点是能长期使用而不改变本身的实物形态，其价值随着生产过程的持续进行以其本身的磨损（折旧）而逐渐转移到产品成本中去。

流动资金是指用于购买生产所需的原材料、半成品、燃料、动力以及支付工资与各种活动费用的投资。其特点是随着生产过程和流通过程的持续进行，不断地由一种形态转化为另一种形态。

通常所说的基本建设投资，其中绝大部分用于厂房、设备、仪表和建筑物的购置并形成固定资产;少部分用于施工管理、购置施工机械、生产准备及人员培训等方面,这部分不形成固定资产。

(五)价格

价格是商品价值的货币表现。工业品的价格由产品成本、税金和利润构成。它分为出厂价格、批发价格和零售价格三种,其构成情况如表5-3所示。

**表5-3　工业品价格的构成**

<table>
<tr><td>生产成本</td><td>税金</td><td>利润</td><td rowspan="2">批发商业<br>流通费用</td><td rowspan="2">批发商业<br>利润税金</td><td rowspan="3">零售商业<br>流通费用</td><td rowspan="3">零售商业<br>利润税金</td></tr>
<tr><td colspan="3">出厂价格</td></tr>
<tr><td colspan="5">批发价格</td></tr>
<tr><td colspan="7">零售价格</td></tr>
</table>

由此看到,商品从生产企业到顾客手中,每经过一道中间环节,其价格就会增加。现在的商品常常有出厂价(格)、直接销售、货仓式销售,这样减少了中间环节,价格自然便宜了许多。

## 三、技术经济分析的若干相对指标

(一)反映资金占用的指标

(1)每百元产值占用的流动资金:一般指年度定额流动资金的平均占用额与同期总产值之比。

(2)每百元产值占用的固定资产:一般指固定资产年度平均原值与同期总产值之比。

(二)利润率指标

(1)资金利润率:利润总额与所占用资金总额(固定资金和流动资金)之比。

(2)工资利润率:利润总额与工资总额之比。

(3)成本利润率:利润总额与产品成本之比。

(4)产值利润率:利润总额与产值之比。

(三)劳动生产率

劳动生产率反映劳动者的生产能力,通常是用劳动者在单位劳动时间内所生产的产品数量计算,或者用单位产品所耗费的劳动时间计算。

(四)其他相对指标

例如单位产品原材料、燃料、动力消耗量,原材料利用率等。

## 四、技术经济分析的可比性

技术经济分析的可比性是指不同的技术方案之间比较经济效益时所必须具备的前提条件。技术经济比较原理主要包括四个方面:满足需要的可比性、消耗费用的可比性、价格的可比性及时间的可比性。

(一)满足需要的可比性

满足需要可比性是指相比较的技术方案所提供的功能(使用价值)都能满足同样的社

会需要，即功能等同化或等效化，显然，满足同样社会需要的功能等同化，这是方案比较的共同基础。

众所周知，任何方案的编制和实施都是为了达到一定的目标，即满足社会某种需求，或者为了提供一定数量的产品，或者为了提高产品质量，或者为了增加产品的花色品种，或者为了提供某种劳务，或者为了改善生产劳动条件等。总之，任何方案都是根据预定的目标（需要）制定的。当然，达到相同的预定目标的途径和方法可以是多种多样的，即有多个可以相互替代的方案。因为各方案不同，其技术经济效益也不同，就需要比较、评价和优选。要比较，就要具备相比较的共同基础，即能满足相同的需要。例如，以石油和煤炭两种资源来说，它们各有各的用途，若开采石油方案为了满足生产石化产品的需要，则两者不具有可比条件，是不可比的；若两个方案都是为了满足火力发电厂燃料用料的需要，则两者之间就具有可比条件。所以满足需要的可比性，是一个非常重要的可比原则。

如前所述，方案通常主要是以产品的产量、质量和品种等来满足社会需要。因此满足需要的可比性，一般可以从产品的产量、质量、品种等方面进行可比性分析。

（二）消耗费用的可比性

在任何方案的实现过程中和使用过程中都要消耗一定的人力、物力、财力，也就是说必须消耗一定的物化劳动和活劳动。为了正确地比较各方案的经济效果，各方案所消耗的劳动或费用必须从系统的观点进行综合考虑，也就是从方案的全部消耗费用出发来考虑，不能只从局部的消耗费用出发来考虑。参与比较方案的消耗费用的可比性，是指对满足相同需要的不同技术方案进行技术经济效益比较和评价，必须从整个国民经济角度和方案的实施与使用的全过程出发，比较和分析对比方案的全部消耗费用。而且，各方案要采用相同的费用计算原则、范围和方法。

（三）价格的可比性

在方案评价时，需要对方案的劳动成果（产出效益）和劳动消耗（投入费用）及经济效益进行计算和评价，因此不可避免地要利用价格这一杠杆，即常常要用到价格指标。若比较不同的方案时所采用的价格指标不一致、不合理，那么计算方案的经济效果和在方案比较时就会出现问题，将会造成决策失误。因此，为了能正确地进行技术经济效益的比较和评价，对比方案所采用的价格须具有可比性。

价格的可比性，是指在计算各个对比方案的技术经济效益时，需采用合理的价格和一致的价格。合理的价格就是价格能够较真实地反映产品的价值和供求关系；一致的价格就是相对比方案所采用的是统一的价格，计算时价格的口径范围和时间都是一致的。

但是，目前我国的价格体系还没有理顺，由于过去长期忽视价值规律和市场经济的作用，不少商品价格严重背离价值，产品的价格既不反映价值又不反映供求关系，不同产品之间的比价也不合理，影响方案的正确评价和选择，造成决策的失误。为了保证对比方案的价格可比性，对不可比价格可做如下几种可比性修正处理。

(1) 确定合理价格. 当现行价格严重不合理时，为了正确地进行对比方案的财务评价，要计算和确定合理价格。也就是对那些价格与价值严重背离的产品，为了合理利用资源，取得最大的投入产出效益，使国民经济效益达到最优，可计算和确定产品的合理价格。合理价格的计算公式为：

合理的价格水平＝单位产品社会必要劳动成本$(C+V)$＋合理盈利$M$ (5-5)

式中 $C$——单位产品中合理的生产资料转移价值；

$V$——单位产品中合理的劳动生产者创造的价值(如工资及附加费等)；

$M$——单位产品的盈利额。

(2) 采用国际贸易价格。为了优化资源配置与正确进行国民经济评价，对涉及产品进行出口或利用外资、技术引进等项目的投入品或产出品的价格，可采用国际贸易价格进行修正计算。

(3) 采用折算费用。对那些投入品或产出品比价不合理的项目，为了正确分析和评价对比方案的经济效益，可避开现行市场价格，采用计算各项相关费用之和确定价格的可比性修正计算的方法，称为折算费用。

(4) 利用不同时期的变动价格或不变价格。由于技术进步、劳动生产率的提高，产品成本将不断降低，因而价格将随时间的变化而发生变化。因此，在计算和比较方案的经济效益时，要考虑不同时期价格的变动问题，注意采用相应时期的价格指标。例如，当比较远景方案的经济效果时，应采用远景价格指标；比较近期方案的经济效益时，应该采用近期的价格指标，也可以将远期或近期的价格折算成统一的现行价格进行比较。

(5) 采用影子价格。影子价格是在最优的社会生产组织和充分发挥价值规律作用的条件下，供求达到均衡时的产品和资源价格，它可以通过解数学规划或相应的方法求得，因此也称最优计划价格、计算价格或经济价格。

#### (四) 时间的可比性

方案的对比不仅要求满足需要、消耗费用及价格等方面的可比性，还要具有时间的可比性。例如，有两个方案，他们的产品产量、质量、投资、成本等各方面都相同，但时间上有差别。一个投产早，一个投产晚；或者一个投资早，一个投资晚。这样，这两个方案的经济效果就不会相同。在进行比较前，就必须考虑时间因素。事实上，时间因素对方案经济效益的影响是非常大的。比如，建设项目在一般情况下都是建设周期长、使用寿命长、占用资金多而时间又长，在资金时间价值不可忽视的情况下，投资数量多少、占用时间长短的不同，方案的经济效益将有明显的不同。

时间可比性主要应该考虑两个方面的问题。

(1) 计算期相同。对经济寿命不同的方案作经济效益比较时，必须采用相同的计算期作为比较的基础。如果有甲、乙两个方案，它们的经济寿命分别为10年和5年，我们不能拿甲方案在10年期间的经济效益去与乙方案在5年期间的经济效益做比较。因为甲、乙两个方案时间上不可比，只有采用相同的计算期，计算它们在同一时期内的费用与效益，才有可比性。

目前采用的计算期有两类方法。

① 当相比较的各个技术方案的经济寿命有倍数关系时，采用寿命的最小公倍数。例如上述甲、乙两个方案，它们的经济寿命最小公倍数为10年，则两个方案的计算期也应为10年，设想乙方案重复建设一次，即以两个乙方案的效益和费用与一个甲方案的效益和费用相比较。

② 当相比较的各个技术方案的经济寿命没有倍数关系时，一般采用15年为计算期，即

计算各个技术方案在15年期间的效益和费用，作互相比较。

(2) 要考虑资金的时间价值。不同方案在投入的人力、物力、资源和发挥效益的时间上是有差异的，不能只考虑方案所发生的人力、物力、资源和发挥效益的时间伤势有所差异的，同时也须考虑到这些社会产品和产值及人力、物力、资源数量及其费用是在什么时间生产、占用和消耗的，以及总共生产、占用和消耗了多长时间。因此，方案在不同时期内发生的效益和费用，不能将它们直接简单相加，须考虑时间因素的影响，保证时间价值方面具有可比性。

## 第三节　成本效益分析

### 一、成本效益分析的基本概念

成本效益分析是在多个备选方案之中，通过成本与效益的比较来选择最佳方案。

所谓成本，是以货币形式表示的各种耗费之和；所谓效益则是用成本换来的价值、功能或效果，它可以用货币来表示，也可以用其他意义的指标来表示，如安全性、可靠性、信誉、完成任务的概率、完成任务的工期等单项指标或综合指标。在不同的问题中，采用不同的指标。尤其是在当代社会，人们还需要进一步考虑用社会效益、生态环保效益等来表示。

### 二、成本效益分析的基本方法

设 $C_1$、$C_2$ 分别为甲、乙两个方案的成本，效益分别为 $E_1$、$E_2$，评价标准通常有如下三种：

标准1：效益相同时，取成本最小者，即设 $E_1=E_2$，$C_1>C_2$，取乙方案。

标准2：成本相同时，取效益最大者，即设 $C_1=C_2$，$E_1>E_2$，取甲方案。

标准3：当成本效益均不相同时，定义效益与成本比率为：

$$V=\frac{E}{C} \tag{5-6}$$

取比值 $V$ 最大值。当 $V_1=V_2$ 时，认为两个方案等价，如果还要评价其优劣，则应考虑其他指标或通过其他途径。

成本效益分析也可以采用图解法，有两种作图法。

(1) 取成本 $C$ 为横坐标，效益 $E$ 为纵坐标，作各个方案的成本效益曲线，如图5-1所示。

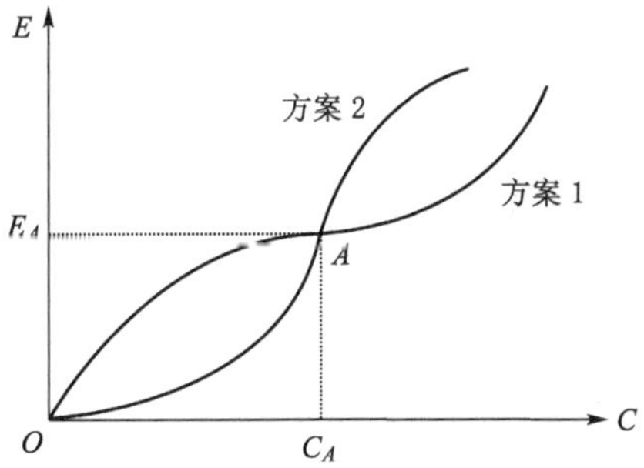


图5-1　两个方案的成本效益比较

在图 5-1 中，两个方案的成本效益曲线交于 $A$ 点。此时，两个方案的成本相同，效益也相同。对于评价标准 1，是用水平线去截取，显然，当 $E_1=E_2>E_A$ 时，$C_1>C_2$，即方案 1 劣于方案 2；当 $E_1=E_2<E_A$ 时，$C_2>C_1$，即方案 1 优于方案 2。

对于评价标准 2，是用垂直线去截取，显然，当 $C_1=C_2>C_A$时，$E_2>E_1$，即方案 1 劣于方案 2；当 $C_1=C_2<C_A$时，$E_1>E_2$，即方案 1 优于方案 2。

对于评价标准 3，按照式(5-7)不难计算比值 $V$，从而进行选择。

(2) 取横坐标表示方案，纵坐标表示成本 $C$ 与效益 $E$，分别作成本曲线与效益曲线，如图 5-2 所示。

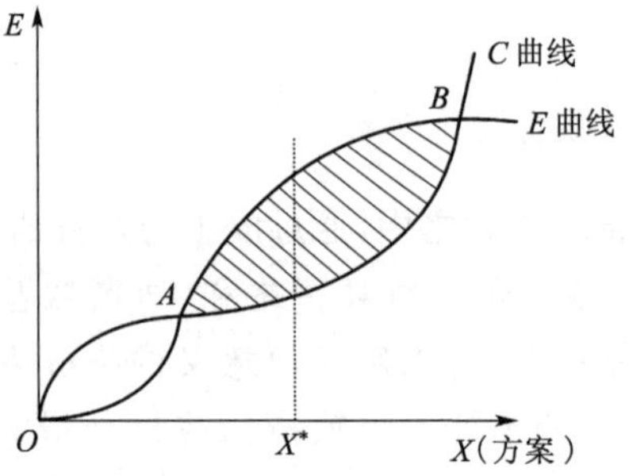


图 5-2　多个方案的成本效益比较

很显然，此时要求效益必须用货币单位表示。如果不能，可以将成本与效益分别化为某种相对指标，如均按百分数计算。如图 5-2 中，成本曲线与效益曲线均随决策变量 $X$ 的取值而变化。例如，$X$ 值表示某种产品的产量，不同的产量表示不同的方案，从而 $X$ 坐标即表示不同的方案。图 5-2 中两条曲线交于 $A$、$B$ 两点。在 $A$ 点以下，$B$ 点以上，成本高于效益，故不予考虑；在 $A$、$B$ 两点之间，效益高于成本，当 $X=X^*$ 时，其差额为最大，故方案 $X^*$ 为最优。实际上，该方法是采用了以下计算公式：

$$V=E-C \tag{5-7}$$

其中，$E$ 与 $C$ 的量纲必须一致。

### 三、资金的时间价值与等值计算

#### (一) 资金的时间价值

资金与时间存在密切关系，资金具有时间价值。当前可以用来进行投资的一笔现金比将来同一数量的资金更有价值。因为，当前可用的资金能够立即进行投资并在将来获得更多的资金，而在将来才能收取的资金则不能在当前投资，也无法赚取更多的资金。

资金的时间价值应该这样理解：若将资金存入银行，相当于资金所有者放弃了这笔资金的时间价值，通常采用利息来表示。如果是向银行借贷而占用资金，也要付出一定的利息作为代价，我们要评价方案的经济效益，应该考虑资金的时间价值，对各方案的成本与效益进行适当的折算，使它们具有可比性。

利息通过利率计算。利率是经过一定期限后的利息额与本金之比，通常用百分数表示。计算利息的时间单位有年、月、日等。

利息的计算分单利法与复利法两种：

（1）用单利法计算利息时，仅用本金计算利息，不把先前周期的利息加入本金，即利息不再产生利息。

（2）用复利法计算时，要把先前周期的利息加入本金，即利息再生利息。基本计算公式如下。

单利法为：

$$F=P(1+in) \tag{5-8}$$

复利法为：

$$F=P(1+i)^n \tag{5-9}$$

式中　$F$——本金与全部利息之和，简称本利和（将来值）；

$P$——本金（现值）；

$i$——利率；

$n$——计算利息的周期数。

复利法比较符合资金在社会再生产过程实际运作的情况，下面将着重介绍按复利法对资金的等值计算。

（二）资金的等值计算

考虑到资金的时间价值，同一笔资金在不同时点上的数值是不相等的。反过来可以说，在不同时点上数值不等的资金折合到同一时点上可能是相等的，这种折合就是资金的等值计算。资金的等值计算有如下公式。

（1）一次性支付终值公式。如果现在存入银行 $P$ 预案，年利率为 $i$，$n$ 年后的本利和 $F$ 为多少？计算公式为：

$$F=P(1+i)^n \tag{5-10}$$

其中，系数 $(1+i)^n$ 称为复利支付终值系数。

**例 5-1**　现金 1 万元存入银行，年利率为 5%，问：5 年后本利和为多少？

**解**：$F=P\times(1+i)^n$

$=10\ 000\times(1+0.05)^5$

$=12\ 762.86$（元）

（2）一次支付现金公式。已知 $n$ 年后一笔资金 $F$，在利率 $i$ 下，相当于现在多少钱？计算公式为：

$$P=F\times\frac{1}{(1+i)^n} \tag{5-11}$$

这是一次性支付终值的逆运算。$\frac{1}{(1+i)^i}$称为复利现值系数。

**例 5 2**　某人计划 5 年后从银行提取 1 万元，如果银行年利率为 12%，问现在应存银行多少钱？

**解**：$P=F\times\frac{1}{(1+i)^n}=\frac{1}{(1+12\%)^5}=0.567\ 4$（万元）

所以，该人应该存入 5 647 元。

（3）等额分付终值公式。如果某人每年末存入资金 $A$ 元，年利率为 $i$，$n$ 年后积累的本利和为多少?

第 $n$ 年末资金的总额 $F$ 等于各年存入资金 $A$ 的终值总和,即

$$\begin{aligned}F &= A(1+i)^{n-1}+A(1+i)^{n-2}+\cdots+A(1+i)+A \\ &= A[(1+i)^{n-1}+(1+i)^{n-2}+\cdots+(1+i)+1]\end{aligned}$$

根据等比数列求和公式,可求得:

$$F=A\left[\frac{(1+i)^n-1}{i}\right] \tag{5-12}$$

其中,$\frac{(1+i)^n-1}{i}$称为年终值系数。

**例 5-3** 某人从 30 岁起每年末向银行存入 8 000 元,连续 10 年,若银行年利率为 8%,问 10 年后共有多少钱?

**解**:直接应用式(5-12),计算可得:

$$F=A\left[\frac{(1+i)^n-1}{i}\right]=8\,000\times\frac{(1+8\%)^{10}-1}{8\%}=1\,158\,912(\text{元})$$

所以,该人 10 年后拥有的本利和为 115 892 元。

(4) 等额分付偿债基金公式。等额分付偿债基金是等额分付终值公式的逆运算,即已知终值 $F$,求与之等价的等额年值 $A$。由式(5-12)直接导出:

$$A=F\left[\frac{i}{(1+i)^n-1}\right] \tag{5-13}$$

**例 5-4** 为了 5 年后得到 1 万元基金,在年利率为 5%的情况下,每年末应等额投入多少现金?

**解**:由式(5-13)可得:

$$A=F\left[\frac{i}{(1+i)^n-1}\right]=10\,000\times\left[\frac{5\%}{(1+5\%)^5-1}\right]=1\,809.75(\text{元})$$

所以,每年末应投入 1 809.75 元。

(5) 等额分付现值公式。从第 1 年末到第 $n$ 年末有一个等额的现金流序列,每年的金额为 $A$,这一等额年金序列在利率为 $i$ 的条件下,其现值是多少?

可把等额序列视为 $n$ 个一次性支付的组合,利用一次支付现值公式推导出等额分付现值公式:

$$P=\frac{A}{(1+i)}+\frac{A}{(1+i)^2}+\cdots+\frac{A}{(1+i)^n}=A\times\frac{(1+i)^n-1}{(1+i)^n i} \tag{5-14}$$

**例 5-5** 如果某工程投产后每年纯收入 2 000 元,按年利率 5%计算,能在 5 年内连本带利把投资全部收回,问该工程开始时的投资为多少?

**解**:$P=A\,\frac{(1+i)^n-1}{i(1+i)^n}$

$$=2\,000\times\frac{(1+5\%)^5-1}{(1+5)^5\times5\%}=8\,658.95(\text{元})$$

所以,该工程开始时投资为 8 658.95 元。

(6) 资金回收公式。银行现提供贷款 $P$ 元,年利率为 $i$,要求在 $n$ 年内等额分付期回收全部贷款,问每年末应回收多少资金?这是已知现值 $P$ 求年金 $A$ 的问题。

根据等额分付现值公式可得：

$$A=P\times\frac{i(1+i)^n}{(1+i)^n-1} \tag{5-15}$$

**例 5-6**　设有货款 1 万元，年利率 5%，在第五年末还完，问每年末应等额偿还多少？

**解**：根据资金回收公式(5-15)得：

$$A=P\times\frac{i(1+i)^n}{(1+i)^n-1}=10\ 000\times\frac{5\%(1+5\%)^5}{(1+5\%)^5-1}=2\ 309.75(\text{元})$$

所以，每年末应该等额偿还 2 309.75 元。

## 第四节　量本利分析

量本利分析是“产量—成本—盈利分析”的简称，通常又称为盈亏平衡分析或盈亏转折分析。它是成本效益分析的一种专门形式。

产量、成本、盈利分别记为 $Q$、$C$、$P$，它们三者是密切相关的。假设销售量等于产量，单位产品的售价为 $K$，则有以下基本关系：

$$P=KQ-C=S-C \tag{5-16}$$

其中，$S=KQ$ 为销售收入。由此可见，企业要增加盈利 $P$，有两种途径：一是降低成本 $C$；二是增加销售收入 $S$。而这两条途径是交叉作用、相互影响的。假设产品单价 $K$ 不变，要增加销售收入 $S$，就必须扩大产量 $Q$，扩大产量通常能降低单位成本，降低单位成本就可以降低售价，降低售价就可以扩大销售量。量本利分析就是要找出各种因素的最佳组合，从而使得企业的盈利 $P$ 为最大。

### 一、固定成本与可变成本

总成本 $C$ 可以分为两大部分：固定成本 $F$ 和可变成本 $V$，即

$$C=F+V=F+vQ \tag{5-17}$$

其中，$v=\frac{V}{Q}$，也称为单位产品平均可变成本。

所谓固定成本是指不受变量增减的影响而相对固定的费用，如折旧费、车间经费、企业管理费等。辅助工人工资等变动不大或者随着产量的增减变化不明显的费用(间接人工成本)亦归入固定成本。

可变成本是指随着产量增减而正比例增减的费用。例如，直接构成产品的材料费用、生产工人工资(直接人工成本)、外购件及外协件的成本、直接在加工制造中消耗的动力费用等，都直接构成可变成本。

在固定成本和可变成本之间还有半可变成本，如通风、照明、保养等费用。它们在一定程度上是固定的，但随着生产的扩大，它们也要增加，但又不与产量的增加成正比。在量本利分析中，根据经验或统计资料，将半可变成本按照适当的比例分配到固定成本与可变成本中去。

成本的划分以及成本与销售收入 $S$、盈利 $P$ 的关系如表 5-4 所示。

**表 5-4　销售收入与成本的构成**

<table>
<tr><td rowspan="9">销售收入 $S$</td><td rowspan="8">总成本 $C$</td><td rowspan="7">生产成本</td><td>直接人工成本</td><td rowspan="3">可变费用 $V$</td></tr>
<tr><td>直接原材料、燃料、动力</td></tr>
<tr><td>外购件、外协件等</td></tr>
<tr><td>间接人工成本</td><td rowspan="5">固定成本 $F$</td></tr>
<tr><td>折旧费</td></tr>
<tr><td>车间经费</td></tr>
<tr><td>管理费用等</td></tr>
<tr><td colspan="2">销售费用</td></tr>
<tr><td colspan="4">盈利 $P$</td></tr>
</table>

## 二、盈亏平衡图

盈亏平衡图是量本利分析的主要工具，首先建立坐标系，选择产量 $Q$ 为横坐标，选择款项($C$,$S$)为纵坐标，根据式(5-16)与式(5-17)作图，得到图 5-3。

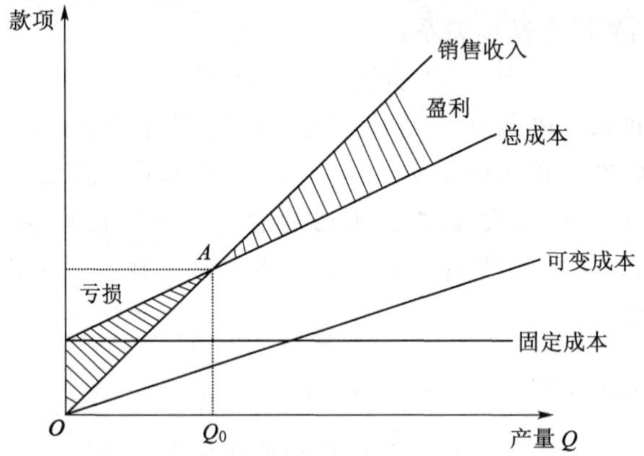


图 5-3　盈亏平衡图

图 5-3 中，销售收入 $S$ 与总成本 $C$ 的交点 $A$ 称为盈亏平衡点。在 $A$ 点右上方，$S>C$，$P>0$ 为盈利区；在 $A$ 点左下方，$S<C$，$P<0$ 为亏损区。$A$ 点的横坐标 $Q_0$ 为盈亏平衡产量，通常直接把 $Q_0$ 称为盈亏平衡点。

将式(5-17)代入式(5-16)，得：

$$P=kQ-(F+vQ) \tag{5-18}$$

再令 $P=0$，就得到 $Q_0$ 得计算公式：

$$Q_0=\frac{F}{k-v} \tag{5-19}$$

**例 5-7**　设某厂生产某种产品的情况如下：固定成本 $F=2$ 万元，单位可变成本 $v=3$ 元，销售单价 $k=5$ 元，试分析盈亏平衡情况。

**解**：由式(5-19)得：

$$Q_0=\frac{F}{k-v}=\frac{20\ 000}{5-3}=10\ 000(\text{单位})$$

此即盈亏平衡点，当产量 $Q>Q_0$ 时盈利；当 $Q<Q_0$ 时亏损。例如，当 $Q=1.5$ 万(单位)

时，由式(5-18)得：

$$
\begin{aligned}
P &= kQ-(F+vQ) \\
&=5\times 15\ 000-(20\ 000+3\times 15\ 000) \\
&=10\ 000(\text{元})
\end{aligned}
$$

即可盈利 10 000 元。又如当 $Q$=8 000(单位)时，

$$
\begin{aligned}
P &=5\times 8\ 000-(20\ 000+3\times 8\ 000) \\
&=-4\ 000(\text{元})
\end{aligned}
$$

即亏损 4 000 元。

## 三、多个盈亏平衡点问题的处理

在图 5-3 中，各条成本线与销售收入线都是直线，而实际情况却并非如此，可能是阶梯线或曲线。

例如，当市场需求加大而引起产品产量大幅度增加时，工厂原有的机器设备不够用，就得添置新的机器设备。这时固定成本就会产生一个阶跃，总成本也相应改变，就会出现多个盈亏平衡点，如图 5-4 所示。在图 5-4 中，点 $A_1$、$A_2$、$A_3$ 就是 3 个盈亏平衡点。

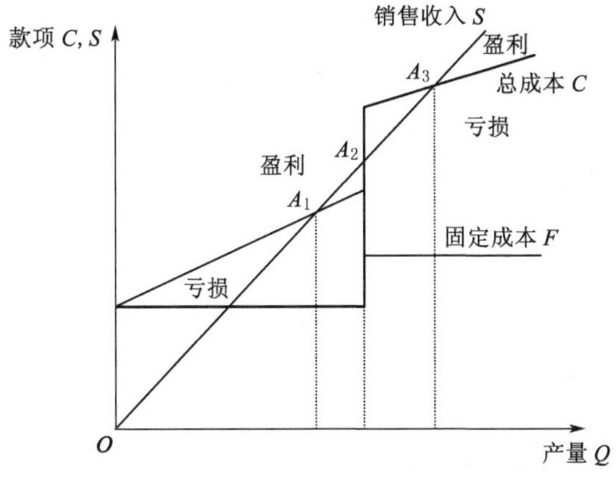


图 5-4　多个盈亏平衡点图

又如，在新产品试制时，其可变成本是曲线，因而总成本也是曲线，如图 5-5 所示。这是因为刚开始试制时，产量低而费用高；当取得经验后，工艺定型，产量骤增，单位产品的可变成本就大大降低了。

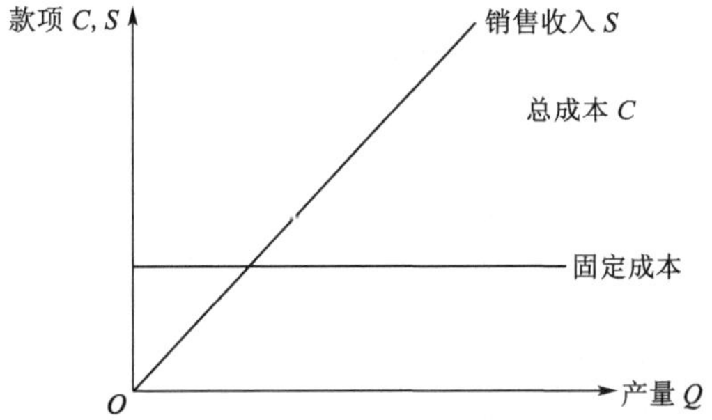


图 5-5　多个盈亏平衡点图(可变成本为曲线)

此时，式(5-16)与式(5-17)就改变为：

$$V=\frac{dV}{dQ}=\frac{dC}{dQ}$$
$$C=F+\int_0^Q v dQ \tag{5-20}$$

**例 5-8** 某企业生产某产品的总成本服从函数 $C=a_1+a_2Q+a_3Q^2$，且已知当产量 $Q$ 分别为 6、10、20（百件）时，其总成本分别为 104、106、370（千元）。设该产品的售价为 200 元/件，试作盈亏分析。

**解：**

(1) 计算系数 $a_1$、$a_2$、$a_3$，确定成本函数的具体表达式。

按题意应有以下方程组：

$$\begin{cases}104=a_1+6a_2+36a_3\\160=a_1+10a_2+100a_3\\370=a_1+20a_2+400a_3\end{cases}$$

求解方程组可得 $a_1$、$a_2$、$a_3$ 的数值。但是，在这里用拉格朗日插值公式求解会更方便一些。

$$y=y_1=\frac{(x-x_2)(x-x_3)}{(x_1-x_2)(x_1-x_3)}+y_2\,\frac{(x-x_1)(x-x_3)}{(x_2-x_1)(x_2-x_3)}+y_3\,\frac{(x-x_1)(x-x_2)}{(x_3-x_1)(x_3-x_2)}$$

在此，$C\sim y$，$Q\sim x$，将已知数据代入，可得：

$$C=104\times\frac{(Q-10)(Q-20)}{(6-10)(6-20)}+160\times\frac{(Q-6)(Q-20)}{(10-6)(10-20)}+370\times\frac{(Q-6)(Q-10)}{(20-6)(20-10)}$$

即

$$C=50+6Q+\frac{1}{2}Q^2$$

(2) 计算单位可变成本。

根据式(5-20)可知，$V=\frac{dC}{dQ}=6+Q$。

(3) 计算销售收入 $S$ 与利润 $P$。

已知产品售价为 200 元/件，进行单位换算得：

$$S=\frac{200\times100}{1\,000}Q=20Q$$

则

$$P=S-C=20Q-\left(50+6Q+\frac{1}{2}Q^2\right)$$

即

$$P=-\frac{1}{2}Q^2+14Q-50 \tag{5-21}$$

以产量—款项建立坐标系，作 $S$、$C$、$P$ 曲线，如图 5-6 所示。

(4) 结合图 5-6，做进一步分析。

$A$ 点与 $B$ 点均为盈亏平衡点，其对应产量分别为 4.2(百件)与 23.8(百件)，即 420 件与 2 380 件。$A$、$B$ 两点之间为盈利区，$A$、$B$ 两点之外为亏损区。

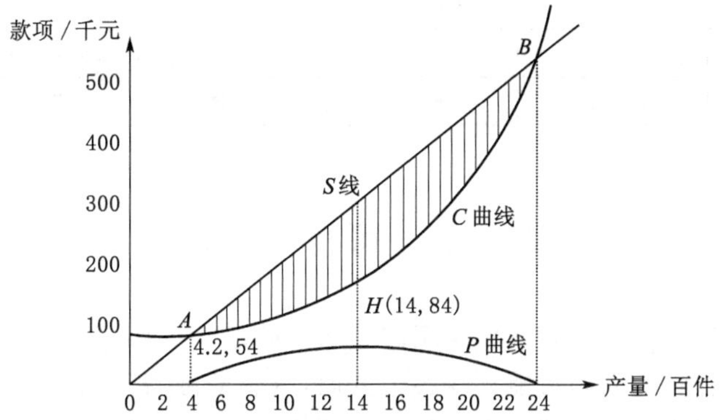


图 5-6　例 5-18 的盈亏平衡图

最大利润 $P_{max}$ 可由式(5-22)对 $Q$ 求导解得：

$$\frac{dP}{dQ} = -Q + 14 = 0$$

$$Q = 14$$

代回上式 $P = -\frac{1}{2}Q^2 + 14Q - 50$，得 $P$ 曲线上 $H$ 点的高度为：

$$P_{max} = 48(千元) = 48\ 000(元)$$

## 四、经营安全率分析

现仍以图 5-3 来讨论，并将其改画成如图 5-7 所示。

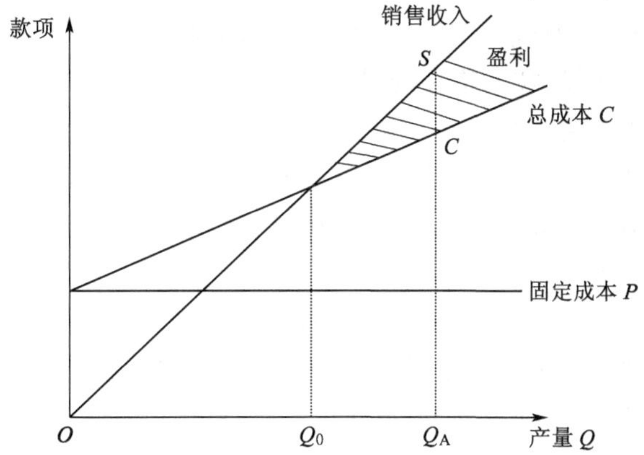


图 5-7　改画的盈亏平衡图

在图 5-7 中，定义经营安全率 $d$ 为：

$$d = \frac{Q_A - Q_B}{Q_0} \times 100\%$$

其中，$Q_i$ 为实际产量。$d$ 越大越好，当 $d=0$ 时，$Q_i = Q_0$，为盈亏平衡点；当 $d<0$ 时，则为亏损状态。$Q_i$ 增大，产量可以增大 $d$ 值，一般可以根据表 5-5 来判定企业的经营状况。

表 5-5 经营安全率

| 经营安全率 $d$ | ≥30% | 5%～30% | 30%～25% | 25%～15% | 0% |
|---|---|---|---|---|---|
| 经营状况 | 健康 | 较好 | 一般 | 较差 | 危险险 |

# 第五节 可行性分析

开发新系统的要求往往来自对原系统的不满。原系统可能是手工系统，也可能是正在运行的系统。由于存在的问题可能充斥各个方面，内容分散，甚至含糊不清，这就要求系统分析人员针对用户提出的各种问题识别初始要求，进行可行性分析。

## 一、可行性分析

### （一）可行性分析的概念

所谓可行性分析，就是对一个想要去实施的项目，在明确目标限制条件下作出科学的回答。该项目是否可以实施？如果实施，采取何种方案为好？要回答这两个问题，需要一套比较完整、比较严格的程序和方法，由此构成可行性分析的丰富内容。

进行一个项目的开发，或一项工程建设，要力求技术上先进、经济上合算、管理上可行及发展上可协调。为此，在项目开发或工程建设开发之前，必须就这些方面进行一系列技术的、经济的、管理的分析研究工作。也就是说，项目(即系统)的可行性分析就是在项目开发建设之前所进行的包括技术经济分析、成本效益分析和组织管理分析在内的系统分析。它是选择系统开发项目、进行方案决策的前提和依据。

可行性分析的对象，一般包括新建、改建。扩建工业项目、信息化建设的项目、公共设施、科研项目、区域经济开发、技术措施的采用与技术政策的制订等。

可行性分析的工作深度要求能判定项目是放弃还是继续研究，直到最后做出行与不行的决策建议。分析的结果主要阐明下面 6 个问题：要干什么？为什么要干？什么时候干好？在哪儿干？由谁来承担？应如何进行？国外在可行性分析中常用 5W1H 表示这 6 点，即 What、Why、When、Where、Who、How。

一个拟建项目的可行性研究，必须在国家有关的规划、政策、法规的指导下完成，同时，还必须要有相应的各种技术资料。进行可行性研究工作的主要依据包括：① 国家经济和社会发展的长期规划，部门与地区规划，经济建设的指导方针、任务、产业政策、投资政策和技术经济政策及国家和地方的法规等。② 经过批准的项目建议书和在项目建议书批准后签订的意向性协议等。③ 由国家批准的资源报告、国土开发整治规划、区域规划和工业基地规划、对于交通运输项目建设要有相关的江河流域规划与路网规划等。④ 国家进出口贸易政策和关税政策。⑤ 当地的拟建厂址的自然、经济、社会等基础资料。⑥ 有关国家、地区和行业的工程技术，经济方面的法令、法规、标准定额资料等。⑦ 由国家颁布的建设项目可行性研究及经济评价的有关规定。⑧ 包含各种市场信息的市场调研报告。

### （二）可行性分析的地位

在此所说的地位，是指可行性分析研究在项目开发周期中的地位。一般来说，项目的开发周期可以划分为三个周期：投资前时期、投资时期、交付运行时期。前两个时期又可分为若干阶段。

1. 投资前时期

投资前时期可分为四个阶段。

(1) 投资机会论证。主要是建立项目概念，其目的是初步探讨有没有建立项目的必要，即有没有委托咨询公司进一步做可行性研究的必要。这个论证可以由企业(即委托方)自己来做，也可以由企业自己主持并组织一部分人来做，也可以委托咨询公司来做，提出的报告叫作“项目概念”。

(2) 初步可行性分析。投资机会论证尽管是粗浅的，但如果项目概念可以确立，则企业一般就可以请咨询公司进行初步可行性分析，以判断项目概念的正确性。这一阶段主要分析企业的产品性能与用户需要、销售的可能性、原材料的来源、厂址的区域、主要工艺和流程、职工的来源及其技术水平、投资估算。投产后的经营状况预测和财务盈利分析。如果初步可行性分析结论认为项目生存能力不大，就不必作为进一步的研究了；如果认为项目是有前途的，经过企业认可，就进一步作“最终可行性分析”。

(3) 项目论证阶段。该阶段要做的工作就是最终的可行性分析，又称为详细的技术经济可行性分析，其结果就是最终可行性分析报告。该报告的内容与初步可行性分析相似，但更具深度和定量分析。工艺、原材料、厂址等许多重要条件都要经过技术人员的试验、分析、调查、勘测、钻探、取得必要的参数，落实工艺过程中的改进部分和新工艺技术的试验，明确产品生产的可靠性。在详细分析各种技术条件、自然条件、社会条件的基础上进行建设资金和生产经营上的核算，并最终以经济效益来论证该项目的生存能力。

(4) 评价决策阶段。该阶段主要由项目提出者根据最终可行性分析报告的论证结论作出判断与决策。同时项目提出者还要请给予贷款的银行进行评价，并共同做出最后的“行”或“不行”的决定，到此，这个阶段的工作就结束了。

2. 投资时期

投资时期是项目开发建设的实施时期，也是使用投资的高峰时期。它可分为四个阶段：

(1) 协商和签订合同阶段。该阶段主要针对有关资金的借贷、原材料的供应、能源供应、劳动力的来源与培训、生产协作和销售等各方面的业务关系进行协商，达成彼此都能接受的条件，并明确互相承担的责任，以文字形式签订合同，使经济责任具有法律效力。

(2) 项目设计阶段。这一阶段的工作主要由项目承担部门的系统设计人员在对项目进行技术性系统分析的基础上，提出项目实施的系统设计方案。

(3) 实施阶段。这一阶段的工作是最具体，也是最艰巨的。主要由负责项目建设、安装的部门或单位根据项目的系统设计方案进行具体的施工、安装、调试。

(4) 试运转阶段。任何一个项目的开发建设工作经过实施阶段后，都须进行三个月到半年的试运行。这一阶段主要由项目使用部门的业务人员对安装、调试后的系统进行日常生产或使用的维护工作，并根据三个月到半年的运行记录，组织有关方面的专家、技术人员、系统分析与设计人员对项目的系统运行进行合格的评价。

3. 交付运行时期

项目运行评价合格后，正式由开发建设单位交付给项目投资使用单位正式投入生产与使用。

（三）可行性分析作用

为了减少和避免决策上的失误所造成的人、财、物等方面不必要的损失，事先必须组织有关部门中有实际工作经验的领导和管理人员，对拟建信息系统的主要问题从技术、经济和管理三个方面进行全面、深入的调查、分析和比较，对新建信息系统在管理上需不需要、资源上有没有条件、经济上值不值得的问题进行论证，提出若干个可行方案，并向决策者推荐其中投资少、进度快、效益高的最佳方案。可行性分析的作用：① 确定系统开发的依据；② 系统开发筹集资金的依据；③ 与合作单位签订合同的依据；④ 系统验收的依据。

可行性分析需要解决的主要问题是要明确开发的目的，即要解决的问题。无论对系统开发的需要时来自战略层、战术层还是操作层，都应该对开发的目的进行研究，以统一认识。在实际中，有些企业由于没有对所开发的信息系统达成共识，得不到应有的支持和配合，使得系统的开发不能按计划完成，以及使系统的开发面临很大风险。

## 二、可行性分析的内容

系统开发可行性的内容包括：从技术、经济和管理与社会等方面对目标方案的可行性做进一步分析。

（一）技术上的可行性

技术方面的可行性是指根据现有的技术条件，考虑所提出的要求能否达到，项目所涉及的关键技术是否已经成熟，是否还存在重大的技术风险，所需要的物力资源是否具备或能够得到。进行技术可行性分析时，要注意以下几方面的问题。

(1) 全面考虑系统开发过程所涉及的技术问题。系统开发所涉及的多种方案开发方法、系统环境、系统目标、系统布局、输入输出等技术，应该客观地分析这些技术在满足新系统功能方面的成熟度和现实性。

(2) 尽可能采用成熟的技术。成熟的技术是被多人采用并被反复证明行之有效的技术，因此采用成熟技术一般具有较高的成功率。并且，成熟技术经过长时间、大范围的使用、补充和优化，其精密程度、优化程度、可操作性、经济性都要比新技术好。鉴于以上原因，在开发系统过程中，在可以满足系统开发需要、能够适应系统发展、保证开发成本的条件下，应尽量采用成熟技术。

(3) 慎重引入先进技术。在系统开发的过程中，有时为了解决系统的一些特定问题，为了使所开发的系统具有更好的适应性，也需要采用一些先进或前沿的技术。在选用先进技术时，需全面分析所选技术的成熟度。

(4) 考虑具体的系统环境和人员能力。许多技术可能是成熟和可行的，但是系统开发的成员中如果没有人掌握这种技术，那么这种技术对本系统的开发仍然是不可行的。

（二）经济上的可行性

经济可行性分析也称投资/效益分析或成本/效益分析，它是分析系统所需要的总成本和开发成功之后所带来的总收益，然后对总成本和总收益进行比较，当总收益大于总成本时，这个系统才值得开发。经济可行性分析要解决两个问题：费用估计和收益估计。

（三）管理与社会方面的可行性

（1）基础管理的可行性，即现有的管理基础、管理技术、统计手段等能否满足新系统开发的要求。组织系统开发方案的可行性，即合理地组织人、财、物和技术力量并实施的技术可行性。

（2）社会或者人的因素对系统的影响。例如，由于某些特殊的原因（如体制问题、安全保密问题、制度问题等）不能向系统提供运行所必须的条件。另外，由于信息系统的实施将会给组织各方面带来很多变化，如工作方式的变化、管理模式的变化，以及人的权利、作用、职责、工作范围的变化等，都会对信息系统的开发和开发后的运行造成影响。

### 三、可行性分析的报告

可行性分析的结果要用可行性分析报告的形式编写出来，内容包括：① 系统描述；② 项目的目标；③ 所需资源、预算和期望收益；④ 对项目可行性的结论。

可行性分析应明确指出下列内容之一：① 可以立即开发；② 改进原系统；③目前不可行，或者需推迟到某些条件具备以后再进行。可行性分析报告要尽量取得有关管理人员的一致认识，并经过主管领导批准，才可进入系统分析阶段（包括详细调查的阶段）。

（一）新系统的定界

新系统的定界是指要确定系统欲覆盖的部门和相关内容。一个系统涉及信息种类多、人员多。所以应该围绕已确定的系统目的，清晰地确定新系统的相关要素和要素之间的关系，即系统的边界。新系统的定界可以以企业的生产和经营为主线，针对系统目的来确定。

（二）新系统开发的可行性

对于拟将开发的新系统，在管理、技术和经济上是否可行，是系统开发规划阶段要解决的重要问题之一。

（三）开发所采用的技术规范

选择或制定合适的技术规范，以保证开发工作的规范。开发信息系统已有许多技术标准，包括国家标准、行业标准等。由于IT技术的快速发展，因此在确定新系统开发所采用的技术规范时，相应的技术标准需要随时修订。

（四）开发的时机和所需要的时间

由于企业运作与管理的繁忙时间不同，因此要选择合适的开发时机。正确估计新系统开发所需要的时间是估算投资总额、与有关单位签订合同的依据之一。

（五）开发的方式

合适的开发方式要根据拟定的开发目的、企业自身的实际情况及市场来选择。

## 第六节　系统分析案例——纽约市供水网扩建工程分析

20世纪60年代末，美国纽约市负责全市供水的供水委员会花费了几十万美元拟定了一个扩建供水网的工程设计计划。全部计划预计耗资10亿美元，分五个阶段执行，全部竣工后，可满足40年后该市人口增加25%时的用水需要。该计划遭到了纽约市预算当局的反对，他们认为供水委员会预估的该市人口增长25%，是与纽约市区规模保持相对稳定的思想不相符的，因而扩建供水网是多余的，但供水委员会坚持这样的人口增长率是合理的、保守的。在双方僵持不下时，美国麻省理工学院的系统分析人员对该工程进行了系统分析。系统分析人员认为，这种临渴掘井的情况对他们开展工作很不利，因为当时整个设计已经完成，大动大改肯定会遭到有关部门的反对。

该工程经过系统分析后提出的设计方案较原预算可节约50%，但是由于有关部门的制约，排除了某些经济上可取的设想。有关部门出于各种考虑，对某些合理性无动于衷。然而，应该认识到，在系统分析中，环境方面的制约，不管社会的、经济的还是物理的，都普遍存在，它们的总效应将影响可节约的资金数目。在本例中，节约额为1亿美元，这仅是技术上可节约数目的2倍。

### 一、问题的提出

纽约供水系统扩建的设计问题是由供水委员会最早提出的。该委员会认为，纽约市必须增强全市的供水能力，主要理由一是之后40年，城市居民逐年增加；二是现有的供水系统必须进行大范围检修。

纽约市的自来水分别由两个部门负责。供水委员会负责供水问题，即负责全市直径25 cm以上的主要管道，也称为一级管道；而用户的管道，即15 cm以下的管道，由另一市政部门负责。因此，供水委员会的扩建设计方案，自然只局限于一级管道的扩建，而不管这些投资是否是自来水系统中最亟须的投资。

### 二、最初的设计方案

供水委员会的最初设计是增设长80 km的直径为71 cm的水管。在1967年，这份估算需要投资10亿美元，分五个阶段进行。第一阶段投资3.23亿美元，主要铺设最大的水管。所有的水管都要在坚硬的岩石中铺设，工程艰巨，投资巨大，是纽约市有史以来最大的土木工程项目之一。供水委员会的最初设计方案提出如下的设计：

① 只考虑一个供水网的地理几何布局。

② 只使用一个评审准则，即第一级网络终端的自来水压力必须达到28 $N/cm^2$。

③ 工程的预计使用年限为40年，即能满足2010年的用水需要。

④ 整个网络只依靠重力把水送到各终端。

这些简单的规定听起来很有道理，没有什么不妥之处，但通过进一步研究发现，这些规定武断、任意，因为这些设计指标都没有结合投资和系统的实际效果进行论证评价。麻省理工学院的系统分析师受纽约市政府的委托，对该扩建工程进行系统分析，要提出最贴切的评价准则，建立最适合的系统模型，以便能深入探索各种可行方案，选出最优的设计和实施方案。

### 三、部门间的相互制约

设计工作可以看成一门如何处理可能性的艺术。一个好的设计方案，首先必须清楚地意识到它所受到的种种制约和边界条件。设计所受到的制约有些是物理方面的，这些制约由传统工程设计师就可以解决，然而有些制约是经济性的、社会性的，则需要由系统分析师来处理。

系统分析工作本身也受到许多制约，一个是就是职权的制约。它只能起到咨询的作用，提出一些发人深思的问题，提出解决问题的最优方案。但是在实践过程中，很难实施技术上的最优方案，因为这些方案往往会遭到有关部门的反对，所以最后实施的往往只是一些为各有关部门能接受的折中方案（或满意方案）。

在本例中，系统分析工作是纽约市预算当局要求做的，他们想利用系统分析的结果来推迟审批供水委员会的工程设计计划。但是不论是预算当局，还是系统分析师，如果得不到供水委员会的同意，就无法提出一个完全不同的设计方案，因为供水委员会垄断着工程设计所需的详细数据，并实际上拥有对其他计划的否决权。因此，在这种情况下，系统分析师也只能提出一个折中方案。

另一个制约系统分析工作的因素是该项计划的资金来源是否容易。供水委员会可以采用发行债券的办法，这样比较容易筹集所需资金。但是，也有可能因为某些负责人基于项目之外的其他考虑，使得项目在开始设计时并不进行系统分析，只是一心想搞一个大工程，以便树碑立传。

## 四、制定分析步骤

本项目把整个过程分为五个阶段。

（1）制定目标和评价准则。

（2）制定衡量工程效果的准则和量化指标的程度，从而能够衡量工程达到原定目标的程度。

（3）开发各种类型的方案，并且使用模型和计算机模拟分别对每一类型方案中的各个方案进行周密的分析。

（4）运用衡量工程效果的准则，评价各个方案的成就。

（5）在对每个方案的各种成就进行评价之后，选出最佳的实施方案。

## 五、制定目标

供水委员会最初为整个工程制定的目标只有一个，即供水网络终端的水压要求达到 28 $N/cm^2$。显然这样衡量整个系统的质量是不充分的，因为城市用水的部门是多样的；1/4 的水量是家庭用水，而大部分是工业用水，剩下的少数水量主要用于消防、城市卫生、绿化等。不同用户对供水系统的质量要求也不同。饮用水要求卫生、色味俱佳；工业用水要求保证供水量，并且要求化学腐蚀作用小；消防用水则要求水源可靠，保证随时供应。作为市政当局来说，应该关心各方面的用户是否都能得到充分满足。

一般的大型工程可有 5～10 个目标，但是本系统分析工作还不能做到这一步，理由是某些问题是禁止提出来的，例如禁止提问这个供水系统的水源是否一直是绝对有把握的，尽管因为水源的利用问题与其他州发生了纠纷。系统分析工作的现有水平与资源也有限，目前还未能建立包括供水系统许多方面的合适的、量化的模型。

最后制定的目标包括如下内容：系统总性能、市区用水的方便程度、供水的可靠性、基建和保持运行的总费用。

## 六、制定衡量效果的准则

如果以每运行一次的费用来衡量运输系统是否便宜，人们就愿意选用短期的适用系统，而不会选择长期的经济性能较好的系统。因此，衡量效果准则的制定工作不能草率行事。

作为估算，可用供水压力来评价供水系统的性能。由于静压能用来衡量水的能量，所以可以将它转换成速度。从力学观点来说，可以用此来表示供水的质量。系统的总性能即以供水网络中各主要点的压力的平均值乘以加权因子（即每个点上所需水量），具体地说，这个指标有了总性能之后往往还需要有衡量局部效果的准则。有时为了取得所需的总性能，往往需要牺牲某些局部的性能，本例的局部性能就是网络终端的性能。

供水系统的可靠性是指当三个主管道中的一个发生故障必须关闭时，系统的性能将受到什么影响。整个投资是用现时币值表示的，并规定贴现率为每年 5%。

## 七、制定方案

在寻求一个系统的最优设计方案时，必须广泛地把各种类型的方案都开发出来，然后再对每一类方案进行分析。选择方案的工作必须依靠人的智慧、经验和创造力。在选择方案时要舍得花时间，不要草草收场。本例在研究了许多类型方案以后，选定了三类。

（1）关于系统的物理构型，包括管路布局、管道长度、管道直径及基建费用。

（2）关于使用周期的划分，即确定整个供水系统能满足多少年后的用水需求量。

（3）关于采用水泵加压还是采用加大水管的办法来改进供水系统的性能。

后两类方案在初始设计阶段没有意识到它们对改进设计有很大的帮助。系统分析人员对这三类方案中的各个方案都进行了各种敏感性分析。从管路布局的敏感性分析中可以看出，不同物理构型的能量损失是不同的，因此最有效的结构应是能够有效减少压力损失、提高供水系统性能的方案。

## 八、方案的评审

麻省理工学院设计了一个综合土木工程系统模型，用它评审一个方案只需几分钟，因此系统分析人员对 250 个方案都进行了评审。评审时进行了费用—效果分析，把能满足各自标的设计方案都标在坐标图中，从而形成一个可行设计区，其中最上面的两条轨迹表示每种投资水平所能获得的最佳性能，这就是费用—效果函数。有了这个函数后就能考虑和选择最优的设计方案，即以最少费用去满足所有目标要求。它与边际收益递减的经验法则是一致的：当设计成本一再提高时，每增加一次相同的资金，并不能使设计性能获得等量的提高，性能的提高是随着投资的提高而逐步下降的。

第一类方案使用计算机计算后获得的第一个结果是，总投资可以节约 30%，其措施是缩小原定的扩建计划，而性能并没有什么重大改变。分析证明，投资大量减少后还能使设计有效。分析同时表明存在着两种构型，并且第二种构型更好。第二种构型是有备用水管，它能弥补压力的损失，从而改进了整个系统的性能。对供水系统的可靠性进行探讨后也证实，铺设一定规模的备用水管是必要的，否则全市用水将受到很大威胁，因为现有的水管正在不断损坏。这同时说明供水委员会提出扩建供水系统是完全正确的。

第二类方案是关于使用周期的确定问题。此时采用了标准的分析方法，即在经济规模和贴现率之间进行综合平衡。由于经济规模的原因，设计师往往都想尽量把设施搞大些，以便使单位投资能得到最大的生产能力，但是贴现率又迫使设计师尽量把付款日期往后推。麻省理工学院制定了适用于不同环境的最佳设计用期的确定方法，这个方法是用贴现率、需求增长率和经济规模表示的。

最经济的设计使用期为20～25年，仅为原计划的1/2，从而也证明削减设计规模的正确性。使用期定为20年，并不是说40年的计划分两步走更为经济。分两期的做法比较灵活，中间还允许设计师调整计划。

第三类方案是关于使用水泵加压的方案。分析表明，使用水泵可以进一步减少投资。供水系统的基本作业要求是，设计的最高负荷应高于平均负荷的20%～30%，但高峰用水时间是很短的，本例设计高峰日中的高峰小时的发生概率为0.001，因此，最高负荷能力在99.9%的时间内是无用的。但是长期使用一个小规模的效率不高的供水系统也是不经济的，因此必须在作业费用和固定投资之间作最佳的平衡。此外，降低原设计的管径可以降低总费用，将管径改为原设计管径的4/5，可节约总投资30%。

如预期的那样，最后选定执行的是一个折中的方案，包括以下主要内容。

(1) 供水系统的整个布局沿用了最初的设计方案。

(2) 同最初设计一样，没有采用水泵。

(3) 工程规模仅为原设计的3/5，水管直径降为原设计的4/5，仅此一项就节约1亿美元，第一期工程的总投资由3.23亿美元降至2.23亿美元。

从这个折中方案可以看出以下问题：

(1) 整个系统线路布局没有更改，这是为了照顾供水委员会威信，该委员会为了保持其威望决不会从原定的布局后退一步。然而该委员会认为，为了节约费用，可以对原设计做些更改，但这并不意味着在技术上或工程上出了什么问题。当然，纽约市的预算当局是欢迎削减规模、节约费用的。由此可见，折中后产生的设计方案，其系统的最优化并不占主导地位。

(2) 本系统分析的任务同其他系统分析一样，只是澄清问题，指出原设计中值得更改之处。系统分析只是提供所需用的意见，最后这些意见能否发挥作用，除取决于系统分析的质量外，还受许多因素的制约和影响。因此，用系统分析后所取得的实际成果来评价系统分析本身的工作价值是不合适的。

## 本章小结

本章向读者介绍了系统分析的基本内容。系统分析是系统工程开发、研究、设计、实施、运行等工作的基本问题。可以说，没有全面的系统分析，就不可能有设计良好的系统本身，当然也就不可能有良好的实施和运行。本章介绍了技术经济分析方法、成本效益分析方法、量本利分析方法、可行性分析方法等，这些都是使较为用频繁的基本方法，在日常经济管理问题的系统分析中，具有广泛的应用。

# 本章习题

1. 简述系统分析与系统工程的联系。

2. 简述系统分析的要素及其含义。

3. 某企业每年末从利润中提取20 000元存入银行，留待5年后新建职工俱乐部用，如果银行年利率为6%，该俱乐部投资为多少？

4. 为了5年后得到200 000万元，在年利率为6%的情况下，每年末应等额投入多少现金？

5. 设有贷款200 000元，年利率6%，在第8年末还完，问每年末应等额偿还多少？

6.什么是可行性研究？如何保证其科学性与公正性？

# 第六章　系统综合与评价

**【前导案例】**

## 褒贬不一的“大数据个性化推荐”功能

智云互联时代的今天，你是否也曾有过这样的困惑？你在淘宝上搜索过的商品会持续推荐；抖音网络短视频平台上刷到的视频貌似都是同一类型。为什么这些App都知道你想要什么。其实，这种现象就是大数据个性化推荐的结果。如今，一个人一天产生的信息量，相当于两百年前的人一生所接收信息量的总和。在这个信息爆炸的时代，为解决信息过载问题，提高信息分发的效率和准确性，个性化推荐应运而生。

有了个性化推荐做支撑，微博、微信等此类社交媒体对广告商的吸引也从依靠“流量”转移到精准推送上。最初，个性化推荐是为了提高信息浏览和阅读的精准性、高效性而出现的，目的是为了让用户花费最少的时间检索到对自己最具价值的信息。这些软件能够精确地分析出哪些用户更有机会被这些广告说服从而引发购买行为，最终将这些广告精准推荐给用户。今日头条、抖音等App可以应用大数据技术分析用户数据，为用户定制每天的“专属日报”，达到“越来越懂你”的效果。用户也可避免浏览海量信息，节省了寻找资料和收集新闻的时间。

然而，随着个性化推荐逐渐渗透到生活的方方面面，部分专家开始反思所谓的“信息茧房”问题，即人们只能看自己经常搜索的同一类别的信息，长此以往，必然造成信息闭塞。另外，如果长期只推送某些领域的东西，只会造成用户视野闭塞，慢慢导致用户的厌倦和反感。2018年3月，美国社交网站Facebook泄露用户个人信息使剑桥数据分析公司借此对用户进行个性化推荐，从而操纵美国大选的丑闻闹得沸沸扬扬。这一事件为全体网民敲响了由于个性化推荐引发个人信息泄露的警钟。

人们在接受大数据提供的个性化推荐的同时，对个性化推荐的评价褒贬不一。由于评价是主观的，评价方案及指标的选择是由人确定的，不同的价值观导致了系统评价的复杂性。本章的层次分析法、模糊综合评价法等系统评价方法将定量分析与定性分析相结合，通过合理选择评价人员、设立评价人员权重，降低评价人员主观性对评价结果的影响，从而对复杂决策问题的本质、影响因素与内在关系等展开深入研究，进而为组织决策提供支持。

**【学习目标】**

☆ 理解系统综合与评价的复杂性和难度；

☆ 了解系统综合与评价的原则、步骤、要素选择；

☆ 掌握系统评价的指标评分法、指标综合法；

☆ 掌握层次分析法(AHP)；

☆ 掌握模糊综合评价法(FCJ)。

系统综合与评价是系统工程重要的特征性内容，它与系统分析多重交错进行。系统评价目的是对评价对象给出综合性的结论，按照优劣程度排出备选方案的秩序，提出建议方案，送交决策者进行决策。

## 第一节　系统综合与评价的复杂性

### 一、系统评价的基本概念

系统评价就是对系统的价值进行综合的评定。具体地说，它是根据事先确定的系统决策目标，通过对资料的收集和提炼，利用综合评估模型，从社会、政治、经济、技术等方面，对系统各种方案的价值属性进行评定，从中选出最佳满意方案。

这里说的系统价值是指系统的效果或决策目标的实现程度。一般来说，价值属性具有两方面的属性。

(1) 相对性。由于系统总是存在于一定的环境条件下，而评价主体因评价时的立场、观点、目的均有所不同，对价值属性的认识和估计就会持一定的态度和偏爱，并且会随时间的推移，其认识和估计也会产生相应的变化，造成系统价值的相对性。

(2) 可分性。系统的价值属性包括许多的价值要素。从影响产品需求的竞争因素而言，其价值因素主要有产品的功能、成本、质量、时间、品种、服务、环境、资源，构成产品竞争力测评的大类指标；每一项价值要素还可以进一步细分，组成二级评价指标层次。它们共同决定着企业所提供的产品的总价值。因此，在系统评价时，往往要将系统的价值进行多方面的衡量与评价，这就要对系统的价值属性进行合理有效的划分。

为全面、科学地评价系统方案的价值，应该进行系统综合评价。系统综合评价是以系统思想为指导，统筹兼顾各个子系统的局部性要求，从系统的总体目标出发，对系统的功能或有效度(价值)进行的全面衡量，它是在技术评价、经济评价、生态环境评价等单项评价的基础上，对系统方案价值的大小进行综合评定。

### 二、系统评价的复杂性

当系统为单目标时，其评价工作是容易进行的，但当系统为多目标时，这项工作就困难多了。例如，在一群人之中要评选一个个子最高的人，这是很容易办到的，但是，若是评选一个个子最高又最胖，而且身体最健康的人，就不是那么容易了。

系统工程的问题往往比这还要复杂得多。大型复杂系统的开发、研制和运用一般都是为了实现多个目标或指标。例如，开发一种新产品，必须同时考虑到研制周期、研制费用、期望利润、原材料供应、市场容量、竞争对手等多种因素。对于这样的复杂系统，一方面要把它分解为若干个子系统，分别建立模型，然后用系统分析的方法求得各个指标的最优解；另一方面还要把这些工作综合起来，对于一个完整的系统方案作出明确的评价，对于不同的可行方案做出谁优谁劣的比较，而且经常要用定量的结果来说明。这样看来，系统评价过程是复杂而困难的，需要运用现代管理的理论和技术，采用科学的、系统的、综合的评价思想、方法和手段，才能作出客观、公正的评价。

（一）评价目标的多样性

由于系统方案具有多个不同的属性，一般不能以一种指标的优劣做出决定。从某一种指标出发可以对它作出一种评判，而从另一种指标出发又可以对它作出另一种评判。因而在将它们进行比较与选优的时候，评价标准体系的设计要合理，其权重分配要科学；对指标的评分标准的设置要客观、量化、可操作性强；确定优劣次序时，常常需要从多个不同的侧面加以评价，这就需要进行系统性的分析与评估。

（二）定性指标的主观性影响

度量系统价值的评价指标不仅有定量的指标而且还有定性的指标。对定量指标，通过指标的实际取值和评价标准的比较，容易客观地得出评价方案的优劣的顺序。但对于定性指标的评价，由于没有明确的数量表示，一般根据评价专家的主观感受和经验进行打分评测，这是主观性很强的评价。评价信息的全面性与准确性受评价人员的知识水平、认识能力、个人经验和偏好制约，很难做到评价的客观、公正、科学、合理。

（三）评价方案各有优势与不足

系统评价一般是多指标多方案评价，有一类评价指标希望越大越好，而另一类指标可能是越小越好，各类指标的量纲也不一样，各方案同一指标的数值也不完全相同，从而造成难以比较各方案的优劣。

（四）人的价值观起主导作用

评价是由人来进行的，评价方案及指标的选择都是由人确定的，因此人的价值观在评价中起很大作用。评价本身就是人们依据一定的价值标准对评价客体的一种确定性认识。由于个人偏好不同，对同一评价客体，不同人可能有不同的价值评定。而价值又是一个综合的概念，从经济意义上说，通常被理解为根据评价主体的效用观点对评价对象能满足某种需求的认识或估计。也就是说，评价对象的价值不是对象本身所固定，而是评价对象和它所处环境条件的相互关系相关的一种属性，是由评价主体确定的。评价主体因评价时代表的利益不同，所持的立场、观点和标准将受到相应影响，对价值属性的认识和估计就会持特定的态度和观点。因此，评价主体选择要恰当，应根据具体情况分组，设立相应的评价人员权重。

## 三、系统评价的原则

（一）评价的客观性原则

系统评价是为了以后的决策工作，因此评价过程与结果影响着决策的准确性，需保证整个评价工作的客观性。这要求在评价资料与评价人员的选取上给予足够的重视，保证评价人员的客观公正性以及评价资料的全面、正确和可靠。

（二）指标的系统性原则

一方面，评价指标要包括系统目标涉及的诸多方面，对于一些定性问题要有恰当的评价指标，以保证评价指标的全面性，使其具有多元、多层次、多时序的特点。另一方面，系统评价指标应与国家大政方针的要求一致，与相关行业的产业政策一致。

（三）方案的可比性原则

所提出的各种替代方案在保证实现系统的基本功能上，应具有可比性和一致性。

(四) 方法的综合性原则

系统评价要对系统的各个侧面,运用多种方法和工具进行全面综合评价,充分发挥各种方法和手段的综合和优势,尤其是将定性评价和定量评价方法结合使用,定性评价是定量评价的基础,定量评价是定性评价的量化和具体化。

## 四、系统评价的步骤

(一) 整理说明评价方案

为了进行科学的定量评价,必须反复调查了解所建立系统的目标及为完成系统目标所要具有的功能;根据评价的目标,集中收集有关的资料和数据,对组成系统的各个要素及系统的性能特征进行全面分析;对各系统评价方案作出简要说明,使方案的优缺点清晰明了,以便于评价人员掌握。

(二) 选择合适的评价方法

系统评价的方法很多,每种方法都有它的适应性,各有利弊,可以用于解决某一类评价问题。很难说哪种方法最好,哪种方法最差。对统一评价方案,影响评价有效性的相关因素很多,即使评价指标体系相同,但由于评价方法不同,也可能造成评价结果不一样,因此应该根据评价的目标和评价的问题特性,选择、集成合适的评价方法。

(三) 确定评价指标体系

指标是衡量系统总目标的具体标志。对于所评价的方案,需建立能对照和衡量各个方案的统一尺度,及评价指标体系。评价指标体系须科学地、客观地、尽可能全面地考虑各种因素,这样就可以明确地对各方案进行对比和评价。

(四) 评价值的计算

当评价指标体系确定后,还需要确定相关评价指标,根据确定的评价方法计算各方案的评价值。

(五) 综合评价

综合评价就是对系统进行技术、社会、经济等各方面的全面评价。一般是根据设立的指标体系,首先计算出某大类指标下各单项指标的综合评价值,然后对各单项指标进行综合,得出方案的总体结论。综合评价是最后判定方案优劣的依据,在系统评价中占有重要的地位。

## 五、系统评价的要素

系统评价是由评价目标、评价对象、评价指标体系、评价时期、评价地点等要素构成的一个综合性问题。因此,要做好任何事物的评价都必须抓住以下基本要素:评价目标、评价对象、评价指标、评价模型、评价者等,而各个基本要素的有机组合称为评价系统。

(一) 评价目标

评价目标就是评价的目的、意向、预期的目标,这是系统评价最主要的要素,评价工作一般有优选、控制管理或引导等目标。

（二）评价对象

评价对象可以是事物、方案、工作过程和个人等，熟悉评价对象至关重要，它是评价系统的基础要素。

（三）评价指标体系

评价指标体系就是衡量事物的标准尺，它由评价指标条目、标准、权重组成，评价指标体系的建立是评价工作的关键，它是评价系统的关键因素。

（四）评价的数学模型

评价的数学模型能将既定的被评价对象有关属性的作用，综合成系统主观效用的数学表达式，为了更好地反映系统属性与系统功能的关系，合理地选择和创造不同的数学表达式是必要的，它是系统评价的必要要素。

（五）评价的组织者和专家群体

评价效果的好和坏与评价的组织者、专家群体密切相关，他们对评价理论和评价方法掌握的程度、评价工作所花费的时间、精力的多少决定了评价效果。

## 第二节　指标评分法

### 一、评价指标体系的建立

系统评价指标体系是评价系统的关键要素，它是由若干个单项评价指标组成的整体，反映出所要解决问题的各项目标要求。指标体系要实际、合理、科学，能为有关人员和部门所基本接受，因此需要采用科学的方法去建立所需要的评价指标体系。

（一）评价指标体系的组成

评价指标体系一般由系统的属性指标和人们对系统的要求指标所组成，属性指标要根据具体的物理对象确定，而人们对系统要求的指标体系通常包括以下一些大类指标。

（1）政策性指标。政策性指标包括政府的方针、政策、法令，以及法律约束和发展规划等方面的要求。

（2）技术性指标。技术性指标包括产品的性能、寿命、可靠性、安全性等，工程项目的地质条件、设备、设施、建筑物、运输等技术指标要求。

（3）经济性指标。经济性指标包括方案成本（有条件时应考虑生命周期成本，即包括制造成本、使用成本和维修成本等）、利润和税金、投资额、流动资金占用量、回收期、建设周期，以及地方性的间接收益等。

（4）社会性指标。社会性指标包括社会福利、社会节约、综合发展、就业机会、污染、生态环境等。

（5）资源性指标。如工程项目中的物资、人力、能源、水源、土地条件等，就是资源性指标。

（6）时间性指标。如工程进度、时间节约、试制周期等，就是时间性指标。

上述六个方面是指一般情况下可能要求考虑的指标大类。在具体条件下，可以有所增减。这六个方面就构成了所谓的系统评价指标体系。至于大类指标下单项指标的设立则要根据系统性质、目标要求、有关系统的特殊问题等予以全面考虑。

（二）建立评价指标体系需解决的几个问题

在建立评价指标体系时，通常会遇到指标数量的确定和指标是否相互独立的问题，这些问题在建立评价指标体系时是需要解决的问题。

1. 大类指标和分类指标数量的多少问题

一般地说，指标数量越多，指标覆盖的范围越宽，则方案之间的差异表现就越明显，越有利于方案的判断和评价，但同时研究、分析、决策所花费的时间、费用也就越多，确定大类指标和分指标重要程度就越困难，这个矛盾体如何处理取决于决策者对方案精度、费用、时间的综合考虑。在实际工作中，系统工程工作者强调在达到评价精度要求的前提下，指标体系尽可能地简单易行。

2. 关于评价指标之间的相互独立问题

在建立评价指标体系时，原则上要求指标之间应相互独立，互不重复。例如企业费用和投资费用，折旧费用和成本，在使用过程中必须明确加以划分和界定。对于某些有因果关系的指标，理论上取某一方面指标。或者在设计模型时考虑指标存在相关的问题，采用某些算法剔除相关关系。

3. 评价指标体系的提出和确定问题

评价指标体系的建立要求尽可能地做到科学、合理、实用，而评价指标体系内容的多样性使得要达到上述要求很困难。为了解决这种矛盾，通常使用专家咨询法，而德尔菲法由于其独特的优点得到了广泛的使用。

## 二、评价指标数量化的方法

为了能综合系统总的效用，需要对评价指标体系的每一项指标进行量化，常用的系统评价指标数量化方法主要有：排队打分法、体操计分法、专家评分法、逐对比较法等，这些方法能帮助评价者方便地进行指标的量化。

（一）排队打分法

如果评价指标的因素已有明确的数量表示，例如汽车的时速、油泵的能耗，工厂的产值、利润、能耗等，就可以采用排队打分法。设有 $m$ 种指标，则可采取 $m$ 级记分制，最优者为 $m$ 分，最劣者为 1 分，中间各指标可以等步长记分（步长为 1 分），也可以不等步长记分，灵活掌握；也可以将某一个指标的各方案数据进行排列，再根据数量的分布规划，划分出若干组别（小于 10 组），令最大组别的指标得分为 10 分，其次 9 分，以此类推。

（二）体操计分法

体育比赛中许多计分方法也可以用到系统评价工作中来。例如，体操计分法是请 6 位裁判员各自独立地对表演者按 10 分制评分，得到 6 个评分值，然后舍去最高分和最低分，将中间的 4 个分数取平均，就得到表演者最后的得分数。在系统评价工作中，某些定性评价的条目常用这种体操计分法进行量化，得到该指标的得分，如对建设项目的方便性指标，一般情况下是邀请内行专家对各方案进行评价，为了剔除某些专家对某方案的偏好和厌恶，通常采用去掉最高分和最低分的方法，这样能比较真实地反映各方案的方便性。

（三）专家评分法

这是一种利用专家经验的感觉评分法。例如要对多台设备的操作性进行评价，可以邀请若干名专家对不同设备进行操作，让专家感受不同设备操作性的优劣，请专家们根据自己的主观感觉和经验，按照某个打分规则，如优、良、中、差，对每台设备进行等级评分，然后评价小组将不同等级转化成相应数字，如 4、3、2、1，再将每台设备的得分相加，最后将每台设备的得分总和除以专家的人数，就获得了每台设备的得分数。

**例 6-1**　设有 4 台设备，10 个操作者，其操作感受情况记录和评分结果如表 6-1 所示，从表中可得出设备 2 的操作性最佳，设备 1 次之。

对于各个得分 $F_j$，我们也可以将其化为百分制得分 $B_j$（最高得分 100 分）。

$$B_j=\frac{F_j}{F_{\max}}\times 100 \tag{6-1}$$

$$F_{\max}=\max(F_j) \tag{6-2}$$

我们还可以将得分 $F_j$ 做以下处理：

$$f_j=\frac{F_j}{\sum_{j=1}^{n}F_j} \tag{6-3}$$

$f_j$ 称为“得分系数”，其值大小也可作为衡量其操作性好坏的指标。

**表 6-1　设备性能评价表**

| 操作者 | | 设备 | | | |
|---|---|---|---|---|---|
| | | 设备 1 | 设备 2 | 设备 3 | 设备 4 |
| 1 | | 良 | 优 | 良 | 良 |
| 2 | | 中 | 优 | 中 | 中 |
| 3 | | 中 | 良 | 中 | 中 |
| 4 | | 优 | 中 | 差 | 中 |
| 5 | | 中 | 差 | 优 | 中 |
| 6 | | 良 | 良 | 中 | 中 |
| 7 | | 中 | 优 | 差 | 中 |
| 8 | | 差 | 中 | 中 | 中 |
| 9 | | 中 | 良 | 差 | 良 |
| 10 | | 中 | 中 | 中 | 差 |
| 列计 | 优(a) | 1 | 3 | 1 | 0 |
| | 良(b) | 2 | 3 | 1 | 2 |
| | 中(c) | 6 | 3 | 5 | 7 |
| | 差(d) | 1 | 1 | 3 | 1 |
| 设备总分 | | 23 | 28 | 20 | 21 |
| 得分 | | 2.3 | 2.8 | 2 | 2.1 |
| 百分制得分 | | 82.15 | 100 | 71.43 | 75 |
| 得分系数 | | 0.25 | 0.30 | 0.22 | 0.23 |

### （四）逐对比较法

逐对比较法是确定评价项目权重的有效方法之一。其具体做法是：对各评价指标进行逐对比较，比较结果相对重要的指标得分；然后累加各评价指标得分，经过一定的换算以求得各评价指标的值。

假设现有甲、乙、丙三个方案需要进行评价，评价指标有五个，分别是死亡人数、受伤人数、经济损失、投入费用、实施困难程度，现用逐对比较法求各指标的权重。

#### 1. “0—1”比较法

将所有指标进行逐对比较，两个指标中相对重要的得 1 分，相对不重要的得 0 分，以此类推，最后根据各评价指标的累积得分计算权重，如表 6-2 所示。

**表 6-2　逐对比较法例表**

| 评价指标 | 评价次数 | | | | | | | | | | 累计得分 | 权重 |
|---|---|---|---|---|---|---|---|---|---|---|---|---|
| | 1 | 2 | 3 | 4 | 5 | 6 | 7 | 8 | 9 | 10 | | |
| 死亡人数 | 1 | 1 | 1 | 1 | | | | | | | 4 | 0.4 |
| 受伤人数 | 0 | | | | 1 | 1 | 1 | | | | 3 | 0.3 |
| 经济损失 | | 0 | | | 0 | | | 1 | 1 | | 2 | 0.2 |
| 投入费用 | | | 0 | | | 0 | | 0 | | 1 | 1 | 0.1 |
| 实施困难程度 | | | | 0 | | | 0 | | 0 | 0 | 0 | 0 |

从表 6-2 可以看出，“实施困难程度”的权重为 0。为了避免这种情况，可以规定 $a_{ii}=1$，对应表 6-2，经过修正可以得到表 6-3。

**表 6-3　修正后逐对比较法例表**

| 评价指标 | 评价次数 | | | | | | | | | | | | | | | 累计得分 | 权重 |
|---|---|---|---|---|---|---|---|---|---|---|---|---|---|---|---|---|---|
| | 1 | 2 | 3 | 4 | 5 | 6 | 7 | 8 | 9 | 10 | 11 | 12 | 13 | 14 | 15 | | |
| 死亡人数 | 1 | 1 | 1 | 1 | | | | | | | 1 | | | | | 5 | 0.33 |
| 受伤人数 | 0 | | | | 1 | 1 | 1 | | | | | 1 | | | | 4 | 0.27 |
| 经济损失 | | 0 | | | 0 | | | 1 | 1 | | | | 1 | | | 3 | 0.20 |
| 投入费用 | | | 0 | | | 0 | | 0 | 0 | 1 | | | | 1 | | 2 | 0.13 |
| 实施困难程度 | | | | 0 | | | 0 | | | 0 | | | | | 1 | 1 | 0.07 |

#### 2. 三等级打分法

假如有 $n$ 个指标，当甲指标比乙指标优时，以 2 表示，甲指标比乙指标劣时，以 0 表示，若甲乙指标相当则以 1 表示，各指标的得分等于指标行元素之和，同样也可以归一化处理，具体如表 6-4 所示。

**表 6-4　逐对比较法例表**

| 评价指标 | 评价次数 | | | | | | 累计得分 | 权重 |
|---|---|---|---|---|---|---|---|---|
| | 1 | 2 | 3 | 4 | 5 | 6 | | |
| 产能 | 1 | 2 | 0 | | | | 3 | 0.25 |
| 能耗 | 1 | | | 1 | 2 | | 4 | 0.33 |
| 产品硬度 | | 0 | | 1 | | 0 | 1 | 0.09 |
| 产品合格率 | | | 2 | | 0 | 2 | 4 | 0.33 |

3. “0—4”打分法

“0—4”打分法和三等级打分法采用相同的原理，即两两比较，不同的是要区分优劣的程度，从而提高了指标量化的精度。当指标 $i$ 与指标 $j$ 在同等重要时，则 $i$、$j$ 指标各取 2；当指标 $i$ 比指标 $j$ 略微重要时，$i$ 指标取值 3，$j$ 指标取值 1；当指标 $i$ 比指标 $j$ 显著重要时，$i$ 指标取值 4，$j$ 指标取值 0。然后同样如“0—1”法一样计算累计得分，进行归一化处理，计算各指标权重。此外，还有多比例打分法、连环比率法等都用的是同样的原理，只是指标量化的精度不一样。

（五）A. 古林法

A. 古林法是确定指标权重的一种常见方法。一般分为四个步骤。

（1）确定评价指标的重要度 $R_j$。如表 6-5 所示，按评价指标自上而下地两两比较其重要性，并用数值表示其重要程度，然后填入表 6-5 的 $R_j$ 一列中。由表 6-5 可知，期望利润的重要性是产品成品率的 3 倍，产品成品率的重要性是市场占有率的 3 倍，市场占有率的重要性是投资费用的 0.5 倍，投资重要性是产品外观的 4 倍，最后由于产品外观已经没有别的项目与之比较，故没有 $R$ 值。

（2）$R_j$ 的基准化处理。设基准化处理的结果为 $K_j$，以最后一个评价指标作为基准，令其 $K$ 值为 1，自下而上计算其他评价指标的 $K$ 值，如表 6-5 所示，$K_j$ 列中最后一个 $K$ 值为 1，用 1 乘上一行的 $R$ 值，得 $1\times4=4$，即为上一行的 $K$ 值，然后再以 4 乘上一行的 $R$ 值，得 $4\times0.5=2$，直至求出所有的 $K$ 值。

（3）$K_j$ 的归一化处理。将 $K_j$ 列的数值相加，分别除以各行的 $K$ 值，所得的权重即分别为各评价项目的权重 $W_j$。

**表 6-5　A. 古林法例表**

| 序号 | 评价指标 | $R_j$ | $K_j$ | $W_j$ |
|---|---|---|---|---|
| 1 | 期望利润 | 3 | 18 | 0.580 |
| 2 | 产品成品率 | 3 | 6 | 0.194 |
| 3 | 市场占有率 | 0.5 | 2 | 0.065 |
| 4 | 投资费用 | 4 | 4 | 0.129 |
| 5 | 产品外观 | — | 1 | 0.032 |
| 合　计 | | 31 | | 1.000 |

## 第三节 指标综合的基本方法

为得到系统方案的综合效用，评价人员可应用不同的评价指标数量化方法，得到各个可行方案评价指标体系最底层指标无量纲的统一得分，然后采用各种评价指标综合方法进行综合，就可以得到每一方案的综合评价值，再根据综合评价值的高低就能排出方案的优劣顺序。

### 一、加权平均法

加权平均法是指标综合的基本方法，具有两种形式，分别称为加法规则与乘法规则。假设评价方案有 $n$ 条指标，第 $j$ 条指标相应的权重为 $w_j$，现有 $A_1, A_2, A_3, \cdots, A_m$ 个备选方案，第 $i$ 个方案的第 $j$ 个指标的得分为 $a_{ij}$，将 $a_{ij}$ 排列成评价矩阵，如表 6-6 所示。

表 6-6 评价矩阵

| 指标 $f_i$ | | $f_1$ | $f_2$ | $f_3$ | … | $f_n$ | 综合评价值 $\phi_i$ |
|---|---|---|---|---|---|---|---|
| 权重 $w_i$ | | $w_1$ | $w_2$ | $w_3$ | … | $w_n$ | |
| 方案 | $A_1$ | $a_{11}$ | $a_{12}$ | $a_{13}$ | … | $a_{1n}$ | |
| | $A_2$ | $a_{21}$ | $a_{22}$ | $a_{23}$ | … | $a_{2n}$ | |
| | … | … | … | … | … | … | |
| | $A_m$ | $A_{m1}$ | $a_{m2}$ | $a_{m3}$ | … | $a_{mn}$ | |

（一）加法规则

如果采用加法法则综合各方案的效用，则方案 $i$ 的总效用值 $\phi_i$ 可采用式(6-4)计算：

$$\phi_i = \sum_{j=1}^{n} w_i a_{ij} \qquad i = 1,2,3,\cdots,m \tag{6-4}$$

其中 $w_j$ 为权系数，满足如下关系式：

$$\sum_{j=1}^{n} w_j = 1 \qquad 0 \leqslant w_j \leqslant 1 \tag{6-5}$$

**例 6-2** 设有三个方案，五项评价指标，数据如表 6-7 所示，试计算各个方案的综合评价值。

表 6-7 各方案综合评价数据

| 指标 $f_i$ | | $f_1$ | $f_2$ | $f_3$ | $f_4$ | $f_5$ |
|---|---|---|---|---|---|---|
| 权重 $w_j$ | | 0.4 | 0.3 | 0.15 | 0.1 | 0.05 |
| 方案 $A_i$ | $A_1$ | 7 | 6 | 9 | 10 | 2 |
| | $A_2$ | 8 | 6 | 4 | 2 | 8 |
| | $A_3$ | 4 | 9 | 5 | 10 | 6 |

**解**：按公式计算各个方案的评价值：

$\phi_1 = 0.4\times7+3\times6+0.15\times9+0.1\times10+0.05\times2=7.05$

$\phi_2 = 0.4\times8+0.3\times6+0.15\times4+0.1\times2+0.05\times8=6.20$

$\phi_3 = 0.4\times4+3\times9+0.15\times5+0.1\times10+0.05\times6=6.35$

因为 $\phi_1>\phi_3>\phi_2$，所以方案 $A_1$ 最优，$A_3$ 次之。

在应用加权平均法时，有以下两点值得注意：① 列写指标应考虑周全，避免遗漏；② 对于各项指标分配的权重要适当。

（二）乘法法则

乘法规则采用下式计算各个方案的综合评价 $\phi_i$：

$$\phi_i = \prod_{j=1}^{n} a_{ij} w_j \qquad i = 1,2\cdots,m \tag{6-6}$$

式中　$a_{ij}$——方案 $i$ 的第 $j$ 项指标的得分；

$w_j$——第 $j$ 项指标的权重。

乘法规则应用的场合是要求各项指标尽可能取得较好的水平，才能使总的评价值较高，它不容许哪一项指标处于最低水平上，只要有一项指标的得分为零，不论其余的指标得分多高，总的评价值都将是零，因而该方案将被淘汰。例如，尽管一个系统的各项技术指标都很好，但是由于政治因素，最后还是要被否定。

相反，在加法规则式中，各项指标的得分可以线性地互相补偿。一项指标的得分比较低，其他指标的得分都比较高，总的评价值仍然比较高，任何一项指标的改善，都可以使得总的评价值提高。例如衡量人民群众的生活水平，衣、食、住、行任何一个方面的提高都意味着生活水平的提高。

## 二、功效系数法

设系统具有 $n$ 项评价指标 $f_1(x), f_2(x), \cdots, f_n(x)$，其中 $k_1$ 项越大越好，$k_2$ 项越小越好，其余 $n-k_1-k_2$ 项要求适中。现在分别为这些指标赋以一定的功效系数 $d_i$，$0\leqslant d_i\leqslant1$，其中 $d_i=0$ 表示最不满意，$d_i=1$ 表示最满意；一般地，$d_i=\phi_i(x)$，对于不同的要求，函数 $\phi_i(x)$有着不同的形式，如图 5-1 所示，当 $f_i$ 越大越好时选用图 6-1(a)，越小越好时选用图 6-1(b)，适中时选用图 6-1(c)，把 $f_i(x)$转化为 $d_i$ 后，将一个总的功效系数：

$$D=\sqrt[n]{d_1\times d_2\times\cdots\times d_n} \tag{6-7}$$

作为单一评价指标，希望 $D$ 越大越好（$0\leqslant D\leqslant1$）。

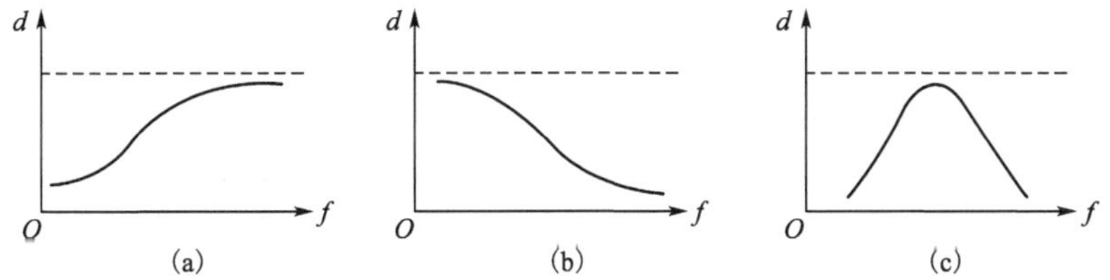


图 6-1　不同形式 $\phi_i(x)$

$D$ 的综合性很强，例如当某项指标 $d_k$ 很不满意时，$d_k=0$，则 $D=0$。如果各项指标都令人满意，$d_k\approx1$，则 $D\approx1$。

例如，设某产品有4项指标：$f_1$ 表示产量，允许在40～100件之间变化；$f_2$ 表示产品的硬度，允许在3.2～4.4之间变化；$f_3$ 表示能耗，允许在6.0～8.5 kW之间变化；$f_4$ 表示产品合格率，不允许低于50%。

显然 $f_1$ 与 $f_4$ 越高越好，$f_3$ 越低越好，而 $f_2$ 则以适中为好，它们的功效函数 $\phi_i(i=1,2,3,4)$ 如图6-2所示。今有两种工艺方案，满足四项指标的情况如表6-8所示，试评价两种方案的优劣。

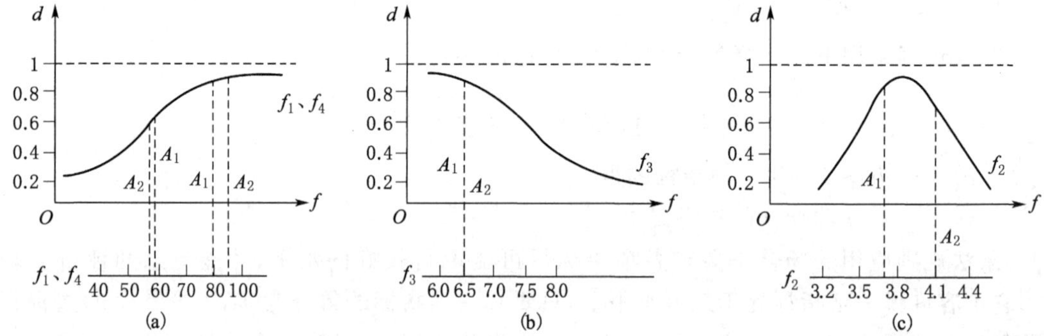


图6-2　各指标的功效函数

**表6-8　A、B方案指标**

| 方案 | 指标 | | | |
|---|---|---|---|---|
| | $f_1$ | $f_2$ | $f_3$ | $f_4$ |
| $A_1$ | 58 | 3.7 | 6.5 | 80 |
| $A_2$ | 57 | 4.1 | 6.5 | 85 |

由表6-8可见，两种方案中，指标值 $f_3$ 是相同的，其他指标各有所长。根据表6-8的数据，查图6-2各功能曲线，得到功效系数如表6-9所示。

总的功效系数 $D=\sqrt[4]{d_1 d_2 d_3 d_4}$

分别算得 $D_1=0.752$，$D_2=0.726$。

显而易见，由于 $D_1>D_2$，所以方案 $A_2$ 比 $A_1$ 好。

**表6-9　各方案指标的功效系数**

| | $d_1$ | $d_2$ | $d_3$ | $d_4$ | $D$ |
|---|---|---|---|---|---|
| $A_1$ | 0.43 | 0.94 | 0.94 | 0.84 | 0.752 |
| $A_2$ | 0.41 | 0.80 | 0.94 | 0.90 | 0.726 |

# 第四节　层次分析法

许多评价问题的评价对象属性多样、结构复杂，难以在任何情况下做到使评价项目具有单一层次结构，这时需要建立多要素、多层次的评价系统，并采用定性与定量有机结合的方法或通过定性信息定量化的途径，使复杂的评价问题明朗化。

在这样的背景下，美国匹兹堡大学教授萨迪于 20 世纪 70 年代提出了著名的层次分析法（Analytic Hierarchy Process，AHP，又称解析递阶过程）方法。1971 年萨迪曾用 AHP 为美国国防部研究所谓“应急计划”，1972 年又为美国科学基金会研究电力在工业部门的分配问题，1973 年为苏丹政府研究了苏丹运输问题。1977 年在第一届国际数学建模会议上发表了《无结构决策问题的建模——层次分析法》一文，从此，AHP 方法开始引起人们的注意，并得到了广泛应用。

层次分析法是指把复杂问题分解为若干有序层次，然后根据对客观现实的判断，就每一层次的相对重要性给出定量表示，即所谓的构造比较判断矩阵。AHP 的关键在于利用判断矩阵，通过求最大特征根及其特征向量来确定出表达每一层次元素相对重要次序的权重值。通过对各层次的分析进而导出对整个问题的分析，即总排序的权重值。

## 一、AHP 步骤

### （一）明确问题，建立层次结构模型

运用 AHP 进行系统评价，首先要将所包含的要素建立层次结构模型。其中，最高层表示解决问题的目的，即应用 AHP 所要达到的目标；中间层表示采用某种措施和政策来实现预定目标所涉及的中间环节，一般分为策略层、约束层、准则层等，最基层表示解决问题的措施或政策（即方案）。然后标明上一层要素与下一层要素之间的联系。

如果某一要素与下一层所有要素均有联系，那么称这个要素与下一层次存在完全相关关系。如果某个要素与下一层次的部分要素有关系，称为部分相关关系。层次之间可以建立子层次，子层次从属于主层次的某个要素，它的要素与下一层次的要素有联系，但不形成独立层次，如图 6-4 所示。

如果层次结构中所有上层要素与下层要素之间都存在完全相关关系，这种层次结构称为完全相关结构，如图 6-3 所示。如果层次结构中存在某要素与下层要素存在部分相关关系，这种层次结构称为混合结构，如图 6-4 所示。如果层次结构中下层要素只与上层一个要素有联系，这种层次结构称为完全独立结构——树形结构。

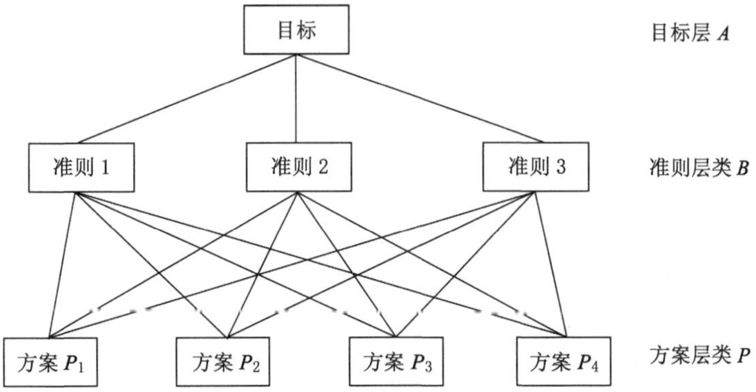


图 6-3　递阶的层次结构模型

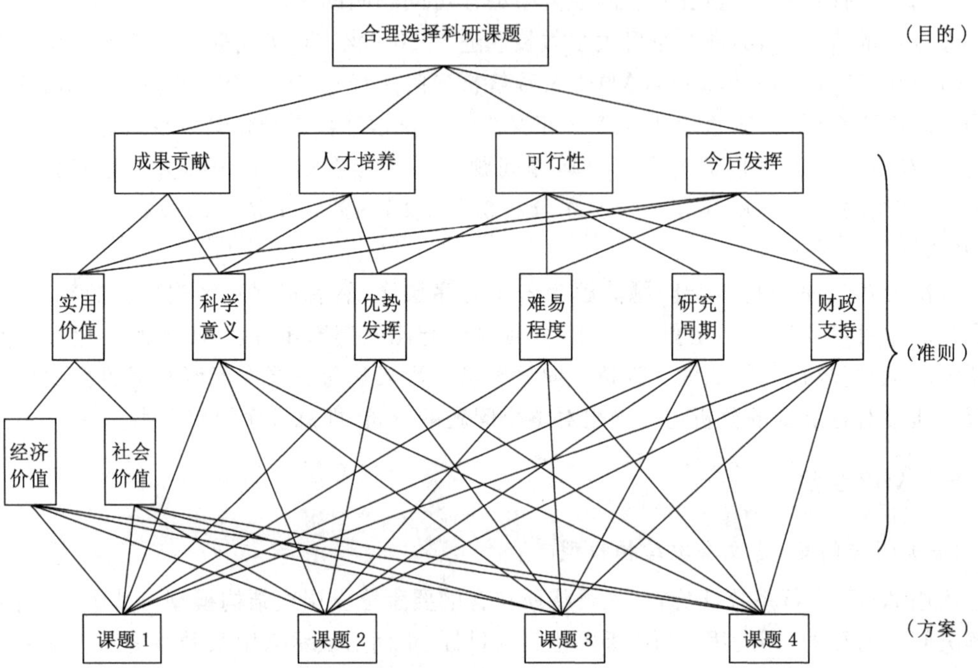


图 6-4　科研题选评选结构模型

（二）构造判断矩阵

判断矩阵表示相对上一层某要素而言，本层次与之相关的各要素之间的相对重要性。

假定 A 层中要素 $A_1$ 与下一层次中要素 $B_1, B_2, \cdots, B_k$ 有联系，则可构造判断矩阵如表 6-10 所示。

**表 6-10　判断矩阵示例**

| $A_1$ | $B_1$ | $B_2$ | $B_3$ | … | $B_k$ |
|---|---|---|---|---|---|
| $B_1$ | $b_{11}$ | $b_{12}$ | $b_{13}$ | … | $b_{1k}$ |
| $B_2$ | $b_{21}$ | $b_{22}$ | $b_{23}$ | … | $b_{2k}$ |
| … | … | … | … | … | … |
| $B_k$ | $b_{k1}$ | $b_{k2}$ | $b_{k3}$ | … | $b_{kk}$ |

在判断矩阵中，$A_i$ 为上一层次元素，$B_i$ 为本层次元素，$b_{ij}$ 表示相对于上一层次元素 $A_i$，$B_i$ 因素比 $B_j$ 因素的重要性程度。

根据对人心理特征的比较给出数量标度，层次分析法用 9 种标度来表示这种判断的方法，对判断的方法，对不同情况的比较给出数量标度，如表 6-11 所示。

需要注意的是：① 判断矩阵的个数就是上层元素的个数；② 判断矩阵中的元素 $b_{ij}$ 取值为表 6-11 中的值或其倒数；③ 判断矩阵中对角线元素 $b_{ii}=1$，其他元素有 $b_{ij}=1/b_{ji}$。

**表 6-11　不同情况的数量标度**

| 标度 | 定义 | 说明 |
|---|---|---|
| 1 | 同样重要 | 两个元素对某一属性具有同样重要性 |
| 3 | 稍微重要 | 两个元素相比较，一个元素比另一个元素稍微重要 |
| 5 | 明显重要 | 两个元素相比较，一个元素比另一个元素明显重要 |
| 7 | 重要得多 | 两个元素相比较，一个元素的主导地位在实践中已经显示出来 |
| 9 | 极端重要 | 两个元素相比较，一个元素的主导地位占绝对重要地位 |
| 2,4,6,8 | 上述两相邻判断的中间值 | 表示需要在上述两个标准之间折中时的定量标度 |

（三）层次单排序及其一致性检验

1. 层次单排序

层次单排序是指根据判断矩阵计算相对于上一层次要素而言，本层次与之有联系的要素的重要性次序的权值。它是本层次所有要素相对上一层次而言的重要性进行排序的基础。

层次分析法可以归结为计算判断矩阵的特征根和特征向量问题，即对判断矩阵 $\boldsymbol{B}$，计算满足 $\boldsymbol{BW}=\lambda_{\max}\boldsymbol{W}$ 的特征根与特征向量，式中 $\lambda_{\max}$ 为 $\boldsymbol{B}$ 的最大特征根，$\boldsymbol{W}$ 为对应于 $\lambda_{\max}$ 的正规化特征向量，$\boldsymbol{W}$ 的分量 $W_i$ 即是相应要素单排序的权值。

2. 一致性检验

由于采用两两比较的方法获取比例判断矩阵，有时会出现自相矛盾的结果，故需要对判断矩阵进行一致性检验。

根据矩阵理论，对 $n$ 阶判断矩阵，其最大特征根为单根，而且最大特征根 $\lambda_{\max}\geqslant n$。当判断矩阵所有的元素 $a_{ij}\times a_{ji}=1$，即具有完全一致性。从数学上可以证明，这样的 $n$ 阶判断矩阵具有唯一非 0 的最大特征根，即 $\lambda_{\max}=n$，其余特征根为 0。

当判断矩阵不能保证具有完全一致性时，其特征根也将发生变化。因此，我们可以利用判断矩阵特征根的变化来判断一致性程度。在层次分析法中引入判断矩阵的一致性指标，来检验人们思维判断的一致程度。一致性指标记为 $CI$，计算式如下：

$$CI=\frac{\lambda_{\max}-n}{n-1} \tag{6-8}$$

$CI$ 值越大，表明判断矩阵偏离完全性一致性的程度越大，$CI$ 值越小(越接近于 0)表明判断矩阵的一致性越好。

对于不同阶的判断矩阵，人们判断的一致误差不同，其 $CI$ 值的要求也不同。阶数 $n$ 大，需要比较的要素就多，人的思维分别能力降低，造成判断不一致的可能性增大，$CI$ 值就越大；反之，阶数 $n$ 越小，造成偏离一致性判断的可能性就小。为度量不同阶判断矩阵是否具有满意的一致性，引入判断矩阵的平均随机一致性 $RI$(Random Index)。$RI$ 是一个系数，如表 6-12 所示，其引入可以在一定程度上克服一致性指标随 $n$ 增大明显增大的弊端。

**表 6-12 与 1～9 阶矩阵对应的 RI 值**

| $n$ | 1 | 2 | 3 | 4 | 5 | 6 | 7 | 8 | 9 |
|---|---|---|---|---|---|---|---|---|---|
| RI | 0.00 | 0.00 | 0.58 | 0.90 | 1.12 | 1.24 | 1.32 | 1.41 | 1.45 |

对于一阶、二阶矩阵，判断矩阵完全一致，不必计算一致性指标。当 $n \geqslant 3$ 时，判断矩阵的一致性指标计算公式为：

$$CR=\frac{CI}{RI} \tag{6-9}$$

当 $CR<0.10$ 时，便认为判断矩阵具有可接受的一致性；当 $CR \geqslant 0.10$ 时，就需要调整判断矩阵，使其满足 $CR<0.10$，从而具有满意的一致性。

（四）层次总排序

利用同一层次中所有层次单排序的结果，就可以计算针对上一层次而言，本层次所有要素重要性的权值，这就是总排序（表 6-13）。层次总排序需要从上到下逐层进行。假定上一层次所有要素 $A_1, A_2, A_3, \cdots, A_m$ 的总排序已完成，得到的权值分别为 $a_1, a_2, a_3, \cdots, a_m$，与 $A_j$ 对应的本层次要素 $B_1, B_2, B_3, \cdots, B_n$ 单排序的结果为 $b_{1j}, b_{2j}, b_{3j}, \cdots, b_{nj}$。

若 $B_j$ 与 $A_i$ 无关，则 $b_{ji}=0$。

**表 6-13 层次总排序表**

| 层次 A | $A_1$ | $A_2$ | … | $A_m$ | $B$ 层次的总排序 |
|---|---|---|---|---|---|
| | $a_1$ | $a_2$ | | $a_m$ | |
| $B_1$ | $b_{11}$ | $b_{12}$ | … | $b_{1m}$ | $\sum_{j-1}^{m} a_j b_{1j}$ |
| $B_2$ | $b_{21}$ | $b_{22}$ | … | $b_{2m}$ | |
| … | … | … | … | … | … |
| $B_n$ | $b_{n1}$ | $b_{n2}$ | … | $b_{nm}$ | $\sum_{j-1}^{m} a_j b_{nj}$ |

在表 6-13 中，有

$$\sum_{i=1}^{n} \sum_{j=1}^{m} a_j b_{ij} = 1 \tag{6-10}$$

（五）层次总排序的一致性检验

若 $B$ 层次某些因素对于 $A_j$ 单排序的一致性指标为 $CI_j$，相应的随机一致性指标为 $CR_j$，则 $B$ 层次总排序一致性比率为：

$$CR = \frac{\sum_{j=1}^{m} a_j CI_j}{\sum_{j=1}^{m} a_j RI_j} \tag{6-11}$$

## 二、计算方法

构造好判断矩阵后，AHP 方法的定量计算一般分为三步，即计算特征向量、计算最大特征根、一致性检验。对于复杂问题，判断矩阵的最大特征根及对应的特征向量法很复杂，这里只简单介绍方根法和求和法（近似解）。

（一）方根法

方根法的计算步骤如下。

（1）计算判断矩阵每一行元素的乘积。

$$M_i = \prod_{j=1}^{n} b_{ij} \quad i = 1,2,3,\cdots,n \tag{6-12}$$

（2）计算 $M_i$ 的 $n$ 次方根。

$$\overline{\boldsymbol{W}}_i = \sqrt[n]{M_i} \quad i=1,2,3,\cdots,n \tag{6-13}$$

（3）对向量 $\overline{W}$ 归一化。

$$W_i = \frac{\overline{\boldsymbol{W}}_i}{\sum_{j=1}^{n} \overline{\boldsymbol{W}}_j} \quad i = 1,2,3,\cdots,n \tag{6-14}$$

得到特征向量

$$\boldsymbol{W} = (W_1, W_2, \cdots, W_n)^{\mathrm{T}}$$

（4）求最大特征根。

$$\lambda_{\max} = \sum_{i=1}^{n} \frac{(B\boldsymbol{W})_i}{n\boldsymbol{W}_i} \tag{6-15}$$

式中，$B\boldsymbol{W} = \begin{bmatrix} b_{11} & b_{12} & \cdots & b_{1n} \\ b_{21} & b_{22} & \cdots & b_{2n} \\ \vdots & \vdots & \vdots & \vdots \\ b_{n1} & b_{n2} & \cdots & b_{nn} \end{bmatrix} \begin{bmatrix} \boldsymbol{W}_1 \\ \boldsymbol{W}_2 \\ \vdots \\ \boldsymbol{W}_n \end{bmatrix} = \begin{bmatrix} (B\boldsymbol{W})_1 \\ (B\boldsymbol{W})_2 \\ \vdots \\ (B\boldsymbol{W})_n \end{bmatrix}$。 (6-16)

（二）求和法

求和法步骤如下。

（1）将判断矩阵 $\boldsymbol{B} = [b_{ij}]_{n\times n}$ 的每一列元素作归一化处理，其元素的一般项为：

$$\overline{b_{ij}} = \frac{b_{ij}}{\sum_{i=1}^{n} b_{ij}} \quad i,j = 1,2,\cdots,n \tag{6-17}$$

（2）将每一列经归一化的判断矩阵按行相加为：

$$\overline{\boldsymbol{W}}_i = \sum_{j=1}^{n} \overline{b_{ij}} \quad i = 1,2,3,\cdots,n \tag{6-18}$$

（3）对向量 $\overline{\boldsymbol{W}}_i = (\overline{\boldsymbol{W}}_1, \overline{\boldsymbol{W}}_2, \cdots, \overline{\boldsymbol{W}}_n)^{\mathrm{T}}$ 归一化。

$$\boldsymbol{W}_i = \frac{\overline{\boldsymbol{W}}_i}{\sum_{i=1}^{n} \overline{\boldsymbol{W}}_i} \tag{6-19}$$

（4）求最大特征根。

$$\lambda_{\max} = \sum_{i=1}^{n} \frac{(B\boldsymbol{W})_i}{n\boldsymbol{W}_i} \tag{6-20}$$

式中，$BW=\begin{bmatrix} b_{11} & b_{12} & \cdots & b_{1n} \\ b_{21} & b_{22} & \cdots & b_{2n} \\ \vdots & \vdots & \vdots & \vdots \\ b_{n1} & b_{n2} & \cdots & b_{nn} \end{bmatrix}\begin{bmatrix} \boldsymbol{W}_1 \\ \boldsymbol{W}_2 \\ \vdots \\ \boldsymbol{W}_n \end{bmatrix}=\begin{bmatrix} (BW)_1 \\ (BW)_2 \\ \vdots \\ (BW)_n \end{bmatrix}$。

### 三、层次分析法应用案例

**例 6-3** 某厂拟生产一种设备，经调查用户了解到，希望设备功能强，价格低，维修容易。有三种型号设备可供选择，通过分析建立层次结构模型，如图 6-5 所示。

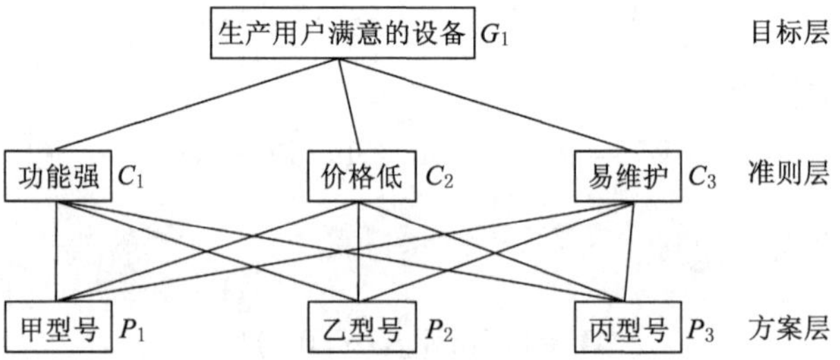


图 6-5 设备生产层次结构模型

**解：**

(1) 明确问题，建立层次结构模型。

层次结构模型如图 6-5 所示。

(2) 构造判断矩阵。

如果在三种备选的型号中，甲型的性能好，价格一般，维护需要一般技术水平；乙型的性能最好，价格较贵，维护需要一般技术水平；丙型的性能差，但价格低，容易维护。根据 1～9 标度法，确定判断矩阵如下。

对准则 $C_1$(功能强)来说，判断矩阵如表 6-14 所示。

**表 6-14 $C_1$-$P$ 判断矩阵**

| $C_1$ | $P_1$ | $P_2$ | $P_3$ |
|---|---|---|---|
| $P_1$ | 1 | 1/4 | 2 |
| $P_2$ | 4 | 1 | 8 |
| $P_3$ | 1/2 | 1/8 | 1 |

对准则 $C_2$(价格低)来说，判断矩阵如表 6-15 所示。

**表 6-15 $C_2$-$P$ 判断矩阵**

| $C_2$ | $P_1$ | $P_2$ | $P_3$ |
|---|---|---|---|
| $P_1$ | 1 | 4 | 1/3 |
| $P_2$ | 1/4 | 1 | 1/8 |
| $P_3$ | 3 | 8 | 1 |

对准则 $C_3$（易维护）来说，判断矩阵如表 6-16 所示。

**表 6-16　$C_3$-$P$ 判断矩阵**

| $C_3$ | $P_1$ | $P_2$ | $P_3$ |
|---|---|---|---|
| $P_1$ | 1 | 1 | 1/3 |
| $P_2$ | 1 | 1 | 1/5 |
| $P_3$ | 3 | 5 | 1 |

三个准则对目标层的总目标的评定顺序，要根据用户购买设备的具体要求确定而定，根据调查得判断矩阵如表 6-17 所示。

**表 6-17　$G_1$-$C$ 判断矩阵**

| $G_1$ | $C_1$ | $C_2$ | $C_3$ |
|---|---|---|---|
| $C_1$ | 1 | 5 | 3 |
| $C_2$ | 1/5 | 1 | 1/3 |
| $C_3$ | 1/3 | 3 | 1 |

(3) 层次单排序及其一致性检验。

以 $C_1$-$P$ 判断矩阵为例，用求和法近似计算层次单排序步骤如表 6-18 所示。

**表 6-18　$C_1$-$P$ 判断矩阵**

| $C_1$ | $P_1$ | $P_2$ | $P_3$ |
|---|---|---|---|
| $P_1$ | 1 | 1/4 | 2 |
| $P_2$ | 4 | 1 | 8 |
| $P_3$ | 1/2 | 1/8 | 1 |
| 各列之和 | 5.5 | 1.375 | 11 |

① 将各列归一化得矩阵：

$$\begin{bmatrix} 0.1818 & 0.1818 & 0.1818 \\ 0.7272 & 0.7272 & 0.7272 \\ 0.0910 & 0.0910 & 0.0910 \end{bmatrix}$$

② 将矩阵按行相加得向量：

$$\begin{bmatrix} 0.5454 \\ 2.1816 \\ 0.2730 \end{bmatrix}$$

③ 将上述向量归一化得：

$$\begin{bmatrix} 0.1818 \\ 0.7272 \\ 0.0910 \end{bmatrix}$$

④ 求最大特征根：

$$BW=\begin{bmatrix} 1 & 1/4 & 2 \\ 4 & 1 & 8 \\ 1/2 & 1/8 & 1 \end{bmatrix}\begin{bmatrix} 0.1818 \\ 0.7272 \\ 0.0910 \end{bmatrix}=\begin{bmatrix} 0.5456 \\ 2.1824 \\ 0.2728 \end{bmatrix}=\begin{bmatrix} (BW)_1 \\ (BW)_2 \\ (BW)_3 \end{bmatrix}$$

$$\lambda_{\max}=\sum_{i=1}^{3}\frac{(BW)_i}{n\boldsymbol{W}_i}=\frac{0.5456}{3\times 0.1818}+\frac{2.1824}{3\times 0.7272}+\frac{0.2728}{3\times 0.0910}=3.0094$$

$$\lambda_{\max}=3.0094, CI=\frac{\lambda_{\max}-n}{n-1}=\frac{0.0094}{2}=0.0047, CR=\frac{CI}{CR}=\frac{0.0047}{0.58}=0.0811<0.1$$

用同样的算法可以求出 $\boldsymbol{C}_2$-$\boldsymbol{P}$，$\boldsymbol{C}_3$-$\boldsymbol{P}$，$\boldsymbol{G}$-$\boldsymbol{C}$ 各判断矩阵的各项数值。

$\boldsymbol{C}_2$-$\boldsymbol{P}$ 矩阵

$$\boldsymbol{W}=\begin{bmatrix} 0.2572 \\ 0.0738 \\ 0.6690 \end{bmatrix}$$

$\lambda_{\max}=3.018, CI=0.009, CR=0.015<0.1$

$\boldsymbol{C}_3$-$\boldsymbol{P}$ 矩阵

$$\boldsymbol{W}=\begin{bmatrix} 0.1876 \\ 0.1577 \\ 0.6555 \end{bmatrix}$$

$\lambda_{\max}=3.029, CI=0.014, CR=0.02<0.1$

$\boldsymbol{G}$-$\boldsymbol{C}$ 矩阵

$$\boldsymbol{W}=\begin{bmatrix} 0.6333 \\ 0.1061 \\ 0.2604 \end{bmatrix}$$

$\lambda_{\max}=3.038, CI=0.0199, CR=0.03<0.1$

（4）层次总排序。

根据层次单排序的结果，进一步综合出对更上一层次的优劣顺序，这就是总排序的任务。现对本例进行层次总排序，已经分别得出 $P_1$、$P_2$、$P_3$ 对 $C_1$、$C_2$、$C_3$ 的顺序，以及 $C_1$、$C_2$、$C_3$ 对 $G$ 的顺序，则可进一步确定 $P_1$、$P_2$、$P_3$ 对 $G$ 的顺序。

总排序计算过程是：

$W_1=0.6333\times 0.1818+0.1061\times 0.2572+0.2604\times 0.1867=0.1910$

$W_2=0.6333\times 0.7272+0.1061\times 0.0738+0.2604\times 0.1577=0.5094$

$W_3=0.6333\times 0.0910+0.1061\times 0.6990+0.2604\times 0.6555=0.2993$

从计算结果看，乙型设备在综合分析评比中占有一定优势，应予以优先考虑，计算结果如表 6-19 所示。

表 6-19　层次总排序计算结果

| | $C_1$ | $C_2$ | $C_3$ | 总排序结果 |
|---|---|---|---|---|
| | 0633 3 | 0.106 1 | 0.260 4 | |
| $P_1$ | 0.181 8 | 0.257 2 | 0.186 7 | 0.191 0 |
| $P_2$ | 0.727 2 | 0.073 8 | 0.157 7 | 0.509 4 |
| $P_3$ | 0.091 0 | 0.669 0 | 0.655 5 | 0.299 3 |

(5) 层次总排序的一致性检验。

略。

**例 6-4**　某企业有一笔企业留成利润，现要决定其如何使用，汇总各方意见，提出的决策方案有发奖金、扩建集体福利设施、建图书馆、购买新设备。决策时要考虑调动职工积极性、提高职工技术文化水平、改善职工物质文化生活三个方面，据此构造各要素之间相互联接的层次结构模型如图 6-6 所示。

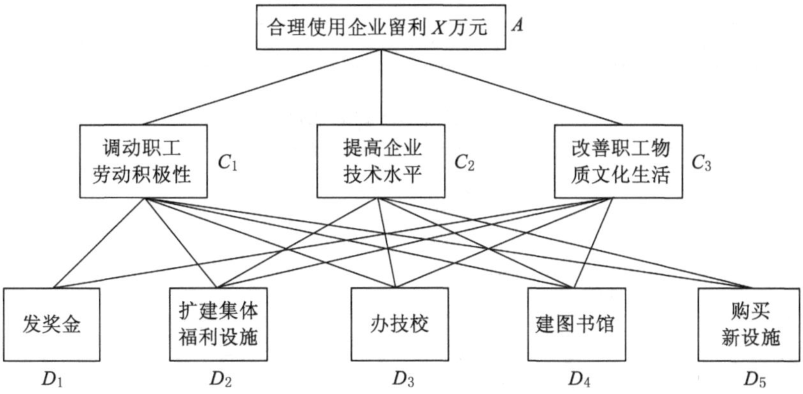


图 6-6　某企业利润分配的层次结构图

**解：**

(1) 明确问题，建立层次结构模型。

如图 6-6 所示。

(2) 构造判断矩阵。

① 构造第二层要素相对于第一层要素的判断矩阵(表 6-20)。

表 6-20　*A*-*C* 判断矩阵

| *A* | $C_1$ | $C_2$ | $C_3$ |
|---|---|---|---|
| $C_1$ | 1 | 1/5 | 1/3 |
| $C_2$ | 5 | 1 | 3 |
| $C_3$ | 3 | 1/3 | 1 |

② 构造第三层要素相对于第二层要素的判断矩阵(表 6-21、表 6-22、表 6-23)。

**表 6-21 $C_1$-$D$ 判断矩阵**

| $C_1$ | $D_1$ | $D_2$ | $D_3$ | $D_4$ | $D_5$ |
|---|---|---|---|---|---|
| $D_1$ | 1 | 2 | 3 | 4 | 7 |
| $D_2$ | 1/2 | 1 | 3 | 2 | 5 |
| $D_3$ | 1/3 | 1/3 | 1 | 1/2 | 1 |
| $D_4$ | 1/4 | 1/2 | 2 | 1 | 2 |
| $D_5$ | 1/7 | 1/5 | 1 | 1/3 | 1 |

**表 6-22 $C_2$-$D$ 判断矩阵**

| $C_2$ | $D_2$ | $D_3$ | $D_4$ | $D_5$ |
|---|---|---|---|---|
| $D_2$ | 1 | 1/7 | 1/3 | 1/5 |
| $D_3$ | 7 | 1 | 5 | 2 |
| $D_4$ | 3 | 1/5 | 1 | 1/3 |
| $D_5$ | 5 | 1/2 | 3 | 1 |

**表 6-23 $C_3$-$D$ 判断矩阵**

| $C_3$ | $D_1$ | $D_2$ | $D_3$ | $D_4$ |
|---|---|---|---|---|
| $D_1$ | 1 | 1 | 3 | 3 |
| $D_2$ | 1 | 1 | 3 | 3 |
| $D_3$ | 1/3 | 1/3 | 1 | 1 |
| $D_4$ | 1/3 | 1/2 | 1 | 1 |

(3) 层次单排序及其一致性检验。

① $A$-$C$ 判断矩阵层次单排序及其一致性检验。

$W=[0.105 \quad 0.637 \quad 0.258]^T$

$\lambda_{max}=3.308, CI=0.019, CR=0.033<0.10$

② $C_1$-$D$ 判断矩阵层次单排序及其一致性检验。

$W=[0.491 \quad 0.232 \quad 0.092 \quad 0.138 \quad 0.046]^T$

$\lambda_{max}=5.126, CI=0.032, CR=0.028<0.10$

③ $C_2$-$D$ 判断矩阵层次单排序及其一致性检验。

$W=[0.055 \quad 0.564 \quad 0.018 \quad 0.265]^T$

$\lambda_{max}=4.117, CI=0.039, CR=0.042<0.10$

④ $C_3$-$D$ 判断矩阵层次单排序及其一致性检验。

$W=[0.406 \quad 0.406 \quad 0.094 \quad 0.094]^T$

$\lambda_{max}=4, CR=0<0.10$

(4) 层次总排序。

第三层相对于第一层的权重通过第二层相对于第一层和第三层相对于第二层的权重

组合而得到，计算结果如表 6-24 所示。

**表 6-24　层次总排序计算结果**

| 方案 | 准则 | | | 总权利 |
|---|---|---|---|---|
| | $C_1$ | $C_2$ | $C_3$ | |
| | 0.105 | 0.637 | 0.258 | |
| $D_1$ | 0.491 | 0 | 0.406 | 0.157 |
| $D_2$ | 0.232 | 0.055 | 0.406 | 0.164 |
| $D_3$ | 0.092 | 0.564 | 0.094 | 0.393 |
| $D_4$ | 0.138 | 0.118 | 0.094 | 0.113 |
| $D_5$ | 0.046 | 0.265 | 0 | 0.172 |

(5) 层次总排序的一致性检验。

层次总排序一致性指标、层次总排序随机一致性指标分别为：

$$CI=0.028, RI=0.923, CR=0.03<0.10$$

计算结果表明，对于合理企业留成利润来说，办业余技校是首选方案。

## 第五节　模糊综合评价法

模糊综合评价法是 20 世纪 60 年代美国科学家扎德教授创立的，是针对现实中大量的经济现象具有模糊性而设计的一种评价方法，在应用实践中得到有关专家的不断演进。该方法既有严格的定量刻画，也可以对难以定量分析的模糊现象进行主观的定性描述，把定性描述和定量分析紧密集合起来。

### 一、模糊数学基本知识

#### (一) 模糊的概念及度量

人们在对某些问题进行评价时，很难用一个准确的数字来表达他的认识，如对于年龄问题发表看法，往往只能用“年轻人”“中年人”“老年人”加以区分，很难用一个数字来表达；又如评价衣服的好坏问题，因为影响衣服评价的因素有很多，如花色、舒适度、耐用度、价格等，每一个因素都很难用一个确切的数字来表达，因此评价的结果只能是一个模糊的概念，这种描述的不确定性就是模糊性。

为了定量地刻画这种模糊概念，人们常用隶属度函数来表示。如对身高而言，$A=(1/180, 0.5/175, 0.2/170, 0/165)$表示身高 180 厘米为高个子，175 厘米身高为高个子的程度为 0.5 等，以此类推。显然，隶属度表征了模糊性。

#### (二) 模糊变量的运算

由于模糊变量是用隶属度描述的，因此运算应为模糊运算。设有模糊矩阵：

$$\underset{\sim}{\boldsymbol{R}}=\begin{pmatrix}0.5 & 0.3\\ 0.4 & 0.8\end{pmatrix} \qquad \underset{\sim}{\boldsymbol{S}}=\begin{pmatrix}0.8 & 0.5\\ 0.3 & 0.7\end{pmatrix}$$

则 $\underset{\sim}{R}$ 与 $\underset{\sim}{S}$ 的并与交运算的规则与集合运算相似，并运算为两中取大，交运算为两中取小。

$$\underset{\sim}{R}\cup\underset{\sim}{S}=\begin{pmatrix}0.5\cup0.8 & 0.3\cup0.5\\0.4\cup0.3 & 0.8\cup0.7\end{pmatrix}=\begin{pmatrix}0.8 & 0.5\\0.4 & 0.8\end{pmatrix}$$

$$\underset{\sim}{R}\cap\underset{\sim}{S}=\begin{pmatrix}0.5\cap0.8 & 0.3\cap0.5\\0.4\cap0.3 & 0.8\cap0.7\end{pmatrix}=\begin{pmatrix}0.5 & 0.3\\0.3 & 0.7\end{pmatrix}$$

模糊矩阵的乘积定义如下：

$$\underset{\sim}{R}\times\underset{\sim}{S}=\begin{pmatrix}(0.5\cap0.8)\cup(0.3\cap0.3) & (0.5\cap0.5)\cup(0.3\cap0.7)\\(0.4\cap0.8)\cup(0.8\cap0.3) & (0.4\cap0.5)\cup(0.8\cap0.7)\end{pmatrix}$$

$$=\begin{pmatrix}0.5 & 0.5\\0.4 & 0.4\end{pmatrix}$$

## 二、模糊综合评价的步骤及有关概念

模糊综合评价一般采取如下步骤。

### （一）建立因素集

因素就是评价对象的各种属性或性能，在不同场合，也称为参数指标或质量指标，它们综合地反映出对象的质量。所谓因素集，就是影响评价对象的各种因素组成的一个普通集合，一般有 $U=\{u_1,u_2,\cdots,u_n\}$。

### （二）建立评语集

评语集是评价者对评价对象可能作出的各种总的评价结果所组成的集合，一般有 $V=\{v_1,v_2,\cdots,v_m\}$，各元素 $v_i$ 代表各种可能评价结果。如对学生成绩评价中的优秀、良好、中等、及格、不及格等。

### （三）统计、确定单因素评价隶属度向量，形成隶属度矩阵

隶属度是指多个评价主体对某个评价对象在 $u_i$ 方面作出 $v_j$ 评定的可能性大小。评价因素 $i$ 的隶属度向量 $\underset{\sim}{R}_i=(r_{i1},r_{i2},\cdots,r_{im})$，$i=1,2,3,\cdots n$，$\sum_{j=1}^{m}r_{ij}=1$。

隶属度矩阵 $\underset{\sim}{R}=(\underset{\sim}{R}_1,\underset{\sim}{R}_2,\cdots,\underset{\sim}{R}_n)^{\mathrm{T}}$

可以表达为：$\underset{\sim}{R}=\begin{bmatrix}r_{11} & r_{12} & \cdots & r_{1m}\\r_{21} & r_{22} & \cdots & r_{2m}\\\vdots & \vdots & \vdots & \vdots\\r_{n1} & r_{n2} & \cdots & r_{nm}\end{bmatrix}$

### （四）建立因素权重集

在因素中，各因素的重要程度是不一样的，为了反映各因素的重要程度，对各因素应赋予一定的权重，由各因素权重所组成的集合称为因素权重集，$\underset{\sim}{W}=\{w_1,w_2,\cdots,w_n\}$，$\sum_{i=1}^{n}w_i=1$。

### （五）模糊综合评价

按照某种运算法则，计算综合评定向量（综合隶属度向量）$\underset{\sim}{S}$ 及综合评定值 $Z$。

通常 $\underset{\sim}{S}=\underset{\sim}{W}\underset{\sim}{R}$，$Z=W_E\underset{\sim}{S}^{\mathrm{T}}$，$W_E$ 为各评语对应的分值。

## 三、模糊综合评价应用案例

### （一）模糊综合评价用于讲课质量的评价

某学校组织了 100 名学生对某教师进行教学质量评价，具体结果如表 6-25 所示，请用模糊评价法评价该教师的教学质量。

**表 6-25　某学校某教师教学质量评价结果**

| 评价项目及权重 | 评价等级 | | | |
|---|---|---|---|---|
| | 好(100) | 较好(85) | 一般(70) | 不好(50) |
| 清楚易懂(0.5) | 40 | 50 | 10 | 0 |
| 教材熟练(0.2) | 60 | 30 | 10 | 0 |
| 生动有趣(0.2) | 10 | 20 | 60 | 10 |
| 板书整洁(0.1) | 10 | 20 | 50 | 20 |

**解：**

根据案例信息可得：

（1）建立因素集。

$$\boldsymbol{U}=\{\text{清楚易懂，教材熟练，生动有趣，板书整洁}\}$$

（2）建立评语集。

$$\boldsymbol{V}=\{\text{好，较好，一般，不好}\}$$

（3）统计、确定单因素评价隶属度向量，形成隶属度矩阵 $\underset{\sim}{\boldsymbol{R}}$。

$$\underset{\sim}{\boldsymbol{R}}=\begin{bmatrix}0.4 & 0.5 & 0.1 & 0\\0.6 & 0.3 & 0.1 & 0\\0.1 & 0.2 & 0.6 & 0.1\\0.1 & 0.2 & 0.5 & 0.2\end{bmatrix}$$

（4）建立因素权重集 $\underset{\sim}{\boldsymbol{W}}$。

$$\underset{\sim}{\boldsymbol{W}}=(0.5,0.2,0.2,0.1)$$

（5）模糊综合评价，得到评价结果向量 $\underset{\sim}{\boldsymbol{S}}$。

$$\underset{\sim}{\boldsymbol{S}}=\underset{\sim}{\boldsymbol{W}}\times\underset{\sim}{\boldsymbol{R}}=(0.5,0.2,0.2,0.1)\begin{bmatrix}0.4 & 0.5 & 0.1 & 0\\0.6 & 0.3 & 0.1 & 0\\0.1 & 0.2 & 0.6 & 0.1\\0.1 & 0.2 & 0.5 & 0.2\end{bmatrix}$$

$$\begin{aligned}=[&(0.5\wedge0.4)\vee(0.2\wedge0.6)\vee(0.2\wedge0.1)\vee(0.1\wedge0.1),\\&(0.5\wedge0.5)\vee(0.2\wedge0.3)\vee(0.2\wedge0.2)\vee(0.1\wedge0.1),\\&(0.5\wedge0.1)\vee(0.2\wedge0.1)\vee(0.2\wedge0.6)\vee(0.1\wedge0.5),\\&(0.5\wedge0)\vee(0.2\wedge0)\vee(0.2\wedge0.1)\vee(0.1\wedge0.2)]\end{aligned}$$

$$=(0.4,0.5,0.2,0.1)$$

归一化处理：$\underset{\sim}{S}=\left(\frac{0.4}{1.2},\frac{0.5}{1.2},\frac{0.2}{1.2},\frac{0.1}{1.2}\right)=(0.33,0.42,0.17,0.08)$

上式说明，按隶属度原则来识别该老师讲课效果是“较好”(取其最大值所对应的评语等级)。

也可以算出该教师的综合评定值：

$$\underset{\sim}{Z}=(100,85,70,50)\begin{pmatrix}0.33\\0.42\\0.17\\0.08\end{pmatrix}=84.6。$$

(二) 模糊综合评价用于科技成果的评价

有甲、乙、丙三项研究成果需要评价，具体如表 6-26 所示，现要从中选出优秀项目来。

**表 6-26　三项科研成果的有关情况**

| 项目 | 因素 | | |
|---|---|---|---|
| | 科学技术水平 | 成功概率 | 经济效益 |
| 甲 | 接近国际先进 | 70% | 大于 100 万元 |
| 乙 | 国内先进 | 100% | 大于 200 万元 |
| 丙 | 一般 | 100% | 大于 20 万元 |

**解：**

(1) 评价因素集 $U$={科学技术水平、成功概率、经济效益}。

(2) 评价结果集 $V$={高，中，低}或{大，中，小}。

(3) 统计、确定单因素评价隶属度向量，形成隶属度矩阵

专家评价的结果如表 6-27 所示。

**表 6-27　专家评价结果**

| 项目 | 评价 | | | | | | | | |
|---|---|---|---|---|---|---|---|---|---|
| | 科学技术水平 | | | 成功概率 | | | 经济效益 | | |
| | 高 | 中 | 低 | 大 | 中 | 小 | 高 | 中 | 低 |
| 甲 | 0.7 | 0.2 | 0.1 | 0.1 | 0.2 | 0.7 | 0.3 | 0.6 | 0.1 |
| 乙 | 0.3 | 0.6 | 0.1 | 1 | 0 | 0 | 0.7 | 0.3 | 0 |
| 丙 | 0.1 | 0.4 | 0.5 | 1 | 0 | 0 | 0.1 | 0.3 | 0.6 |

注：表中的数字指赞成此种评价的专家人数与专家总人数的比值。

(4) 建立因素权重集。

经过专家讨论并统一认识后，得出三个评价因素权重集：$\underset{\sim}{A}=\{0.2,0.3,0.5\}$

(5) 模糊综合评价。

① 建立单因素评价矩阵。

对于甲项成果：$\underset{\sim}{\boldsymbol{R}}_{甲}=\begin{bmatrix}0.7&0.2&0.1\\0.1&0.2&0.7\\0.3&0.6&0.1\end{bmatrix}$

对于乙项成果：$\underset{\sim}{\boldsymbol{R}}_{乙}=\begin{bmatrix}0.3 & 0.6 & 0.1\\ 1 & 0 & 0\\ 0.7 & 0.3 & 0\end{bmatrix}$

对于丙项成果：$\underset{\sim}{\boldsymbol{R}}_{丙}=\begin{bmatrix}0.1 & 0.4 & 0.5\\ 1 & 0 & 0\\ 0.1 & 0.3 & 0.6\end{bmatrix}$

② 模糊综合评价。

$$\underset{\sim}{\boldsymbol{B}}_{甲}=\underset{\sim}{\boldsymbol{A}}\times\underset{\sim}{\boldsymbol{R}}_{甲}=(0.2,0.3,0.5)\begin{bmatrix}0.7 & 0.2 & 0.1\\ 0.1 & 0.2 & 0.7\\ 0.3 & 0.6 & 0.1\end{bmatrix}=(0.3,0.5,0.3)$$

$\underset{\sim}{\boldsymbol{B}}_{乙}=\underset{\sim}{\boldsymbol{A}}\times\underset{\sim}{\boldsymbol{R}}_{乙}$

$\underset{\sim}{\boldsymbol{B}}_{丙}=\underset{\sim}{\boldsymbol{A}}\times\underset{\sim}{\boldsymbol{R}}_{丙}$

归一化处理：

$$\underset{\sim}{\boldsymbol{B}}_{甲}=\left(\frac{0.3}{0.3+0.5+0.3},\frac{0.5}{0.3+0.5+0.3},\frac{0.3}{0.3+0.5+0.3}\right)=(0.3,0.5,0.3)$$

同理：$\underset{\sim}{\boldsymbol{B}}_{乙}=(0.56,0.33,0.11)$

$\underset{\sim}{\boldsymbol{B}}_{丙}=(0.27,0.27,0.46)$

从结果中可以看出，乙项科研成果列为优秀项目。

## 本章小结

本章向读者介绍了系统综合与评价的概念、系统评价的复杂性及难度、系统评价的原则、步骤及其要素选择等问题。指标评分法和指标综合法是最基本、最简单的系统评价方法，但是明显存在的问题是：规范性差、系统性差，评价的结果未必能得到多数当事人认可。层次分析法(AHP)有利于使人类的评价思路保持一致性，避免了可能出现的评价结论混乱问题——问题越复杂、问题结构越不良好，AHP评价的准确性就越接近于系统的本质。

模糊综合评价法(FCJ)的提出是人类评价模式的一大进步。它首先承认系统的某些方面本质上就是“模糊”的，不清晰的，因而必须用一种全新的方式来表达这种模糊性，于是，隶属度向量和模糊矩阵应运而生。尽管问题本身是“模糊的”，但是FCJ方法本身其实同时包括了严格的定量描述，也包括了主观层面的定性描述，并把定性和定量完美结合了起来。事实证明，这比完全刚性化的“一刀切”评价方法要更为客观，更为符合系统本质。

## 本章习题

1. 简述系统评价的原则和步骤。

2. 简述层次分析法的实施步骤。

3. 请简述系统评价指标和指标权重确定的方法。

4. 设备购买方案综合评价 $O$，要求性能先进($U_1$)，价格低($U_2$)，便于维护($U_3$)。主要型号为：$A_1$、$A_2$ 和 $A_3$ 等，建立判断矩阵 $O$-$U$ 和 $U$-$A$ 如表 6-28～表 6-31 所示，已知该层次结构模型为完全层次结构模型，试应用层次分析法进行方案排序。

**表 6-28　O-U 判断矩阵**

| O-U | $U_1$ | $U_2$ | $U_3$ |
|---|---|---|---|
| $U_1$ | 1 | 1/2 | 1/3 |
| $U_2$ | 2 | 1 | 1/2 |
| $U_3$ | 3 | 2 | 1 |

**表 6-29　$U_1$-A 判断矩阵**

| $U_1$-A | $A_1$ | $A_2$ | $A_3$ |
|---|---|---|---|
| $A_1$ | 1 | 1/2 | 1/5 |
| $A_2$ | 2 | 1 | 1/2 |
| $A_3$ | 5 | 2 | 1 |

**表 6-30　$U_2$-A 判断矩阵**

| $U_2$-A | $A_1$ | $A_2$ | $A_3$ |
|---|---|---|---|
| $A_1$ | 1 | 1/3 | 1/2 |
| $A_2$ | 3 | 1 | 2 |
| $A_3$ | 2 | 1/2 | 1 |

**表 6-31　$U_3$-A 判断矩阵**

| $U_3$-A | $A_1$ | $A_2$ | $A_3$ |
|---|---|---|---|
| $A_1$ | 1 | 5 | 3 |
| $A_2$ | 1/5 | 1 | 1/2 |
| $A_3$ | 1/3 | 2 | 1 |

5. 某校李老师学生评价的结果如表 6-32 所示，已知有 50 名学生参加了评价，试用模糊评价法对该教师的课堂教学质量进行评价。

**表 6-32　某校李老师学平教结果汇总信息**

| 隶属度 | 优秀 | 良好 | 一般 | 及格 | 较差 |
|---|---|---|---|---|---|
| 板书整齐(0.2) | 0.3 | 0.4 | 0.2 | 0.1 | 0 |
| 语言规范(0.1) | 0.5 | 0.2 | 0.1 | 0.2 | 0 |
| 重点突出(0.3) | 0.3 | 0.2 | 0.3 | 0.1 | 0.1 |
| 准备认真(0.1) | 0.2 | 0.2 | 0.3 | 0.2 | 0.1 |
| 要求严格(0.3) | 0.1 | 0.2 | 0.3 | 0.2 | 0.2 |

6. 某企业现有四个备选方案需要评价，评价指标有六项，评价指标权重及各方案在各项评价指标的得分如表 6-33 所示，试用指标综合的有关方法对四个被选方案进行评价，得出方案优先顺序。

**表 6-33　评价方案的评价指标表**

| 方案 | 指标 | | | | | |
|---|---|---|---|---|---|---|
| | $x_1$ | $x_2$ | $x_3$ | $x_4$ | $x_5$ | $x_6$ |
| | 0.1 | 0.2 | 0.3 | 0.1 | 0.2 | 0.1 |
| $A_1$ | 3 | 4 | 9 | 8 | 2 | 5 |
| $A_2$ | 6 | 8 | 10 | 8 | 7 | 9 |
| $A_3$ | 4 | 8 | 9 | 4 | 9 | 8 |
| $A_4$ | 6 | 8 | 9 | 5 | 8 | 9 |

7. 给出简化的评定科研成果的评价指标体系，其中待评成果假定只有 3 项，共有 9 个评价要素，如图 6-7 所示，要求：

(1) 写出 9 个评价要素之间的邻接矩阵，缩减矩阵和可达矩阵。

(2) 若有 10 位专家组成的评审委员会，对成果 A 的评议表决结果如表 6-34 所示，其中 $N_{ij}$ 表示同意 A 成果的第 $i$ 评审指标下属于第 $j$ 等级的人数，请写出隶属度 $r_{ij}$ 的定义式 $(i=1,\cdots,m;j=1,\cdots,n)$ 及隶属度矩阵 $R$。

(3) 假定通过 AHP 方法计算出的级间重要度如图 6-7 中的数值所示，请问五个评审指标（$S5$～$S9$）的权重各为多少？

(4) 请根据已有结果计算并确定成果 A 的等级。

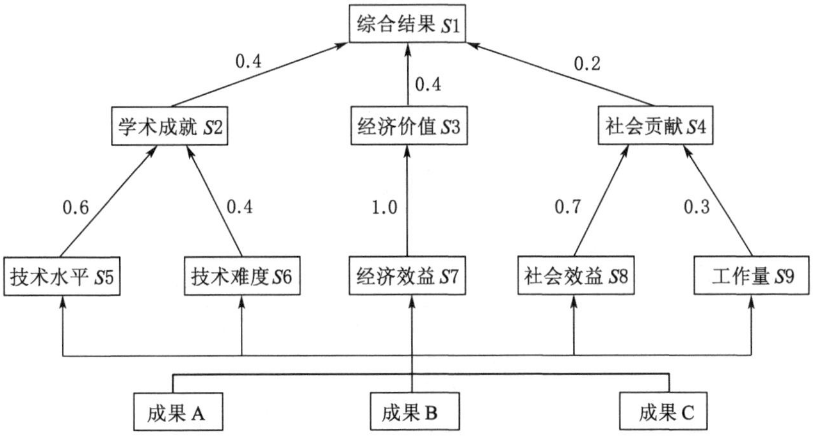


图 6-7　某科研成果评价指标体系

**表 6-34　科研成果 A 专家评议表决结果**

| 指标 | 一 | 二 | 三 | 四 |
|---|---|---|---|---|
| 技术水平 | 3 | 4 | 2 | 1 |
| 技术难度 | 2 | 3 | 4 | 1 |
| 经济效益 | 1 | 2 | 3 | 4 |
| 社会效益 | 4 | 4 | 2 | 0 |
| 工作量 | 0 | 4 | 4 | 2 |

8. 某人购买冰箱前为确定三种冰箱 $A_1$、$A_2$、$A_3$ 的优先顺序，由五个家庭成员应用模糊评判法对其进行评价。评价项目因素集由价格 $f_1$、质量 $f_2$、外观 $f_3$ 组成，相应的权重由表6-35所示判断矩阵求得。同时确定评价尺度为三级，如价格有低(0.3)、中(0.2)、高(0.1)。评判结果如表6-36所示。请计算三种冰箱的优先度并排序。

**表 6-35　电冰箱模糊评价三要素判断矩阵**

| | $f_1$ | $f_2$ | $f_3$ |
|---|---|---|---|
| $f_1$ | 1 | 1/3 | 2 |
| $f_2$ | 3 | 1 | 5 |
| $f_3$ | 1/2 | 1/5 | 1 |

**表 6-36　评判结果**

| 冰箱种类 | | $A_1$ | | | $A_2$ | | | $A_3$ | | |
|---|---|---|---|---|---|---|---|---|---|---|
| 评价项目 | | $f_1$ | $f_2$ | $f_3$ | $f_1$ | $f_2$ | $f_3$ | $f_1$ | $f_2$ | $f_3$ |
| 评价尺度 | 0.3 | 2 | 1 | 2 | 2 | 4 | 3 | 2 | 1 | 3 |
| | 0.2 | 2 | 4 | 3 | 1 | 0 | 0 | 2 | 3 | 2 |
| | 0.1 | 1 | 0 | 0 | 2 | 1 | 2 | 1 | 1 | 0 |

9. 某工程项目经理部为搞好施工管理，对如何提高施工效果问题进行了深入研究，并归纳如下的层次结构模型(图6-8)。通过征询有关专家意见，并由项目部经理综合权衡后，得出各判断矩阵如表6-37.1～表6-37.4所示。

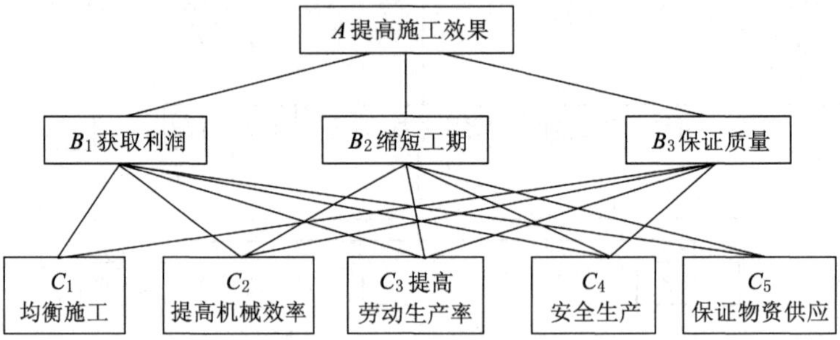


图 6-8　施工效果层次结构

**表 6-37.1　判断矩阵 $B_1$-$C$**

| **A** | $B_1$ | $B_2$ | $B_3$ |
|---|---|---|---|
| $B_1$ | 1 | 1/5 | 1/3 |
| $B_2$ | 5 | 1 | 3 |
| $B_3$ | 3 | 1.3 | 1 |

表 6-37.2　判断矩阵 $B_1$-$C$

| $B_1$ | $C_1$ | $C_2$ | $C_3$ | $C_4$ | $C_5$ |
|---|---|---|---|---|---|
| $C_1$ | 1 | 3 | 5 | 7 | 9 |
| $C_2$ | 1/3 | 1 | 2 | 4 | 5 |
| $C_3$ | 1/5 | 1/2 | 1 | 1/2 | 3 |
| $C_4$ | 1/7 | 1/4 | 2 | 1 | 3 |
| $C_5$ | 1/9 | 1/5 | 1/3 | 1/3 | 1 |

表 6-37.3　判断矩阵 $B_2$-$C$

| $B_2$ | $C_2$ | $C_3$ | $C_4$ | $C_5$ |
|---|---|---|---|---|
| $C_2$ | 1 | 1/7 | 1/3 | 1/5 |
| $C_3$ | 7 | 1 | 5 | 3 |
| $C_4$ | 3 | 1/5 | 1 | 1/3 |
| $C_5$ | 5 | 1/3 | 3 | 1 |

表 6-37.4　判断矩阵 $B_3$-$C$

| $B_3$ | $C_1$ | $C_2$ | $C_3$ | $C_4$ |
|---|---|---|---|---|
| $C_1$ | 1 | 5 | 3 | 1/3 |
| $C_2$ | 1/5 | 1 | 1/3 | 1/7 |
| $C_3$ | 1/3 | 3 | 1 | 1/5 |
| $C_4$ | 3 | 7 | 5 | 1 |

试进行层次单排序与层次总排序，分析五种措施对提高施工效果的优先次序。

# 第七章　投入产出分析

**【前导案例】**

## 亚马逊的科技创新投入产出

科技行业的核心是创新,但是科技创新却需要投入极多的人力物力,为了保持自己在科技领域的领先地位,各科技公司不惜重金在研发支出上。排名第一的科技公司亚马逊就是将研发作为最重要支出的公司代表。市场研究机构发布的数据显示,在美国,研发开支数额排行榜前五位的公司都来自科技行业。这五个公司在 2016 年花在研发方面的开支总额达到 760 亿美元。其中,以亚马逊为首,研发支出共 226 亿美元(约 1 430 亿人民币)。自亚马逊创办以来,其创始人杰夫·贝索斯就非常重视创新研发。甚至在 2013 年的第二季度,由于过多的研发支出,使亚马逊净亏损 700 万美元。但是当然,巨额的研发支出,最终会给亚马逊带来丰厚回报。

2016 年,亚马逊云服务在全球云市场中占据了 44.2%的市场份额,是位列第二、第三的微软和阿里总和的 4 倍多,其在音乐、影视等领域也有涉足。2019 年,亚马逊又开始了线下实业的探索,收购了"全食"超市,开始了"新零售"步伐。一步步地经营,使沃尔玛等零售巨头的股价齐齐下跌。可见,不断研发、持续创新是一个企业保持活力的最大支撑。

投入产出分析在中国得到了较为广泛的应用,一些省、市、县、企业也都采用了这一方法。投入产出分析对国民经济运行的作用是:① 为编制经济计划,特别是中长期计划提供依据;② 进行结构分析;③ 进行经济预测;④ 研究重要经济政策对经济的影响;⑤ 确定产品的价格;⑥ 研究一些专门的社会问题,如环境污染、人口、就业、收入分配等问题。

**【学习目标】**

☆ 了解投入产出分析的产生及发展;

☆ 理解并掌握投入产出表的原理和一般结构;

☆ 理解投入产出表中的基本关系;

☆ 掌握投入产出表的应用。

投入产出分析(Input-output Analysis)亦称为投入产出法、产业关联、部门联系平衡法等。它是以最终产品为经济活动目标,研究各种经济体系(例如企业、公司、部门经济、地区经济、国民经济)中,各个组成部分间的投入和产出之间相互依存关系的一种数量分析方法。投入产出分析是进行经济分析、加强综合平衡、改进计划编制的重要工具。

投入产出分析是围绕着投入产出表展开的。投入产出表亦称部门联系平衡表或产业关联表,是根据国民经济各部门生产中的投入来源和产品或服务的分配使用去向排列而成的一张棋盘式平衡表,是新国民经济核算体系五大基本核算表的重要组成部分之一。

# 第一节　投入产出表的产生与发展

## 一、投入产出表的产生

### （一）投入产出法产生的时代背景

投入产出法最早是由原美国哈佛大学教授瓦西里·列昂惕夫于1936年提出来的，以后又称为“投入产出分析”，再后也称为“投入产出经济学”。

列昂惕夫原是苏联人，1906年出生于苏联圣彼得堡，1921—1925年在列宁格勒大学经济系学习，1925—1928年在德国柏林大学学习，并获得博士学位。他曾参加过当时苏联中央统计局编制的1923—1924年国民经济平衡表的工作，并写出了《苏联经济平衡表》的文章，先在德国柏林发表，后又在苏联《计划经济》杂志1925年第12期上发表。1929年列昂惕失来到中国，在国民党行政院铁道部任顾问；1930年去美国，并开始研究投入产出，1931年入美国籍。

列昂惕夫刚开始研究投入产出时，是利用了美国公开发表的1919年与1929年的经济资料，在哈佛大学社会科学研究会的支持下，于1930年编制出美国1919年和1929年的投入产出表(分为42个部门)。1936年在美国《经济与统计评论》杂志第8期上发表了第一篇关于投入产出的论文——《美国经济制度中投入产出的数量关系》。1941年又发表了《美国经济结构，1919－1929》一书，比较详细地说明了投入产出的方法。

1949年，美国劳工统计局组织人力编制了美国第一张官方的1947年投入产出表，包括500个部门，(约)1952年8月完成，花费近150万美元。1951年，列昂惕夫又发表了《美国经济结构(1919—1939)》一书，1953年与其他人合作写成《美国经济结构研究》一书。这本书曾被市场经济国家认为是投入产出的经典著作，很快在市场经济国家广泛传播。列昂惕夫由于从事投入产出分析的研究，于1973年获得第五届诺贝尔经济学奖。

投入产出法之所以能在20世纪30年代出现，是有其历史背景的。1929—1933年，资本主义世界发生了有史以来最严重、破坏性最大的一次经济危机。这就使得传统的资产阶级经济理论破产。这时，一方面出现了凯恩思主义，主张通过政府干预来弥补有效需求的不足，从而避免经济危机的发生；另一方面，还有一些经济学家主张从数量关系上来研究经济，寻求经济发展的合理的数量界限，以有效从事经济管理，预防经济危机的发生。列昂惕夫正是适应当时的需要，提出了投入产出法。列昂惕夫之所以能提出投入产出法，与他参加过苏联第一张国民经济平衡表——1923—1924年度平衡表的编制有关。他到美国后，继续从事该项研究，并在编制美国投入产出表的基础上，提出了投入产出法。

### （二）投入产出法在世界各国的发展

由于投入产出表的科学性、先进性和实用性，自20世纪50年代以来，世界各国纷纷研究和编制投入产出表。1950年，投入产出法首先为西欧和日本所接受。据不完全统计，到1950年，编制投入产出表的国家有美、英、丹麦、荷兰、加拿大、澳大利亚、波多黎各、阿根廷等9个国家；到1960年，编制投入产出表的国家有57个；到1970年有86个；到1980年有98个；到1990年，除个别国家外，世界上绝大多数国家都编制了投入产出表。

除了各国编制投入产出表外，一些国际性组织也在组织与编制区域性的投入产出表。如1964年秋，欧洲经济共同体统计局发表了一组有关法国、比利时、西德、意大利、荷兰五国的投入产出表。该五国还按照欧洲经济共同体统计局的统一标准，编制了1965年的投入产出表。联合国1950年成立了“投入产出协会”，由列昂惕夫任主席。1979年4月，我国第一次派代表参加了在奥地利英斯布鲁克召开的第七次国际投入产出会议。

由于投入产出法对研究宏观国民经济具有重要的作用，1968年联合国经济社会事务部公布市场经济国家采用的“国民经济核算体系”(SNA)，把投入产出表作为其中的一个主要组成部分。

（三）投入产出法在我国的发展

投入产出法在我国的发展大致可分为两个时期。

1. 开始时期

我国投入产出法研究工作始于20世纪50年代末60年代初，是投入产出表编制工作开展较早的国家之一。在著名经济学家孙冶方和著名科学家钱学森的倡导下，我国学术界和研究机构开始研究和宣传包括投入产出在内的现代数量经济分析方法，某些高等院校还开设了投入产出技术课程。20世纪60年代，中国科学院数学研究所运筹室还在鞍山钢铁公司试编了联合企业的投入产出表。

1962年，国家统计局和国家计委召开座谈会，专门研究投入产出法在我国的发展和应用问题。但由于苏联当时反对在经济研究和计划中应用现代经济数学方法，视之为资产阶级的方法，斥之为“数学游戏”。这种“左”的思想对我国产生了较大影响，使得刚刚开始的投入产出研究工作被迫中断。

1974年8月，为研究宏观经济的需要，在国家统计局和国家计委的组织下，由国家统计局、国家计委、中国科学院、中国人民大学、北京经济学院等单位联合编制了1973年全国61种产品的实物型投入产出表。

2. 发展时期

1978年党的十一届三中全会以后，党和国家的工作重点转移到经济建设上来，这就为包括投入产出法在内的现代经济数量分析方法的研究和应用创造了条件。在有关领导的支持下，在国家统计局的组织下，投入产出表的编制工作，投入产出法的研究工作及投入产出法的应用工作得到了迅速发展。

1980年，国家统计局正式布置山西省统计局编制山西省1979年投入产出表，以探索编制全国投入产出表的经验。

1982年，国家统计局和国家计委组织有关部门试编1981年全国投入产出表。

1984年，国家统计局在1981年全国投入产出表试编的基础上，编制了1983年全国投入产出表(延长表)。

1987年3月，为适应我国改革开放的需要，为加强国民经济宏观调控，国务院办公厅印发《关于进行全国投入产出调查的通知》(国办发〔1987〕18号)，在全国进行投入产出调查，编制《中国1987年投入产出表》，并形成制度决定每五年一次，在逢二、逢七年份编制基本表，在逢零、逢五年份编制延长表。在国务院全国投入产出调查协调小组的领导下，在国家统计局的组织实施下，我国已成功编制了全国1987年33部门投入产出表、1990年33部门投入产出表、1992 年 33 部门投入产出表、1995 年 33 部门投入产出表、1997 年 40 部门投入产出表以及 2002 年 42 部门投入产出表，现在正在编制 2007 年投入产出表。从我国经济运行的实际出发，我国投入产出表设计成“积木式、板块化”的科学结构，具有多种转换功能。编制技术先进，实用性强，应用效果显著，达到了国际先进水平。

此外，随着经济全球化的日益加剧，国家与国家之间的合作日益广泛，我国逐步开展了与国外其他国家合作编制国际投入产出表。2009 年 6 月，日本完善中日间国际投入产出表编制技术合作项目详细计划制定调查团一行 8 人访问国家统计局。双方就合作项目协议书的内容进行了交流和协商，并签署了相关协议，旨在加强中日间投入产出编制技术的合作，编制的中日间国际投入产出表将为制定本国经济政策提供基础数据支持。

投入产出在其发展过程中表现出了以下的主要特点：

(1) 封闭式发展为开启式。

由把居民消费看成是劳动力再生产的投入，把居民收入看成是劳动力的产出，并假定二者之间存在线性函数关系，发展为将中间产品作为内生变量，将投资、政府消费和居民消费或增加价值作为外生变量的模型。

(2) 由静态模型发展为动态模型。

由不考虑时间因素，将投资作为最终产品的一列，发展为将投资从方程式的右边移到左边，扩展为一个或几个矩阵，计算增加单位产值所需的投资，并将其内生化的模型。

(3) 由单一的投入产出模型发展为与现代科学管理方法相结合。

在具体发展过程中，投入产出模型吸收了其他管理科学的理论与方法，与经济计量方法、最优控制理论等的结合。促进了这一方法解决分析问题的能力。

#### (四) 投入产出法的基本特点

1. 整体性

整体性是投入产出法最重要的特点。投入产出法从“国民经济是一个有机整体”的观点出发，综合研究各个具体部门之间的数量关系(技术经济联系)。

2. 全面性

投入产出表从生产消耗和分配使用两个方面同时反映产品在部门之间的运动过程，也就是同时反映产品的价值形成过程和使用价值的运动过程。

3. 科学性

从方法的角度，它通过各系数，一方面反映在一定技术和生产组织条件下，国民经济各部门的技术经济联系；另一方面用以测定和体现社会总产品与中间产品、社会总产品与最终产品之间的数量联系。此外，借助于电子计算技术使得分析问题的过程更加科学。

### 二、投入产出表的发展

投入产出技术自诞生以来，无论是在理论方面，还是在实践方面都得到了很大的发展，取得了丰硕成果。早期的投入产出模型，只是静态的投入产出模型。后来，随着研究的深入，开发了动态投入产出模型，投入产出技术由静态扩展到动态。如今，随着投入产出技术与数量经济方法等经济分析方法日益融合，投入产出分析应用领域不断扩大。

20 世纪 50 年代末 60 年代初，我国经济理论界和一些高等院校的少数同志开始研究投入产出技术，某些高等院校还开设了投入产出技术课程。1974 年 8 月，为研究宏观经济发展情况的需要，在国家统计局和国家计委的组织下，由国家统计局、国家计委、中国科学院、中国人民大学、原北京经济学院等单位联合编制了 1973 年全国 61 种产品的实物型投入产出表。利用该表开展的应用工作，在制定投资计划和产品生产计划等方面发挥了积极的作用。

十一届三中全会以后，党和国家把工作重点放到经济建设上，这就为包括投入产出技术在内的现代经济分析方法的研究和应用创造条件。从此开始投入产出表的编制工作，投入产出技术的研究和投入产出表的应用工作得到了迅速的发展。

1980 年，按照国家统计局的要求，山西省统计局编制了山西省 1979 年投入产出表，为编制全国投入产出表提供了经验。

1982 年，国家统计局、国家计委及有关部门编制了 1981 年全国投入产出价值表和实物表。

1984 年，在 1981 年全国投入产出价值表的基础上，国家统计局编制了 1983 年全国投入产出延长表。

1987 年，除个别地区外，各省（自治区、直辖市）都编制了本地区投入产出表；一些管理部门还编制厂部门投入产出表；一些企业也编制了企业投入产出表。

1987 年 3 月底，为了适应改革开放的需要，为加强国民经济宏观调控和管理，提高经济决策的科学性，国务院办公厅发出了《关于进行全国投入产出调查的通知》，明确规定每五年（逢二、逢七年份）进行一次全国投入产出调查和编表工作。1987 年，我国进行了第一次全国性的投入产出调查和编表工作。《1987 年全国投入产出表》的成功编制和在宏观经济调控等方面的成功应用，标志着投入产出技术在我国发展到一个新的阶段。

1992 年，国家统计局在 1987 年全国投入产出表的基础上，编制了 1990 年投入产出延长表。

1994 年和 1995 年，国家统计局先后编制了 1992 年全国产出价值表和实物表。1992 年全国投入产出表为国民经济核算体系全面转轨提供了数据依据。

1996 年，国家统计局在 1992 年全国投入产出表的基础上，编制了 1995 年全国投入产出延长表。

1999 年，国家统计局编制了 1997 年全国投入产出表。

到目前为止，除西藏以外，全国三十个省（自治区、直辖市）与国家同步编制了 1987 年、1992 年和 1997 年本地区投入产出表。部分省（自治区、直辖市）还编制了 1990 年、1995 年和 2000 年本地区投入产出延长表。我国分别于 1987 年、1992 年、2002 年、2012 年进行了全国性的第一次至第六次投入产出调查和编表工作。

投入产出技术不仅在我国宏观和微观经济领域获得了广泛的应用，而且在微观经济领域的应用也取得了可喜的成绩。目前，已有一些企业编制了企业投入产出表，并用于企业计划、生产、成本等管理工作中。

# 第二节　投入产出表的原理及一般结构

## 一、投入产出表的基本原理与假设

投入产出表以矩阵形式，描述国民经济各部门在一定时期（通常为一年）生产中的投入来源和产出使用去向，揭示国民经济各部门间相互依存、相互制约的数量关系，同时，它将生产法、收入法、支出法国内生产总值结合在一张表上，细化了国内生产总值核算。

### （一）投入产出表的基本原理

1. 理论基础

投入产出分析的理论基础是瓦尔拉的一般均衡理论。这种理论认为，市场经济通过供求关系和价格波动，可以自动地均衡发展。社会主义国家引入投入产出分析之后，以分工与协作、生产劳动与非生产劳动、劳动价值论、社会再生产理论为其理论基础。投入产出法是对一般均衡模型的简化，这种简化主要表现在以下两个方面。

（1）投入产出法将瓦尔拉斯模型体系中不胜枚举的方程式（或函数式）和变量，简化到可以实际应用和计量的程度。即用分类合并的统计方法，将成千上万种产品及更多的生产单位合并为有限数量的产品部门或行业，使方程式和变量的数目大大减少，从而解决了实际计算的困难。

（2）在投入产出模型中省略了生产要素供给的影响。即假设生产要素的供给是相等的，这就进一步大大减少了一般均衡模型联立方程的数目。同时，还省略了价格对消费需求构成、中间产品流量以及对劳动等生产要素供给调节的影响。另外，在投入产出模型中，仍沿袭了一般均衡模型中的假设，即假设各种投入系数是固定不变的。

2. 基本原理

投入产出表的具体编制满足以下两个基本原理。

（1）借用了财务会计的复式记账原理。

具体计算时将一个部门的投入来源和产出去向，可视同该部门投入产出账户借贷双方的记录，按此可建立各部门投入产出账户，形成账户体系，投入产出表就是这一账户体系以矩阵形式的集中表现。这种方法可以反映出资源的来龙去脉，整体反映了整个过程。

（2）借用了数学方法中的矩阵运算。

根据投入产出表所反映的经济内容，利用线性代数原理建立起用矩阵表示的经济数学模型，并通过对模型的矩阵运算得出一些规律。

### （二）投入产出表的假设

投入产出表在编制时有两个重要假定。

（1）同质性假定：即每个部门只生产单一的产品，并具有单一的投入结构。

（2）比例性假定：每个部门各种投入品与产量成比例，无替换性。

## 二、投入产出表的概念及部门分类

### （一）投入产出表的基本概念

1. 投入与产出的概念

任何生产活动都需要投入原材料、燃料、动力，都要投入劳动力、资本和上缴税金；而生产出来的货物或服务，或作为原材料等供其他生产活动使用，或用于消费、固定资产投资、增加物资储备，或出口。以钢材生产为例，企业生产钢材，需要投入生铁、焦炭、电力、水等原材料及燃料动力，还要支付劳动者报酬、上缴税金。钢材生产出来后，又会作为原材料用于其他产品生产，如用于铁矿石、生铁、煤炭、电力、焦炭、水等产品的生产，还用于出口等。众所周知，生产活动的最终目的是向最终消费使用部门提供货物和服务，组成国民经济的各部门之间经过这种相互提供原材料的过程，最终将生产的货物和服务提供给最终使用部门。投入产出表就是对一定时期内（通常是一年）这种生产、使用全过程的记录。

投入产出表中的投入，是指各部门生产货物和服务的总投入，包括中间投入和增加值。中间投入是指各部门在生产经营过程中所投入的各种原材料、燃料、动力及服务的价值。增加值是指为了生产各种货物和服务所需的劳动、资本等要素的费用，又称为要素投入。

投入产出表中的产出是指各部门的总产出，包括中间使用和最终使用。中间使用是指各部门生产的货物和服务提供给各中间需求部门使用的部分。最终使用是指各部门生产的货物和服务用于消费、投资及出口的部分。

2. 投入产出表中的部门分类

在投入产出核算中，部门分类与国民经济行业分类有所不同。国民经济行业分类是按照企业、事业单位、机关、私人和生产经营活动性质进行的分类，一个行业是指从事相同性质的经济活动的所有单位的集合。一个单位有多种产品产出的情况下，它只能按主要产品所属的行业进行归类。这样，行业之间的数量关系不能确切地反映产品之间的经济技术联系。部门分类包括产品部门分类和产业部门分类两种。

（1）产品部门分类。

产品部门分类是指供给表和使用表主栏以及产品部门×产品部门表主栏和宾栏所采用的部门分类。产品部门分类遵循同质性原则，即消耗结构相同、生产工艺技术相同和经济用途相同的原则。一个产品部门就是满足上述同质性原则的同类产品组成的产品群。但在实际操作中同一产品部门的货物或服务往往不能同时满足三个条件，而只能满足其中一个或两个条件。因而在实际操作中，只能根据某些产品或服务符合某一个基本相同条件而划归为同一个产品部门。例如，火力发电、水力发电、核力发电、风力发电、潮汐发电等电力，虽然消耗结构和生产工艺存在较大差异，但用途基本相同，在投入产出表的部门分类中，将它们统一归入电力这个产品部门中。又如，汽油生产、煤油生产、柴油生产、润滑油生产、石油沥青等，其用途差异很大，但其消耗结构基本相同，在投入产出表的部门分类中，将它们统一归入石油加工这个产品部门中。

对于一个多产品的企业，在填报投入产出调查表时，按不同产品进行产品部门分类。假如一个钢铁厂生产的产品有钢材、焦炭、火电、机床等，在日常统计的国民经济行业分类中，是按主产品性质归属于黑色金属冶炼及压延加工业。但在投入产出表中则要按不同的产品归入相应的产品部门:将钢材归入炼钢业,焦炭归入炼焦业,火电归入电力工业,机床归入金属切削机床制造业等。

(2) 产业部门分类。

产业部门分类是指供给表宾栏和使用表宾栏所采用的部门分类。产业部门由一组从事相同或相似活动的产业活动单位组成,产业活动单位从事的主要活动的增加值远远大于其他非主要活动的增加值。我国的现行统计是以企业为调查对象的,还不具备按产业部门进行分类的条件,在投入产出核算中使用行业分类代替产业部门分类。

(二) 投入产出表的构成

完整的投入产出表由供给表、使用表和产品部门×产品部门表组成。

1. 供给表

供给表又称产出表,主栏为 $n$ 个产品部门,宾栏为 $m$ 个产业部门,沿行方向看,反映属于某一产品部门的货物或服务是由哪些产业部门生产的,合计为属于该产品部门的货物或服务的总产出;沿列方向看,反映某一产业部门生产各产品部门货物或服务的价值量,合计为该产业部门总产出。全部产业部门总产出等于全部产品部门总产出。通常产品部门个数多于产业部门个数。按生产者价格计算的总供给等于按生产者价格计算的总产出与进口之和;按购买者价格计算的总供给等于按生产者价格计算的总供给与商业和运输费用之和。

2. 使用表

使用表又称投入表,通常由三部分组成,第一部分的主栏包括 $n$ 个产品部门,宾栏包括 $m$ 个产业部门。沿行方向看,表明各产品部门生产的货物或服务提供给各产业部门使用的价值量,沿列方向看,表明各产业部门从事生产活动所消耗各产品部门生产的货物或服务的价值量。第二部分是第一部分在水平方向上的延伸,其主栏与第一部分相同,也是 $n$ 个产品部门,其宾栏由最终消费、资本形成总额、出口等最终使用项组成,它反映各产品部门生产的货物或服务用于最终使用的价值量及其构成。第三部分是第一部分在垂直方向上的延伸,其主栏由劳动者报酬、生产税净额、固定资产折旧和营业盈余等增加值项组成,宾栏与第一部分的宾栏一致,也是 $m$ 个产业部门,它反映各产业部门增加值的构成情况。

3. 产品部门×产品部门表

产品部门×产品部门表形式上与使用表相似,也是由三部分组成。

第一部分是由名称相同、排列次序相同、数目一致的 $n$ 个产品部门纵横交叉而成的,其主栏为中间投入、宾栏为中间使用,它充分揭示了国民经济各产品部门之间相互依存、相互制约的技术经济联系,反映了国民经济各部门之间相互依赖、相互提供劳动对象供生产和消耗的过程。沿行方向看,反映第 $i$ 产品部门生产的货物或服务提供给第 $j$ 产品部门使用的价值量;沿列方向看,反映第 $j$ 产品部门在生产过程中消耗第 $i$ 产品部门生产的货物或服务的价值量。第二部分是第一部分在水平方向上的延伸,其主栏与第一部分的主栏相同,也是 $n$ 个产品部门;其宾栏由最终消费、资本形成总额、出口等最终使用项组成。它反映各产品部门生产的货物或服务用于各种最终使用的价值量及其构成。第三部分是第一部分在垂直方向上的延伸,其主栏由劳动者报酬、生产税净额、固定资产折旧和营业盈余等增加值项组成;宾栏与第一部分的宾栏相同,也是 $n$ 个产品部门,它反映各产品部门增加值的构成情况。

## 三、投入产出表的结构

### (一) 示例

表 7-1 是一张简化的投入产出表,以该表为例,说明投入产出表的结构。

为了便于说明投入产出表的结构,表 7-1 是把实际经济问题大大简化了。该表假定整个国民经济只有农业、工业和“其他”三个部门,因此社会总产品的生产和分配也只在这三个部门内进行。

投入产出表由四个部分组成:以粗实线为分界线,表的左上角称为第Ⅰ象限,是反映系统要素联系的中枢,由若干生产部门行和列都按照相同的次序组成的棋盘式表格。它反映了各个部门之间相互依存、相互制约的经济联系。第Ⅰ象限数值又称为部门间流量,各个数值具有双重含义:从横向看,它表明产出部门的产品(货物或服务)提供给各投入部门中间使用的数量;从纵向看,它表明各投入部门在生产过程中消耗各产出部门的产品(货物或服务)的数量。

表的右上角称为第Ⅱ象限,其主栏项目与第Ⅰ象限主栏项目相同,其宾栏项目有最终消费(或称总消费)、资本形成(或称总投资)、进出口等。在实际编表时上述这些项目还可以细分(如总消费还可以分为农民消费、非农民消费、社会消费等)。产出使用中已包含了对进口产品的使用,但由于它是国外的产品,在计算总产出时,应将其扣除,保证投入产出表的平衡关系。所以净出口是指出口减进口。该象限反映不参加本期生产的最终产品的使用情况。

**表 7-1　简化的投入产出表**

单位:亿元

| 投入($i$) \ 产出($j$) | | 中间使用 | | | | 最终使用 | | | | 总产出 $X_i$ |
|---|---|---|---|---|---|---|---|---|---|---|
| | | 农业① | 工业② | 其他③ | 小计 | 最终消费 | 资本形成 | … | 小计 | |
| 中间投入 | 农业① | 30 | 20 | 60 | 110 | 145 | 30 | … | 175 | 285 |
| | 工业② | 40 | 200 | 150 | 390 | 800 | 610 | | 1 410 | 1 800 |
| | 其他③ | 15 | 60 | 100 | 175 | 300 | 95 | | 395 | 570 |
| | 小计 | 85 | 280 | 310 | 675 | 1 245 | 735 | | 1 980 | 2 655 |
| 最初投入 | 固定资产折旧 | 15 | 50 | 30 | 95 | | | | | |
| | 劳动者报酬 | 135 | 500 | 140 | 775 | | | | | |
| | 生产税净额 | 6 | 200 | 30 | 236 | | | | | |
| | 营业盈余 | 44 | 770 | 60 | 874 | | | | | |
| | 小计 | 200 | 1 520 | 260 | 1 980 | | | | | |
| 总投入 $X_j$ | | 285 | 1 800 | 570 | 2 655 | | | | | |

表的左下角称为第Ⅲ象限,其他栏项目与第Ⅰ象限宾栏项目相同,其主栏项目是增加值或最初投入构成包括固定资产折旧、劳动者报酬、生产税净额、营业盈余等。固定资产折旧单独作为一行列出,根据需要可归并到第Ⅰ象限或第Ⅲ象限。宾栏产业部门分类相结合,主要反映各部门增加值分配或最初投入构成情况。

表的右下角称为第Ⅳ象限。从理论上讲该象限是反映最终产品的再分配的情况，实际上再分配是很复杂的经济问题。因此，目前该象限的应用还在研究之中。

第Ⅰ、Ⅱ象限连接在一起，通过各横行反映各产业部门的产品分配和使用去向；第Ⅰ、Ⅲ象限连接在一起，各级别反映各产业部门在生产中的投入和来源，也反映生产过程的价值形成。

投入产出表的一般形式见表 7-2 所示。以两条粗实线分割出来的四个部分，分别就是四大象限。

**表 7-2　投入产出表的一般形式**　　单位：

| 投入＼产出 | | 中间产品 | | | | 合计 | 最终产品 | | | | 总产品 |
|---|---|---|---|---|---|---|---|---|---|---|---|
| | | 1 | 2 | … | $n$ | | 消费 | 储备 | 出口 | 合计 | |
| 部门 | 1 | $X_{11}$ | $X_{12}$ | … | $X_{1n}$ | | | | | $y_1$ | $X_1$ |
| | 2 | $X_{21}$ | $X_{22}$ | … | $X_{2n}$ | | | | | $y_2$ | $X_2$ |
| | … | … | … 第Ⅰ象限 | … | … | | | | 第Ⅱ象限 | … | … |
| | $n$ | $X_{n1}$ | $X_{n2}$ | … | $X_{nn}$ | | | | | $y_n$ | $X_n$ |
| 合计 | | | | | | | | | | | |
| 折旧 | | $d_1$ | $d_2$ | … | $d_n$ | | | | | | |
| 新增价值 | 工资 | $v_1$ | $v_2$ 第Ⅲ象限 | … | $v_n$ | | | | 第Ⅳ象限 | | |
| | 利润 | $m_1$ | $m_2$ | … | $m_n$ | | | | | | |
| | 合计 | $X_1$ | $X_2$ | … | $X_n$ | | | | | | |

（二）投入产出表的特点

（1）投入产出表充分体现了系统工程思想。

国民经济是一个庞大复杂的系统，在该系统中，国民经济各部门为其子系统。依据投入产出表，便于人们通过各个子系统之间的相互联系、子系统与大系统之间的联系来研究国民经济大系统。同时，也可以从大系统出发来研究子系统。

（2）投入产出表充分体现了社会再生产过程。

通过投入产出表可以从不同方面来研究国民经济。既可以从生产角度（列），又可从交换角度（行和列），还可从分配角度（第Ⅲ象限），还可以从使用角度（行）研究国民经济的运行状况。加之既有数量指标又有质量指标，因而投入产出表是在社会主义市场经济条件下，对国民经济进行宏观调控、管理的科学依据和有力工具。

（3）投入产出表揭示了多种关联关系。

投入产出表充分揭示了国民经济各部门、各产品之间的技术经济联系。这种联系既包括直接联系，也包括间接联系。

（4）投入产出表充分体现了统计、会计和业务三大核算的统一。

（三）投入产出表的分类

投入产出表可以有多种分类，主要分类如下。

（1）根据核算的口径范围不同，可分为物质产品投入产出表（MPS 体系）和物质产品和服务投入产出表(SNA 体系)。

(2) 根据专门用途不同,可分为劳动力投入产出表、固定资产投入产出表、能源投入产出表、环境保护投入产出表、信息投入产出表、教育投入产出表等。

(3) 根据计量形式不同,可分为实物型投入产出表和价值型投入产出表。我们平时所说的投入产出表,一般是指价值型投入产出表。

(4) 根据统计的地域范围不同,可分为国家投入产出表、地区投入产出表、地区间投入产出表、部门投入产出表、企业投入产出表等。

(5) 根据是否包括时间变化因素,可分为静态投入产出表和动态投入产出表。

## 第三节　投入产出表中的基本关系

### 一、投入产出表中的平衡关系

在投入产出表中主要存在着以下平衡关系,对应于前面我们所用的表 7-1,来具体学习。

(一) 行平衡关系——产品平衡方程

中间使用+最终使用−进口=总产出

$$X \cdot 1 + f = q, 1 = (1, 1, \cdots, 1)' \tag{7-1}$$

从行的方向看,任何一个生产部门生产的产品,除为本部门和别的部门作为生产消费使用(称为中间产品)外,余下来的则供最终消费、投资、出口等之用。例如,农业部门生产的产品其中有 30 亿元供本部门生产消费,20 亿元供工业部门生产消费,60 亿元供“其他”部门生产消费,为国民经济各部门(含本部门)提供中间产品共 110 亿元。最终产品为 175 亿元,其中 145 亿元供最终消费,30 亿元为投资。在本期农业部门生产的总产品为 285 亿元。其余部门类同。

(二) 列平衡关系——价值平衡方程

中间投入+增加值=总投入

$$1'X + y' = q', X' \cdot 1 + y = q \tag{7-2}$$

从列的方向看,任何一个部门在生产中除要消耗别的部门的产品外,也消耗本部门的产品,称为中间投入(或中间消耗);还要消耗固定资产、投入活劳动、并为社会和本部门创造纯收入,以上项目称为最初投入。例如,工业部门在生产过程中除消耗农业部门提供的产品 20 亿元、本部门提供的产品 200 亿元、“其他”部门提供的产品 60 亿元(中间投入共 280 亿元)外,还转移固定资产折旧 50 亿元,支付劳动者报酬 500 亿元,为社会提供纯收入 970 亿元,本部门共生产增加值 1 520 亿元。本工业部门本期的总投入为 1 800 亿元。其余部门类同。

(三) 各行列(横表和竖表)的对应平衡关系

总的来说,有:

总投入=总产出

中间投入合计=中间使用合计

增加值合计＝最终使用合计－进口合计

具体来说，有：

各部门总产出＝该部门总投入

$$\sum_{j=1}^{n} x_{kj} + f_k = q_k = \sum_{i=1}^{n} x_{ik} + y_k, k = 1,2,\cdots,n \tag{7-3}$$

$$x_1 + f = q = x' \cdot 1 + y$$

这表明："产品平衡方程"与"价值平衡方程"既相对独立，又相互制约。

从投入产出表所有行列的角度看，所有部门的总产出＝所有部门的总投入，即

$$\sum_{i=1}^{n}\sum_{j=1}^{n} x_{ij} + \sum_{i=1}^{n} f_i = \sum_{j=1}^{n}\sum_{i=1}^{n} x_{ij} + \sum_{j=1}^{n} y_j \tag{7-4}$$

所有部门的中间产品＝所有部门的中间消耗，即

$$\sum_{i=1}^{n}\sum_{j=1}^{n} x_{ij} = \sum_{j=1}^{n}\sum_{i=1}^{n} x_{ij}$$

从而有

$$\sum_{i=1}^{n} f_i = \sum_{j=1}^{n} y_j$$

即所有部门提供的最终产品＝所有部门创造的增加值。

但应注意：每个部门所提供的中间产品价值与其消耗的中间产品价值通常不等，即

$$\sum_{j=1}^{n} x_{kj} \neq \sum_{i=1}^{n} x_{ik}, \quad k = 1,2,\cdots,n$$

每个部门所提供的最终产品价值与其创造的增加值通常也不等，即 $f_k \neq y_k, k=1,2,\cdots,n$。

## 二、投入产出产出系数

投入产出系数是进行投入产出分析的重要工具。投入产出系数主要指标包括直接消耗系数、完全消耗系数、感应度系数、影响力系数等。

### （一）直接消耗系数

直接消耗系数，也称为投入系数，它是指生产经营过程中第 $j$ 产品（或产业）部门的单位总产出所直接消耗的第 i 产品部门货物或服务的价值量，它充分揭示了国民经济各部门之间的技术经济联系，即部门之间相互依存和相互制约关系的强弱。

直接消耗系数的计算方法为：用第 j 产品（或产业）部门的总投入 $X_j$ 去除该产品（或产业）部门生产经营中所直接消耗的第 $i$ 产品部门的货物或服务的价值量 $x_{ij}$，用公式表示为：

$$a_{ij} = \frac{x_{ij}}{X_j} \quad (i,j=1,2,\cdots,n) \tag{7-5}$$

式中　$X_j$——第 $j$ 产品（或产业）部门的总投入；

$x_{ij}$——第 $j$ 产品生产经营中所直接消耗的第 $i$ 产品部门的货物或服务的价值量。

直接消耗系数的取值范围在 0～1 之间。$a_{ij}$ 越大，说明第 $j$ 部门对第 $i$ 部门的直接依赖性越强；$a_{ij}$ 越小，说明第 $j$ 部门对第 $i$ 部门的直接依赖性越弱；$a_{ij}=0$ 则说明第 $j$ 部门对第 $i$ 部门没有直接依赖关系。

将各产品部门的直接消耗系数用表的形式表现出来，就是直接消耗系数表或直接消耗系数矩阵，通常用字母 $A$ 表示。

（二）完全消耗系数

完全消耗系数是指某一部门每提供一个单位的最终产品，需要直接和间接消耗（即完全消耗）各部门的产品或服务数量。完全消耗系数是全部直接消耗系数和全部间接消耗系数之和。完全消耗系数揭示了部门之间的直接和间接的联系，它更全面更深刻地反映部门之间相互依存的数量关系。在国民经济各部门之间，各种产品在生产过程中除有直接的生产联系外，还有间接联系，这使得各种产品间的相互消耗除了直接消耗外，还有间接消耗。完全消耗系数则是这种直接消耗和间接消耗的全面反映。以炼钢消耗电力为例，生产钢需要直接消耗电力，还要消耗生铁、耐火材料等，而在生产生铁、耐火材料和其他所消耗的产品时又要消耗电力。这就是钢对电的第一次间接消耗。由于所有供消耗的产品都有可能消耗电力，依此类推，还有第二次、第三次以至无穷次的间接消耗。于是，钢对电力的直接消耗和无数次间接消耗之和，就构成了钢对电的完全消耗。

完全消耗系数的计算公式为：

$$b_{ij}=a_{ij}+\sum_{k=1}^{n}b_{ik}\cdot a_{kj}\quad (i,j=1,2,\cdots,n) \tag{7-6}$$

式中 $a_{ij}$——第 $j$ 部门对第 $i$ 部门的直接消耗系数；

$\sum_{k=1}^{n}b_{ik}\cdot a_{kj}$——第 $j$ 部门对第 $i$ 部门的全部间接消耗系数之和。

将各产品部门的完全消耗系数用表的形式表现出来，就是完全消耗系数表或完全消耗系数矩阵，通常用字母 $B$ 表示。完全消耗系数矩阵可以在直接消耗系数矩阵的基础上计算得到的，利用直接消耗系数矩阵计算完全消耗系数矩阵的公式为：

$$B=(I-A)^{-1}-I \tag{7-7}$$

式中 $A$——直接消耗系数矩阵；

$I$——单位矩阵。

$(I-A)^{-1}$又叫作完全需要系数矩阵，或者里昂惕夫逆矩阵，其中的系数常记为 $\bar{b}_{ij}$，表示了第 $j$ 个部门增加一个单位最终产品时，对第 $i$ 各部门产品和服务的完全需要量。

**例 7-1** 已知反映第一产业、第二产业及第三产业之间技术经济联系的投入产出表数据如下：$X_{22}=100$ 亿元，$X_{23}=110$ 亿元，第二产业部门总产出为 2 262 亿元，第三产业部门总产出为 985 亿元。

要求：

(1) 计算 $a_{22}$ 和 $a_{23}$。

(2) 分别解释 $a_{22}$ 和 $a_{23}$ 的经济含义。

**解**：$a_{22}=\frac{x_{22}}{x_2}=\frac{100}{2\ 262}\approx 0.044$，$a_{23}=\frac{x_{23}}{x_3}=\frac{110}{985}\approx 0.110$

$a_{22}$ 的计算结果说明第二产业生产单位产出对本部门的直接消耗量为 0.547 5。

$a_{23}$ 的计算结果说明第三产业部门生产单位产出对第二产业部门的直接消耗为 0.213 1。

（三）感应度系数

感应度亦称“感应力”或者“灵敏度”。在现代化经济社会中，任何一种产业的生产活动通过产业之间的相互联结的波及效果，必然影响和受影响于其他产业的生产活动，其中，把受其他产业影响的程度叫作感应度。不同产业的感应力大小都不尽相同，用感应力系数来表示产业感应力的大小。感应度系数又被称为“前向联系系数”，反映了国民经济各产业变动后使某一产业受到的感应能力，表现为该产业受到国民经济发展的拉动能力。当感应度系数大于1（即超过社会平均水平）时，表明第 $j$ 个部门受其他部门生产的需求感应程度超过各部门需求感应程度的平均值。

感应度系数的计算公式为：

$$E_i = \frac{\sum_{j=1}^{n} \bar{b}_{ij}}{\frac{1}{n}\sum_{i=1}^{n}\sum_{j=1}^{n} \bar{b}_{ij}} \quad (i,j = 1,2,\cdots,n) \tag{7-8}$$

式中　$\bar{b}_{ij}$——第 $j$ 部门对第 $i$ 部门的完全需要系数；

$\sum_{j=1}^{n} \bar{b}_{ij}$——完全需要系数矩阵中第 $i$ 行之和；

$\frac{1}{n}\sum_{i=1}^{n}\sum_{j=1}^{n} \bar{b}_{ij}$——完全需要系数矩阵中行和之均值。

$E_i<1$ 时，表示第 $i$ 部门所受到的感应程度高于全社会平均感应水平（即各部门所受到的感应程度的平均值）。

$E_i=1$ 时，表示第 $i$ 部门所受到的感应程度等于全社会平均感应水平。

$E_i>1$ 时，表示第 $i$ 部门所受到的感应程度低于全社会平均感应水平。

（四）影响力系数

影响力又称“带动度”，反映国民经济某一部门增加一个单位最终使用时，对国民各部门所产生的生产需求波及程度，表明其他产业最终需求的变化而使该产业生产发生变化的程度。在现代经济社会中，任何一种产业的生产活动通过产业之间的相互联结的波及效果，必然影响和受影响于其他产业的生产活动，不同产业的影响力各不相同，影响力系数越大，该部门对其他部门的拉动作用也越大。

影响力系数的计算公式为：

$$F_j = \frac{\sum_{i=1}^{n} \bar{b}_{ij}}{\frac{1}{n}\sum_{j=1}^{n}\sum_{i=1}^{n} \bar{b}_{ij}} \quad (i,j = 1,2,\cdots,n) \tag{7-9}$$

式中　$\sum_{i=1}^{n} \bar{b}_{ij}$——完全需要系数矩阵中消耗第 $j$ 列之和；

$\frac{1}{n}\sum_{j=1}^{n}\sum_{i=1}^{n} \bar{b}_{ij}$——完全需要系数矩阵中列和之均值。

$F_j<1$ 时，表示第 $j$ 部门对其他部门所产生的波及影响程度低于全社会平均影响水平（即各部门所产生的波及影响的平均值）。

$E_{ij}=1$ 时，表示第 $j$ 部门对其他部门所产生的波及影响程度等于全社会平均影响水平。

$E_{ij}>1$ 时，表示第 $j$ 部门对其他部门所产生的波及影响程度超过了全社会平均影响水平。

利用影响力系数和感应度系数可以综合分析各部门在国民经济中的地位和作用。

## 第四节　投入产出表的应用

通过编制投入产出表和模型，能够清晰地揭示国民经济各部门、产业结构之间的内在联系；特别是能够反映国民经济中各部门、各产业之间在生产过程中的直接与间接联系，以及各部门、各产业生产与分配使用、生产与消耗之间的平衡(均衡)关系。

投入产出法还可以推广应用于各地区、国民经济各部门和各企业等类似问题的分析。当用于地区问题时，它反映的是地区内部之间的内在联系；当用于某一部门时，它反映的是该部门各类产品之间的内在联系；当用于公司或企业时，它反映的是其内部各工序之间的内在联系。在考察部门间错综复杂的投入产出关系时，能够发现任何局部的最初变化对经济体系各个部分的影响。编制投入产出表是进行投入产出分析的前提。

目前，投入产出分析已经拓展到经济研究领域的各个方面。在以下几方面其作用尤为巨大：① 为编制经济计划，特别是为编制中、长期计划提供依据。② 分析经济结构，进行经济预测。③ 研究经济政策对经济生活的影响。④ 研究某些专门的社会问题，如污染、人口、就业以及收入分配等问题。投入产出表又称里昂惕夫表、产业联系表或部门联系平衡表。反映国民经济各部门间投入与产出关系的平衡表。国民经济每个部门既是生产产品(产出)的部门，又是消耗产品(投入)的部门。投入产出表是以所有部门的产出去向为行、投入来源为列而组成的棋盘式表格，主要说明两个基本关系。一个关系是，每一部门的总产出等于它所生产的中间产品与最终产品之和，中间产品应能满足各部门投入的需要，最终产品应能满足积累和消费的需要。另一个关系是，每一部门的投入就是它生产中直接需要消耗的各部门的中间产品，在生产技术条件不变的前提下，投入决定于它的总产出。投入产出表按计量单位可分为实物型和价值型两种，实物型是以实物量单位编制的，价值型是以货币单位编制的；按时间划分，有统计和计划投入产出表；按性质划分有静态和动态，平衡和优化投入产出表；按内容划分，有产品、固定资产、生产能力、投资和劳动消耗等投入产出表。

如研究国民经济各部门之间的数量依存关系；研究和分析重大决策和事件对国民经济的影响；开展价格调整的实证分析；研究资源环境问题等。可以说，投入产出分析方法作为国民经济管理的重要工具和手段，在我国的经济生活中发挥了重要的、不可替代的作用。

投入产出表和投入产出分析作为一种现代的数量经济方法，除了对建立和完善国民经济其他方面的核算具有重要作用外，对宏观经济调控、决策、管理以及加强企业经济管理、提高企业经济效益都具有十分重要的作用，如用于国民经济发展计划和规划的制定、验证、调整；用于经济预测；用于产业结构和产品结构的调整；用于分析研究经济效益；用于研究环境与污染的治理以及用于强化企业核算和制定企业市场计划；等等。

## 一、投入产出模型在宏观经济分析中的应用

### （一）国民经济中的基本比例（结构）关系的分析

宏观经济中的重要比例关系有：两大部类的比例、农轻重的比例、产业结构、投资与消费比例等。在经济分析中，投入产出法的主要优势是在结构分析上，这是其他分析方法难以做到的。

1. 两大部类比例

两大部类的比例是指，生产（第Ⅰ部类）和生产（第Ⅱ部类）之间的数量对比关系。而具体来说，整个社会生产两大部类的比例包括三个方面的内容。

（1）两大部类产品之间的交换比例或交换关系。它是第Ⅰ部类生产的为制造消费资料的生产资料同第Ⅱ部类生产的供第Ⅰ部类使用的消费资料之间的比例关系，即第Ⅰ部类的供给同第Ⅱ部类的需求以及第Ⅱ部类的供给同第Ⅰ部类的需求之间的比例。在不同的条件下，这一比例涉及社会产品的不同组成部分，因而形成了简单再生产和扩大再生产的不同的实现条件，即形成两大部类产品的交换比例的不同内容。

（2）两大部类产品生产比例。这一比例既可以用Ⅰ（第Ⅰ部类产品产量）∶Ⅱ（第Ⅱ部类产品产量）或者Ⅱ∶Ⅰ来表示，也可以用Ⅰ（或Ⅱ）/（Ⅰ＋Ⅱ）来表示。前者表示的是一个部类是另一个部类的倍数，后者表示的是各部类产品在整个中的比重。这一比例变化的时间序列，反映了整个社会生产发展的进程和趋势。

（3）两大部类产品增长速度的比例。这是两大部类的动态比例。它以两大部类的现有比例为基础，是决定两大部类未来比例的条件。从各个年份来看，这一比例的变化呈现出复杂的情况，可以大于1、等于1、小于1，即生产资料生产的增长既可以快于，也可以慢于消费资料生产的增长，还可能二者增长速度相等。

要使社会再生产顺利进行，就必须使两大部类产品在生产与分配使用之间保持一定的比例，这里不仅是指两大部类产品在实物形态上要顺利地实现交换，而且在价值形态上也要能得到补偿。但这个原理在实际应用中，遇到困难最大的是，有关两大部类总量及结构数据难以得到。而利用投入产出表，则可以较好地克服这个困难，即能够较精确地计算出整个社会产品中，两大部类产品各自的总量及其价值构成。

2. 分析农业、轻工业、重工业的比例关系

农业、轻工业、重工业是实际中的组织生产部门，一般认为，农业和轻工业生产的主要是消费品，重工业生产的主要是生产资料，所以它们之间的比例是两大部类比例的具体化，

首先，通过投入产出表（前表）则不仅可以分析农业、轻工业、重工业的内部结构，而且可以计算出这三个部门产品的分配使用情况，借以了解它们产品满足各种社会需要的状况，以及农产品、轻工业品、重工业品组成两大部类产品的情况。其次，利用投入产出表所提供的直接消耗系数与完全消耗系数，可以了解农、轻、重部门的内在联系。再次，可以使农、轻、重比例具体化，进一步分析组成这三个部门的各细分部门之间的相互联系。一般实际的投入产出表的部门分类更加细致，这一点是完全能够做到的；最后，可以利用投入产出模型来探索反映农、轻、重比例是否协调的数量标志。

这样不仅可以了解三个部门各自的具体部门构成，而且可以计算出这三个部门产品的

价值构成，从社会再生产的角度来研究分析它们之间的内在必然联系，比较全面地认识三部门的比例关系。

3. 分析积累与消费的比例关系

利用投入产出模型，能够直接了解到构成积累和消费的物质内容。一般投入产出表的分类较细，可以清楚地了解到一定生产结构下，积累和消费究竟是由那些部门的产品来提供的。这样就能在积累安排与所需各类生产资料供应、消费资料需求与消费资料供给之间建立平衡。

4. 分析各部门之间的比例关系

利用投入产出表所提供的数据，可以更好地分析各部门之间的比例关系。

首先，通过计算直接消耗系数和完全消耗系数，可以较深入地了解每一个部门与其他部门之间的内在联系和相互依存关系。特别是通过完全消耗系数，可以揭示出部门之间的种种间接联系，因为有的部门之间只有很小的直接联系，却有很重要的间接联系。

其次，通过投入产出表中第一部分内各物资消耗（中间产品）的数量进行分析，可以了解各部门在生产中的相互依赖程度，并由此判断它们在国民经济中的地位和作用。

（二）各部门产品价格的形成和各种产品价格之间相互影响的分析

在已知直接消耗系数矩阵、劳动消耗系数和社会纯收入列向量的条件下，就可以计算出各部门产品的价格，从而得出各部门产品价格的形成。实际中各部门产品之间存在着错综复杂的联系，显然某一部门或某些部门的产品价格变动，必然会使其他部门产品的生产成本发生变化，从而引起其价格的变化。产品提价而带来的连锁反应是非常复杂的。例如煤炭提价将使钢、电等产品的成本提高，于是造成了钢、电等产品的提价；钢和电的提价又会使机械设备、采煤设备提价；这些产品提价反过来又促使煤提价，由此产生了一系列相互影响。传统的分析方法只能计算出煤炭提价的直接影响，很难计算出煤炭提价所产生的间接影响，采用投入产出分析就能清楚地计算出这一系列影响对有关部门产生的后果。

（三）国民经济的宏观效果的分析

借助于投入产出表中的数据计算，可以分析国民收入与物资消耗的比例，从而明确如何以较少的物资消耗而带来更多的国民收入；可以计算最终产品与物资消耗的比重，从而明确在一定物资消耗下所能形成的国民收入最终使用为多少；还可分析社会总产品与社会总成本的比例，或者分析国民收入与劳动报酬的比例，明确单位物资消耗与劳动报酬所带来的社会产品或者所创造的国民收入；同时还可以分析消费数量与劳动报酬的比例，或者分析消费数量与社会总成本的比例，得出社会生产在满足社会需要方面的经济效果。

## 二、在制定国民经济计划中的应用

投入产出表的一个显著特点是能够为宏观经济分析提供许多重要的参数，能较好地从局部与全局的角度，建立起整个社会生产、分配、消费各环节的平衡，以及社会产品在物质形态与价值形态方面的平衡，因此，利用投入产出法来制定国民经济计划是一种重要的方法之一。

（一）为从社会最终产品出发制定国民经济计划，提供了一种科学的方法

投入产出表提供了一个从最终产品出发来确定国民经济各部门生产总量的数学模型

$X=(I-A)^{-1}Y$。这就在思路上和一定程度上解决了制定国家计划的具体方法问题。同时，还可以利用投入产出模型，在计划目的和现实生产力可能之间进行反复的计算以达到现实的综合平衡。

可以根据计划期人口的增长情况、人们消费水平提高的数量和结构，确定计划期所需要达到的消费总量（预测人口增长、新增劳动力，消费总量和结构的预测，有关宏观政策的影响等）；据计划期生产的增长情况确定投资（积累）总量；确定计划期的直接消耗系数；计算计划期各部门的总产量。

（二）是加强国民经济综合平衡的重要工具

利用投入产出模型，可以检验国民经济计划中各部门之间的协调情况，以及社会生产与社会需要之间的平衡关系。如果已知各部门计划期的生产总量，或有了各部门生产发展的大致设想，就可以根据投入产出表提供的数据，计算出计划期全社会生产总量、计划期所能提供的最终产品数量、积累与消费的具体数量，由此作出各方面的平衡分析。

一般来说，在大型项目建设过程中需要在一定时期内，消耗各种产品，从而造成对各部门生产的影响。一般可将其建设过程中对各种产品的消耗，简单地看成是这些产品部门的最终产品的增加。同时在项目建设中，因要随之建设的一些附属项目，如港口、道路等，而这些建设又要消耗各种产品，从而也引起各部门产量的变化。在实际计算时，可将这些附属项目建设中的消耗也作为最终产品的增加，并利用上面的同样模型来计算。另外大型项目建成投产后也会使某些产品生产增加。利用投入产出表，便可以进行某些国民经济大型项目（工程）建设与整个国民经济发展之间的平衡分析。

（三）反映了国民经济社会再生产各环节的内在联系

投入产出模型反映了国民经济各部门的技术经济联系和社会再生产各环节间的内在联系。因此，一些与经济政策有关的变量，如价格、工资、税收、投资、消费、外贸进出口等作为已知的控制变量时，运用投入产出模型就能够模拟实施有关的经济政策可能带来的后果和影响，为制定可行性政策提供咨询信息。

随着投入产出技术的不断发展，投入产出表的应用不断向新的领域扩展，为研究社会经济问题提供了广阔的空间。如：环境分析用投入产出表的诞生，不仅可以分析环境状况，还可以提供治理环境污染的有效办法，减轻经济发展所带来的环境污染。投入产出表的应用还可扩展到社会经济可持续发展、世界经济一体化和全要素生产率等领域。

### 三、投入产出模型应用案例

公共租赁住房（以下简称“公租房”）是指由国家提供政策支持、限定建设标准和租金水平，面向符合规定条件的城镇中等偏下收入住房困难家庭、新进就业无房职工和在城镇稳定就业的外来务工人员出租的保障性住房。2010 年 9 月，上海制定并实施了《本市发展公共租赁住房的实施意见》，明确上海发展公租房的基本思路为：政府提供政策支持、专业机构采用市场机制运营，根据基本居住要求限定住房面积及条件向规定对象供应。经十年建设与发展，上海公租房供应水平已有较为明显提升，初步统计截至 2018 年 12 月底，上海市投入运营的公租房约 35 886 套（不包含定向用于廉租实物配租的公租房），其中市筹公租房项目 10 个，房源约 18 140 套；区筹公租房项目 147 个，房源约 22 613 套（具体如表 7-3 和表 7-4 所示）。

**表 7-3　市筹公租房供应情况**

| 区 | 项目名称 | 住房总数/套 | 已入住数/套 | 平均入住率 |
|---|---|---|---|---|
| 杨浦区 | 新江湾尚景园 | 2 201 | 2 094 | 95.13% |
| 普陀区 | 馨越公寓 | 4 042 | 3 075 | 76.07% |
| 闵行区 | 上海乐贤居(海尚晶苑) | 1 561 | 1 174 | 75.20% |
| 闵行区 | 上海晶城晶华坊 | 1 680 | 1 617 | 96.25% |
| 徐汇区 | 华泾馨宁公寓 | 1 568 | 933 | 59.50% |
| 徐汇区 | 南站噪声治理收购房 | 818 | 236 | 28.85% |
| 徐汇区 | 馨逸公寓 | 2 222 | 1 749 | 78.71% |
| 浦东新区 | 临港产业区"先租后售"公共租赁住房一期(自有房源) | 866 | 714 | 82.44% |
| 浦东新区 | 临港产业区"先租后售"公共租赁住房二期(自有房源) | 1 360 | 426 | 31.32% |
| 浦东新区 | 耀华滨江公寓 | 1 822 | 941 | 51.64% |
| 小计 | | 18 140 | 12 959 | 71.43% |

**表 7-4　区筹公租房供应情况**

| 区 | 项目数 | 住房总数/套 | 已入住数/套 | 平均入住率 |
|---|---|---|---|---|
| 浦东新区 | 25 | 5 216 | 4 732 | 90.72% |
| 黄浦区 | 22 | 1 216 | 875 | 71.95% |
| 徐汇区 | 2 | 212 | 205 | 96.69% |
| 静安区 | 10 | 808 | 751 | 92.94% |
| 长宁区 | 9 | 1 638 | 1 563 | 95.42% |
| 普陀区 | 7 | 1 786 | 1 670 | 93.50% |
| 虹口区 | 8 | 1 233 | 969 | 78.58% |
| 杨浦区 | 4 | 1 524 | 1 264 | 82.93% |
| 宝山区 | 5 | 1 876 | 990 | 52.77% |
| 嘉定区 | 3 | 967 | 965 | 99.79% |
| 闵行区 | 13 | 1 740 | 1 650 | 94.82% |
| 松江区 | 6 | 1 274 | 1 210 | 94.97% |
| 奉贤区 | 24 | 1 519 | 1419 | 93.41% |
| 金山区 | 1 | 99 | 96 | 96.96% |
| 青浦区 | 3 | 781 | 599 | 76.69% |
| 崇明区 | 5 | 724 | 334 | 46.13% |
| 小计 | 147 | 22 613 | 19 292 | 85.31% |

为更好研究公租房运营投入产出的平衡情况，现选取 6 个项目作为调研案例(具体如表 7-5 所示)。对 6 个案例调研与走访，详细了解其经营情况、财务情况，进行投入产出分析。

**表 7-5　调研案例基本情况**

| | | 一号案例 | 二号案例 | 三号案例 | 四号案例 | 五号案例 | 六号案例 |
|---|---|---|---|---|---|---|---|
| 规模 | 总建筑面积/平方米 | 30 752.87 | 148 624.00 | 57 690.05 | 26 435.00 | 72 957.73 | 130 630.79 |
| | 总套数/套 | 562 | 2 222 | 989 | 418 | 1 642 | 2021 |
| | 商业用房/平方米 | — | — | — | — | — | 13 941.21 |
| 房型 | 宿舍型/套 | 400 | — | — | — | 1 256 | 477 |
| | 一室户/套 | 115 | 788 | 896 | 280 | 231 | 804 |
| | 二室户/套 | 47 | 1 434 | 93 | 138 | 155 | 320 |
| | 复式套/套 | — | — | — | — | — | 420 |
| 投资/万元 | | 27 983.57 | 187 724.00 | 67 078.65 | 29 456.50 | 58 503.66 | 140 617.00 |
| 贷款/万元 | | 15 000 | 84 260 | 33 981.52 | 0 | 0 | 42 635 |
| 年收入/万元 | | 1 433.90 | 7 280.00 | 3 954.39 | 1 071.00 | 1 711.00 | 3 566.88 |
| 盈亏情况 | 近三年亏损/万元 | 29.44 | 27 585 | 149.49 | — | 1 489.68 | 195 |
| | 近三年盈利/万元 | — | — | — | 291.00 | — | — |

据前期调研结果可知，各公租房项目经营水平与目标要求不同，财务处理方式不同，各公租房项目投入产出平衡结果出现较大差异。此外，各公租房项目上级管理部门对公租房经济考核指标存在许多差异，向公租房项目提供贷款的金融机构、测评公租房投入产出平衡的标准也各有千秋。对同一项目，不同部门与机构的经济评价结果完全不同。这种情况即影响了公租房建设运营机构管理水平的提升，也影响公租房项目可持续发展目标的实现。故而需建立一个科学、合理的公租房投入产出平衡基本评价模型及指标体系。

投入产出平衡涉及指标较多，据前期调研实际案例情况看，目前影响公租房运营盈亏的主要因素为折旧年限、租金水平、出租率、贷款比例等。为科学合理界定相关指标，现分析如下。

(1) 平衡模型主要指标测算分析。

折旧年限。公租房属于固定资产，折旧年限与可持续运营期限有关。一般而言，钢混结构房屋存续寿命约为 60 年，在此寿命期内可展开经营活动。此外据国家财务会计处理规定，公租房折旧年限不能低于 20 年，故折旧年限设定为 50 年。

租金水平。公租房不同于市场租赁房，具有社会保障功能，在租金水平方面大部分公租房按同等市场租金水平 9 折收取租金。

出租率。实际运营中，部分房屋存在维修情况，故需保留周转房源。100%出租率难以实现，一般出租率应保持不低于 90%。

贷款比例。贷款占总投资的比例是影响盈亏平衡的重要因素。同时需考虑营收现金支付贷款利息与本金能力。据目前各公租房运营公司情况，贷款比例不宜超过建设总投资的 50%。

残值率。根据原会计核算准则与目前公租房运营机构实际情况，残值率设定为 5%。

(2) 投入产出平衡基本评价模型指标体系。

公租房只租不售，属于长期持有的住房固定资产，影响其投入产出平衡的因素较多，主要为租金水平、出租率、租金收缴率、租金以外的其他收入、建设用地费用、工程建设管理费用、折旧年限、贷款、财务费用、运营管理费用、残值率、日常维修费用与大修费用等。结合公租房项目全生命周期涉及的各个经济要素，构建公租房投入产出平衡基本评价模型的指标体系如表 7-6 所示。

**表 7-6　投入产出平衡基本评价模型指标体系**

| 序号 | 指标 | 含义及指标量 |
|---|---|---|
| 1 | 租金水平 | 公租房不是市场租赁房，租金水平为周边同等类型房屋市场租金的 8.5～9 折 |
| 2 | 出租率 | 考虑房屋周转情况，出租率不低于 90%设定 |
| 3 | 租金收缴率 | 从多数公租房机构实施情况看，租金收缴率可以达到约 98% |
| 4 | 租金以外其他收入 | 住房租金收入是公租房收入主要来源如果有商业等配套设施，则存在商业用房出租收入，同时还有部分停车位收入 |
| 5 | 建设用地费用 | 主要反映公租房土地取得成本情况，是固定成本，对自有资金要求高。过高土地成本会影响投资回报期 |
| 6 | 工程建设管理费用 | 包含建安成本与建设管理成本。此费用一般为建设用地费用的 1～1.5 倍之间 |
| 7 | 折旧年限 | 折旧年限直接影响成本分摊。最新企业所得税法规定，房屋、建筑物等固定资产计提折旧的最低摊销年限为 20 年。从公租房实际运营生命周期看，取 50 年较为合适 |
| 8 | 贷款占总投资比重 | 据央行与银保监会的风险管控要求，一般情况下贷款比例在 50%内，贷款期限在 15 年内 |
| 9 | 财务费用占总收入比重 | 财务费用主要是贷款利息的支出，对于一般公租房项目，利息支出不宜超出总收入的 50% |
| 10 | 运营管理费用占总收入比重 | 管理费用主要为经租管理费、物业费用和管理人员费用等。按成本管理要求与实际可行条件，管理费用应控制在年租金收入的 3%～5%以内 |
| 11 | 残值率 | 新税法不再对固定资产残值率作出硬性规定，将固定资产残值率的确定权交给企业，但强调要根据企业生产经营情况及固定资产的性质与使用情况，合理确定固定资产的预计净残值。目前可按 5%设定 |
| 12 | 日常维修费用 | 主要集中在房屋内部装修与房屋设施日常维修。可按预提分摊，一般宜控制在年租金收入的 1%以内 |
| 13 | 大修费用 | 主要针对房屋共用部分。产生大修费用的时间一般为房屋交付使用 25 年后 |

根据以上公租房投入产出基本评价模型及指标体系，选取两个案例进行实证分析，测算在基本评价模型指标体系下，公共租赁住房项目是否可以达到投入产出平衡。具体如表 7-7 和表 7-8 所示。考虑模型的基础性与简便性，均采用静态分析模式，不考虑资金贴现及通货膨胀影响。

**表 7-7　实证分析测算表**

| 序号 | 科目 | 总值/万元 | 单位面积值/(元/m²) | 备注 |
|---|---|---|---|---|
| 1 | 年租金收入 | 1 812.97 | 55.70 | 出租率 90%，月租金 55.70 元，相当于市场租金 9 折，租金收缴率为 98% |
| 2 | 其他收入 | 68.34 | 22.22 | |

表 7-7（续）

| 序号 | 科目 | 总值/万元 | 单位面积值/(元/m²) | 备注 |
| --- | --- | --- | --- | --- |
| 3 | 建设用地费用 | 12 849.00 | 4 178.15 | |
| 4 | 工程建设管理费用 | 15 134.57 | 4 921.35 | |
| 5 | 贷款 | 13 991.79 | 4 549.75 | 占总投资比例的 50% |
| 6 | 利息总额 | 10 493.84 | 3 412.31 | 年利率 5.0%，贷款 15 年 |
| 7 | 年分摊利息额 | 209.88 | 68.25 | 按 50 年分摊 |
| 8 | 运营管理费用 | 90.65 | 29.48 | 占年租金收入 5% |
| 9 | 日常维修费用 | 18.13 | 5.90 | 占年租金收入 1% |
| 10 | 大修费用 | 55.97 | 18.20 | 占工程建设管理费用的 10%，25 年分摊 |
| 11 | 残值额 | 1 399.18 | 454.97 | 残值率 5% |
| 12 | 年折旧额 | 531.69 | 172.89 | 折旧年限 50 年 |
| 13 | 损益 | 975.00 | 317.04 | |
| 14 | 回报率 | 3.67% | | |
| 15 | 初试投资回收期 | 12.90 | | 初试投资为总投资额的 50%，扣除贷款 50%，单位为年；总面积：30 752.87 m²；总套数：562 套 |

注：1. 年租金收入＝月租金×总面积×0.9×0.98×12 月；
2. 利息总额＝贷款资金×年利率×15 年；
3. 年分摊利息额＝利息总额/50 年；
4. 残值额＝(建设用地费用＋工程建设管理费用)×5%；
5. 年折旧额＝(建设用地费用＋工程建设管理费用－残值额)/50 年；
6. 损益＝年总收入－年分摊利息额－运营管理费用－日常维修费用－大修费用－年折旧额；
7. 回报率＝损益/(建设用地费用＋工程建设管理费用－残值额)；
8. 初始投资回收期＝(建设用地费用＋工程建设管理费用－残值额－贷款资金)/损益。

**表 7-8　实证分析测算表**

| 序号 | 科目 | 总值/万元 | 单位面积值/(元/m²) | 备注 |
| --- | --- | --- | --- | --- |
| 1 | 年租金收入 | 1 777.77 | 63.54 | 出租率 90%，月租金 63.54 元，相当于市场租金 9 折，租金收缴率 98% |
| 2 | 其他收入 | 0.00 | 0.00 | |
| 3 | 建设用地费用 | 10 394.21 | 3 931.99 | |
| 4 | 工程建设管理费用 | 19 062.29 | 7 211.00 | |
| 5 | 运用管理费用 | 88.89 | 33.63 | 占年租金收入 5% |
| 6 | 日常维修费用 | 17.78 | 6.73 | 占年租金收入 1% |
| 7 | 大修费用 | 76.25 | 28.84 | 占工程建设管理费用 10%，25 年分摊 |
| 8 | 残值额 | 1 472.83 | 557.15 | 残值率 5% |
| 9 | 年折旧额 | 559.67 | 211.72 | 折旧年限 50 年 |
| 10 | 损益 | 1 035.18 | 391.60 | |
| 11 | 回报率 | 3.70% | | |

表 7-8（续）

| 序号 | 科目 | 总值/万元 | 单位面积值/(元/$m^2$) | 备注 |
|---|---|---|---|---|
| 12 | 初始投资回收期 | 27.00 | | 初始投资为总投资额，无贷款，单位为年；总面积为 26 435.00 $m^2$；总套数：418 |

注：1. 年租金收入＝月租金×总面积×0.9×0.98×12 月；

2. 利息总额＝贷款资金×年利率×15 年；

3. 年分摊利息额＝利息总额/50 年；

4. 残值额＝(建设用地费用＋工程建设管理费用)×5%；

5. 年折旧额＝(建设用地费用＋工程建设管理费用－残值额)/50 年；

6. 损益＝年总收入－年分摊利息额－运营管理费用－日常维修费用－大修费用－年折旧额；

7. 回报率＝损益/(建设用地费用＋工程建设管理费用－残值额)；

8. 初始投资回收期＝(建设用地费用＋工程建设管理费用－残值额－贷款资金)/损益。

总体而言，上海公租房项目运营较好，可以争取实现保本微利预期，达到可持续发展目的。

## 本章小结

本章向读者介绍了投入产出表的产生、发展、基本原理、结构及其应用。投入产出分析是围绕着投入产出表展开，是以某个国家/行业/地区的最终产品为经济活动目标，研究各种经济体系（例如企业、公司、部门经济、地区经济、国民经济）中，各个组成部分间的投入和产出之间相互依存关系的一种数量分析方法。该方法自 1936 年被列昂惕夫提出以来，在世界各国经济发展、经济结构及其演化等多方面起到了重要作用。

## 本章习题

1. 如何理解投入产出法的概念？
2. 投入产出法的基本内容包括哪些？
3. 简述投入产出法在我国发展的两个阶段。
4. 投入产出法的理论基础主要有哪些？
5. 如何理解社会产品的概念？

# 第八章 系统决策分析

**【前导案例】**

## 共享单车的兴衰

共享单车是移动互联网和共享经济结合的典型代表，2016 年 11 月，已经有多家共享单车企业诞生并且都获得了大量的风险投资。共享单车使用所需支付的价格低廉，一般为 1 元/h。早期，共享单车的盈利模式主要是靠收取 99～299 元不等的押金，这一盈利模式在出现信用授权免押金后会走向终结。

2018 年，共享单车在中国各大城市集中投放量超过 2 000 万辆，而全国每天共享单车的使用量在 1 000 万人次左右，导致在许多大城市的闹市区已车多为患，令市民不堪其扰，成为城市生活的“痛点问题”。一方面，共享单车企业在入市时为抢占市场投入大量资金，但并未分析用户的需求及市场的饱和度，导致其营业收入完全无法弥补其成本，企业逐步走向衰败。另一方面，前期共享单车企业的主要盈利模式是通过用户缴纳押金，形成巨大的现金池，共享单车企业拿到押金之后进行资本运作；许多企业将用户的押金累积起来用作企业的流动资金，这样企业就可以循环运转而不愁资金链断裂。但若是企业经营不善，用户的押金将付诸东流。2018 年，随着免押金共享单车的出现，人们会更偏好选择免押金形式的共享单车，导致许多靠押金营利的企业出现资金链断裂而退出市场，并在退出时无力退还用户押金。

由于共享单车企业在创立之初对市场考察不全面、盲目投放单车、采取押金营利等错误决策，免押金方式使共享单车企业走向衰亡。因此，企业在决策前应收集相关信息，合理评估决策风险，制定相应的风险应对措施；并应用冲突分析模型进行决策分析，从而最大限度地利用信息对难以定量的现实问题进行分析。

**【学习目标】**

☆ 了解系统决策的基本概念和类型；
☆ 掌握风险型问题的决策分析方法；
☆ 掌握效用曲线的应用；
☆ 理解冲突分析的主要特征、一般过程、五大基本要素；
☆ 掌握冲突分析建模原理、一般方法及分析步骤；
☆ 深入理解和运用冲突分析过程中所蕴含的丰富信息。

# 第一节 管理决策概述

## 一、基本概念

《三国演义》中火烧上方谷——"谋事在人，成事在天，不可强也"，表明决策是管理的重要职能，它是决策者对系统方案所做决定的过程和结果，决策是决策者的行为和职责。

决策者的决策活动需要系统分析人员的决策支持。系统分析人员着重于"谋"，领导者着重于"断"。管理决策分析就是为帮助决策者在多变的环境条件下进行正确决策而提供的一套推理方法、逻辑步骤和具体技术，及利用这些方法技术规范地选择满意的行动方案的过程。决策分析是在系统规划、设计和制造等阶段为解决可能发生的问题，在若干可选方案中选择和决定最佳方案的一种分析过程，这一过程大致上可以归纳成四个活动阶段，即问题分析、诊断及信息活动；对目标、准则及方案的设计活动；对非劣备选方案进行综合分析、比较、评价的抉择或选择活动；将决策结果付诸实施并进行有效评估、反馈、跟踪、学习的执行或实施活动。

按照美国经济学家赫伯特·西蒙(Herbert Simon)的观点，"管理就是决策"。从本课程已有内容来看，决策是系统工程工作的目的，系统分析实质上就是决策分析。因此，决策分析是一种规范的"断"的技术，决策分析的一般过程也即管理系统分析的过程。决策过程也就是对决策对象进行分析和决策活动进行设计的过程。科学化是对管理决策的集中要求，而规范化、民主化和系统化又是实现科学决策的重要基础和管理决策及决策分析的基本原则。

## 二、决策分析框架

一般地，决策分析需要按照如图 8-1 所示的框架图进行。以下逐步简述各步骤的含义和主要工作。

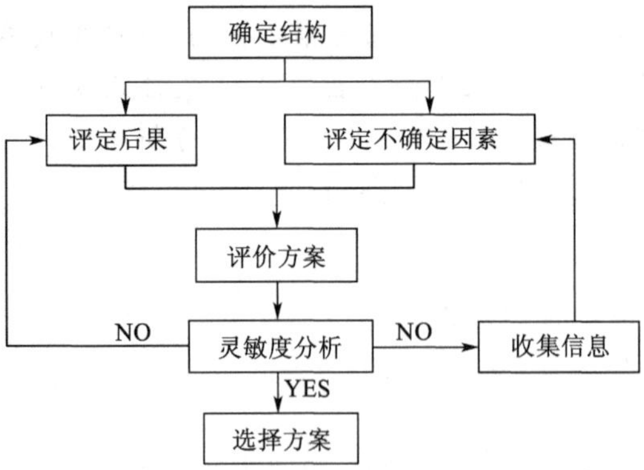


图 8-1 决策分析框架图

上述决策分析框架包括以下七个环节。

(1) 确定决策模型结构：确定决策过程的阶段、相应的环境信息、各阶段的状态和备选方案以及他们间的层次结构关系。

(2) 评定后果：估计备选方案在不同环境状态下所付出的代价和取得的收益后果值。

(3) 评定不确定因素：估计未来环境中各种状态出现的概率。

(4) 评价方案：按估计的后果和概率计算备选方案的效益(效用)指标，取效益(效用)最大者为最优方案。

(5) 灵敏度分析：由于后果值和概率的主观性和不确定性，确定决策模型中参数的变化范围。

(6) 收集信息：对灵敏度高的参数需收集更多信息进行研究，但考虑信息价值问题。

(7) 选择方案。

## 三、决策问题的基本模式和常见类型

$$W_{ij}=f(A_i,\theta_j)\quad i=1,\cdots,m;j=1,\cdots,n$$

式中　$A_i$——决策者的第 $i$ 种策略或第 i 种方案，属于决策变量，是决策者的可控因素；

$\theta_j$——决策者和决策对象(决策问题)所处的第 $j$ 种环境条件或第 $j$ 种自然状态，属于状态变量，是决策者不可控制的因素；

$W_{ij}$——决策者在第 $j$ 种状态下选择第 $i$ 种方案的结果，是决策问题的价值函数值，一般叫损益值、效用值。

根据决策问题的基本模式，可划分决策问题的类型，其结果如图 8-2 所示。其中依照决策者和决策对象 $\theta_j$ 的不同所得到的四种类型是最基本和最常见的划分。多目标决策及群体决策等在管理决策中也具有重要意义。

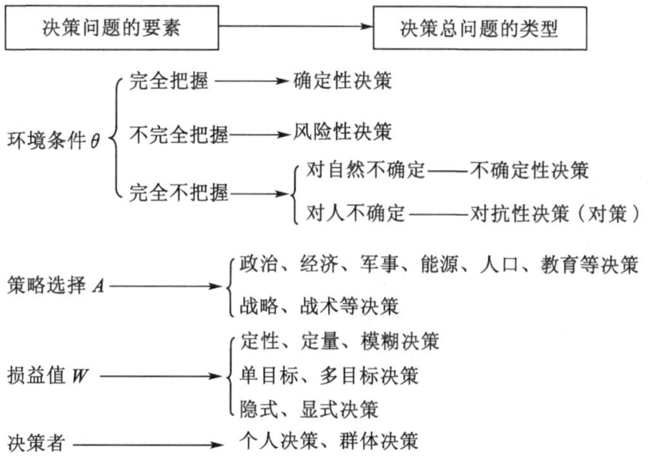


图 8-2　决策问题类型划分示意图

## 四、几类基本决策问题的分析

以下分别介绍确定型决策、风险型决策、不确定型决策、对抗型决策、多目标决策问题的分析方法。

### (一) 确定型决策

所谓确定型决策，就是决策者对某一系统问题的各种因素以及采取行动后产生的结果均能确切了解而进行的决策过程。确定型决策的问题和方法很多，比如，线性规划问题，损益平衡分析(量、本、利分析)问题，以及项目施工中，企业内部的力量分配问题等。在工程经济分析中，我们也常常要用到确定型决策方法。严格地说，确定型问题只是优化计算问题，而不属于真正的管理决策分析问题。大部分确定型决策的方法可通过系统评价、层次分析法等以及运筹学、技术经济学等相关课程中有详细介绍，此处不再赘述。

构成确定型决策的条件：

(1) 存在决策者希望达到的明确目标(收益大或损失小等)。

(2) 存在确定的自然状态。

(3) 存在着可供选择的两个以上的行动方案。

(4) 不同行动方案在确定状态下的损益值可以计算出来。

(二) 风险型决策

一个系统包含着两类因素：可控因素和不可控因素。在系统分析中，对不可控因素只能进行某种程度的估计。根据这种估计做出的决策，必然存在着某些不可靠性——这就是风险。

风险型决策问题是一般决策分析的主要内容。风险型决策问题的决策方法，一般有两种：期望值、决策树法。在期望值和决策树方法的基础上，应注意把握完全信息的价值及其分析和决策者的效用价价值观念等问题，这些因素有时候对决策者做出何种决策具有重要影响。

构成风险型决策问题的条件：

(1) 存在决策者希望达到的明确目标(收益大或损失小等)[同确定型]。

(2) 存在两个以上不以决策者主观意志为转移的自然状态，但决策者或分析人员根据过去的经验和科学理论等可预先估算出自然状态的概率值 $P(\theta_j)$。

(3) 存在着可供选择的两个以上的行动方案[同确定型]。

(4) 不同行动方案在确定状态下的损益值可以计算出来[同确定型]。

(三) 不确定型决策

构成不确定型决策问题的条件：

(1) 存在决策者希望达到的明确目标(收益大或损失小等)[同确定型]。

(2) 自然状态不确定，且其出现的概率不可知。

(3) 存在着可供选择的两个以上的行动方案[同确定型]。

(4) 不同行动方案在确定状态下的损益值可以计算出来[同确定型]。

决策方法：乐观法(即最大最大原则)、悲观法(即最小最大原则)、等概率法、后悔值法(即 Savage 准则或最大最小后悔值原则)。

对于不确定型决策分析问题，若采用不同求解方法，则所得的结果也会有所不同，因为这些决策方法是各自从不同的决策准则出发来选择最优方案的。而具体采用何种方法，又视决策者的态度或效用观而定，在理论上还不能证明哪种方法是最为合适的。

(四) 对抗型决策

$$W_{ij}=f(A_i,B_j),\quad i=1,\cdots,m;j=1,\cdots,n$$

式中 $A$——决策者的策略集；

$B$——竞争对手的策略集。

可采用对策论(Game Theory，GT，也称博弈论)及其冲突分析(Conflict Analysis，CA)

等方法来分析解决。这类决策分析问题是当前管理、经济界比较关注的问题。

（五）多目标决策

由于系统工程所研究的大规模复杂系统问题一般具有属性及目标多样的特点。在管理决策时通常要考虑多个目标，且它们在很多情况下又是相互消长或矛盾的，这就使得多目标决策分析在管理决策分析中具有了日益重要的作用。多目标决策的理论、方法与应用，在国际上是最近五六十年才得到蓬勃发展的，目前分析该类决策问题的方法已有不少，常用方法如有化多目标为单目标的方法（含系统评价中的加权和及各种确定目标权重的方法）、重排次序法、目标规划法（GP）及层次分析法（AHP）等。

## 第二节　风险型决策分析

在实际的系统管理中所遇到的决策分析问题，对于各种自然状态可能出现的信息一无所知的情况是极为少见的。通常根据过去的统计资料和积累的工作经验，或通过一定的调查研究所获得的信息，总可以对各种自然状况的概率做出估算。这种在事前估算和确定的概率叫作“主观”概率。因此，在实际工作中需要进行决策分析的问题大多数是属于风险型决策分析问题。

### 一、风险型决策分析的基本方法

（一）期望值法

期望值是指概率论中随机变量的数学期望。这里，把所采取的行动方案看成是离散的随机变量，则 $m$ 个方案就有 $m$ 个离散随机变量，离散变量所取之值就是行动方案相对应的损益值。由于离散随机变量 $X$ 的数学期望为：

$$E(X)=\sum_{i=1}^{m}P_iX_i \tag{8-1}$$

式中　$X_i$——随机离散变量 $X$ 的第 $i$ 个取值，$i=1,2,\cdots,m$；

$P_i$——$X=X_i$ 时的概率。

期望值法就是利用上述公式算出每个行动方案的益损期望值并加以比较。若采用决策目标（准则）是期望收益最大，则选择收益期望值最大的行动方案为最优方案；反之，若决策目标是期望费用最小，则采用费用期望值最小的方案为最优方案。

**例 8-1**　某石油公司在某区块的一项钻井工程中，决策是否打钻。有关资料如表 8-1 所示。

**表 8-1　例 8-1 的损益值表**　　单位：万元

| 状态 | 出油<br>（0.6） | 干井（不出油）<br>（0.4） | 期望损益值<br>$F_i$ |
|---|---|---|---|
| 打钻（A） | 5 000 | －2 000 | 2 200 |
| 外包（B） | 500 | 0 | 300 |
| 直接放弃（C） | －50 | －50 | －50 |

**解**:(1) 根据表 8-1 所列各种自然状态的概率和不同行动方案的损益值,可用公式 $E(X)=\sum_{i=1}^{m}P_iX_i$ 算出每种行动方案的益损期望值分别为:

方案 A:$E$(A)=0.6×5 000+0.4×(−2 000)=2 200(万元)。

方案 B:$E$(B)=0.6×500+0.4×0=300(万元)。

方案 C:$E$(C)=0.6×(−500)+0.4×(−50)=−50(万元)。

(2) 通过计算并比较可知,方案 A 的数学期望 $E$(A)=2 200(万元)为最大,所以选择 A 为最优方案,也就是应该选择打钻。

### (二) 决策树法

所谓决策树法,就是利用树形图模型来描述决策分析问题,并直接在决策树图上进行决策分析。实际上决策树法就是将决策方案和有关数据用一种树状图形描述出来,然后从树的末梢逐步往前推算期望值,并逐段剪枝,做出方案取舍。该方法的本质是期望值比较的图算过程。其决策目标(准则)可以是益损期望值或经过变换的其他指标值。现以例 8-2 为例介绍决策树法。

**例 8-2** 某石油公司欲对一海域的石油勘探项目进行决策。他们的考虑是"投标"和"不投标"。若投标后中标,还要考虑是根据已有资料马上打钻,还是进一步作地震勘探工作,而打钻后有可能发现大油田,也有可能发现是个小油田,也有可能是干井。若是干井,或者放弃,或者再打第二口井。

该公司进行投标的花费估计为 300 万元,中标概率为 0.8;打一口井的费用为 100 万元:在此海域进行地震勘探的费用为 200 万元,地震后有构造的概率为 0.5。各有关概率和相应的损益值如表 8-2 所示。

**表 8-2 例 8-2 的损益值表**　　单位:万元

| 状态 | 马上打钻 A | | 地震勘探后打钻 B | | 损益值 |
|---|---|---|---|---|---|
| | 打第一口井 $A_1$ | 打第二口井 $A_2$ | 打第一口井 $B_2$ | 打第二口井 $B_2$ | |
| 发现大油田 | 0.05 | 0.075 | 0.15 | 0.20 | 4 000 |
| 发现小油田 | 0.05 | 0.075 | 0.15 | 0.20 | 1 500 |
| 干井(不出油) | 0.9 | 0.85 | 0.7 | 0.60 | 0 |

**解**:(1) 绘制决策树。

按表 8-2 所示各种行动方案和自然状态数及其相应的损益值和主观概率等信息,由左至右顺序画出决策树图,如图 8-3 所示,图中各节点的名称及含义如下。

□——决策节点,从它引出的分枝叫作方案分枝。分枝数量与行动方案数量相同。如上例有三个行动方案,则图 8-3 所示有三个方案分枝。决策节点表明,从它引出的行动方案需要进行分析和决策。

○——状态节点,从它引出的分枝叫作状态分枝或概率分枝,在每一分枝上注明自然状态名称及概率。状态分枝数量与自然状态数量相同。

△——结果节点,即将不同行动方案在不同自然状态下的结果(如损益值)注明在结果节点的右端。

（2）计算各行动方案的益损期望值，并将计算结果标注在相应的状态节点上。如图 8-3 所示，各树枝末端标注即为各个方案的损益期望值。

（3）将计算所得的各行动方案的益损期望值加以比较，选择其中最大的期望值并标注在决策节点上方，如图 8-3 所示。然后，在其余的方案分枝上画上"//"符号，表明这些方案已被舍弃。

分析结果：应首先作出"投标"的决策。并且在中标后进行"地震勘探"，如地震后发现构造，再作出决策"打钻"，如第一口井为干井，则再打第二口井，争取发现油田，取得较好的经济效果。

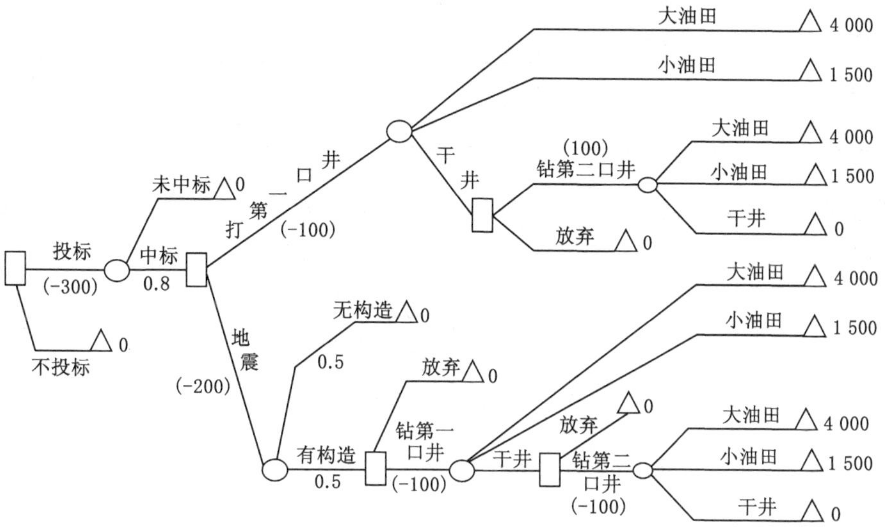


图 8-3　例 8-2 的决策分析过程及结果

（三）多级决策树

从例 8-1 可知，如果只需作一次决策，其分析求解即告完成，则这种决策分析问题叫作单级决策。反之，有些决策问题需要经过多次决策才告完成，则这种决策问题叫作多级决策问题。应用决策树法进行多级决策分析叫作多级决策树。

**例 8-3**　某化妆品公司生产某种护肤产品。由于现有生产工艺比较落后，产品质量不易保证且成本较高，销路受到影响。在产品价格保持现有水平时无利可图，当产品价格下降时还要亏本，只是在产品价格上涨时才稍有盈利。

为此，公司决定要对该产品生产工艺进行改进，提出两种方案以供选择：一是从国外引进一条自动化程度较高的生产线；二是自行设计一条有一定水平的生产线。根据公司以往引进和自行设计的工作经验显示，引进生产线投资较大，但产品质量好且成本较低，年产量大，引进技术的成功率为 80%。而自行设计生产线，投资相对较小，产品质量也有保证，成本也较低，年产量也大，但自行设计的成功率只有 60%。进一步考虑到无论是引进或自行设计生产线，产量都能增加。因此，公司生产部门又制定了两个生产方案：一是产量与过去相同（保持不变），二是产量增加，为此又需要进行决策。最后，若引进或自行设计均不成功，公司只得仍采用原有生产工艺继续生产，产量自然保持不变。公司打算该护肤化妆品生产 5 年。根据以往价格统计资料和市场预测信息，该类产品在今后 5 年内价格下跌的概率为 0.1，保持原价的概率为 0.5，而涨价的概率为 0.4。通过估算，可得各种方案在不同价格状态下的损益值如表 8-3 所示。

**表 8-3　例 8-3 的损益值表**　　单位：万元

| 状态 | | 跌价 | 原价 | 涨价 |
|---|---|---|---|---|
| | | 0.1 | 0.5 | 0.4 |
| 按原有工艺生产 | | −100 | 0 | 125 |
| 引进生产线 $A_1$（成功率 0.8） | 产量不变 $B_1$ | −250 | 80 | 200 |
| | 产量增加 $B_2$ | −400 | 100 | 300 |
| 自行设计生产线 $A_2$（成功率 0.6） | 产量不变 $B_1$ | −250 | 0 | 250 |
| | 产量增加 $B_2$ | −350 | −250 | 650 |

根据上述可知，例 8-3 是一个二级决策分析问题，今用多级决策树进行分析，其过程和结果如图 8-4 所示。

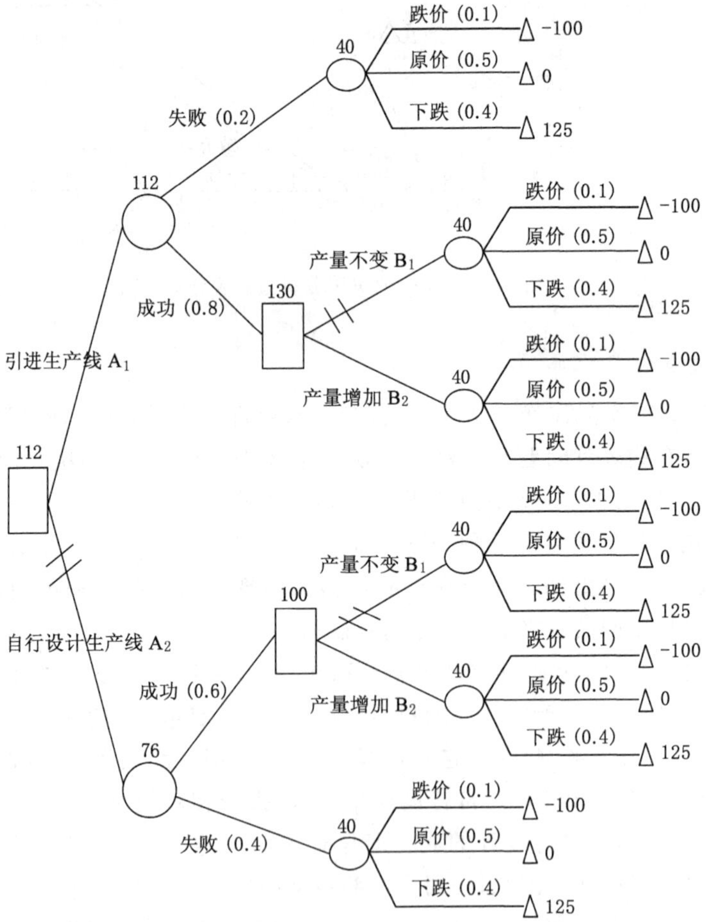


图 8-4　例 8-2 的多级决策树及分析计算

## 二、信息的价值

信息和决策的关系十分密切。不言而喻，要获得正确的决策，在很大程度上必须依赖足够和可靠的信息，但是为取得这些信息所花费的代价也相当可观。从而就提出了这样一个问题，即是否值得花费一定数量的代价去获得必需的信息以供决策之需呢？为此就出现了如何评价信息价值的问题。另外，信息不对称情况下的决策是对抗型决策中的重要问题。

决策所需的信息一般可以分为两类。一类是完全信息，即据此可以得到完全肯定的自然状态信息，这样就有助于正确的决策，从而使决策结果能获得较大的收益，但为获得完全信息的代价也相当可观，而且在现实中和在多数情况下，要获得这种完全信息也较为困难或根本不可能做到。另一类是抽样信息，这是一类不完全可靠的信息。通过抽样所获得的信息，用统计方法来推断自然状态出现的概率，据此来选择行动方案。抽样信息虽不十分可靠，但为获得此类信息的代价也较小，且在实际中和在多数情况下，也只可能获得这类信息以供决策之需。

下面分别通过举例来介绍如何分析完全信息和抽样信息的价值问题。

### （一）完全信息的价值

在风险型决策问题中，如果通过各种方法，在事先获得一些完全确定的信息，也就是能完全确定一些嘉奖发生的事件，称为获得不完全信息；当能够事先获得所有确定的信息，称为获得完全信息。考虑到计算上的困难，一般我们只考虑在风险决策中获得完全信息的情形。在获得完全信息下的决策树称为完全信息决策树。可以得到肯定的自然状态的信息称为完全信息。但是为了获得信息，尤其是可靠信息，所花费用有时候时相当可观的，这就出现了如何评价信息价值的问题。

完全信息的价值＝补充完全信息的收益期望值－无补充信息的最大收益期望值

＝最小机会损失期望值

下面通过举例说明完全信息的决策和如何评价完全信息的价值。

**例 8-4** 某厂生产的机器中装有一电子元件，该电子元件属于批量生产，每批为 800 件。经长期装配经验表明，在人工装配中有以下五个等级（即五种状态）的次品率，每种状态的概率如表 8-4 所示。

**表 8-4 次品率概率分布表**

| 状态（次品率） | $S_1(0.02)$ | $S_2(0.05)$ | $S_3(0.10)$ | $S_4(0.15)$ | $S_5(0.20)$ |
|---|---|---|---|---|---|
| 概率 | 0.40 | 0.30 | 0.15 | 0.10 | 0.05 |

若在机器整机调试时，发现有装上次品的元件时应予以更换，每件更换费用为 1.50 元，然而也可以在装配前将电子元件委托另一车间进行调整，经过调整后能使每批电子元件都能达到 2％的次品率（是人工装配中最低的次品率），但调整一批电子元件需要增加费用 56 元。对是否增加调整工序进行决策分析。

通过计算可以将方案费用数据列表，如表 8-5 所示。

**表 8-5　例 8-4 的损益值表**　　单位:元

| 方案(次品率) | $S_1$(0.02) | $S_2$(0.05) | $S_3$(0.10) | $S_4$(0.15) | $S_5$(0.20) |
|---|---|---|---|---|---|
| 概率 | 0.40 | 0.30 | 0.15 | 0.10 | 0.05 |
| 调整($A_1$) | 80 | 80 | 80 | 80 | 80 |
| 不调整($A_2$) | 24 | 60 | 120 | 180 | 240 |

表 8-5 中,调整方案 $A_1$ 的有关数据计算如下：

因增加调整工序,则费用增加 56 元,另外还有 2%的次品更换费用 $1\,200\times0.02=24$(元),则总计为 $56+24=80$(元)。

因增加调整工序后每批元件次品率都达到了最低水平,故费用都相同。

不调整方案 $A_2$ 的有关数据计算如下:$800\times S\times1.5=1\,200S$。

若 $S=S_1$,则 $1\,200\times S=1\,200\times0.02=24$(元)。

若 $S=S_4$,则 $1\,200\times S=1\,200\times0.15=180$(元)。

其他值同理。

在没有新的信息取得的情况下,各方案的费用期望值向量为：

$$\mathrm{EMV}(S,A)=P(S)\cdot C(S,A)$$

$$=(0.4\quad 0.30\quad 0.15\quad 0.10\quad 0.05)\cdot\begin{bmatrix}80 & 24\\80 & 60\\80 & 120\\80 & 180\\80 & 240\end{bmatrix}=(80\quad 75.6)$$

采取费用期望值最小的方案,$A_2$ 为最优方案,即采用不调整的方案。如果在机器装配前,对所有电子元件先进行检验。通过检验可完全掌握电子元件次品出现的状态。结合表 8-4 所示的费用可知,当某批电子元件处于状态 $S_1$ 或 $S_2$ 时,采用 $A_2$ 方案(不调整);否则,则采取 $A_1$ 方案(调整)。由此可计算出完全信息下的费用期望值为 51.6 元,其决策树可用图 8-5 表示。

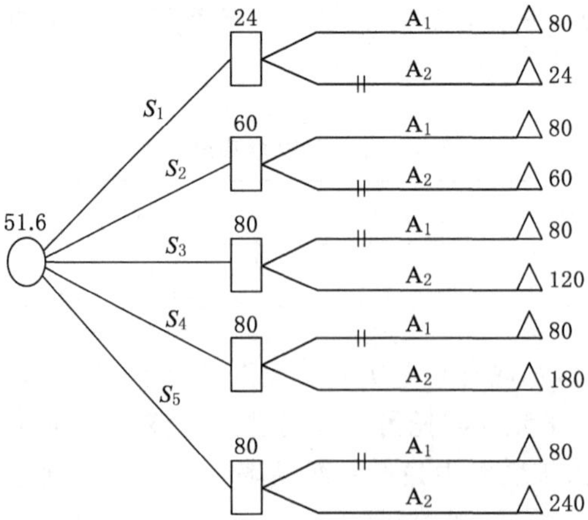


图 8-5　例 8-3 完全信息价值的多级决策树

由上述可以得出完全信息的期望价值为 75.6－51.6＝24(元)。为获得完全信息所需代价,不应大于完全信息的价值,本例中,电子元件装配前的检验所需费用不应大于 24 元。

(二) 抽样信息的价值

**例 8-5**　某家电公司由于原产品结构已陈旧落后,产品质量差而销路不广。为满足广大消费者日益增长的需要,公司拟对产品结构进行改革,制定了两种设计方案。① 全新设计方案($A_1$),即产品结构全部重新设计;② 改型设计方案($A_2$),即在原有产品结构基础上加以改进。

如采用全新设计方案,由于结构全部重新设计。原有许多工艺装备都不能继续利用,需重新添置,故投资费用较大。但由于结构新型且工艺先进,故可提高产品质量和生产率,如产品销路好,则工厂可获较大收益;反之,如销路差,则因开工不足,投资未能及早回收,公司亏损也大。又如采用改型设计方案,则原有工艺装备基本上都可利用,故投资费用少,因此无论销路好或销路坏,都能获得一定收益而不致亏损。公司根据以往统计资料可得销路好的概率为 0.35,销路差的概率为 0.65,计划将该产品生产 5 年,其损益值可以估算如表 8-6 所示。

**表 8-6　例 8-5 的损益值表**　　单位:万元

| 方案 | 销路好(01) | 销路差(02) |
|---|---|---|
| | 0.35 | 0.65 |
| 全新设计 $A_1$ | 45 | －22.5 |
| 改型设计 $A_2$ | 18 | 4.5 |

公司为了进一步确定采用哪种设计方案,要对产品销路问题专门做一调查和预测。但由于影响销路好或差的因素颇为复杂,因此依靠调查和预测所得信息并不完全正确可靠,销路好或差的信息只有在销售过程中才能真正得到可靠的结论。故预测所得信息只是抽样信息。根据以往经验,得出销路好结论的信息其可靠程度只有 80%,而得出销路差结论的信息,其可靠程度只有 70%。为了决定这种预测是否值得去做,必须通过计算和分析才能知道。综上所述,上例实为一多级决策分析问题。据此,可先画出多级决策树,如图 8-6 所示。

现将决策分析计算中有关模型的符号予以说明。

设:$G$——表示产品销路;$B$——表示产品销路差;$f_g$——预测结果为产品销路好这一事件;$f_b$——预测结果为产品销路差这一事件。

则　$P(G)$——产品销路好的概率,已知 $P(G)=0.35$;

$P(B)$——产品销路差的概率,已知 $P(B)=0.65$;

$P(f_g/G)$——产品销路好,而预测结果销路也好的概率,据题意可知:$P(f_g/G)=0.8$;

$P(f_b/G)$——产品销路好,而预测结果销路也差的概率为:$1-P(f_b/G)=1-0.8=0.2$;

$P(f_b/B)$——产品销路差，而预测结果销路也差的概率，据题意可知：$P(f_b/B)=0.7$；

$P(f_g/B)$——产品销路差，但预测结果却好的概率为：$1-P(f_b/B)=1-0.7=0.3$。

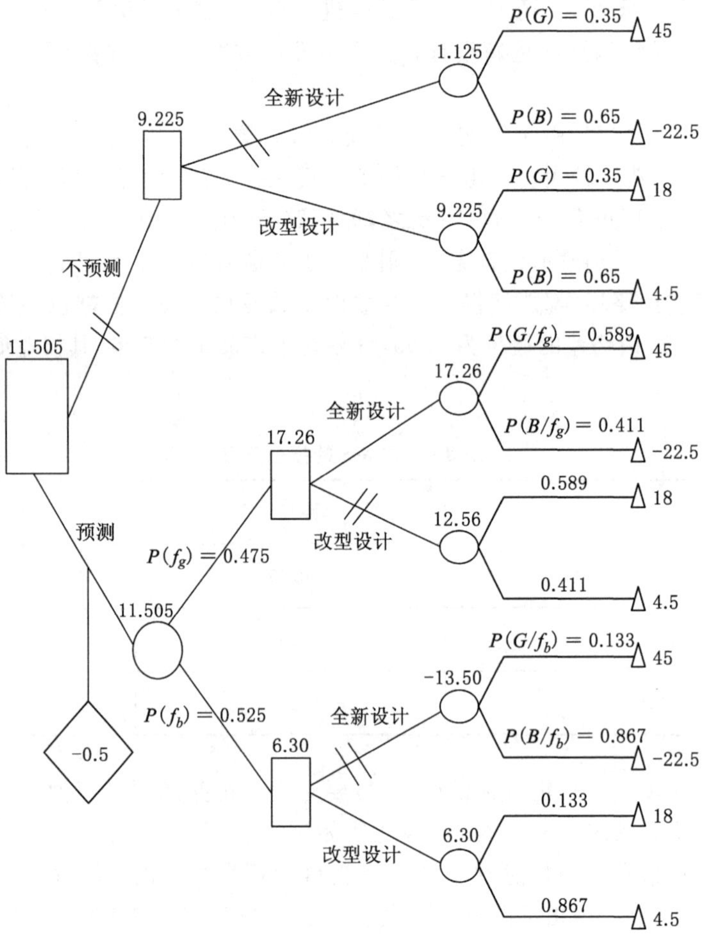


图 8-6　例 8-4 的多级决策树及分析

根据全概率公式，可求得如下概率；

$P(f_g)$——预测结果为销路好的概率之和，其值为：

$$P(f_g)=P(f_g/G)P(G)+P(f_g/B)P(B)=0.8\times0.35+0.3\times0.65=0.475$$

$P(f_b)$——预测结果为销路差的概率之和，其值为：

$$P(f_b)=P(f_b/B)P(B)+P(f_b/G)P(G)=0.7\times0.65+0.2\times0.35=0.525$$

又根据贝叶斯(Bayes)公式，可计算有关的条件概率如下：

$P(G/f_g)$——预测结果认为产品销路好，而产品销路确实是好的概率，其计算公式及数值为：

$$P(G/f_g)=P(f_g/G)P(G)/P(f_g)=0.8\times0.35/0.475=0.589$$

$P(B/f_g)$——预测结果认为销路好，但产品销路实际却差的概率，其值为：

$$P(B/f_g)=P(f_g/B)P(B)/P(f_g)=0.3\times0.65/0.475=0.411$$

同理可求得：$P(G/f_b)=0.133$，$P(B/f_b)=0.867$

把上述已知和计算所得的概率值标注在决策树的相应分枝上（图 8-8），这样就可以对各行动方案的期望值进行计算，再通过比较即可决定方案的取舍。

由图 8-8 可知，抽样信息的收益期望值为：11.505－9.225＝2.28（万元）。今若预测费用是 0.5 万元，小于抽样信息所获得的收益期望值，因此对产品销路进行预测的方案是可取的。

### 三、效用曲线的应用

#### （一）效用值问题的提出

从以上风险型决策分析的求解中可知，各种决策都以益损期望值的大小作为在风险情况下选择最优方案的准则。所谓“期望值”如前所述，是在相同条件下通过大量试验所得的平均值。一方面，在实际工作中，如果同样的决策分析问题只做一次或少数几次的话，则用益损期望值作为决策的准则就不尽合理。另一方面，在决策分析中还需要反映决策者对决策问题的主观意图和倾向，反映决策者对决策结果的满意程度等。而决策者所持有的主观意图和倾向又往往随着各种错综复杂的主观或客观因素所变化。在这种情况下，用货币形式出现的期望值是无法反映这些客观或主观影响因素的，应用货币期望值作为决策准则会碰到两个棘手的问题：

第一，后果的多样性。每种行动方案都会带来多种后果，有的或者大多数可以用货币值衡量，但有的却不能。例如，一个工厂要拨款改善职工的生活设施，目的是为了提高职工工作积极性，增强职工内聚力等。不管后果是如何多种多样，规范化的决策分析技术要求统一的衡量准则，以便推理判断，排出优先顺序。因此，需要建立一种适用于货币单位和非货币单位以至定性后果指标的决策准则。

第二，决策者的价值观。西蒙在其《行政管理学》一书中讨论了事实与价值的区别问题。指出事实命题是关于现实世界的描述，价值命题则是陈述人的偏好。科学命题都是事实命题，事实命题存在“是非问题”，可以用实证办法证明其是真是假，即证明所描述的情况是否和现实世界符合。

而价值命题难以用科学方法去处理，不能用客观事实证明其是或非，因为它反映了人的主观偏好。系统工程中，系统决策是由决策者做出的，所以决策技术需要一种能反映决策者价值观念的准则。因此，除了适合用益损期望值作为决策准则的情况外，有必要利用一些能反映上述主、客观因素的指标，作为决策时衡量行动方案优劣的准则。

效用值（Utility Value）就是为了处理上述问题而建立起来的一种概念。事实上，早在 18 世纪，瑞士数学家克莱姆（Cramer）和伯努利（Bernoulli）两位学者就提出了财富的效用值概念，认为财产的效用值将随财富的增加而增加，但增加的幅度递减。效用值理论已成为决策理论和决策分析的基础。通过效用函数及其效用曲线所确定效用值就是一种有效的准则或尺度。效用实质上反映了决策者对风险所抱的态度。

#### （二）效用曲线的类型

对于相同的损益货币值，不同决策者的反应不一定相同。例如大企业领导人和小企业领导人由于他们资金金额不同，对待同样数量的盈亏会抱不同的态度。由于小企业资金不多,对小额盈亏会很重视;而大企业资金雄厚,就不会看重小额盈亏,因此不同的决策者对风险的态度往往是不相同的,而这种对风险的态度又反映在了效用曲线上。效用曲线在理论上有四种类型,如图 8-7 所示。

1. 保守型曲线

图 8-7 中的曲线 $A$,其效用函数具有减速递增的性质,称保守型效用曲线。它反映了一种随着损益的增多而效用也递增,但递增的速度越来越缓慢的情形。这样的决策者对于损失特别敏感,而对大量收益,其吸引力却不是很大,所以该类曲线反映了决策者对待风险的态度是厌恶,他谨小慎微,他会极力避免风险。

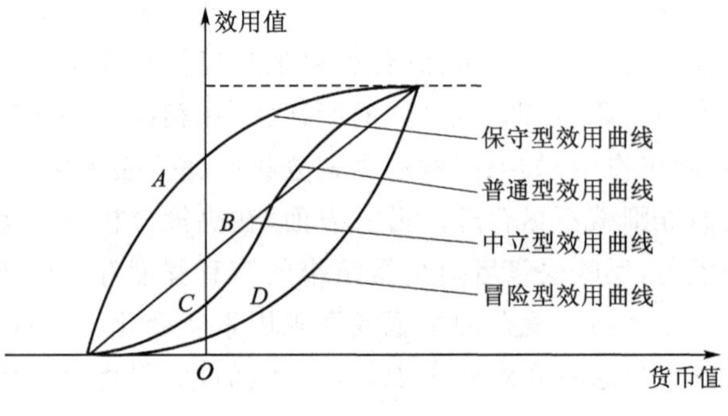


图 8-7 效用曲线的四种类型

2. 冒险型曲线

图 8-7 中的曲线 $D$,其效用函数具有加速递增的性质,也称为进取型效用曲线。它反映了一种随着损益的增多而效用也递增,且递增的速度呈现越来越快的情形。这样的决策者专注于获取大的收益而不关心亏损,所以该类曲线反映了决策者对经营风险的态度是追求的,他企图谋取大利,能够勇于承担风险。

3. 中立型曲线

图 8-7 中的曲线 $B$,其效用函数是线性函数。该类决策者认为,不必对决策的某项后果特别关注而谨慎从事。这样的决策者对待风险的态度是中性的。由于效用函数呈线性关系,因此效用期望值最大的方案,也必定是收益期望值最大的方案。因此,对这类决策者不必去寻求效用函数,而可以直接利用货币期望值作为评价和选择方案的标准。

4. 普通型曲线

图 8-7 中的曲线 $C$,从微分角度看,它是一条有拐点的曲线,这类决策者有一定的冒险胆略,但一旦损益增至某个数量时,就会转为稳妥策略了,曲线上的拐点(对应横轴的货币值)就是决策者对待风险态度的转变点。曲线 $A$ 和曲线 $D$ 是曲线 $C$ 的特例。就一般情况而言,一个人并非一点都不敢冒险,而往往在风险不大时敢于承担风险而追求风险;一旦风险过大时就不敢承担风险而变得厌恶风险,风险态度的转变通常是决策者的财产现状点。

(三)效用分析举例

在实际工作中除决策后果造成惨重损失的小概率事件,对决策后果关系重大而危及生命的这类问题，决策者不应按损益期望值准则选择方案。此时，决策者个人的主观因素就不能不对决策过程发生重大影响，一般地，在做风险较小的决策时用损益期望值法。当决策只进行一次并含有较大风险时，往往在不同的人中间会出现分歧，实质上效用反映了决策者对于风险的态度。此时，用效用期望值法决策。所谓效用期望值，就是首先将不同货币值换成主观上的价值（效用值），然后以概率为权数求其加权平均值，即 $\sum_{j=1} P_j U(Q_j)$。

**例 8-6**　某公司有两个投资机会：一是购买无风险的政府债券，利率为 5%，该公司如用 50 000 元购买，年末可得本息 52 500 元；二是将此 50 000 元投入一项不太有把握的石油钻探计划。如果钻探计划成功了，这笔投资到年末值 75 000 元；如果不成功，投资者则需承担 25 000 元的损失。据估计，发现石油的机会为 40%，找不到油的机会为 60%。该公司应如何决策？

如从货币期望值上来考虑，两个方案的预期报酬如表 8-7 所示。应选择投资钻井计划为佳。

**表 8-7　例 8-6 的状态损益值**　　单位：元

| 状态 | 有油(0.4) | 无油(0.6) | 期望损益值 |
|---|---|---|---|
| 投资钻探计划 | 25 000 | 75 000 | 55 000 |
| 投资债券 | 52 500 | 52 500 | 52 500 |

但是该公司决策者厌恶风险，其效用曲线如图 8-8 所示。

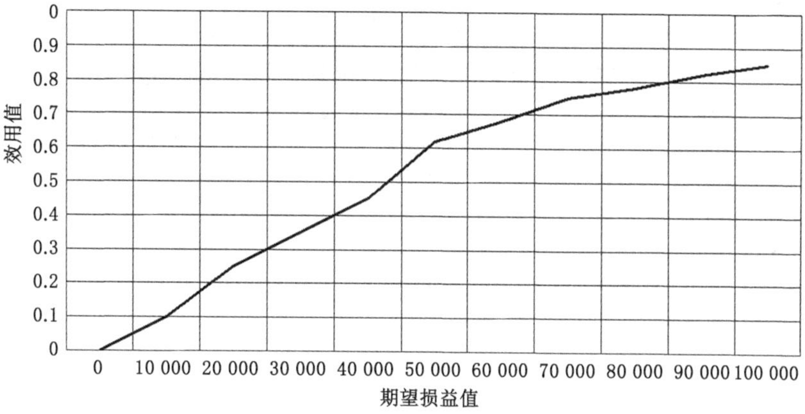


图 8-8　效用曲线

由图 8-8 可知，如果买债券，其效用大于 0.6，而投资石油钻井计划的效用期望值为 0.6，如表 8-8 所示。由于不太有把握的石油钻探计划效用期望值小于买债券的效用值，这是因为决策人是一个保守型的人物，他不愿冒太大的风险。因此，考虑了风险之后，还是决定投资于比较安全的（虽然损益期望值较小）政府债券。

**表 8-8　投资钻探计划的效用期望值**

| 状态 | 有油(0.4) | 无油(0.6) | 效用期望值 |
|---|---|---|---|
| 货币期望值 | 25 000 | 75 000 | |
| 效用值 | 0.3 | 0.8 | 0.6 |

# 第三节　冲突分析

## 一、对策论与冲突分析

冲突分析(Conflict Analysis)是国外近年来在经典对策论(Game Theory)和偏对策理论(Metagame Theory)基础上发展起来的一种对冲突行为进行正规分析(Formal Analysis)的决策分析方法，其主要特点是能最大限度地利用信息，通过对许多难以定量描述的现实问题的逻辑分析，进行冲突事态的结果预测和过程分析(预测和评估、事前分析和事后分析)，帮助决策者科学周密地思考问题。它是分析多人决策和解决多人竞争问题的有效工具之一。

对策(Game)是决策者在某种竞争场合下作出的决策，是一种人为的不确定型决策(竞争或对抗型决策)。作为一类特殊的决策问题，对策的基本模式(概念模型)如图 8-9 所示。

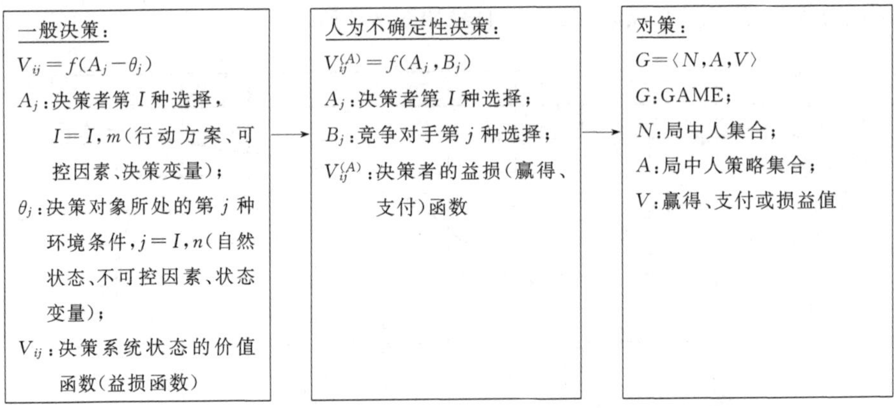


图 8-9　对抗型决策的概念模型

对策论起源于 20 世纪 20 年代初，40 年代中和 60 年代中均得到了很大发展，70 年代以来在许多方面又取得了丰硕成果。

20 世纪 70 年代初，尼克·霍华德(N. Howard)提出了一种以现实生活中最容易出现的情况为基础的对策理论——偏对策理论。其基本思想是认为在选择策略时要考虑其他局中人可能的反应，即将各局中人的策略作为一种函数，使其构成更高一级的对策，即偏对策。另外，在该理论描述中，主张用结局的优先序代替其赢得值，从而使得对策模型的可实现性大大增强。

20 世纪 80 年代，弗雷泽(Fraser)和威廉·海珀(W. Hipel)在偏对策的基础上，提出了一种研究冲突事态的方法——冲突分析方法，从而使得对策理论更加实用化。该方法的提出也迎合了近一二十年来对策化(Gaming)或通过模拟手段来研究对策问题的趋势。

冲突分析方法的主要特色是：

(1) 能最大限度地利用信息，尤其对许多难以定量分析的问题，用冲突分析解决起来更显得得心应手，因而较适于解决工程系统中考虑社会因素影响时的决策问题和社会系统中的多人决策问题。

(2) 具有严谨的数学(集合论)和逻辑学基础，是在一般对策论基础上发展起来的偏对策理论的实际应用。

(3) 冲突分析既能进行冲突事态的结果预测(事前分析)，又能进行事态的过程描述和评估(事后分析)，从而可为决策者提供多方面有价值的决策信息，并可进行政策和决策行为的分析。

(4) 分析方法在使用中几乎不需任何的数学理论和复杂的数学方法，很容易被理解和掌握。主要分析过程还可用计算机、通过人—机对话解决，因而具有很强的实用性。目前，使用较多的冲突分析软件是 CAP(Conflict Analysis Program)或 DM(Decision Maker)。

(5) 冲突分析用结局的优先序代替了效用值，并认为对结局比较判断时可无传递性，从而在实际应用中避开了经典对策论关于效用值和传递性假设等障碍。

## 二、冲突分析的程序及要素

### (一) 冲突分析的一般过程

冲突分析的一般过程或程序如图 8-10 所示。

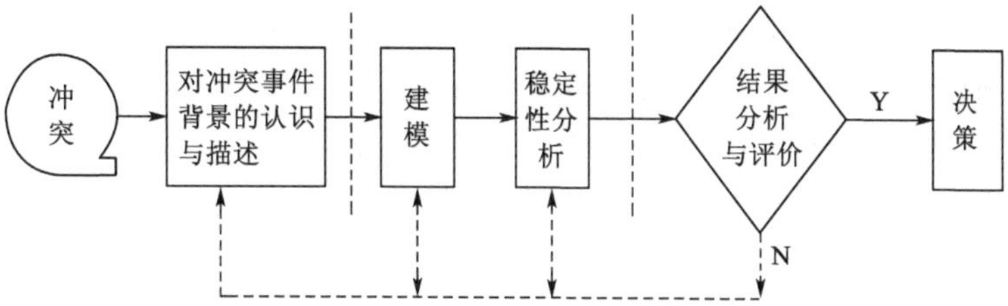


图 8-10　冲突分析过程示意图

(1) 对冲突事件背景的认识与描述以对事件有关背景材料的收集和整理为基本内容。整理和恰当的描述是分析人员的主要工作。主要包括：

① 冲突发生的原因(起因)及事件的主要发展过程。

② 争论的问题及其焦点。

③ 可能的利益和行为主体及其在事件中的地位及相互关系。

④ 有关各方参与冲突的动机、目的和基本的价值判断。

⑤ 各方在冲突事态中可能独立采取的行动。

对背景的深刻了解和恰当描述，是对复杂的冲突问题进行正规分析的基础。

(2) 冲突分析模型(建模)是在初步信息处理之后，对冲突事态进行稳定性分析用的冲突事件或冲突分析要素间相互关系及其变化情况的模拟模型，一般用表格形式比较方便。

(3) 稳定性分析是使冲突问题得以“圆满”解决的关键，其目的是求得冲突事态的平稳结局(局势)。所谓平稳局势，是指对所有局中人都可接受的局势(结果)，也即对任一局中人 $i$，更换其策略后得到新局势，而新局势的效用值(赢得)或偏好度都较原局势为小，则称原来的局势为平稳局势。因在平稳状态下，没有一个局中人愿意离开他已经选定的策略。故平稳结局亦为最优结局(最优解)。稳定性分析必须考虑有关各方的优先选择和相互制约。

(4) 结果分析与评价主要是对稳定性分析的结果(即各平稳局势)做进一步的逻辑分析和系统评价，以便向决策者提供有实用价值的决策参考信息。

(二) 冲突分析的基本要素

冲突分析的要素(也称冲突事件的要素)是使现实冲突问题模型化、分析正规化所需的基本信息，也是对冲突事件原始资料处理的结果。

1. 时间点

时间点是说明“冲突”开始发生时刻的标志；对于建模而言，则是能够得到有用信息的终点。因为冲突总是一个动态的过程，各种要素都在变化，很容易使人认识不清，因此需要确定一个瞬间时刻，使问题明朗化，但时间点不直接进入分析模型。

2. 局中人(Players)

局中人是指参与冲突的集团或个人(利益主体)，他们必须有部分或完全的独立决策权(行为主体)。冲突分析要求局中人至少有两个或两个以上。局中人集合记作 $N$，$N=n\geqslant 2$。

3. 选择或行动(Options)

选择或行动是各局中人在冲突事态中可能采取的行为动作。冲突局势正是由各方局中人各自采取某些行动而形成的。每个局中人一组行动的某种组合称为该局中人的一个策略(Strategy)。第 $i$ 个局中人的行动集合记作 $O_i$，$|O_i|=k_i$。

4. 结局(Outcomes)

各局中人冲突策略的组合共同形成冲突事态的结局。全体策略的组合(笛卡尔乘积或直积)为基本结局集合，记作 $T$，$|T| = 2\sum_{i=1}^{n} Ki$。结局是冲突分析问题的解。

5. 优先序或优先向量(Preference Vector)

各局中人按照自己的目标要求及好恶标准，对可能出现的结局(可行结局)排出优劣次序，形成各自的优先序(向量)。

## 三、冲突分析基本方法举例

1962 年，加勒比海地区发生了一场震惊世界的古巴导弹危机。它由苏联在古巴部署导弹、美国则坚持要求撤除导弹而引发。这是冷战期间美苏两大国之间最激烈的一次对抗。这次危机虽然仅仅持续了 13 天，但美苏双方在核弹按钮旁徘徊，最后以双方的妥协而告终，其中有不少值得总结、反思的经验教训①。

（一）古巴导弹危机冲突问题背景

1957 年以前，古巴在经济和政治等方面长期处于美国的控制之下，美国的许多公司在古巴的农业、旅游业等方面大量投资，当时的古巴政府十分重视美国的利益。1956 年末，中产阶级社会主义者卡斯特罗（Castro）发动了革命，于 1959 年取得政权，新政府没收了美国在古巴的所有财产，使之国有化，并紧接着与苏联建立了亲密友好的关系。古巴问题引起了美国的高度重视。

1961 年 4 月，美国军队入侵古巴邻海的 Pigs 海湾以失败告终（史称“猪湾事件”）。在这之后，美国的国际威望受到影响，而苏联则借机申明愿意向古巴提供武器（包括导弹）援助，以增强古巴对美国的防御能力。1962 年 10 月 14 日，美国空中侦察队侦察到古巴已有由苏联援建并控制的进攻性导弹基地。

在当时情况下，苏联在古巴设立导弹基地可能有如下几点考虑：① 把古巴导弹基地作为美国撤除其在土耳其和意大利导弹基地的交换条件；② 如果美对古巴采取强硬措施，世界舆论将对美极其不利，这时，苏联就可能乘“虚”进攻西柏林；③ 建立导弹基地履行了苏“保卫古巴”的诺言，有助于维护苏联在第三世界国家中的威望；④ 针对美国而在古巴设置导弹基地，是苏联在“冷战”中的一个巨大而冒险的迈进，这时如果美国举棋不定，那将会使她对其他国家的许多承诺付诸东流，有争议的柏林问题也将改变面貌；⑤ 古巴导弹基地的设置是平衡美苏核力量的有效措施。

当时，肯尼迪总统立即对 10 月中旬的发现作出反应，成立国家安全委员会的执行委员会，研究该冲突事态的情况，并且考虑如何消除来自苏联的威胁。该委员会研究的结果是美国可能采取的行动大致有：① 不采取任何进攻性行动，基本维持现状；② 在海上由美国海军设置一个封锁圈，作为防止一切有利于古巴舰只出入的禁区；③ 空袭苏联设在古巴的导弹基地。该委员会分析苏联相应可能采取的行动大致有：① 不从古巴撤回导弹基地，基本维持现状；② 撤回导弹基地；③ 加剧局势的紧张化，使事态升级，这可通过入侵西柏林、袭击美国军舰等来实现。

本冲突分析的目的在于用正规分析的方法检验美国当年所采取军事对策的合理性。

（二）对事件的综合分析

1. 对苏联向古巴部署导弹动机的分析

古巴与美国隔海相望近在咫尺。苏联将古巴作为伸向西方深处的桥头堡。在苏美冷战的大背景下，位于加勒比海美国传统势力范围内，苏联在小小的岛国古巴部署导弹将使美国感到如芒在背。苏联政府认识到古巴战略地位对美国的重要性，认识到这个问题对美国来说多么痛苦。

（1）赫鲁晓夫向古巴部署导弹动机的分析

第一，保护古巴，以防美国入侵。苏联把导弹运进古巴，是为了保卫古巴，之所以苏联

① 该问题相关资料来自：Laurence Chang，Peter Kornbluh. *The Cuban Missile Crisis*，1962：*The 40th Anniversary*. *A National Security Archive Documents Reader*，*Subsequent*，*National Security* Archive Book. MCNAMARA，The George Washington University.

要大力扶持古巴,不听任古巴挎掉,这样可以巩固古巴领导人卡斯特罗的地位,从而把古巴作为同美国进行政治交易的筹码,以增强苏联的威慑能力。苏联必须对美国在加勒比海地区的干涉进行明显而又有效的威慑。

第二,对抗美国的包围。鉴于美国当时已经没有轰炸机(远程)和导弹包围苏联,美国在土耳其、意大利和西德的导弹都对准了苏联。苏联重要的工业中心都处于核弹、战略轰炸机的直接威胁之下。因此,应该秘密的把导弹运到古巴,而且要在美国发现之前把它安装好,可供发射,从而以其人之道还治其人过身。

第三,重要的一个动因就是为了在全球恢复美苏平衡。在军备竞赛当中,肯尼迪政府在五十年代扩充其核武库,使美国在美苏核竞赛中,处于领先地位。在赫鲁晓夫看来,向古巴布置导弹显然是苏联恢复美苏军事平衡的一个千载难逢的机会。所以在古巴设置基地布置他们现有的中近程弹道导弹,那么就能够迅速而廉价地大大增加以美国为目标的导弹总数,从而使苏联打击美国的能力增加一倍。

(2) 苏联对可能发生的冲突的分析

赫鲁晓夫或许也知道可能会面临严重的军事冲突,但是思前想后觉得这场大赌博还是值得一试。在古巴秘密部署核导弹,并且力争在美国发现之前做完这项工作,这样即使美国发现并采取措施摧毁它们也不怕,只要有 1/10 导弹留下来,就能给美国以致命打击。如果发射出来,几分钟之内 800 万美国人就会丧命。苏联认为“在局限于古巴的冲突中使用低消耗的短程核武器将不会激怒针对苏联的大规模核报复”。也许美国人不会发动进攻,这样因此让苏联人有一个体面地撤退策略。

2. 对美国作出的反应的分析

(1) 美国政府作出的反应。

拉丁美洲是美国的后院。卧榻之侧岂容他人酣睡。

美国国家安全委员会执行委员会在讨论如何迫使苏联撤走导弹时,先后提出了六种方式以供选择。美国国务卿腊斯克、助理国务卿邦迪主张通过外交途径,或通过苏联外交部长葛罗米柯直接会见赫鲁晓夫,美国总统肯尼迪对此持否定态度。他认为谈判无益于问题的解决,况且苏联在古巴的导弹工程进展迅速,美国必须立即作出反应,时间紧迫不允许通过谈判来解决问题。美国参谋长联席会议主席泰勒和财政部长狄龙等主张对苏联在古巴的导弹实施“外科手术”,进行空袭加以摧毁。这种方案遭到不少人的反对,认为这是冒险的、不可靠的。人们担心在空袭中不可能全部摧毁在古巴的导弹,残留下来的苏联导弹可能对美国进行报复,它必将给美国带来巨大的损失。同时,美国实施空袭必将伤害苏联在古巴的技术人员,苏联可能会作出强烈反应,引起毁灭人类的核战争,进行空袭以摧毁苏联在古巴的导弹的方案遭到了否决。美国国防部长麦克纳马拉提出进行封锁,不让苏联继续向古巴运送进攻型武器,在对峙中迫使苏联撤出已在古巴部署的导弹。美国国家安全委员会认为,这是一个可进可退,留有回旋余地的方案。封锁成功迫使苏联撤出,避免直接冲突;封锁不果,则可考虑采取进一步措施,肯尼迪最后支持进行封锁的方案。

(2) 对封锁方案的分析。

封锁的目的在于防止继续把进攻型武器运进古巴,并且希望强迫撤走这些已经设置在那里的导弹。封锁是介于无所作为和战争的中间道路,这条道路利用了美国在当地常规力量方面的优势,同时在战略上,处于既可战又可和的有利地位。封锁是比空袭更为有限更为低调的军事行动,它给赫鲁晓夫提供了一种选择,只要苏联的船只避开,就可以避免直接的军事冲突。况且,在离美国不远的加勒比海上交锋,即使不可避免,也是对美国最有力的军事对抗。当然,封锁也有弊病,与空袭相比,封锁的最大缺点是时间问题,因为它的影响无法预料,持续多长时间无法确定。在美国方面看来,封锁是有吸引力的,它可以作为向赫鲁晓夫发出的一种明白无误的而不是突然的或者屈辱性的警告。由于封锁是相对慎重的,可以避免伤亡,可以避免进攻古巴领土,所以它比空袭更容易为其他国家所接受,使美洲国家和盟国支持美国初步采取的立场。

(3) 对美国反应的国际法角度分析。

美国在事件决策中在一定程度上考虑到了以下三个基本原则:和平解决国际争端、尊重别国主权、不用不法行为对抗不法行为。

同时,美国还在一定程度上遵守了关于对一些军事手段方法加以限制的原则,以及采取的手段应与预期的、具体和直接的军事利益成比例,禁止过分的攻击和造成过分伤害的军事手段,而只采取了相对理智的封锁手段。

(4) 对美国总统肯尼迪个性魅力的分析。

肯尼迪很可能是美国政府中最"懦弱"的一员——他根本不是"鹰"——但是他明白坚持这种立场才是正确的。很多时候,寻求和平比发动战争更需要勇气。虽然很多人认为,那根本不是勇气,而是一种危险的固执。肯尼迪认识到,无论苏联战略能力陡增两倍或三倍所带来的军事影响是什么,政治影响可能是毁灭性的。

(5) 对形势失控的假设。

如果尝试失败了,美国军队在古巴已经登陆了,那么情况又将会怎样?会发生核战争吗?这方面证据较少,不能作结论。

如果美国军队在古巴登陆,他们将遭遇比智囊团预计的四倍还要多的配备有核武器的苏联军队。苏联人很可能会不顾一切地战斗,导致无法离开古巴,最终无路可退。在某种程度上,赫鲁晓夫预测到了这些危险。他事先命令在古巴的苏联军队,没有莫斯科的明确许可,不准使用任何核武器,只有在战争已经开始而他又不能到莫斯科获取许可的情况下才可使用战术核武器。由于没有许可的行动联系和其他相关的保护措施,因此当警戒水平上升时,他加强了对下级的控制。

(三) 建模

(1) 时间点选在 1962 年 10 月,此时冲突局势已基本明朗,且有关各方(美国等)要对所可能采取的行动作出决定。

局中人:古巴导弹危机中,实际的参与者(利益主体)有三个,即美国、苏联和古巴。但古巴在此冲突事件中并没有什么和冲突有关的独立行动,不能当作是独立决策的一方。所以局中人实际上为美国(U. S.)和苏联(USSR)(含古巴)两个。

选择(行动):U. S. 为改变现状有两个可能的行动,即设封锁圈和空袭;USSR 也只有两个新的行动,即撤除和使事态升级。

(2) 结局的表达。为了分析方便,按照 Howard 的约定,结局采用二进制数组表征,分别用"1"和"0"表示某行动的"取"和"舍"——"1"表示采取某种行动,而"0"则表示不采取某种行动。

在人工分析时，将结局用一个十进制数表达比较方便，转换公式为：$q=X_0 \cdot 2^0 + X_1 \cdot 2^1 + \cdots + X_L \cdot 2^L$。

其中，$L=\sum_{i=1}^{n} K_i - 1$，$X_i = 1,0$（基本结局表中对应于第 $i+1$ 个行动行的元素）。

据此，可得到古巴导弹危机的 16（$2^{2+2}=2^4$）个基本结局，如表 8-9 所示。

值得注意的是，在这 16 个基本结局中，由于苏联的行动一般不可能是既撤除导弹基地，同时又加剧局势的紧张化（使事态逐步升级），因此，表 8-9 中最后四个结局（12～15）从逻辑上是不可行的。应该删除剩下的 12 个结局均认为是可行结局，如表 8-10 所示。不可行结局的删除是冲突分析模型化过程中的一步重要工作，后面还将做专门讨论。

**表 8-9　古巴导弹危机中的局中人、行动和基本结局**

| 局中人及行动 | | 基本结局 | | | | | | | | | | | | | | | |
|---|---|---|---|---|---|---|---|---|---|---|---|---|---|---|---|---|---|
| U. S. | 1. 空袭(A) | 0 | 1 | 0 | 1 | 0 | 1 | 0 | 1 | 0 | 1 | 0 | 1 | 0 | 1 | 0 | 1 |
| | 2. 封锁(B) | 0 | 0 | 1 | 1 | 0 | 0 | 1 | 1 | 0 | 0 | 1 | 1 | 0 | 0 | 1 | 1 |
| USSR | 3. 撤除(W) | 0 | 0 | 0 | 0 | 1 | 1 | 1 | 1 | 0 | 0 | 0 | 0 | 1 | 1 | 1 | 1 |
| | 4. 升级(E) | 0 | 0 | 0 | 0 | 0 | 0 | 0 | 0 | 1 | 1 | 1 | 1 | 1 | 1 | 1 | 1 |
| | 十进制数 | 0 | 1 | 2 | 3 | 4 | 5 | 6 | 7 | 8 | 9 | 10 | 11 | 12 | 13 | 14 | 15 |

**表 8-10　古巴导弹危机中的可行结局**

| | | | | | | | | | | | | | |
|---|---|---|---|---|---|---|---|---|---|---|---|---|---|
| U. S. | 1. 空袭(A) | 0 | 1 | 0 | 1 | 0 | 1 | 0 | 1 | 0 | 1 | 0 | 1 |
| | 2. 封锁(B) | 0 | 0 | 1 | 1 | 0 | 0 | 1 | 1 | 0 | 0 | 1 | 1 |
| USSR | 3. 撤除(W) | 0 | 0 | 0 | 0 | 1 | 1 | 1 | 1 | 0 | 0 | 0 | 0 |
| | 4. 升级(E) | 0 | 0 | 0 | 0 | 0 | 0 | 0 | 0 | 1 | 1 | 1 | 1 |
| | 十进制数 | 0 | 1 | 2 | 3 | 4 | 5 | 6 | 7 | 8 | 9 | 10 | 11 |

(3) 优先序的确定。这一步通常需要经过大量而细致的研究。在优先序（向量）中，最有利的结局排在左边，最不利的结局排在右边。经过对美苏双方的反复研究。确定出各自的优先序，如表 8-11 和表 8-12 所示，故有一定的不确定及不确切性，而这又正是确定优先序的难点和重点。

**表 8-11　美国在古巴导弹危机中的优先序（向量）**

| | | | | | | | | | | | | | | |
|---|---|---|---|---|---|---|---|---|---|---|---|---|---|---|
| U. S. | 1. 空袭(A) | 0 | 0 | 1 | 1 | 0 | 1 | 1 | 0 | 1 | 1 | 0 | 0 | 说明：美国的期望<br>① 苏联撤除导弹基地。<br>② 避免冲突升级而导致核战争等 |
| | 2. 封锁(B) | 0 | 1 | 0 | 1 | 1 | 0 | 1 | 0 | 1 | 0 | 1 | 0 | |
| USSR | 3. 撤除(W) | 1 | 1 | 1 | 1 | 0 | 0 | 0 | 0 | 0 | 0 | 0 | 0 | |
| | 4. 升级(E) | 0 | 0 | 0 | 0 | 0 | 0 | 0 | 0 | 1 | 1 | 1 | 1 | |
| | 十进制数 | 4 | 6 | 5 | 7 | 2 | 1 | 3 | 0 | 11 | 9 | 10 | 8 | |

**表 8-12　苏联美国在古巴导弹危机中的优先序(向量)**

| | | | | | | | | | | | | | | |
|---|---|---|---|---|---|---|---|---|---|---|---|---|---|---|
| U.S. | 1. 空袭(A) | 0 | 0 | 0 | 0 | 1 | 1 | 1 | 1 | 1 | 1 | 0 | 0 | 说明：苏联的期望 |
| | 2. 封锁(B) | 0 | 0 | 1 | 1 | 0 | 0 | 1 | 1 | 1 | 0 | 1 | 0 | ① 不希望冲突紧张化，即自己不愿意采取紧张化行动，不希望美空袭。 |
| USSR | 3. 撤除(W) | 0 | 1 | 1 | 0 | 1 | 0 | 1 | 0 | 0 | 0 | 0 | 0 | ② 极希望维持现状 |
| | 4. 升级(E) | 0 | 0 | 0 | 0 | 0 | 0 | 0 | 0 | 1 | 1 | 1 | 1 | |
| | 十进制数 | 0 | 4 | 6 | 2 | 5 | 1 | 7 | 3 | 11 | 9 | 10 | 8 | |

在优先序(向量)中，尽可能避免冲突紧张化而导致核战争等是双方的共同原则。在此基础上，美国力图使苏联撤除导弹基地，苏联则极希望维持现状。

(四) 稳定性分析

稳定性分析解决从所有可行结局中求得平衡结局的问题。在这个过程中，基本的事实(三个先决条件)是：① 每个局中人都将不断朝着对自己最有利的方向改变其策略；② 局中人在决定自己的选择时都会考虑到其他局中人可能的反应及对本人的影响；③ 平衡结局必须是能被所有局中人都接受的结局。

1. 确定单方面改进(UI)

假定某一局中人不改变其策略，而另一局中人单方面改变其策略使自己的处境更好则形成单方面改进(Unilateral Improvement，UI)，即对于局中人 A 而言，考虑结局 $q$，如果 A 可以通过改变自己的策略使 $q$ 变到 $q'$，且 $q'$ 优于 $q$，则称对于 A，$q$ 存在单方面改进 $q'$，记作 UI(A)。

$q \overset{A}{----} q'$，且 $q' > q(A)$，则有 $q'$ 是 A 的单方面改进，记为 $q'$——UI(A)。

单方面改进 UI 是稳定性分析的基础状态，对 UI 的分析是稳定性分析的第一步。每个可行结局的 UI 均列在优先序号与之对应的结局 q 的下面，并按照优先程度的高低从上到下依次排列，如表 8-12 所示。

2. 确定基本的个体稳定状态

以 UI 为基础，可得到三种基本的个体稳定状态。

(1) 合理性稳定(Rational Stable)结局：对于局中人 A 而言，考虑结局 $q$，如果不存在单方面改进，即无 UI，则称对于 A，$q$ 是合理稳定结局，记作 $r$。也就是在局中人 B 不改变其策略时，对于局中人 A，结局 $q$ 是最优的。

(2) 连续处罚性稳定(Sequentially Sanctioned Stable)结局：对于局中人 A，考虑结局 $q$，如果存在 UI 结局 $q'$，而结局 $q'$对于局中人 B，也存在 UI 结局 $q''$，但结局 $q''$对于局中人 A 不比 $q$ 更优，则称结局 $q$ 的 UI 结局 $q'$存在着一个连续性处罚。

对于局中人 A 的结局 $q$ 的全部 UI 结局都存在连续性处罚，则称对于局中人 A，结局 $q$ 为连续处罚性稳定结局，记作 s。

$q \overset{A}{----} q' \overset{B}{----} q''$，而 $q'' \not> q(A)$，则 $q$---$s(A)$。

(3) 非稳定(Unstable)结局 u：对于局中人 A，考虑结局 $q$，如果存在 UI，但又不是 $s$，则称对于 A，$q$ 是非稳定结局，记作 $u$。有以下两种情况：

① $q \overset{A}{\dashrightarrow} q' \overset{B}{\dashrightarrow} r$；

② $q \overset{A}{\dashrightarrow} q' \overset{B}{\dashrightarrow} q''$，同时满足 $q'' \not> q(\mathrm{A})$。

三种基本的个体稳定状态分析及其结果如表 8-13 所示。需注意的是，表中对应于美国的结局 5 和 7 不是 $s$。

**表 8-13　古巴导弹危机的稳定性分析**

| 全局平稳 | | $E$ | $E$ | | | | | | | | | | |
|---|---|---|---|---|---|---|---|---|---|---|---|---|---|
| U. S. | 个体稳定 | $r$ | $s$ | $u$ | $u$ | $r$ | $u$ | $u$ | $u$ | $r$ | $u$ | $u$ | $u$ |
| | 优先序 | 4 | 6 | 5 | 7 | 2 | 1 | 3 | 0 | 11 | 9 | 10 | 8 |
| | UI | | 4 | 4 | 4 | | 2 | 2 | 2 | | 11 | 11 | 11 |
| | | | | 6 | 6 | | 1 | 1 | 1 | | | 9 | 9 |
| | | | | | 5 | | | | 3 | | | | 10 |
| USSR | 个体稳定 | $r$ | $s$ | $r$ | $u$ | $r$ | $u$ | $r$ | $u$ | $u$ | $u$ | $u$ | $u$ |
| | 优先序 | 0 | 4 | 6 | 2 | 5 | 1 | 7 | 3 | 11 | 9 | 10 | 8 |
| | UI | | 0 | | 6 | | 5 | | 7 | 7 | 5 | 6 | 0 |
| | | | | | | | | | | 3 | 1 | 2 | 4 |

3. 分析同时惩罚性稳定

同时惩罚性稳定(Simultaneously Sanctioned Stable)结局：对于局中人 A，考虑非稳定结局 $q$。如果另一局中人 B，对于结局 $q$ 也是非稳定的。那么结局 $q$ 的 UI 结局$\{a_i\}$(对于局中人 A)、$\{b_j\}$(对于局中人 B)同时 UI(合成)产生的结局$\{p_k\}$中，存在一个 $p_0$，对于局中人 A 而言，不比 A 更优，则称对于局中人 A，结局 $q$ 的 UI 结局 $a_0$ 存在一个同时性处罚。若对于局中人 A，结局 $q$ 的全部 *UI* 结局$(a_i)$都存在同时性处罚，则称对于局中人 A，结局 $q$ 为同时处罚性稳定结局，记作 $\not{u}$。

同时处罚性稳定性分析是在前面三种基本个体稳定性确定之后进行的。两个局中人(A 和 B)同时 UI 产生的结局 $p$ 的计算公式为：$p=(a+b)-q$。

说明：设初始结局 $q$ 到 $a$、$b$ 的变化量分别为 $e_A$、$e_B$，即有：

$$q+e_A=a \rightarrow e_A=a-q$$

$$q+e_B=b \rightarrow e_B=b-q\ (e_A、e_B\ 有可能为负值)$$

则因

$$p=q+e_A+e_B\ (同时变化，即变化量叠加)$$

故

$$p=q+(a-q)+(b-q)=(a+b)-q$$

据此，古巴导弹危机稳定性分析中的同时处罚稳定性计算的中间结果如表 8-14 所示。

**表 8-14　同时处罚稳定结局中间结果**

| $q$ | 1 | 3 | 9 | 10 | 8 |
|---|---|---|---|---|---|
| $p$ | 6 | 6、5 | 7、3 | 7、3、5、1 | 2、1、3、6、5、7 |

通过比较可看出，$q=1,3,8,9,10$ 对美、苏双方皆不稳定，即均未构成同时惩罚。

结局 $p$ 的求出除采用计算法外，还可使用以下两种分析方法得到：

（1）逻辑推断法，如：

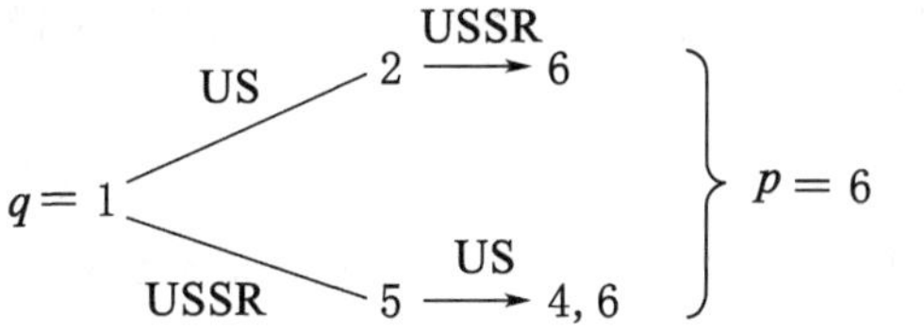


其中，“--->”为 UI，即单方面改进（善）。

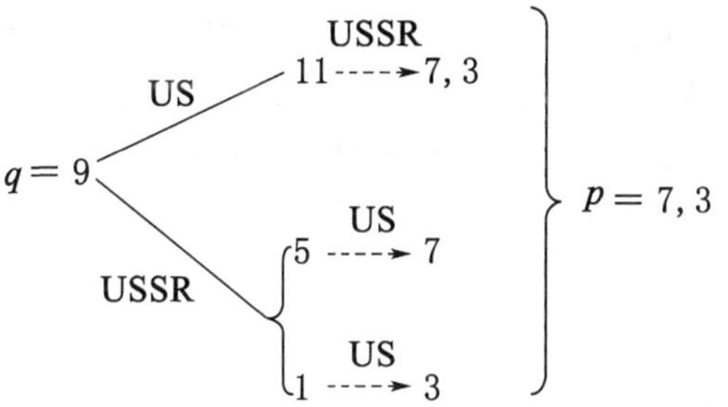


其中：“--->”为 UI（Unilateral Change），即单方面变化。

（2）结局组合法，如：

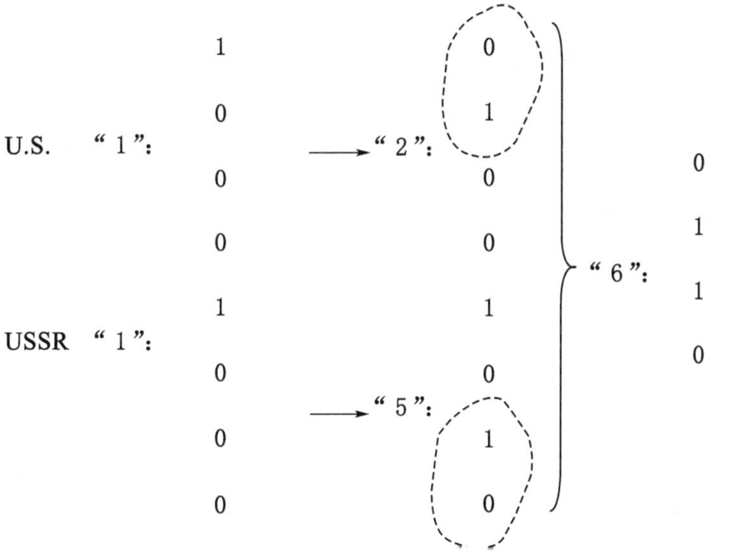


虚线所框为原结局（1 0 0 0）中改变的部分。

4．确定全局平稳结局

如果结局 $q$ 对于每个局中人都属于 $(r、s、\not{u})$，则称结局 $q$ 为全局平稳（Equilibrium）结局，记作 $E$，这是稳定性分析的结果。在古巴导弹危机中，$E=\{4,6\}$，见表 8-13。

（五）结果分析

（1）全局平稳结局有两个，即 4 和 6，到底哪一个是真正的结果呢？需进一步分析如下。

1962 年 10 月中旬，U. S. 还没有采取什么行动，USSR 既没有撤除导弹基地，也没有加剧局势的紧张化，即结局“0”的情况。由表 8-13 得知，结局“0”对于 USSR 是合理稳定的，但对于 U. S. 是非稳定的，即存在 UI，且最希望改进到结局“2”。这样，结局“2”对于 U. S. 是稳定的，但对 USSR 是非稳定的，可以 UI 到结局“6”。而结局“6”对于 U. S. 和 USSR 都是稳定的。因此古巴导弹危机的最终结果是“6”，即 U. S. 设置封锁圈，USSR 撤除导弹基地。

通过分析，可以得出整个事态发展的过程：U. S. 设置一个封锁圈（0→2），USSR 撤除导弹基地（2→6）。这个变化的过程正是当年事态发展的过程。

（2）当 USSR 撤除后，U. S. 又将封锁圈撤除，即 6→4。但在表 8-13 中，对于 U. S. 的 6→4，存在一个来自 USSR 的连续性惩罚，使得 U. S. 不能由 6→4。这正是静态分析中瞬时性和现实世界中动态性、连续性之间矛盾的体现。

（3）平稳结局“4”是否没有任何意义呢？当然不是。因为一方面，局中人的实际行动不一定和正规分析所证明的结果正好相一致。局中人双方若知己知彼，则会先下手为强，从而获得对自己更为有利的结果。如苏联人若发现 4 比 6 好，则也可以简单地撤除导弹基地而直接造成结局 4 的发生。另一方面，随着冲突事态的发展，当时的平稳结局可能由于局中人优先序的变化而变得不稳定，于是冲突局势会朝着另外的稳定结局发展。因此，所有的平稳结局迟早都有可能发生，都是有意义的。

**例 8-7** 给定如下“古巴导弹危机”（表 8-15）中局中人的优先序，请完成该冲突事态的稳定性分析。具体分析过程如表 8-16 所示。

**表 8-15 局中人的优先序**

| | | | | | | | | | | | | |
|---|---|---|---|---|---|---|---|---|---|---|---|---|
| U. S. | 4 | 6 | 5 | 7 | 2 | 1 | 3 | 0 | 11 | 9 | 10 | 8 |
| USSR | 0 | 4 | 6 | 2 | 5 | 1 | 7 | 3 | 11 | 9 | 10 | 8 |

**表 8-16 稳定性分析例表**

| | | | | | | | | | | | | |
|---|---|---|---|---|---|---|---|---|---|---|---|---|
| 全局平稳 | $E$ | $E$ | | | | | $E$ | | $E$ | | | |
| U. S. | $r$ | $s$ | $\not{u}$ | $\not{u}$ | $r$ | $u$ | $\not{u}$ | $u$ | $r$ | $u$ | $u$ | $u$ |
| | 4 | 6 | 5 | 7 | 2 | 1 | 3 | 0 | 11 | 9 | 10 | 8 |
| | | 4 | 4 | 4 | | 2 | 2 | 2 | | 11 | 11 | 11 |
| | | | 6 | 6 | | 1 | 1 | 1 | | | 9 | 9 |
| | | | | 5 | | | | 3 | | | | 10 |
| USSR | $r$ | $s$ | $r$ | $u$ | $r$ | $u$ | $r$ | $\not{u}$ | $u$ | $u$ | $u$ | $u$ |
| | 0 | 4 | 6 | 2 | 5 | 1 | 7 | 3 | 11 | 9 | 10 | 8 |
| | | 0 | | 6 | | 5 | | 7 | 7 | 5 | 6 | 0 |
| | | | | | | | | | 3 | 1 | 2 | 4 |

（六）事件对国际局势的影响

回顾性地计算危险几乎与试着预测危险一样困难：在任何复杂系统里，可能变糟的事如此之多，以致很难知道可能是什么或可能发生什么。

1. 对国际局势的直接影响

古巴导弹危机促使苏联下决心大力发展核武器，改变劣势。到20世纪60年代末，苏联就赶上了美国，在全球争夺中逐步转为攻势。

在古巴导弹危机中，军备竞赛得到了加强，竞争在一些正式的协议里被法制化，如1963年的《禁止有限核试验条约》，1968年的《不扩散条约》，1972年的《战略武器限制条约》，还有同样重要的非正式的关于双方都容忍卫星侦察的谅解备忘录。到20世纪70年代晚期，冷战变得更加激烈更加持久了，达到了超级大国水平，影响着整个"和平的"国际体系。

2. 谁在古巴导弹危机中占了上风

肯尼迪认为美国占据优势，因而警告下属和记者不要过分公开地吹嘘而使赫鲁晓夫感到羞辱。这的确是"一个伟大的胜利"，以致总统忍不住告诉国会领袖们"我们解决了人类最大的危机之一"。赫鲁晓夫也承认这点，并为和平被迫作出了一些大的让步。

然而赫鲁晓夫也认为，他们从肯尼迪那儿得到了无论是美国还是它的盟国都不准入侵古巴的保证，这是一伟大的胜利。美国侵略者的目的是摧毁古巴，苏联的目的是保存古巴。直到今天，古巴一直存在着。由此看，谁才是胜利者呢？

这种处理结果是一种美苏之间的妥协，对任何一方都不是一个鲜明的胜利；而对于第三者古巴而言，它得到了比以前认为将带给它的更多的东西。古巴也兵不血刃地达到了自己的目的。当赫鲁晓夫在次年被罢免，卡斯特罗仍在哈瓦那掌握领导权；当赫鲁晓夫这位前任苏联领导人口授他的回忆录时，卡斯特罗仍如此。导弹危机的解决为卡斯特罗执掌政权提供了极其有效的生命保障，他的生命期望值比任何人估计得都要高。

3. 古巴的无奈

在整个古巴导弹危机中古巴对美国的立场要比苏联强硬得多。卡斯特罗认为，核战争是当然的，在国家被占领或完全被占领之前，将为捍卫祖国斗争到底。古巴人坚决不同意撤出导弹，但在古巴人的强烈反对下，赫鲁晓夫依然这样做，古巴人感觉他们被忽视、被背叛了。

（七）结论及现实意义

作为国际关系史经典的案例，古巴导弹危机为我们带来哪些启示和解决国际冲突的新途径呢？

1. 古巴导弹危机留给我们的启示

(1) 正如现实主义者认为的，国际关系形势由大国所主导，小国只不过是大国间角逐的棋子。

(2) 在国际关系中谎言有助于事件隐秘性的达成，而欺骗将导致国际社会的不信任。

(3) 美苏两国在事件中都充分考虑到国际舆论的反应。两国都有效地开展了舆论战，以求得到国际社会的理解与支持。

(4) 根据贝塔朗非的"系统论"，假设把由各个国家组成的世界视为一个互相作用，互相制约的系统，则其中一个参量的变化，会引起其他参量发生变化，古巴导弹危机印证了这一点。

(5) 在不安全的状态中，一国在制定政策时不能只强调自身利益，因为要求得生存就必须与别国在政策获得共识。

(6) 塞缪尔·亨廷顿(Samuel Huntington)在“文明冲突论”(Clash of Civilization)中指出，国家利益源于国家的认同。

2. 古巴导弹危机所解决的国际冲突途径和范式

(1) 古巴导弹危机的两个主要当事国领导人在危机中采取的理智和克制态度值得国际社会各国借鉴。他们每一方都要求保持自制，避免感情用事。

(2) 古巴导弹危机历史时刻，出示证据避免大战，使当事国在危机中获得主动。

(3) 冲突中利用定量分析法使当事国占有了充分的感性材料，以求在第一时间对事件作出反应。

(4) 肯尼迪政府应用控制论使用危机决策模式. 为各国提供了新型的解决危机的有效模式。

模式的流程如下：接受一定的变量与信号⟶作出反应⟶信息反馈⟶修正目标。

面对具有严重性、时效性和突然性的事件，决策者可根据新情况，对原先作出的常规决策及时修正或补充，能较为充分地考虑到国际关系中不确定的因素，扩大了选择和可控制的范围，为外交决策提供了较大的摆动幅度。

(5) 古巴导弹危机是“谁是懦夫”零和博弈的经典案例。当时的美国拥有核优势，对古巴实行封锁，迫使苏联从古巴撤回导弹，危机随之化解。

## 四、冲突分析的一般方法

### (一) 冲突分析建模程序

(1) 确定时间点、局中人、行动。

(2) 用二进制数组将全部结局“表出”，得到冲突分析的基本结局，其全体为基本结局集合，记为 $T$，必要时用十进制数表示结局。

(3) 删除各种不可行结局，得到可行结局，其全体为可行结局集合，记为 $S \subseteq T$。

(4) 在可行结局中，按照对结局偏好程度的高低，从左至右排出各局中人的优先序。

(5) 建立可供稳定性分析用的表格模型。

### (二) 不可行结局的类型及其删除方法

有时对基本结局集 $T$ 中的某些结局，从逻辑推理和偏好选择等方面来看是不可能出现或采用的，这样的结局称为不可行结局，其类型如表 8-17 所示。

**表 8-17　不可行结局的类型**

| Type | 在逻辑推理上不可能形成 | 在策略的优先选择上不可能出现 | 在合作可能上不可行 | 在递阶要求上不可行 |
|---|---|---|---|---|
| 局中人自身 | 1 | 2 | | |
| 局中人相互之间 | 3 | 4 | 5 | 6 |

各类不可行结局需要从基本结局集合中予以删除。删除不可行结局的方法有：

(1) 罗列法：按次序排列出所有结局，从中删除不可行结局(一般为整块删除)，将可行结局罗列出来。这种方法只适于基本结局数较少的情况，如古巴导弹危机。

(2) 结局集相减法。

例如，考察一个共有 7 个行动的冲突问题，所有在数学上的可能结局(基本结局)可用(- - - - - - -)表示。若要删除的结局为(1 - - - - - -)，则余下的可行结局集为(0 - - - - - -)。同样，从(- - - - - - -)中删除(1 0 - - - - -) 可得(0 0 - - - - -)、(0 1 - - - - -)和(1 1 - - - - -)。由于(0 0 - - - - -)和(0 1 - - - - -)可合成为(0 - - - - - -)，故结果可用(0 - - - - - -)和(1 1 - - - - -)或用(- 1 - - - - -)和(0 0 - - - - -)表示。

从所有结局中删除一组不可行结局只需逐组删除(连减)，如下例：

**例 8-8**　古巴导弹危机不可行结局的删除。

(----)　　　　　　　　　　$(2^4=16)$

—)(--11)　　　　　　　　　$(2^2=4)$

---

(--00)(--01)(--10)

=(--0-)(--10)　　　　　　　$(2^3+2^2=12)$

**例 8-9**　从(-------)(*)中剔除(10-----)(a)、(1---1--)(b)、(---00--)(c)、(0-----0)(d)(*)

—(a)=(00-----)(01-----)(11-----)

=(0------)(11-----)

(*)—(a)—(b)=(0------)(11--0--)

(*)—(a)—(b)—(c)=(0--01--)(0--10--)

(0--11--)(11--10--)

=(0--01--)(0--1---)(11--10--)

(*)—(a)—(b)—(c)—(d)=(0--01-1)(0--1--1)(11-10--)

$(2^3+2^4+2^3=32)$

(3) 可行结局集合并法。

列出每个局中人自身的可行结局，通过策略集合的直积(笛卡尔集)将其合并，即得删除第 1、3 类不可行结局后的可行结局。

$$S=S_1\times S_2\times\cdots\times S_i\times\cdots\times S_n$$

式中　$S$——可行结局集；

　　$S_i$——第 $i$ 个局中人的可行策略集。

**例 8-10**　在古巴导弹危机中($A$——美国，$B$——苏联)

$S_A=\{(00),(01),(10),(11)\}$，$S_B=\{(00),(01),(10)\}$

$$S=S_A\times S_B=\{\underbrace{(0000),(0001),(0010),(0100),\cdots}_{12\text{个}}\}$$

(三) $n$ 人冲突中第 $i$ 个局中人稳定性分析的程序

$n$ 人冲突中第 $i$ 个局中人稳定性分析的具体程序如图 8-11 所示。

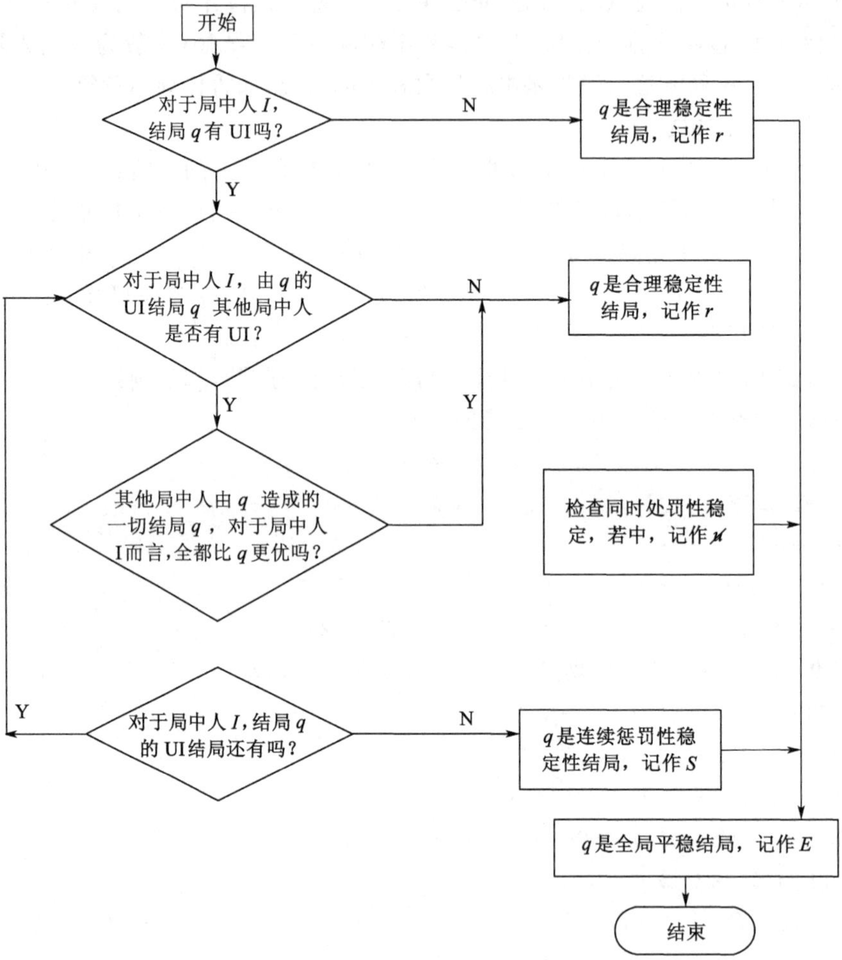


图 8-11　稳定性分析的一般程序框图

# 本 章 小 结

本章主要介绍了系统决策的相关内容。决策是一种“断”的技术，这是领导者的核心工作，系统分析人员的主要任务则是“谋”。决策即是过程，也是结果；要想迅速而正确地作出决策，离不开系统分析工作的基础。确定型决策、风险型决策、不确定型决策、对抗型决策基本可以涵盖我们所面临的决策问题。对目标决策问题，可以采用多目标规划、加权综合、层级分析法等方法进行处理。正确决策的困难之一是信息价值的判断。一般而言，完全信息比不完全信息更有助于正确决策，但需要指出的是，获取完全信息的代价可能比较高昂。正确决策的另外一个困难在于效用值的后果多样性和决策者本人的价值观问题。冲突分析方法(CA)能更为全面地分析决策者做出某项决策的条件、多方面考量以及面临的复杂情境，并且能够反映决策过程，让研究者得出更为全面的信息，并因此深化对问题本身的认识和对决策者双方利益的理解和把握。相比之下，CA 提供的信息会更加全面。

# 本章习题

1. 试述决策分析问题的类型及其相应的构成条件。

2. 管理决策分析的基本过程是怎样的?

3. 如何正确评价信息在决策分析中的作用? 完全信息和抽样信息的价值是什么?

4. 如何识别决策者的效用函数? 效用函数在决策分析中有何作用?

5. 请简述冲突分析方法的主要特点,它与对策论的关系如何?

6. 试比较冲突分析过程与系统分析一般程序的异同。

7. 对冲突事件背景的认识与描述应主要包括哪些内容?

8. 稳定性分析的基本思想是什么?

9. 你认为突分析模型是什么类型的模型? 为什么?

10. 冲突分析方法的适用条件如何? 有哪些功能?

11. 某种表公司拟生产一种低价手表,预计每块售价 10 元,有三种设计方案:方案Ⅰ需投资 10 万元,每块生产成本 5 元;方案Ⅱ需投资 16 万元,每块生产成本 4 元;方案Ⅲ需投资 25 万元,每块生产成本 3 元。估计该手表需求量有下面三种可能:

$E_1$——30 000 只,$E_2$——120 000 只,$E_3$——20 000 只。

(1) 建立损益值矩阵,分别用悲观法、乐观法、等可能法和最小后悔值法决定应采用哪种方案? 你认为哪种方法更为合理?

(2) 若已知市场需求量的概率分布为 $P(E_1)=0.15$、$P(E_2)=0.75$、$P(E_3)=0.10$,试用期望值法决定应采用哪种方案?

(3) 若有某部门愿意为该公司调查市场确切需要量,试问该公司最多愿意花费多少调查费用?

12. 某产品因工艺落后需改进,现有两种方案可采用,有关资料如表 8-18 所示。请问:

(1) 采用哪种方案较好?

(2) 具体收益是多少?

(3) 产量是否要增加?

**表 8-18　某产品改进工艺采用的两种方案**

| 自然状态 | 概率 | 工艺不改进 | 方案 A 成功概率 0.8 耗资 10 万 | | 方案 B 成功概率 0.6 耗资 5 万 | |
|---|---|---|---|---|---|---|
| | | | 产量不变 | 产量增加 | 产量不变 | 产量增加 |
| 低价 | 0.1 | −100 | −200 | −200 | −200 | −300 |
| 稠价 | 0.5 | 0 | 50 | 50 | 0 | −250 |
| 高价 | 0.4 | 150 | 150 | 250 | 200 | 600 |

13. 某厂面临如下市场形势:估计市场销路好的概率为 0.7,销路差的概率为 0.3。若进行全面设备更新,销路好时收益为 1 200 万元,销路差时亏损 150 万元。若不进行设备更新,则不论销路好坏均可稳获收益 100 万元。为避免决策的盲目性,可以先进行部分设备更

新试验，预测新的市场信息。根据市场研究知，试验结果销路好的概率是0.8，销路差的概率是0.2；又试验结果销路好实际销路也好的概率是0.85，试验结果销路差实际销路好的概率为0.10。要求：

(1) 建立决策树。

(2) 计算通过进行部分设备更新获取信息的价值。

14. 有一海上油田招标，根据地震试验资料分析估计，找到大油田的概率为0.3，开采收益为20亿元；找到中油田的概率为0.4，开采收益10亿元；找到小油田的概率为0.2，开采收益为3亿元；油田无开采价值的概率为0.1。招标规定，开采前的勘探等费用要由中标者全部负担，预期需1.2亿元，开采后中标者利润分成30%。现有A、B、C三家公司，其效用函数分别为：$U_A(M)=(M+1.2)^{0.9}-2$，$U_B(M)=(M+1.2)^{0.8}-2$，$U_C(M)=(M+1.2)^{0.7}-2$。试用效用期望值法确定各公司是否投标。

15. 某地区计划在一山谷修筑成本为500万元的水坝。为了保护水坝，需要有独立的溢洪道。为此管委会要确定是建设成本为300万元的大溢洪道还是200万元的小溢洪道。按历史资料，估计在水坝使用期间有一次或一次以上洪水发生的概率为0.25，有一次或一次以上特大洪水发生的概率为0.10，两种溢洪道在两种洪水时损坏的概率估计如表8-19所示。

**表8-19　两种溢洪在两种洪水时损坏概率估计**

| | 洪水 | | 大洪水 | |
|---|---|---|---|---|
| | 损坏 | 安全 | 损坏 | 安全 |
| 大溢洪道 | 0.05 | 0.95 | 0.10 | 0.90 |
| 小溢洪道 | 0.10 | 0.90 | 0.25 | 0.75 |

若溢洪道损坏，则水坝被破坏，其修复费用与坝的原价相同，还要承受洪水带来的其他损失。洪水时其他财产损失为100万元和300万元的概率分别是0.70和0.30；特大洪水时其他财产损失为300万元和500万元的概率分别为0.70和0.30。要求：

(1) 建立这个问题的决策树模型。

(2) 按损益值准则，什么是最优决策？

(3) 根据上述最优决策，你准备如何提醒管委会？

(4) 如果管委会表示出如下的风险意图：

① 若以0.90的概率损失7×106元，和以0.10的概率损失20×106元，则愿意支付12×106元保险费。

② 若以0.70的概率损失12×106元，和以0.30的概率损失20×106元，则愿意支付15×106元保险费。

③ 若以0.50的概率损失12×106元，和以0.50的概率损失20×106元，则愿意支付17.5×106元保险费。

现假定−7×106元的效用价值为1.0，−20×106元的效用价值为0，画出该管委会的效用曲线。

(5) 使用所得的效用曲线，按期望效用价值准则决策。

16. 给定如下"古巴导弹危机"中局中人的优先序，请完成该冲突事态的稳定性分析：

US：4 6 5 7 2 1 3 0 11 9 10 8

USSR：0 4 6 2 5 1 3 7 11 9 10 8

17. 考虑如下的 Mexican 财政冲突模型（表 8-20）。

**表 8-20　Mexican 财政冲突模型**

| 局中人 | 行动 |
|---|---|
| 世界银行 | ① 给墨西哥提供新的贷款 |
| | ② 促使美国提供更多的资金 |
| 墨西哥 | ① 从世界银行获取贷款 |
| | ② 拖欠未偿清的贷款 |
| 美国 | ① 给墨西哥施加经济压力 |
| | ② 增加给世界银行的资金 |
| | ③ 减少给世界银行的资金 |

(1) 就针对该问题给出的五种不可行结局，解释其含义，说明其类型：

① $(-1---1-)^T$；② $(------11)^T$；③ $(--00---)^T$；④ $(1--1---)^T$；⑤ $(0-1----)^T$

(2) 用结局集相减法求可行结局集合。

18. 有两个局中人 A、B 各有三种行动方案，进行结局集剔除后得到 9 个可行结局如表 8-21 和表 8-22 所示。

A 方：

**表 8-21　A 方的三种行动方案**

| | | | | | | | | | | |
|---|---|---|---|---|---|---|---|---|---|---|
| 行动方案 | $A_1$ | 1 | 0 | 0 | 1 | 0 | 0 | 1 | 0 | 0 |
| | $A_2$ | 0 | 1 | 0 | 0 | 1 | 0 | 0 | 1 | 0 |
| | $A_3$ | 0 | 0 | 1 | 0 | 0 | 1 | 0 | 0 | 1 |

B 方：

**表 8-22　B 方行动方案**

| | | | | | | | | | | |
|---|---|---|---|---|---|---|---|---|---|---|
| 行动方案 | $B_1$ | 1 | 1 | 1 | 0 | 0 | 0 | 0 | 0 | 0 |
| | $B_2$ | 0 | 0 | 0 | 1 | 1 | 1 | 0 | 0 | 0 |
| | $B_3$ | 0 | 0 | 0 | 0 | 0 | 0 | 1 | 1 | 1 |

已知 A 方的优先序为：33，9，34，17，10，36，18，12，20；将 A 方的优先序颠倒即为 B 方

的优先序。请对该冲突分析模型进行稳定性分析。

19. 你(们)认为应如何使冲突分析建模中的局中人优先序更确切一些,有哪些具体措施和辅助定量方法?

20. 试设计出检查同时处罚性稳定结局的逻辑框图。

21. 你(们)认为结合我国实际情况,在冲突分析中应如何考虑上级决策者或协调方的地位和作用?

# 附　录

## 附录 A　SPSS 软件实用统计方法

### A1　SPSS 软件介绍

SPSS(Statistical Product and Service Solution)统计分析软件最早是 20 世纪 60 年代末，由美国斯坦福大学的三位研究生研制开发的，他们在研发出软件的同时成立了 SPSS 公司，并于 1975 年在芝加哥组建了 SPSS 总部。

SPSS 软件原是为大型计算机开发的。20 世纪 80 年代以前，SPSS 软件主要应用于企事业单位。20 世纪 80 年代初，计算机开始普及以后，SPSS 软件率先推出了个人版本，占领了个人电脑市场，大大地扩大了自己的用户量，确立了个人用户市场第一的地位。80 年代末，微软公司发布视窗 Windows 后，SPSS 迅速向 Windows 移植。至 1993 年 6 月，正式推出 SPSS for Windows 6.0 版本。经过近 40 年的发展，SPSS 软件不断推出功能日益完善的新版本。目前已经开发出了 SPSS for Windows6.0 到 7.0、8.0，到 2009 年，一直到最新的 SPSS17.0 等多个版本。

SPSS 公司推行本土化策略，目前已推出 9 个语种版本。世界上许多有影响力的报纸杂志纷纷就 SPSS 软件的自动统计绘图、数据的深入分析、使用方便、功能齐全等方面给予了高度评价。

#### 一、SPSS 软件的基本特点

(1) 操作界面极为友好，易于学习、易于使用。除数据输入工作需要使用键盘完成外，大部分的统计分析过程是通过“菜单”“图标按钮”“对话框”来完成的。

(2) SPSS 统计分析软件的命令语句、子命令及选择项的选择绝大部分由“对话框”的操作完成。因此，用户无须花大量时间记忆大量的命令，也无须编写程序。

(3) 具有第四代语言的特点，只要通过菜单的选择、对话框的操作告诉系统要做什么，无须告之怎样作。只要粗通统计分析原理，无须通晓统计分析的各种算法，即可得到统计分析结果。

(4) 该软件系统的组合结构使用户有可能根据自己的分析工作的需要，灵活方便地根据计算机设备的实际情况选择、装配模块。

(5) 与其他软件有数据转换接口，其他软件生成的数据文件，例如关系数据库生成的 DBF 文件，或用文本编辑软件生成的 ASCII(American Standard Code Information Interchange)码数据文件以及 Excel 生成的电子表格等均可方便地转换成可供分析的 SPSS

软件的数据文件。

(6) 分析方法丰富,提供了从简单描述统计分析到多因素分析的统计分析方法。有很强的图表的生成、编辑功能,以及精心设计的图形操作界面和美观的结果输出。

(7) SPSS软件具有强大的辅助教学功能。软件本身附带有丰富的数据资料实例和使用指南。可直接上网访问SPSS公司主页获取帮助。

这些特点也是SPSS软件得到迅速推广的原因。

### 二、SPSS主菜单功能

SPSS主界面(数据编辑器)的主菜单包括十个菜单项。

(1) File:主要用于档案相关操作。包括新建SPSS各种类型文件,打开一个已存在的文件,从文本文件或其他数据源读入数据等。

(2) Edit:用于编辑文件,主要有撤销操作、剪切、复制、粘贴、查找、改变SPSS默认设置等。

(3) View:主要用于设定窗口环境属性。包括显示或隐藏状态行、工具栏、网络线、值标签和改变字体等。

(4) Data:主要用于对数据文件进行全局变化。包括例如定义变量,合并文件,转置变量和记录,或产生分析的观测值子集等。

(5) Transform:主要用于在数据文件中对所选择的变量进行变换,并在已有变量值的基础上计算新的变量。

(6) Analyze:可进行各种统计分析,包括各种不同的统计程序,如回归分析、相关分析、因子分析等等。

(7) Graphs:主要用于产生各种不同的统计图形。包括条形图、饼图、直方图、散点图和其他全颜色、高分辨率的图形,以及动态的交互式图形。

(8) Utilities:可以显示数据文件和变量的信息,定义子集,运行脚本程序,自定义SPSS菜单等。

(9) Window:主要用于调整窗口大小及切换活动窗口。

(10) Help:用于启动各种不同的辅助说明功能

## A2 常用功能简介

### 一、SPSS软件数据多选变量分析

在实际调查时中经常会出现这样一种情况,对某些问题的回答允许或者要求被调查者必须作多项选择,同时对这些多选项的回答顺序也作了具体的要求。在对这样的选项进行分析时,我们希望知道不同选项在第一顺序、第二顺序或第三顺序分别被选择过多少次,还希望知道某些选项在多次选择中总共被选择了多少次。对于这样一种问题的分析就是多选变量的分析。

首先在SPSS软件中在将具体问题的变量定义完,将问题的数据输入后,依次选择[Analyze]——→[Multiple Response]——→[Define Sets],将多选变量生成新变量。其次,依次选择[Analyze]——→[Multiple Response]——→[Frequencies],完成多选变量的频数分析。

在具体调查时，对一些多选项问题的回答，如果想分析不同属性的调查者在各选项上的分布情况差异，依次选择[Analyze]⟶[Multiple Response]⟶[Crosstabs]，便可进行多选变量的交叉分析。

## 二、SPSS 软件数据平均数分析与 $t$ 检验

平均数分析就是用样本均值来推论总体均值。具体包括一般的均值分析方法(Means)和 $t$ 检验两部分。

### （一）平均数分析(Means)

一般的均值分析通常也称为平均数分析，是通过分析多个样本的均值差异的大小，来确定分类变量与分析变量是否独立的方法。把所有的个案按照一个定类变量分组以后，就可以使用平均数分析进行分组计算。并通过比较各组的均值的差异的大小来确定总体中这两个变量是否相关。

在 SPSS 软件中在将具体问题的变量定义完，将问题的数据输入后，依次选择[Analyze]⟶[Compare Means]⟶[Means]便可打开平均数分析对话框，完成具体的分析过程。

### （二）$t$ 检验

SPSS 软件可以完成单样本 $t$ 检验、配对样本 $t$ 检验以及独立样本的 $t$ 检验。

单个样本的 $t$ 检验主要检验单个变量的均值是否与给定的常数之间存在差异，样本均数与总体均数之间的差异是否显著。在 SPSS 中在将具体问题的变量定义完，将问题的数据输入后，选择[Analyze]⟶[Compare Means]⟶[One Sample T Test]，便可打开 $t$ 检验对话框，完成单样本 $t$ 检验。

配对样本 $t$ 检验(Paired Sample T test)是指对同一样本的某个变量进行前后两次测试所获得的两组数据。或是对两个完全相同的样本在不同条件下进行测试所获得的两组数据。先求出每对观测值的差，再对差值求平均值。通过检验配对变量均值之间的差异的大小，来检验两个总体的差异是否显著的分析方法。在 SPSS 软件中在将具体问题的变量定义完，将问题的数据输入后，依次选择[Analyze]⟶[Compare Means]⟶[Paired-Samples T Test]，便可进行配对样本的 $t$ 检验。

独立样本的 $t$ 检验是用两个样本的均值差的大小来检验对应的两个独立总体的均值是否相等的方法。对两个样本分别进行统计描述。在 SPSS 软件中在将具体问题的变量定义完，将问题的数据输入后，依次选择[Analyze]⟶[Compare Means]⟶[Independent-Samples T Test]，便可进行独立样本的 $t$ 检验。

## 三、SPSS 软件数据方差分析

方差分析(Analysis of Variance，ANOVA)又称变数分析或 $f$ 检验。主要检验两个或多个样本均数的差异是否有统计学意义，是从数据间的差异入手，分析当影响因素取不同水平时，被分析变量是否有显著差异。通过比较各个类别的组内差异和类别之间的组间差异大小来确定变量之间是否有关。如果组内差异大而组间差异小，则说明两个变量之间不相关。反之，如果组间差异大而组内差异小，则说明两个变量之间相关。方差分析包括单

因素方差分析与多因素方差分析。

## 四、SPSS软件数据非参数假设检验

在已知总体分布的条件下，对总体的一些参数，如均值和方差等进行估计或假设检验叫作参数检验。参数检验对总体的分布都有一定的要求。比如要求假设总体服从于正态分布，方差相等条件。但现实生活中所遇到的统计问题往往并不知总体的分布，我们想要根据一组样本的信息来推断总体是否属于某种理论分布，或者判断某种现象的出现是否是随机的，或者是两种及两种以上的现象之间是否有联系以及联系的紧密程度如何等。此外，统计上还有其他一些不是参数的估计和假设检验问题以及无法确定总体服从何种分布的统计问题。这类问题统称为非参数检验问题。

非参数检验所检验的内容并不是总体的参数为某一确定的值。而是通过样本的分布对总体的分布进行检验。SPSS软件中非参数假设的检验主要包括以下类型。

### （一）卡方检验

卡方检验是通过样本的分布来检验总体的分布与理论分布是否一致。利用分布可以进行变量间的独立性和吻合性的检验。

如果两个变量之间没有联系则称作是独立的。统计上经常会遇到这类要求判断两个变量之间是否有联系的问题。用 $\chi^2$ 分布可以检验两个变量之间的独立性问题。为了利用统计资料作出推断，常常必须选择某种已知的概率分布来近似所研究的频率分布，但是需要分析这种近似存在多大程度的误差。检验观察到的频率分布是否服从于某种理论上的分布，或者说检验某一实际的随机变量与某一理论分布之间的差异是否显著。这样就可以用来确定某种具体的概率分布究竟是否符合某种理论分布，如二项分布，泊松分布或正态分布，以便我们掌握这种分布的特性。同时，这种检验反过来也就确定了用某种理论分布来研究某一实际问题时的适应性。用于这方面的检验时称作吻合性检验，也称拟合优度的检验。

在菜单栏中依次选择[Analyze]⟶[Nonparametric Tests]⟶[Chi Square]，便可打开卡方检验对话框，进行具体的分析。

### （二）二项分布检验

二项分布的变量将总体分为两类。二项分布检验就是通过样本中这两类的频率来检验总体中这两类的概率是否为给定的值。在SPSS中将具体问题的变量定义完，在菜单栏中依次选择[Analyze]⟶[Nonparametric Tests]⟶[Binomial]，便可打开二项分布检验对话框，进行具体的检验。

### （三）游程检验

游程检验可用来检验样本的随机性。还可判断两个总体的分布是否相同，从而检验出它们的位置中心有无显著差异。

在SPSS中将具体问题的变量定义完，将问题的数据输入后，在菜单栏中依次选择[Analyze]⟶[Nonparametric Tests]⟶[Runs Test]，便可打开游程检验对话框进行分析。

（四）单个样本的分布特征检验（K-S 检验）

单个样本的分布特征的检验也就是单个样本的柯尔莫哥洛夫-斯米诺夫检验（One-sample Kolmogorov-Smirnov Test）。这是将一个样本的实际频数分布与正态分布（Normal）、均匀分布（Uniform）、泊松分布（Poisson）进行比较，根据样本的分布来确定总体是否服从某种分布的检验。

在 SPSS 软件中将具体问题的变量定义完，将问题的数据输入后，在菜单栏中依次选择：[Analyze]⟶[Nonparametric Tests]⟶[1-sample K-S]，打开柯尔莫哥洛夫-斯米诺夫检验对话框进行单个样本的分布特征检验。

（五）两个独立样本的检验

两个独立样本检验主要用于通过检验从两个不同总体中独立抽出的两个样本之间的差异的大小，来确定两个总体是否相等。对于同一个样本，按一定的标准分为两个类别，检验两个类别之间的差异也可以视为两个独立样本的检验。

除此之外，SPSS 软件还可完成多个独立样本检验、两个相关样本检验以及多个相关样本检验分析等。

## 五、SPSS 软件数据相关分析

（一）两个变量之间的线性相关分析

任何事物的存在都不是孤立的，而是相互联系、相互制约的。把客观事物相互间关系的密切程度用适当的统计指标表示出来，这个过程就是相关分析。它是在分析两个变量之间关系的密切程度时常用的统计分析方法。对变量进行相关关系的分析，计算有关的统计指标，以判断变量之间相互关系的密切程度。在 SPSS 软件中，调用该过程命令时允许同时输入两变量或两个以上变量，系统输出的是变量间两两相关的相关系数。

最简单的相关分析是线性相关分析，即两个变量之间是一种直线相关的关系。相关分析的方法有很多，根据变量的测量层次不同，可以选择不同的相关分析方法。需要注意的是，事物之间有相关，不一定是因果关系，有可能仅是伴随关系。但如果事物之间有因果关系，则两者必然相关。具体来说，变量之间的线性相关关系分为三种。一是正相关，即两个变量的变化方向一致。二是负相关，即两个变量的变化方向相反。三是不相关，即两个变量的变化趋势没有明显的依存关系。两个变量之间的相关程度一般用相关系数 $r$ 来表示。$r$ 的取值范围是：$-1 \leqslant r \leqslant 1$。$|r|$ 越接近 1，说明两个变量之间的相关性越强。$|r|$ 越接近 0，说明两个变量之间的相关性越弱。SPSS 软件的相关分析是借助于 Statistics 菜单的 Correlate 功能选项来完成的。相关分析可以通过以下过程来实现。

（二）回归分析

回归分析（Regression）是用确定性的方法来研究具有非确定性相关关系，又具有因果关系的现象的最重要的统计分析方法之一。非确定性关系是指变量在变化过程中表现出来的数量上具有一定的依存性，但并非像函数关系那样一一对应。如果把其中的一个或几个变量作为自变量，把另一个随着自变量的变化而变化的变量作为因变量，通过建立线性关系的数学模型来研究它们之间的非确定性的关系的方法就是回归分析的方法。由于回归分析中表现的是自变量和因变量之间的关系,所以这种方法也多用于研究因果关系的数量表现。

回归分析研究的主要内容是通过试验和观测数据,寻找出这些相关关系变量之间的规律性,再从一个或 $n$ 个变量所取得的值,去有效的预测与他们相关的另一个变量所取得的值。具体来说,回归分析主要解决以下几个方面的问题:首先,从一组实测数据出发,确定这些变量之间的定量关系式,也叫作回归方程。其次,对所求回归方程的可信程度进行统计检验。再次,从影响着某一个变量的诸多变量中判断哪些变量影响是显著的,哪些是不显著的(一元线性回归分析不存在这个问题)。最后,利用通过统计检验的回归方程,对某一过程、现象进行预测或估计。

回归分析研究模型分为线性回归模型和非线性回归模型性(也称多项式回归模型)。其中,线性回归模型又分为一元线性回归模型和多元线性回归模型。因此,回归分析可以分为线性回归和非线性回归分析。SPSS 可以完成一元回归、多元回归、复回归、最优尺度回归等多种回归分析。

## 六、主成分分析与因子分析

为了全面分析问题,往往会提出很多与此有关的变量(指标),每个变量都在不同程度上反映了分析对象的不同侧面的某些信息。但是,变量个数太多就会增加统计分析的复杂性。变量的增加本来是为了使研究过程趋于完整,但反过来说,为使研究结果清晰明了而一味增加观察变量又让人陷入混乱不清。在实际工作中,往往这些变量之间是有一定的相关关系的,当两个变量之间有一定相关关系时,这两个变量所反映的信息就具有了一定的重叠。故人们希望用较少的变量代替原来较多的变量,但依然能反映原有的全部信息,于是就产生了主成分分析、因子分析等方法。

### (一) 主成分分析

主成分分析(Principal Components Analysis,PCA)也称为主分量分析,是一种通过降维来简化数据结构的方法,即把多个变量(指标)通过线性变换,化为少数几个综合变量(综合指标),而这几个综合变量可以反映原来多个变量的大部分信息。为了使这些综合变量所含的信息互不重叠,一般都会要求它们之间互不相关。主成分分析首先是由 K. 皮尔森对非随机变量引入的,此后 H. 霍特林将此方法推广到随机向量的情形。

主成分分析的数学模型的条件:要求各个综合变量间互不相关,即协方差为 0;为了消除变量量纲不同对方差的影响,通常对数据进行标准化处理,变量之间的协方差即为相关系数;为了使方差可以比较,要求线性组合的系数满足规范化条件

主成分分析的前提是变量之间具有相关性,原始数据标准化。

为了消除变量间在数量级上或量纲上的不同而产生的影响,必须对原始数据进行标准化处理,以使每一个变量的均值为 0,方差为 1。数据标准化后,总体的协方差矩阵与总体的相关系数相等。然后依次完成计算样本相关矩阵 $R$、求相关矩阵 $R$ 的特征值与特征向量,并计算贡献率、主成分载荷计算最终计算主成分特征向量矩阵得出主成分的表达式。

### (二) 因子分析

因子分析(Factor Analysis)是主成分分析的推广。它是通过变量的相关系数矩阵内部结构的研究,找出能控制所有变量的少数几个随机变量,去描述多个变量之间的相关关系。

这少数几个随机变量不是具体的变量，通常称为因子。也就是将密切相关的几个变量归在同一类中，每一类变量就成为一个因子，以这几个较少的因子反映原资料的大部分信息。原始变量是可以观测的显在变量，因子一般是不可观测的潜在变量。因子分析是一种通过显在变量测评潜在变量，通过具体指标测评抽象因子的统计方法。

因子分析是把每个原始变量分解成两个部分：一部分是由所有变量共同具有的少数几个因子构成的，即所谓公共因素部分；另一部分是每个变量独自具有的因素，即所谓独特因素部分。因子分析的基本问题就是要确定因子载荷。

在得出因子载荷矩阵之后还需进行因子旋转。因为建立因子分析数学模型的目的不仅是为了找出公共因子，更重要的是要知道每个公共因子的意义，以便对实际问题进行分析。为了让公共因子的含义清晰化地显示出来，可以根据因子载荷阵的不唯一性，对因子载荷阵实行旋转，即用一个正交阵右乘使旋转后的因子载荷阵结构简化。结构简化就是使每个变量仅在一个公共因子上有较大的载荷，而在其余公共因子上的载荷比较小。这种变换因子载荷的方法称为因子旋转。因子旋转时一般采用方差最大正交旋转法。

因子载荷矩阵确定以后，就可以计算各因子在每个样本上的具体数值，也就是因子得分。得到了因子得分之后，竟可以用因子得分来代替原时变量，达到降维的目的。

（三）主成分分析和因子分析的区别

因子分析与主成分分析有很大差别。主成分分析是将主分量表示为原观测变量的线性组合，而因子分析是将原观测变量表示为公共因子的线性组合；主成分分析的主分量数 $m$ 和原变量数 $P$ 相等，它是将一组具有相关性的变量变换为一组独立的变量，而因子分析的目的是要使公共因子数 $m$ 比原变量数 $p$ 小，而且要尽可能地选取小的 $m$，以便尽可能地构造一个结构简单的模型。在主成分分析中，原观测变量对某一主成分的影响大小，由该主成分相应的特征向量确定，而在因子分析中，原观测变量在某一主因子上的载荷，由该主因子相应的特征向量确定。算法上，在因子分析中所采用的协方差矩阵的对角元素不再是变量的方差，而是和变量对应的共同度（变量方差中被各因子所解释的部分）。

和主成分分析相比，由于因子分析可以使用旋转技术帮助解释因子，在解释方面更加有优势。大致说来，当需要寻找潜在的因子，并对这些因子进行解释的时候，更加倾向于使用因子分析，并且借助旋转技术帮助更好解释。而如果想把现有的变量变成少数几个新的变量（新的变量几乎带有原来所有变量的信息）来进入后续的分析，则可以使用主成分分析。

主成分分析主要是作为一种探索性的技术，在分析者进行多元数据分析之前，用主成分分析来分析数据，让自己对数据有一个大致的了解是非常重要的。主成分分析一般很少单独使用，往往会和聚类分析、判别分析等方法一起使用。

## 七、聚类分析与判别分析

### （一）聚类分析

俗语说，物以类聚，人以群分。在自然科学和社会科学中，存在着大量的分类问题。所谓类，通俗地说，就是指相似元素的集合。聚类分析又称群分析，它是研究（样品或指标）分类问题的一种统计分析方法，通过直接比较各事物之间的性质，将性质相近的归为一类，将性质差别较大的归入不同的类。聚类分析起源于分类学，在古老的分类学中，人们主要依靠经验和专业知识来实现分类，很少利用数学工具进行定量的分类。随着人类科学技术的发展，对分类的要求越来越高，以致有时仅凭经验和专业知识难以确切地进行分类，于是人们逐渐地把数学工具引用到了分类学中，形成了数值分类学，之后又将多元分析的技术引入到数值分类学形成了聚类分析。

根据分类对象的不同分为样品聚类和变量聚类。

(1) 样品聚类。

样品聚类在统计学中又称为Q型聚类。用SPSS的术语来说就是对事件(Cases)进行聚类。是根据具体的研究目的，选择合适的指标作为分类依据，根据被观测对象的相应特征的各变量值进行分类。

样品聚类是进行判别分析之前的必要工作。根据样品聚类的结果进行判别分析，得出判别函数，进而对其他研究对象属于哪一类作出判断。

(2) 变量聚类。

变量聚类在统计学中又称为R型聚类。反映同一事物特点的变量有很多，我们往往根据所研究的问题选择部分变量对事物的某一方面进行研究。由于人类对客观事物的认识是有限的，往往难以找出彼此独立的有代表性的变量，而影响对问题的进一步认识和研究。变量聚类是通过在样本空间中取值比较接近的变量的合并来减少变量的。若某几个变量对不同的样本取值都很接近，通过变量聚类分析将可以将这几个变量合并为一个变量。对变量的聚类实际就是降低描述样本的维度或减少描述样本的变量个数。通过变量聚类，可以找出彼此独立且有代表性的自变量，而又不丢失大部分信息。

在聚类分析过程中，需要对各个原始数据进行一些相互比较运算，而各个原始数据往往由于计量单位不同而影响这种比较和运算。因此在聚类分析过程中，首先应对原始数据进行数据变换处理，以消除不同计量单位对数据值大小的影响。

### (二) SPSS软件中聚类分析的主要类别

在SPSS软件的数据聚类分析操作中主要包括快速聚类分析与分层聚类分析两种。

#### 1. 快速聚类分析

当要聚成的类数已知时，使用快速聚类可以很快将观测量分到各类中去。这种聚类方法的特点是处理速度快，占用内存少，适用于大样本的聚类分析。

进行快速样本聚类分析时，必须确定最终聚类数，使聚类发生到该指定类数后停止。为了使聚类过程快速有效，还可以指定聚类中心点位置，这样将使聚类过程的迭代次数减少很多。快速聚类过程始终遵照所有样本空间的点与这几个类中心的距离取最小值原则，进行反复迭代计算，最终将各个样本分配到各个类中心所在的类，迭代计算将停止。

进行快速样本聚类首先要选择用于聚类分析的变量和类数。参与聚类分析的变量必须是数值型变量，且至少要有一个。为了清楚地表明各观测量最后聚到哪一类，还应该指定一个表明观测量特征的变量作为标识变量。聚类数必须大于等于2，但聚类数不能大于数据文件中的观测量数。

快速聚类使用的是欧氏距离平方，各变量权数相等。如果使用其他统计量进行聚类，必须使用分层聚类进行聚类分析。快速聚类变量必须是连续变量。如果测定变量值的单位不同，应该对聚类变量使用Descriptives过程进行标准化后再进行聚类分析。否则会得出错误的结论。如果是计数变量或二元变量，则使用分层聚类分析过程进行聚类分析。

2. 分层聚类分析

分层聚类分析在聚类分析中的应用最为广泛。凡是具有数值特征的变量和样品都可以通过选择不同的距离和系统聚类方法而获得满意的数值分类效果。分层聚类分析就是通过对变量的测量，将比较接近的样本找出来归为一类，进一步再将比较接近的类合并成为新的类，逐层合并直到最后合并成为一类。分层聚类产生的结果不在聚类的开始，也不在聚类的最终，而是在其过程中。研究者将根据聚类过程适当截取聚类结论。

## A3　SPSS 分析案例

### 一、聚类分析

表 A3-1 为 2004 年我国 31 省、市、自治区的城市园林绿化情况，要求分别按照快速聚类与分层聚类两种方法进行聚类分析。

**表 A3-1　2004 年全国 31 省、市、自治区城市园林绿化情况统计表**

| 地区 | 绿化覆盖面积/公顷 | 园林绿地面积/公顷 | 公共绿地面积/公顷 | 公园个数/个 | 公园面积/公顷 | 游人量/万人次 | 从业人数/人 |
|---|---|---|---|---|---|---|---|
| 北京 | 47 532.00 | 49 298.00 | 12 446.00 | 281 | 6 060.00 | 12 248.00 | 21 802 |
| 天津 | 17 509.90 | 13 581.50 | 5 095.73 | 186 | 2 428.25 | 3 745.86 | 5 913 |
| 河北 | 42 795.97 | 34 271.50 | 9 401.84 | 286 | 5 468.46 | 5 163.75 | 17 113 |
| 山西 | 18 375.00 | 14 310.40 | 4 414.93 | 126 | 2 501.19 | 3 617.47 | 5 964 |
| 内蒙古 | 17 363.00 | 15 664.70 | 4 384.54 | 78 | 2 622.85 | 793.20 | 5 958 |
| 辽宁 | 61 497.30 | 56 623.80 | 14 512.96 | 247 | 7 861.85 | 6 559.30 | 22 220 |
| 吉林 | 26 731.10 | 22 778.30 | 6 043.03 | 72 | 2 454.54 | 1 967.50 | 6 331 |
| 黑龙江 | 38 057.80 | 33 994.30 | 9 838.28 | 144 | 4 362.31 | 4 987.30 | 7 094 |
| 上海 | 21 316.80 | 19 866.60 | 10 923.75 | 134 | 1 475.94 | 13 373.90 | 4 082 |
| 江苏 | 85 367.21 | 76 532.35 | 21 617.13 | 489 | 9 098.10 | 9 682.89 | 23 764 |
| 浙江 | 48 096.35 | 43 169.32 | 11 251.77 | 626 | 4 869.32 | 11 236.62 | 15 941 |
| 安徽 | 30 149.40 | 24 925.30 | 6 441.36 | 125 | 3 175.40 | 4 841.80 | 8 181 |
| 福建 | 21 945.10 | 19 895.80 | 5 292.79 | 268 | 4 134.76 | 5 779.21 | 6 658 |
| 江西 | 19 584.16 | 17 683.77 | 5 110.81 | 118 | 2 035.39 | 2 148.48 | 4 517 |
| 山东 | 87 603.50 | 74 962.90 | 24 897.90 | 441 | 10 071.43 | 8 687.79 | 22 415 |
| 河南 | 43 917.20 | 34 458.60 | 11 153.19 | 266 | 4 978.26 | 5 307.10 | 20 088 |
| 湖北 | 48 780.70 | 41 465.70 | 12 584.28 | 219 | 6 184.04 | 9 693.01 | 14 393 |
| 湖南 | 32 250.38 | 2 6661.70 | 6 605.11 | 149 | 5 038.13 | 3 095.30 | 12 296 |
| 广东 | 102 124 | 92 739.00 | 31 798.20 | 1 195 | 25 683.15 | 22 268.38 | 19 590 |
| 广西 | 21 864.80 | 18 168.40 | 5 050.60 | 108 | 3 460.10 | 2 966.69 | 7 645 |
| 海南 | 6 021.00 | 5 076.20 | 1 603.93 | 32 | 893.74 | 1 815.85 | 2 750 |
| 重庆 | 11 101.21 | 10 209.85 | 3 408.74 | 78 | 1 356.62 | 1 406.50 | 3 208 |

**表 A3-1（续）**

| 地区 | 绿化覆盖面积/公顷 | 园林绿地面积/公顷 | 公共绿地面积/公顷 | 公园个数/个 | 公园面积/公顷 | 游人量/万人次 | 从业人数/人 |
|---|---|---|---|---|---|---|---|
| 四川 | 39 781.29 | 35 462.29 | 10 194.42 | 318 | 5 533.20 | 10 260.85 | 10 718 |
| 贵州 | 9 228.50 | 8 166.60 | 2 661.06 | 45 | 2 568.61 | 2 340.60 | 2 450 |
| 云南 | 10 534.10 | 9 351.50 | 3 773.31 | 99 | 2 905.47 | 3 735.50 | 4 978 |
| 西藏 | 50.63 | 14.27 | 14.20 | 2 | 52.00 | 60.00 | 121 |
| 陕西 | 15 888.60 | 11 462.90 | 3 480.63 | 67 | 1 530.30 | 4 690.50 | 5 022 |
| 甘肃 | 11 839.43 | 9 576.47 | 3 047.51 | 78 | 1 986.45 | 941.50 | 3 532 |
| 青海 | 2 278.00 | 2 077.40 | 638.79 | 14 | 289.68 | 246.50 | 1 068 |
| 宁夏 | 4 333.00 | 3 984.70 | 1 208.34 | 27 | 563.60 | 697.10 | 2 996 |
| 新疆 | 18 600.02 | 16 430.57 | 3 390.80 | 109 | 2 202.84 | 703.82 | 5 923 |

（一）按照快速聚类方法进行聚类分析

(1) 通过数据编辑窗口建立数据文件：园林绿化.sav。

(2) 由于表中各变量的量纲不同，首先进行标准化处理。依次选择“Analyze”⟶“Descriptive Statistics”⟶“Descriptives...”命令，打开描述分析对话框。选择“Save Standardized Value as Variables”计算各变量的 Z 得分。

(3) 打开快速聚类分析对话框[K—Means Cluster]，选定各变量标准化后的 Z 得分为分析变量，城市名称为标记变量，设定聚类数为 4。

(4) 打开“保存新变量”设置对话框[Save]，选择两种保存方式。

(5) 在选择对话框中选择计算和输出初始聚类中心以及每个观测量的分类信息。

(6) 单击“OK”完成。

输出结果如下：

表 A3-2 中的数据为各类的初始聚类中心。表 A3-3 显示共经过两次迭代，初始聚类中心之间的最小距离为 3.812。

**表 A3-2　初始聚类中心**

| | Cluster | | | |
|---|---|---|---|---|
| | 1 | 2 | 3 | 4 |
| Zscore(从业人数/人) | 1.780 67 | 1.390 94 | 0.167 00 | −1.294 91 |
| Zscore(游人量/万人次) | 0.684 88 | 3.450 43 | 1.005 22 | −1.072 08 |
| Zscore(公园面积/公顷) | 1.230 55 | 4.569 39 | 0.259 97 | −0.912 28 |
| Zscore(公园个数/个) | 0.999 24 | 4.223 47 | 0.473 28 | −0.877 99 |
| Zscore(公共绿地面积/公顷) | 2.320 63 | 3.276 08 | 0.284 71 | −1.124 90 |
| Zscore(园林绿地面积/公顷) | 2.077 03 | 2.849 87 | 0.359 68 | −1.181 47 |
| Zscore(绿化覆盖面积/公顷) | 2.215 05 | 2.783 77 | 0.342 02 | −1.214 10 |

**表 A3-3　迭代表[a]**

| Iteration | Change in Cluster Centers | | | |
|---|---|---|---|---|
| | 1 | 2 | 3 | 4 |
| 1 | 0.835 | 0.000 | 0.665 | 1.204 |
| 2 | 0.000 | 0.000 | 0.000 | 0.000 |

a. Convergence achieved due to no or small change in cluster centers. The maximum absolute coordinate change for any center is .000. The current iteration is 2. The minimum distance between initial centers is 3.812。

表 A3-4 的分类结果表显示了快速聚类的聚类结果以及各样本与其所属类的距离。表中数据显示辽宁、江苏、山东为第一类；广东自成一类，为第二类；北京、河北、黑龙江、上海、浙江、安徽、福建、河南、湖北、湖南、四川为第三类；天津、山西、内蒙古、吉林、江西、广西、海南、重庆、贵州、云南、西藏、陕西、甘肃、青海、宁夏、新疆为第四类。

**表 A3-4　分类结果表**

| Case Number | 城市名称 | Cluster | Distance |
|---|---|---|---|
| 1 | 北京 | 3 | 1.825 |
| 2 | 天津 | 4 | 0.713 |
| 3 | 河北 | 3 | 0.879 |
| 4 | 山西 | 4 | 0.555 |
| 5 | 内蒙古 | 4 | 0.475 |
| 6 | 辽宁 | 1 | 1.402 |
| 7 | 吉林 | 4 | 0.880 |
| 8 | 黑龙江 | 3 | 1.068 |
| 9 | 上海 | 3 | 2.040 |
| 10 | 江苏 | 1 | 0.689 |
| 11 | 浙江 | 3 | 1.901 |
| 12 | 安徽 | 3 | 1.249 |
| 13 | 福建 | 3 | 1.388 |
| 14 | 江西 | 4 | 0.487 |
| 15 | 山东 | 1 | 0.835 |
| 16 | 河南 | 3 | 1.203 |
| 17 | 湖北 | 3 | 0.910 |
| 18 | 湖南 | 3 | 1.201 |
| 19 | 广东 | 2 | 0.000 |
| 20 | 广西 | 4 | 0.808 |
| 21 | 海南 | 4 | 0.577 |
| 22 | 重庆 | 4 | 0.237 |
| 23 | 四川 | 3 | 0.665 |
| 24 | 贵州 | 4 | 0.400 |

表 A3-4（续）

| Case Number | 城市名称 | Cluster | Distance |
|---|---|---|---|
| 25 | 云南 | 4 | 0.463 |
| 26 | 西藏 | 4 | 1.204 |
| 27 | 陕西 | 4 | 0.576 |
| 28 | 甘肃 | 4 | 0.257 |
| 29 | 青海 | 4 | 0.994 |
| 30 | 宁夏 | 4 | 0.728 |
| 31 | 新疆 | 4 | 0.491 |

表 A3-5 与表 A3-6 分别输出了最终聚类中心以及各类之间的距离。

**表 A3-5　最终聚类中心**

| | Cluster | | | |
|---|---|---|---|---|
| | 1 | 2 | 3 | 4 |
| Zscore(从业人数/人) | 1.833 72 | 1.390 94 | 0.423 70 | −0.722 05 |
| Zscore(游人量/万人次) | 0.607 95 | 3.450 43 | 0.507 55 | −0.678 58 |
| Zscore(公园面积/公顷) | 1.003 65 | 4.569 39 | 0.07361 | −0.524 38 |
| Zscore(公园个数/个) | 0.791 14 | 4.223 47 | 0.208 15 | −0.555 41 |
| Zscore(公共绿地面积/公顷) | 1.689 88 | 3.276 08 | 0/209 11 | −0.665 37 |
| Zscore(园林绿地面积/公顷) | 1.834 00 | 2.849 87 | 0.254 49 | −0.696 95 |
| Zscore(绿化覆盖面积/公顷) | 1.845 03 | 2.783 77 | 0.26023 | −0.698 83 |

**表 A3-6　最终聚类中心建的距离**

| Cluster | 1 | 2 | 3 | 4 |
|---|---|---|---|---|
| 1 | | 6.099 | 3.225 | 5.546 |
| 2 | 6.099 | | 8.273 | 10.514 |
| 3 | 3.225 | 8.273 | | 2.500 |
| 4 | 5.546 | 10.514 | 2.500 | |

表 A3-7 显示了各类中的样本数。共 31 个样本，分为 4 类后，第一类 3 个；第二类 1 个；第三类 11 个；第四类 16 个。

**表 A3-7　各类中的样本数**

| | | |
|---|---|---|
| Cluster | 1 | 3.000 |
| | 2 | 1.000 |
| | 3 | 11.000 |
| | 4 | 16.000 |
| Valid | | 31.000 |
| Missing | | 0.000 |

2. 按照分层聚类方法进行聚类分析

前两步与快速聚类完全相同。

(1) 打开分层聚类分析对话框[Hierarchical Cluster],选定各变量标准化后的Z得分为分析变量,地区名称为标记变量,设定聚类类型为观察对象聚类。

(2) 在统计图表设置对话框中选择输出树形图不输出冰柱图。

(3) 在聚类方法设置对话框中选择聚类方法为最近邻居法,测度距离的方法为欧氏距离法。

(4) 在保存新变量设置对话框中选择生成一个新变量,表明每个个体聚类最后所属的类,指定的聚类结果应为4类。

(5) 单击“OK”完成。

输出结果如下:

表A3-8为样本的总体概况。表A3-9显示了聚类过程进度。

**表 A3-8　样本概述表**

| Cases | | | | | |
|---|---|---|---|---|---|
| Valid | | Missing | | Total | |
| N | Percent | N | Percent | N | Percent |
| 31 | 100.0 | 0 | 0 | 31 | 100.0 |

**表 A3-9　聚类过程进度表**

| Stage | Cluster Combined | | Coefficients | Stage Cluster First Appears | | Next Stage |
|---|---|---|---|---|---|---|
| | Cluster 1 | Cluster 2 | | Cluster 1 | Cluster 2 | |
| 1 | 22 | 28 | 0.182 | 0 | 0 | 7 |
| 2 | 26 | 29 | 0.216 | 0 | 0 | 6 |
| 3 | 5 | 31 | 0.220 | 0 | 0 | 10 |
| 4 | 21 | 30 | 0.261 | 0 | 0 | 6 |
| 5 | 2 | 4 | 0.279 | 0 | 0 | 8 |
| 6 | 21 | 26 | 0.324 | 4 | 2 | 13 |
| 7 | 22 | 24 | 0.395 | 1 | 0 | 13 |
| 8 | 2 | 14 | 0.416 | 5 | 0 | 9 |
| 9 | 2 | 20 | 0.417 | 8 | 0 | 10 |
| 10 | 2 | 5 | 0.431 | 9 | 3 | 11 |
| 11 | 2 | 25 | 0.434 | 10 | 0 | 12 |
| 12 | 2 | 27 | 0.444 | 11 | 0 | 14 |

**表 A3-9（续）**

| Stage | Cluster Combined | | Coefficients | Stage Cluster First Appears | | Next Stage |
|---|---|---|---|---|---|---|
| | Cluster 1 | Cluster 2 | | Cluster 1 | Cluster 2 | |
| 13 | 21 | 22 | 0.447 | 6 | 7 | 16 |
| 14 | 2 | 7 | 0.489 | 12 | 0 | 16 |
| 15 | 3 | 16 | 0.498 | 0 | 0 | 23 |
| 16 | 2 | 21 | 0.532 | 14 | 13 | 18 |
| 17 | 10 | 15 | 0.616 | 0 | 0 | 29 |
| 18 | 2 | 12 | 0.624 | 16 | 0 | 19 |
| 19 | 2 | 13 | 0.738 | 18 | 0 | 20 |
| 20 | 2 | 8 | 0.753 | 19 | 0 | 21 |
| 21 | 2 | 18 | 0.794 | 20 | 0 | 23 |
| 22 | 17 | 23 | 0.878 | 0 | 0 | 24 |
| 23 | 2 | 3 | 1.184 | 21 | 15 | 24 |
| 24 | 2 | 17 | 1.202 | 23 | 22 | 25 |
| 25 | 1 | 2 | 1.227 | 0 | 24 | 26 |
| 26 | 1 | 6 | 1.413 | 25 | 0 | 27 |
| 27 | 1 | 11 | 1.598 | 26 | 0 | 28 |
| 28 | 1 | 9 | 1.899 | 27 | 0 | 29 |
| 29 | 1 | 10 | 2.045 | 28 | 17 | 30 |
| 30 | 1 | 19 | 5.584 | 29 | 0 | 0 |

图 A3-1 为分层聚类树形图，较为直观地反映出了聚类过程。

表 A3-10 显示了各个样本所属的类别，可以看出，北京、河北、辽宁、黑龙江、浙江、安徽、福建、河南、湖北、湖南、四川、天津、山西、内蒙古、吉林、江西、广西、海南、重庆、贵州、云南、西藏、陕西、甘肃、青海、宁夏、新疆为第一类；上海自成一类，为第二类，江苏与山东为第三类；广东自成一类，为第四类。由此也可以看出，快速聚类与分层聚类所得出的聚类结果并不完全相同。在进行聚类分析时具体应采用何种方法，应该根据样本的特征，结合相关专业知识来选用。

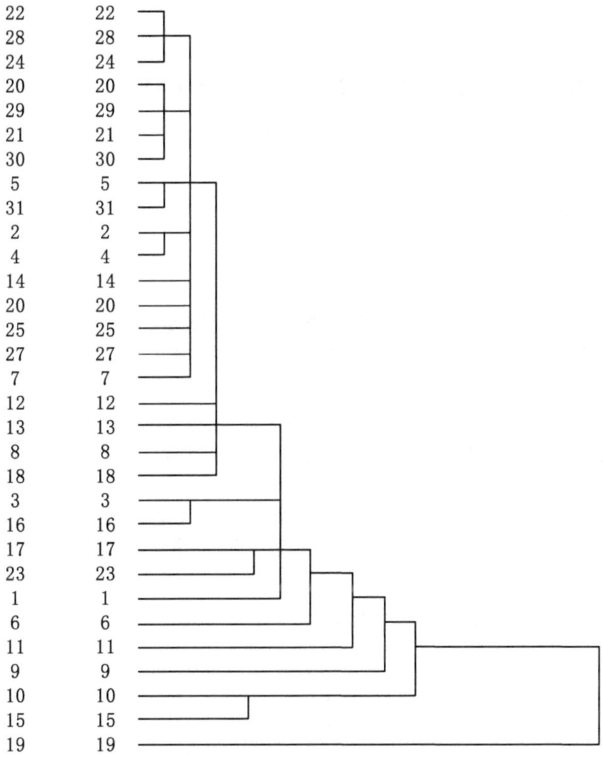


图 A3-1　分层聚类树形图

**表 A3-10　分层聚类结果**

| Case | 4 Clusters | Case | 4 Clusters |
|---|---|---|---|
| 1：1 | 1 | 17：17 | 1 |
| 2：2 | 1 | 18：18 | 1 |
| 3：3 | 1 | 19：19 | 4 |
| 4：4 | 1 | 20：20 | 1 |
| 5：5 | 1 | 21：21 | 1 |
| 6：6 | 1 | 22：22 | 1 |
| 7：7 | 1 | 23：23 | 1 |
| 8：8 | 1 | 24：24 | 1 |
| 9：9 | 2 | 25：25 | 1 |
| 10：10 | 3 | 26：26 | 1 |
| 11：11 | 1 | 27：27 | 1 |
| 12：12 | 1 | 28：28 | 1 |
| 13：13 | 1 | 29：29 | 1 |
| 14：14 | 1 | 30：30 | 1 |
| 15：15 | 3 | 31：31 | 1 |
| 16：16 | 1 | | |

## 二、主成分分析

选取 13 个指标：科技活动人员、科学家工程师、R&D 人员、科技经费支出额、科技经费支出占 GDP 的比重、R&D 经费、R&D 经费占 GDP 的比重、地方财政科技拨款、占地方财政支出比重、规模以上工业企业增加值中高技术产业份额、高技术产品进出口额、专利申请受理量、发明专利受理量，来衡量西部 12 个省市的科技发展情况。已知 2005 年的数据如表 A3-11 所示，试对其进行主成分分析。

**表 A3-11 西部 13 个省市的科技发展情况(2005 年)**

| 地区 $X_1$ | 科技活动人员/万人 $X_2$ | 科学家工程师/万人 $X_3$ | R&D 人员/万人年 $X_4$ | 科技经费支出额/亿元 $X_5$ | 科技经费支出占 GDP 的比重/% $X_6$ | R&D 经费/亿元 $X_7$ | R&D 经费占 GDP 的比重/% $X_8$ | 地方财政科技拨款/亿元 $X_9$ | 占地方财政支出比重/% $X_{10}$ | 规模以上工业企业增加值中高技术产业份额/% $X_{11}$ | 高技术产品进出口额/亿美元 $X_{12}$ | 专利申请受理量/项 $X_{13}$ | 发明专利受理量/项 $X_{14}$ |
|---|---|---|---|---|---|---|---|---|---|---|---|---|---|
| 内蒙古 | 3.8 | 2.59 | 1.35 | 33.56 | 0.86 | 11.7 | 0.3 | 7.02 | 1.03 | 2.86 | 3.81 | 1 455 | 307 |
| 广西 | 5.56 | 3.76 | 1.79 | 51.8 | 1.27 | 14.59 | 0.36 | 7.82 | 1.28 | 5.36 | 2.22 | 2 379 | 641 |
| 重庆 | 6.81 | 4.77 | 2.46 | 70.12 | 2.28 | 31.96 | 1.04 | 5.99 | 1.23 | 7.03 | 3.67 | 6 260 | 918 |
| 四川 | 18.4 | 11.42 | 6.64 | 237.56 | 3.22 | 96.58 | 1.31 | 12.7 | 1.17 | 9.42 | 16.59 | 10 567 | 2 256 |
| 贵州 | 3.13 | 1.9 | 0.98 | 23.66 | 1.2 | 11.03 | 0.56 | 7.76 | 0.49 | 9.13 | 2.18 | 2 226 | 782 |
| 云南 | 4.97 | 3.32 | 1.48 | 44.51 | 1.28 | 21.32 | 0.61 | 10.5 | 0.37 | 2.46 | 5.31 | 2 556 | 776 |
| 西藏 | 0.34 | 0.21 | 0.06 | 1.87 | 0.75 | 0.35 | 0.14 | 0.85 | 0.46 | 12.61 | 0.06 | 102 | 12 |
| 陕西 | 14 | 8.85 | 5.37 | 160.48 | 4.37 | 92.45 | 2.52 | 6.78 | 1.06 | 10.33 | 10.94 | 4 166 | 1 693 |
| 甘肃 | 5.11 | 3.46 | 1.68 | 37.41 | 1.93 | 19.61 | 1.01 | 3.79 | 0.88 | 3.82 | 1.84 | 1 759 | 712 |
| 青海 | 1.01 | 0.62 | 0.26 | 8.64 | 1.59 | 2.96 | 0.54 | 1.32 | 0.78 | 2.13 | 0.12 | 216 | 103 |
| 宁夏 | 1.03 | 0.67 | 0.4 | 9.4 | 1.55 | 3.17 | 0.52 | 2.03 | 1.27 | 3.19 | 0.3 | 516 | 106 |
| 新疆 | 2.77 | 1.84 | 0.7 | 23.66 | 0.91 | 6.41 | 0.25 | 6.21 | 1.12 | 0.43 | 2.28 | 1 851 | 320 |

具体的主成分分析如下：

(1) 通过数据编辑窗口建立数据文件：西部科技.sav。

(2) 打开主成分分析主对话框[Factor Analysis]，选定左边列表中的变量分类变量栏[Grouping Variable]和自变量栏[Independents]。$X_2 \sim X_{14}$ 为分析变量。

(3) 打开描述统计量对话框[Factor Analysis：Descriptives]，选择单变量描述统计量和系数选项。

(4) 打开因子提取对话框[Factor Analysis：Extraction]对话框，选择主成分分析法为因子抽取法。选择从相关系数矩阵出发求解主成分，选择提取因子的特征值为系统默认值 1。

(7) 其余均采用软件默认选项。单击"OK"完成。

输出结果如表 A3-12 所示：

**表 A3-12　相关系数矩阵表**

| | $X_2$ | $X_3$ | $X_4$ | $X_5$ | $X_6$ | $X_7$ | $X_8$ | $X_9$ | $X_{10}$ | $X_{11}$ | $X_{12}$ | $X_{13}$ | $X_{14}$ |
|---|---|---|---|---|---|---|---|---|---|---|---|---|---|
| $X_2$ | 1 | .999 | .997 | .992 | .843 | .978 | .774 | .701 | .348 | .407 | .969 | .893 | .978 |
| $X_3$ | .999 | 1 | .996 | .986 | .843 | .973 | .777 | .704 | .364 | .394 | .960 | .898 | .976 |
| $X_4$ | .997 | .996 | 1 | .991 | .869 | .987 | .803 | .661 | .362 | .434 | .963 | .879 | .971 |
| $X_5$ | .992 | .986 | .991 | 1 | .829 | .974 | .739 | .674 | .351 | .428 | .977 | .902 | .963 |
| $X_6$ | .843 | .843 | .869 | .829 | 1 | .915 | .973 | .309 | .348 | .412 | .762 | .649 | .824 |
| $X_7$ | .978 | .973 | .987 | .974 | .915 | 1 | .864 | .595 | .294 | .468 | .952 | .826 | .955 |
| $X_8$ | .774 | .777 | .803 | .739 | .973 | .864 | 1 | .283 | .237 | .398 | .691 | .540 | .773 |
| $X_9$ | .701 | .704 | .661 | .674 | .309 | .595 | .283 | 1 | .081 | .068 | .752 | .729 | .744 |
| $X_{10}$ | .348 | .364 | .362 | .351 | .348 | .294 | .237 | .081 | 1 | −.19 | .235 | .364 | .233 |
| $X_{11}$ | .407 | .394 | .434 | .428 | .412 | .468 | .398 | .068 | −.19 | 1 | .372 | .361 | .443 |
| $X_{12}$ | .969 | .960 | .963 | .977 | .762 | .952 | .691 | .752 | .235 | .372 | 1 | .872 | .946 |
| $X_{13}$ | .893 | .898 | .879 | .902 | .649 | .826 | .540 | .729 | .364 | .361 | .872 | 1 | .900 |
| $X_{14}$ | .978 | .976 | .971 | .963 | .824 | .955 | .773 | .744 | .233 | .443 | .946 | .900 | 1 |

表 A3-12 为相关系数矩阵。由表中的数字可知变量值间存在着较为显著的关系，许多变量之间直接的相关性比较强，证明它们存在信息上的重叠，有必要进行主成分分析。

表 A3-13 为特征根与方差贡献表，表中每列为各主成分对应的特征根。特征值在某种程度上可以被看成是表示主成分影响力度大小的指标，如果特征值小于 1，说明该主成分的解释力度还不如直接引入一个原变量的平均解释力度大，因此一般可以用特征值大于 1 作为纳入标准。主成分个数提取原则为主成分对应的特征值大于 1 的前 $m$ 个主成分。通过表中数据可知，提取 3 个主成分，即 $m=3$。这三个主成分可以解释 98.43%的方差。

**表 A3-13　特征根与方差贡献表**

| Compontent | Intital Elgenvalues | | | Exlraction Sums of Squared Loadings | | |
|---|---|---|---|---|---|---|
| | Total | Variance/% | Cumulative/% | Total | Variance/% | Cumulative/% |
| 1 | 9.801 | 75.395 | 75.395 | 9.801 | 75.395 | 75.395 |
| 2 | 1.239 | 9.528 | 84.923 | 1.239 | 9.528 | 84.923 |
| 3 | 1.113 | 8.560 | 93.484 | 1.113 | 8.560 | 93.484 |
| 4 | 0.545 | 4.194 | 97.678 | | | |
| 5 | 0.136 | 1.049 | 98.726 | | | |
| 6 | 0.120 | 0.927 | 99.653 | | | |
| 7 | 0.026 | 0.199 | 99.851 | | | |
| 8 | 0.013 | 0.098 | 99.949 | | | |
| 9 | 0.006 | 0.043 | 99.992 | | | |
| 10 | 0.001 | 0.007 | 99.999 | | | |
| 11 | 0.000 | 0.001 | 100.000 | | | |

表 A3-13（续）

| Compontent | Intital Elgenvalues | | | Exlraction Sums of Squared Loadings | | |
|---|---|---|---|---|---|---|
| | Total | Variance/% | Cumulative/% | Total | Variance/% | Cumulative/% |
| 12 | 2.34E−016 | 1.80E−015 | 100.000 | | | |
| 13 | −1.7E−16 | −1.28E−015 | 100.000 | | | |

Extraction Method：Princlpal Component Anlysis.

表 A3-14 为初始因子载荷矩阵，利用这一矩阵就可以进行下一步的主成分计算。

**表 A3-14　初始因子载荷矩阵**

| | Component | | |
|---|---|---|---|
| | 1 | 2 | 3 |
| 科技活动人员/万人 | 0.995 | 0.049 | −0.026 |
| 科学家工程师/万人 | 0.994 | 0.066 | −0.016 |
| R&D 人员/万人年 | 0.997 | 0.013 | 0.024 |
| 科技经费支出额/亿元 | 0.988 | 0.041 | −0.030 |
| 科技经费支出占 GDP 的比重/% | 0.873 | −0.202 | 0.393 |
| R&D 经费/亿元 | 0.987 | −0.094 | 0.069 |
| R&D 经费占 GDP 的比重/% | 0.810 | −0.293 | 0.380 |
| 地方财政科技拨款 | 0.679 | 0.364 | −0.584 |
| 占地方财政支出的比重 | 0.336 | 0.609 | 0.618 |
| 规模以上工业企业增加值中高技术产业份额 | 0.443 | −0.747 | −0.098 |
| 高技术产品出口额 | 0.963 | 0.058 | −0.168 |
| 专利申请受理量 | 0.894 | 0.188 | −0.176 |
| 发明专利受理量 | 0.982 | −0.16 | −0.123 |

(1) 将初始因子载荷矩阵中的数据输入 SPSS 数据编辑窗口，建立数据文件：主成分计算.sav。

(2) 在主菜单中依次选择[Transform]→[Compute]，弹出变量计算对话框（如图 A3-2 所示）。在对话框中输入“t1=a1/SQRT(9.801)”。单击“OK”按钮，即可得到以 t1 为变量名的第一特征向量。特征向量矩阵如表 A3-15 所示。

**表 A3-15　特征向量矩阵**

| | t1 | t2 | t3 |
|---|---|---|---|
| $X_1$ | 0.318 | 0.044 | −0.025 |
| $X_2$ | 0.318 | 0.059 | −0.015 |
| $X_3$ | 0.318 | 0.012 | 0.023 |
| $X_4$ | 0.316 | 0.037 | −0.028 |
| $X_5$ | 0.279 | −0.181 | 0.373 |

表 A3-15（续）

| | t1 | t2 | t3 |
|---|---|---|---|
| $X_6$ | 0.315 | −0.084 | 0.065 |
| $X_7$ | 0.259 | −0.254 | 0.360 |
| $X_8$ | 0.217 | 0.327 | −0.554 |
| $X_9$ | 0.107 | 0.547 | 0.586 |
| $X_{10}$ | 0.142 | −0.671 | −0.093 |
| $X_{11}$ | 0.308 | 0.052 | −0.159 |
| $X_{12}$ | 0.286 | 0.169 | −0.167 |
| $X_{13}$ | 0.314 | −0.014 | −0.117 |

（3）在变量计算对话框中分次输入“t2＝a2/SQRT(1.239)”，“t3＝a3/SQRT(1.113)”单击“OK”按钮，即可得到以 t2、t3 位变量名的第二、三特征向量。

（4）根据特征向量矩阵可知主成分的表达式为：

$Y_1=0.318X_1+0.318X_2+0.318X_3+0.316X_4+0.279X_5+0.315X_6+0.259X_7+0.217X_8+0.107X_9+0.142X_{10}+0.308X_{11}+0.286X_{12}+0.314X_{13}$

$Y_2=0.044X_1+0.059X_2+0.012X_3-0.037X_4-0.181X_5-0.084X_6-0.254X_7+0.327X_8+0.547X_9-0.671X_{10}+0.052X_{11}+0.169X_{12}-0.014X_{13}$

$Y_3=-0.025X_1-0.015X_2+0.023X_3-0.028X_4+0.373X_5+0.065X_6+0.360X_7-0.554X_8+0.586X_9-0.093X_{10}-0.159X_{11}-0.167X_{12}-0.117X_{13}$

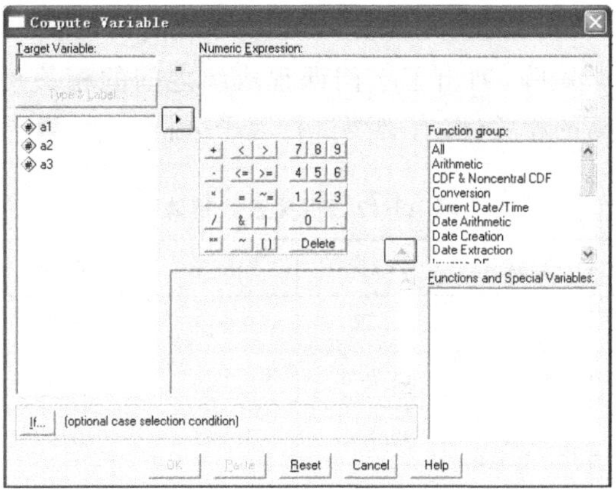


图 A3-2　变量计算对话框

## 三、因子分析实例

随机抽取管理专业学生 19 名对主要的平台课程 $X_2$ 运筹学、$X_3$ 战略管理、$X_4$ 经济学、$X_5$ 市场学、$X_6$ 系统工程、$X_7$ 人力资源管理 6 门课的考试成绩，使用因子分析法进行分析。

（1）通过数据编辑窗口建立数据文件：管理专业成绩.sav。

（2）打开主成分分析主对话框[FactorAnalysis]，选定左边列表中的变量分类变量栏

[Grouping Variable]和自变量栏[Independents]。$X_2$、$X_3$、$X_4$、$X_5$、$X_6$、$X_7$、$X_8$、$X_9$ 为分析变量。

(3) 打开描述统计量对话框[Factor Analysis:Descriptives],选择单变量描述统计量和系数选项。

(4) 打开因子提取对话框[Factor Analysis:Extraction]对话框,选择主成分分析法为因子抽取方法。选择从相关系数矩阵出发求解主成分,选择提取因子的特征值为系统默认值 1。

(5) 打开旋转对话框[Factor Analysis Rotation],选择 Varimax 正交旋转法

(6) 打开因子得分对话框[Factor Analysis Scores],选择回归因子得分。

(7) 单击"OK"完成。

表 A3-16 为描述统计量表,对 7 门课的均值、标准差、样本数进行了描述。

**表 A3-16 描述统计量表**

| | Mean | Std. Deviation | Analysis N |
|---|---|---|---|
| 运筹学 | 78.99 | 4.725 | 19 |
| 战略管理 | 78.63 | 6.273 | 19 |
| 经济学 | 71.79 | 5.483 | 19 |
| 市场学 | 67.74 | 3.928 | 19 |
| 系统工程 | 82.68 | 5.628 | 19 |
| 人力资源管理 | 77.32 | 5.437 | 19 |

表 A3-17 为相关系数矩阵,列出了 7 门课程成绩之间的相关系数。由此表可以看出,多数变量之间存在着较高的相关性,有必要进行因子分析。

**表 A3-17 相关系数矩阵**

| | | 运筹学 | 战略管理 | 经济学 | 市场学 | 系统工程 | 人力资源管理 |
|---|---|---|---|---|---|---|---|
| Correlation | 运筹学 | 0.508 | 0.520 | 0.570 | 0.678 | 0.510 | |
| | 战略管理 | 0.508 | 1.000 | 0.621 | 0.523 | 0.144 | 0.505 |
| | 经济学 | 0.520 | 0.621 | 1.000 | 0.346 | 0.293 | 0.284 |
| | 市场学 | 0.570 | 0.523 | 0.346 | 1.000 | 0.318 | 0.439 |
| | 系统工程 | 0.678 | 0.144 | 0.293 | 0.318 | 1.000 | 0.281 |
| | 人力资源管理 | 0.510 | 0.505 | 0.284 | 0.439 | 0.281 | 1.000 |

表 A3-18 为旋转后的因子载荷矩阵。由表可知,提取了两个因子。由表中数据可以看出,第一主因子主要由变量 $X_3$ 战略管理、$X_4$ 经济学、$X_5$ 市场学、$X_7$ 人力资源管理决定,它们在主因子上的载荷分别为 0.992、0.727、0.649、0.635;第二主因子主要由变量 $X_2$ 运筹学、$X_6$ 系统工程决定,它们在主因子上的载荷分别为 0.953、0751。

**表 A3-18　旋转后的因子载荷矩阵[a]**

| | Component | |
|---|---|---|
| | 1 | 2 |
| 战略管理 | 0.922 | 0.014 |
| 经济学 | 0.727 | 0.182 |
| 市场学 | 0.649 | 0.356 |
| 人力资源管理 | 0.635 | 0.290 |
| 系统工程 | 0.073 | 0.953 |
| 运筹学 | 0.541 | 0.751 |

Extraction Method: Principal Component Analysis. Rotation Method: Varimax with Kaiser Normalization.
a. Rotation converged in 3 iterations.

表 A3-19 为总方差分解表，表中列出了旋转后提取的两个因子的荷载平方和、方差贡献率和累计贡献率。

**表 A3-19　总方差分解表**

| Component | Rotation Sums of Squared Loadings | | |
|---|---|---|---|
| | Total | % of Variance | Cumulative/% |
| 1 | 2.500 | 41.673 | 41.673 |
| 2 | 1.717 | 28.617 | 70.290 |

Extraction Method: Principal Component Analysis.

表 A3-20 为因子转换矩阵，旋转前的因子载荷矩阵乘以因子转换矩阵可以得到旋转后的因子载荷矩阵。

**表 A3-20　因子转换矩阵**

| Component | 1 | 2 |
|---|---|---|
| 1 | 0.823 | 0.569 |
| 2 | −0.569 | 0.823 |

Extraction Method: Principal Component Analysis. Rotation Method: Varimax with Kaiser Normalization.

表 A3-21 为因子得分的斜方差矩阵，由于因子得分的协方差矩阵为单位阵，说明提取的两个公因子之间是不相关的。

**表 A3-21　因子得分的协方差矩阵**

| Component | 1 | 2 |
|---|---|---|
| 1 | 1.000 | 0.000 |
| 2 | 0.000 | 1.000 |

Extraction Method: Principal Component Analysis. Rotation Method: Varimax with Kaiser Normalization.
Component Scores.

据根以上分析，可以将7门课程分成两类，结合课程特点给各因子命名。在第一主因子中，战略管理、经济学、市场学、人力资源管理等课程要求的专业综合分析能力较高，可命名为专业综合分析因子；第二主因子中的运筹学和系统工程都要求有较高的逻辑分析能力，可命名为逻辑分析因子。

## A4 AMOS 的使用

AMOS(距结构分析)是常用来拟合 SEM 软件之一。本书第三章系统模型与仿真里已经较为详细地介绍了 SEM 建模技术，这里重点只对软件应用作一介绍。

首先来看如下一个结构方程模型：

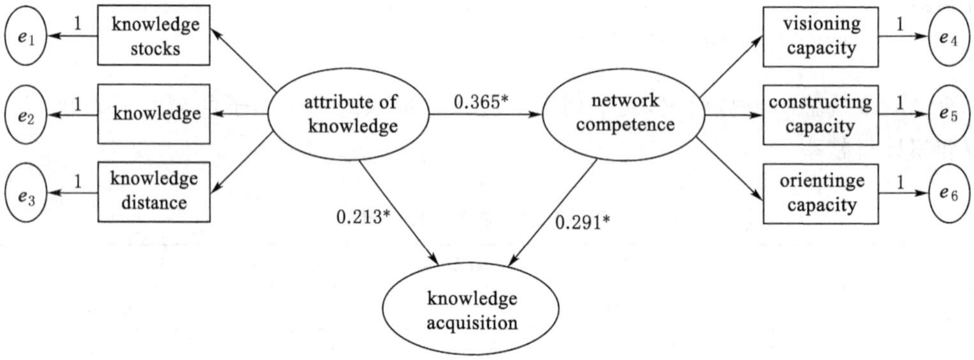


图 A4-1 结构方程模型的实际例子

图 A4-1 表示了企业知识属性、企业网络能力以及知识获取三者之间关系的影响，图中包含了标准回归系数的路径系数。模型显示，企业的知识属性、网络能力都与知识获取具有一定的相关性。同时，知识属性也会影响到企业的网络能力。并且可以看出，网络能力在企业知识属性与知识获取间具有较为显著的中介效应。

我们就以这一模型为例来介绍如何一步步使用 AMOS 来拟合结构方程。具体包括使用 AMOS Graphics 绘制结构方程模型、AMOS 数据的读入以及 AMOS 分析选项和结构方程模型的运行三个基本内容，以下分别进行介绍。

### 一、使用 AG 绘制模型和检测模型

我们可以从网站下载免费 AMOS 学生版，对于比较小的模型，免费的演示版能充分满足建模需求。目前登录到网站后下载的最新版本是 AMOS 5.0。如果模型比较大，那么就需要购买 AMOS 软件。

安装完毕后从 Windows 工具栏选择开始—程序—AMOS 5.0 登陆 AMOS，然后选择 AMOS Graphics(AG)。此时，会出现如图 A4-2 所示的窗口。

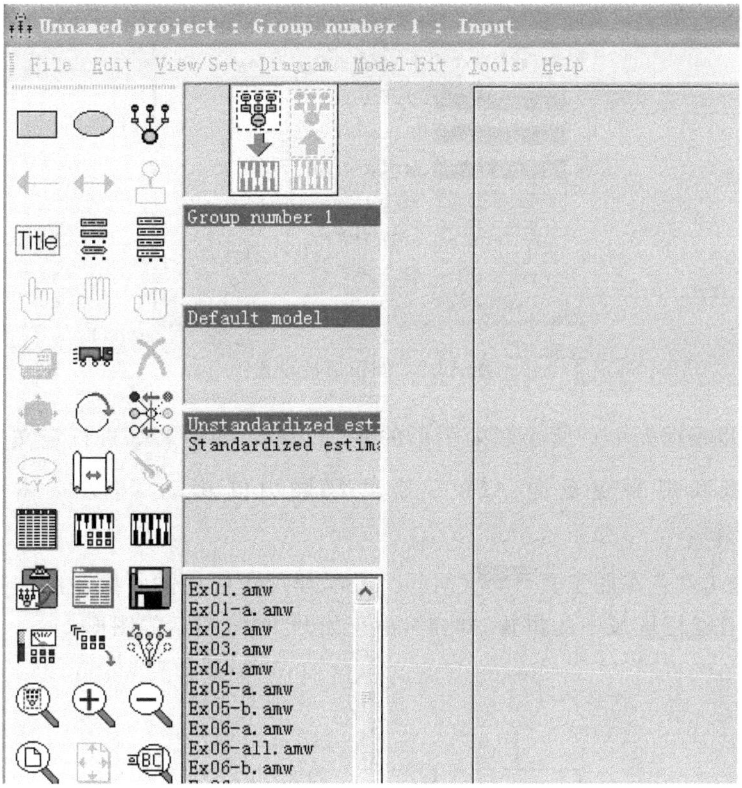


图 A4-2　AMOS Graphics 的主界面

图中包含了主菜单栏和活动的工具栏。单击鼠标可以选择工具栏。如果鼠标放在工具栏所选的肖像上，AMOS 显示名称和工具的函数，也能右击工具栏肖像获得更多有关如何使用 AMOS 工具的帮助。

用鼠标单击肖像可以激活工具栏。激活或使用的工具会出现被按下或按低的肖像。要取消激活的工具，再次单击它的肖像。肖像恢复到像工具栏上的其他工具一样的状态。

首先，单击激活工具栏选择(Draw Latent Variables and Indicators)工具，然后，单击使他激活。

移动鼠标到绘图区，通过按住鼠标键绘制椭圆。一旦对绘制的椭圆感到满意，双击椭圆肖像。出现带两个观测因子的潜在变量。如果想绘制带有多个观测因子的潜在变量，可以在激活(Draw Latent Variables and Indicators)后，点击起初绘制的椭圆图形，在椭圆颜色变为红色后，点击椭圆一次，增加一个观测因子。双击图形后会出现如图 A4-3 所示的图形。

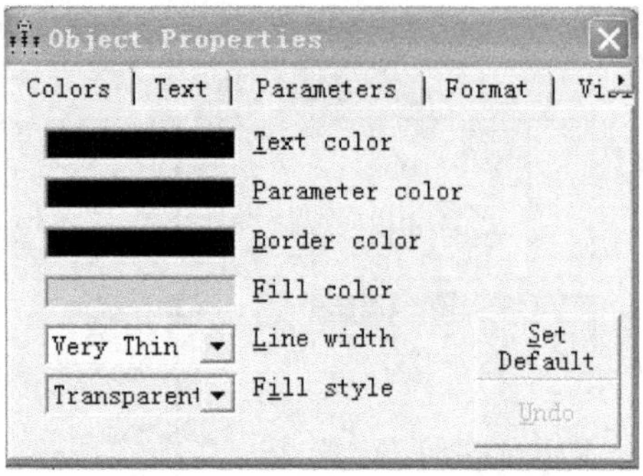


图 A4-3　图形属性设置

在这里可以根据提示对所绘制的图形的颜色、线条、变量名等进行定义与更改。如果想让潜在变量和观测变量向 AMOS 绘图区域中间移动，可以点击 (Preserve Symmetries)按钮。

接下来，点击红色车厢工具 (Move Objects)；然后点击并拖动潜在变量和它的测度因子调整其在绘图区域中的位置。此时，出现如图 A4-4 所示的图形。

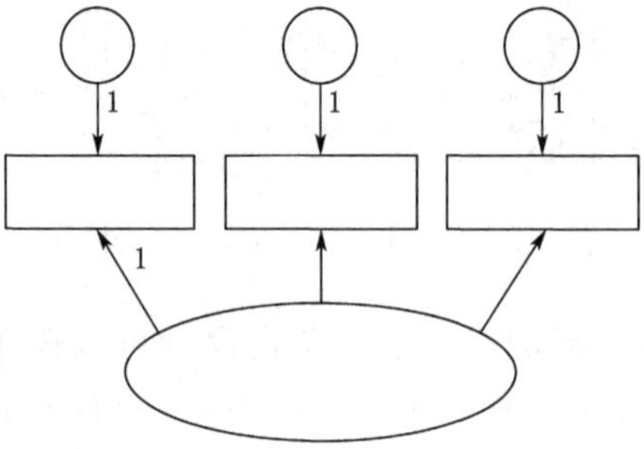


图 A4-4　潜变量的测度因子模型

这一图形表示一个带有三个观测因子的潜在变量。图形中的矩形框表示了观测变量或者叫测量变量，而椭圆表示了潜在变量或者叫非观测变量。指向两个观测变量的两个椭圆表示观测变量的残差。因为我们的例子表示了三个潜在变量间的关系，因此按照同样的方法，我们可以绘制出其余两个潜在变量的测度因子模型。当然这一步的完成也可以借助于工具栏中的复制按钮(Duplicate Objects)快速完成。

可以看出，软件输出的图形中一些路径系数在变量的左边，我们可以通过点击 (Reflect Indicators)按钮来调整它的位置。

通过点击 Rotate Indicators 按钮，可以根据需要来调整测度因子与潜变量间的关系，最终得到如图 A4-5 所示的图形。

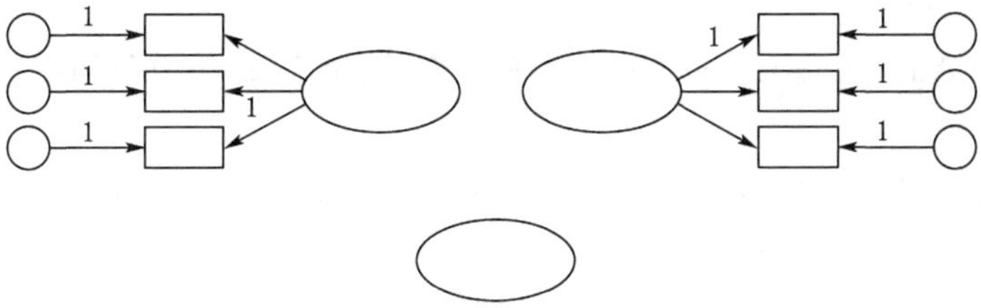


图 A4-5　结构方程模型中变量的基本框架

## 二、将数据读入 AMOS

要将数据读入到 AMOS 中，首先从主菜单内依次选择 File-Data Files，之后便出现了如图 A4-6 所示的对话框。

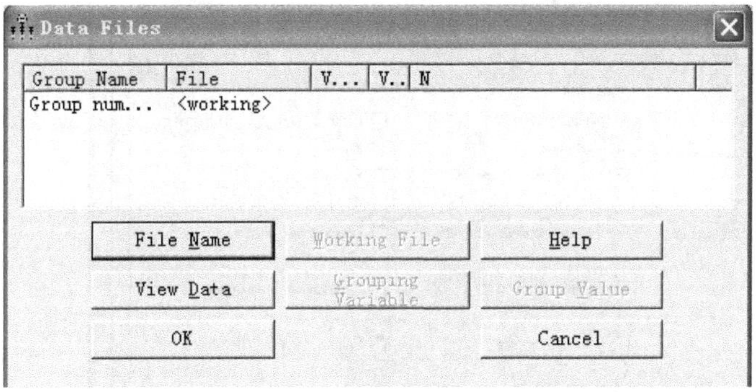


图 A4-6　数据文件对话框

点击 File Name 定义数据文件名。View Data 按钮浏览外部应用程序的数据文件。Grouping Variable 按钮允许在数据库内定义分组变量，能容易地设置和检验涉及多个分组对象的模型。AMOS 可以读入多种文件格式的数据，目前常用的有 Access、Microsft Excel、FoxPro、SPSS *. sav 等文件。

对话框中，点击 File Name 按钮。AMOS 产生打开类似下面对话框的文件。本例中已经建立了相应的是 spss 数据库文件，因此可以指定文件的具体位置，查找后点击 Open 按钮。这样便可以得到在 AMOS 中使用的数据。

之后，AMOS 便可以给观测变量添加标签。从 View/Set 菜单中选择 Variables in Dataset 选项，来具体选择。在使用的过程中，当遇到有些变量名太长，时可以点击(Resize Diagram to Fit the Page)按钮来调整。也可使用(Shape Change)按钮来改变矩形的形状。

紧接着我们来对潜在变量进行命名，首先双击要命名的潜变量，并在 Variable Name 文本框中输入具体的名称我们模型中的主要三个潜变量为：知识属性、网络能力和知识获取。

然后定义潜变量间的路径，使用单箭头表示因果关系，双箭头表示双向关系（相关关系）。

在本例中，主要包含了三条用单箭头表示的路径：知识属性与网络能力、知识属性与知识获取、网络能力与知识获取。

然后使用(Add Unique Variable)按钮为本例中的网络能力与知识获取两个变量，建立残差项。

这样我们就绘制好了基本的结构方程模型的图形表示，并通过选择 File—Save As 保存文件。此时，AMOS 可以在原始图表的相同目录下自动建立两个备份模型文件。原始图表文件扩展名为.amw；备份文件的扩展名分别为.bk1 和.bk2。

### 三、AMOS 模型的运行

下面的主要工作就是模型的运行。这一步工作主要通过主菜单栏中，View/Set 下的 Analysis Properties 来实现。具体如图 A4-7 所示。

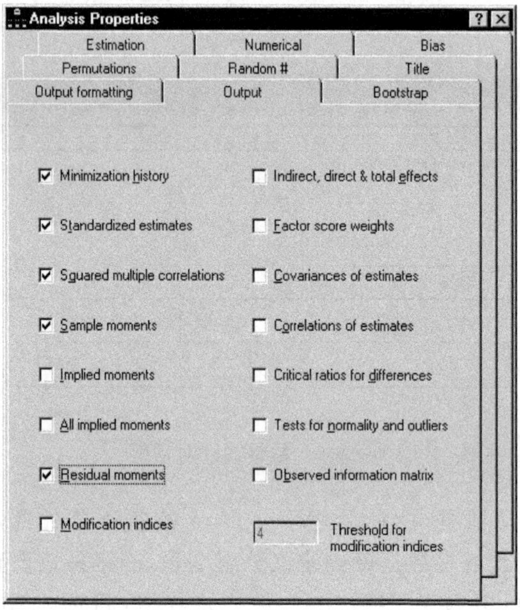


图 A4-7　AMOS 模型运行结果参数选择对话框

可以根据研究所采集的数据缺失情况以及研究输出的主要内容，根据提示进行选择。

运行模型前，注意要从 File 菜单中选择 Save As 保存文件，以便得到模型文件的副本。在运行模型时，需要关闭 Analysis Properties 窗口，然后点击(Calculate Estimates)按钮便可完成。

# 附录 B　常用仿真软件介绍

仿真软件是从 20 世纪 50 年代中期开始发展起来的。它的发展与仿真应用、算法、计算机和建模等技术的发展相辅相成。目前常用的仿真分析软件可以粗略地分为围绕着系统动力学实现的 DYNAMO 及 Vensim 和围绕着多主体仿真的 Swarm、Ascap、Repast 及 Netlog。

## B1　系统动力学常用软件

系统动力学始于1956年，其创始人为美国麻省理工学院福瑞斯特(Jay Forrester)教授。系统动力学是一门分析研究信息反馈系统的学科，也是一门认识系统问题和解决系统问题的交叉综合学科。系统动力学是通过建立流位流率系来研究信息反馈系统的一门科学，是系统科学的重要分支。以微分方程为理论工具的系统动力学派是研究复杂性科学的五大学派之一。

目前主要系统动力学实现的软件主要包括DYNAMO及Vensim两种。

### 一、DYNAMO

DYNAMO是第一代实现系统动力学模拟的计算机语言，属于连续系统仿真语言。系统动力学的建模采用四种基本模型和时滞组合成复杂模型，用以描述社会、经济等具有信息反馈的复杂系统。利用这种复杂模型进行计算机仿真就可研究各种控制因素对系统稳定性或发展趋势的影响，并能根据仿真运行的结果提出建议，以便重新调整系统或改变方针政策。

DYNAMO语言是根据系统动力学建模思想而设计出来的面向用户的仿真语言，即使没有程序设计经验的用户也很容易学会使用这种语言。为了在计算机上执行用DYNAMO语言编写的仿真程序，已经设计出各种版本的DYNAMO软件，以文本和软磁盘的形式提供。

1958年，美国麻省理工学院的R. K. 贝内特研制出不用方程式的工业管理问题仿真软件SIMPLE(Simulation of Industrial Management Problem with Lost of Equations)，它具有图形输出的功能。1959年，福克斯和皮尤对SIMPLE做了改进，并改称现名DYNAMO。1962年福雷斯特建议放宽对模型初值的限制。1965年重新编写了DYNAMO编译程序。早期的DYNAMO编译程序是用算法语言ALGOL编写的。后来改用公式翻译语言FORTRAN编写。DYNAMO软件已有多种版本，适用于不同的机型和操作系统。

系统动力学把被仿真的系统看作是信息反馈系统，利用可能收集到的经验数据(即信息)来直观地描述系统的结构。系统在每一瞬间的状态用一组流位(在DYNAMO中称为LEVEL变量)来表示，状态随时间的变化则用流率(在DYNAMO中称为RATE变量)来表示。而流率又决定于流位和其他因素，如图B1-1所示。因此，一个复杂系统实质上是由一系列信息反馈环交织在一起组成的。这就使得现实世界中许多无法用精确的数学函数描述的复杂系统的非线性大系统也能用计算机进行仿真。

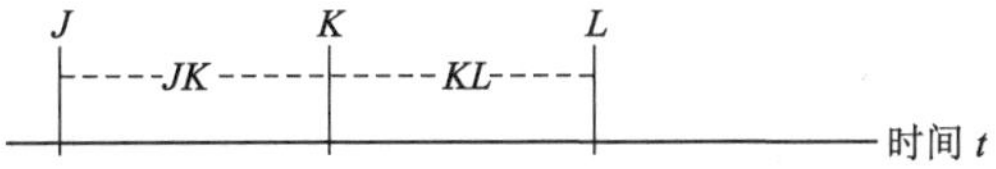


图B1-1　DYNAMO语言中的时间

变量TIME用于产生时间基准。$K$表示计算的起始时刻，$J$表示已经完成的前一个计算的起始时刻，$L$表示准备进行的下一个计算的起始时刻，$JK$表示已经过去的时间间隔，$KL$表示将要到来的时间间隔。计算过程在相同的时间间隔上进行，$JK=KL$。通常用$DT$

表示恒定的时间间隔，$DT$ 的大小由用户自行选择。在 DYNAMO 语言中在变量名称后要附加一个词尾 $J$，$K$，$L$，$JK$ 或 $KL$ 来标定计算时间，中间用句号隔开。

在 DYNAMO 语言中用 LEVEL 变量来描述系统的状态。LEVEL 一般译为级或流位或存量或水平量，表示系统的定量指标。系统在每一时刻的状态可用一组指标来表示。选取系统的一组 LEVEL 变量来表示系统的状态是建模中很关键的一步。

在 DYNAMO 语言中用 RATE 变量来描述系统状态随时间的变化。RATE 一般译为流率或速率或变化率或决策变量。找出影响 RATE 变量的因素，即可掌握系统动态变化规律。用 DYNAMO 语言编制的源程序即系统动力学模型本质上是一个一阶微分方程组。但是 DYNAMO 语言比微分方程的形式更为清晰。它用 $L$ 方程表示每一个 LEVEL 的变化情况，再用 R 方程分别描述影响 LEVEL 变化的每一个因素。

DYNAMO 语言还提供了很多表示变化率与状态之间关系的方法，如比例关系，算术运算关系，标准函数关系，表函数关系，以及这些关系的复合函数关系。如果关系比较复杂，则可用辅助变量 AUXILI-ARY 来表示，以减少函数嵌套的深度。对建模来说，用辅助变量可使模型更加清晰。通过辅助变量可以清楚地表达因果关系链中每一个别环节以及引起系统变化的外部原因。

DYNAMO 语言用常数变量 CONSTANT 来描述系统的参数或系数。用 DYNAMO 语言建模可以把时滞、结构和反馈环都清晰地表达出来。时滞 DELAY 是指某些因素并不立即起作用，而要经过若干时间分若干次显示出来。时滞值的大小一般是系统的固有特性。

在 DYNAMO 语言中为了使模型更加简洁，当中间过程的细节可被忽略时，可以使用宏函数。一个宏函数相当于若干个 $L$ 方程和 $R$ 方程。反馈环实质上是一种很复杂的因果关系。这样整个系统可由一些简单的环节组配而成。用 DYNAMO 语言建模往往先画出系统流程图。由实线贯穿着存量和速率，表明实物流的流动情况。由虚线联系着存量、速率和其他外部因素，反映反馈关系和环境影响。

从观察系统到建立系统的流程图是用 DYNAMO 语言编制仿真程序的关键。对于简单的系统，很容易凭直觉就画出系统的流程图。一般可以根据系统分析，先找出实物流，再找出信息流。对于比较复杂的系统，可按下列步骤建模：

(1) 确定系统边界。

(2) 找出因果关系和反馈环。

(3) 区分反馈环中 LEVEL 变量和 RATE 变量。

(4) 确定 $L$ 方程和 $R$ 方程的结构。

DYNAMO 程序　DYNAMO 程序中有两类语句：一类是模型描述语句，用来描述流程图中的元素和变量的初始状态，模型描述语句的集合就组成了系统动力学模型。另一类是控制语句，用来控制仿真运行，如规定仿真过程的步长及输出报告的内容和格式等。

模型描述语句共有八种，每种均以第一列的一个特定的字母为标识，指明这个语句描述的变量类型。从第三列起，书写这一类型的变量方程。变量方程由变量名、时间下标、运算符号、各种标准函数、宏函数和数组成。其基本形式是：变量名.时间下标＝表示式。变量名是由 1～5 个字母组成的字符串，由用户自行规定。变量名后用时间下标表示变量在指定时刻进行计算，中间用句号隔开。方程中不允许有空格，否则就认为空格后的内容是注释。

在 DYNAMO 语言中有 11 种控制语句。用 DYNAMO 语言编制仿真程序时，为了使模型更加简洁，可以调用一系列标准函数和宏函数。各种版本的 DYNAMO 软件均有常用的标准函数和宏函数。

### 二、Vensim

发源于美国麻省理工学院的 Vensim 软件，是由美国 Ventana 公司开发，在全球和国内获得最广泛使用的系统动力学建模软件。它具有图形化的建模方法，除具有一般的模型模拟功能外，还具有复合模拟、数组变量、真实性检验、灵敏性测试、模型最优化等强大功能。目前 Vensim 主要有 Vensim PLE，PLE Plus，Professional 和 DSS 版本，适合不同的用户。

Vensim 可提供一种简易而具有弹性的方式，以建立包括因果循环(casual loop)、存货(stock)与流程图等相关模型。使用 Vensim 建立动态模型，只要用图形化的各式箭头记号连接各式变量记号，并将各变量之间的关系以适当方式写入模型，各变量之间的因果关系便随之记录完成。而各变量、参数间之数量关系以方程式功能写入模型。透过建立模型的过程，可以了解变量间的因果关系与回路，并可透过程序中的特殊功能了解各变量的输入与输出间的关系，便于使用者了解模型架构，也便于模型建立者修改模型的内容。

(一) 软件主窗口(图 B1-2)

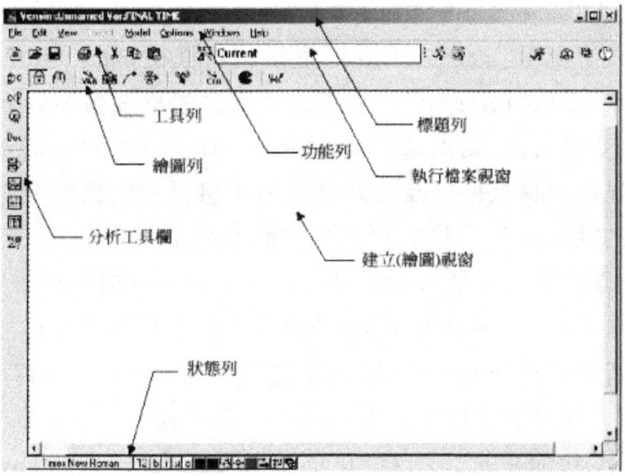


图 B1-2　Vensim 主窗口

(1) File 与 cutting/pasting 的操作如微软窗口系统之功能。

(2) 许多功能列中经常使用的功能项目都放在工具列的按钮，以利操作。

(3) 专门术语："click"即按压鼠标左键再释放之；"drag"即按压鼠标左键不释放而移动鼠标；"right-click"即按压鼠标右键再释放之；"control-click"即按 ctrol 键及按鼠标左键再释放之，结果与"right-click"相同。

(4) Vensim 使用预设变量，无论建立任何模块，系统自动建立必要变量而使用它；如标题列的 FINAL TIME 变数。

（二）因果循环图的建立

应用 Vensim 进行系统动力学分析时，首先必须建立变量间的因果循环图(图 B1-3)。

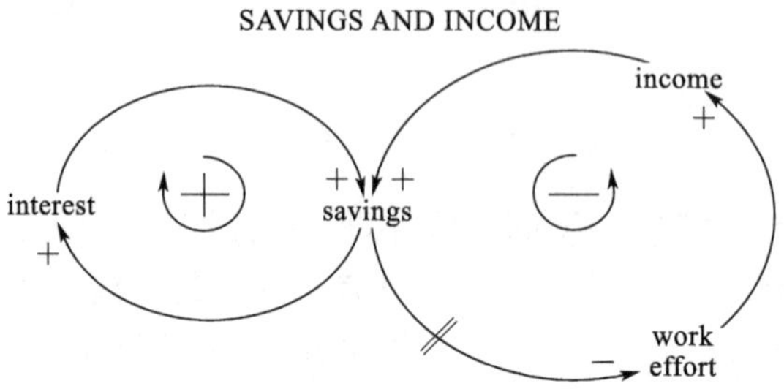


图 B1-3 储蓄与收入间的因果关系图

使用以下步骤，建立如上因果循环图：

(1) 启动 Vensim，在工具列点选 New Model，显示“Model Settings Time Bounds”对话窗口，再点选“OK”钮即显示空白窗口，此时即可开始绘制因果循环图。

(2) 设定此绘图字型为 Arial 大小为 10 点，操作如下：在状态列的左边点选字型名称。因为尚未选取任何项目，所以显示是否要更改预设字型与颜色，点选“Yes”键，则显示“View Defaults”对话窗口，改变“Face”为 Arial 与“Size”为 10，然后点选“OK”钮即可。

(3) 点选绘图列下的“Variable-Auxiliary/Constant”工具，然后在绘图工作区空白窗口，点选一个地方来放置变量“interest”，此时显示编辑框框，输入“interest”再按“Enter”键即可显示字号为 Arial 10 的“interest”。重复此步骤来建立变量“savings”与“income”如上图。(提示：如果拼错变量名称，则点选“Variable - Auxiliary/Constant”工具钮，再点选拼错变量的名称，此时显示编辑框框更改之即可。如果想要完全删除变量或绘图区的其它组件，则点选绘图列下的“Delete”工具钮，再点选它们即可完全删除。)

(4) 重复以上步骤来建立变量“work effort”如上图。此时“work”与“effort”显示在同一列，若要将它们放在不同列，则拖曳手把(小圆圈)至左下即可调整之。如果要改变其他特性，就按鼠标右键或同时按“control”、鼠标左键与点选“work effort”，则显示对话窗口，它提供变量多样的选择。在对话窗口左上方，“Shape”标签选取“Clear Box”，所拖曳的小圆圈是改变“work effort”形状的手把。注意，在点选“Variable - Auxiliary/Constant”工具钮下，完成此步骤时手把(小圆圈)即消失；在点选“Move/Size Words and Arrowst”工具钮下，则手把(小圆圈)又会显现。

(5) 在绘图列中点选“Arrow”工具钮下，点选变量“interest”并放开鼠标，移至变量“savings”再点选之，则显示有直线箭头指针从“interest”到“savings”；在点选“Move/Size Words and Arrowst”工具钮下，拖曳直线箭头指针的手把(小圆圈)可以形成如上图之圆滑曲线。(提示：亦可在“Arrow”工具下，将鼠标移至直线箭头指针的手把(小圆圈)上方，就出现一小手，然后再拖拉它即可形成如上图之圆滑曲线。)

(6) 重复上述步骤来建立直线箭头指针从“savings”到“interest”；“savings”到“work effort”；“work effort”到“income”；“income”到“savings”如图 B1-3 所示。(提示：快速建立曲线箭头指针，在点选“Arrow”工具钮下，在两个变量之间再建立直线箭头指针，则系统自动会形成曲线箭头指针；若要删除箭头，则点选绘图列下的“Delete”工具钮，并点选箭头即可。）

（7）在点选“Move/Size Words and Arrowst”工具钮下，可以移动变量，注意，此移动并不会改变箭头指标之连接。（提示：在点选“Move/Size Words and Arrowst”或“Arrow”工具钮下，将手把（小圆圈）移至变量处，并紧握鼠标左键而拖拉六亦可移动变量。）

（8）从“savings”到“work effort”的曲线箭头指针上建立时间滞延符号如上图；在点选“Move/Size Words and Arrowst”工具钮下，在曲线箭头指针的手把（小圆圈）上，按鼠标右键，则显现对话窗口，在其中上方点选“Delay marking”即可。[提示：在点选“Arrow”工具钮下，再点选曲线箭头指针的手把（小圆圈）亦可快速显示对话窗口；在点选“Move/Size Words and Arrowst”工具钮下，可同时选取多个箭头手把（小圆圈）；在箭头手把（小圆圈）按“shift”键与鼠标左键，会增加手把（小圆圈）。]

（9）增加“+”号于箭头左右，点选箭头操作如步骤 8，在状态列下点选“Set polarity on selected arrows”再点选“+”号即可；接下来使用类同方式，增加“−”号于从“savings”到“work effort”的箭头左右。

（10）改变极号“+”“−”等位置，在箭头或箭头手把（小圆圈）上按鼠标右键，显示对话窗口下方，在“Position polarity mark at the”选择所要的位置。若要改变“+”“−”号的字号，则在相同对话窗口内，点选“Font”钮即可更改。

（11）置放正回馈循环的图形于正回馈循环内，如上图：点选“Sketch Comment”工具钮，然后点选正回馈循环内一点；从批注说明对话窗口内，点选“Shape”内的“Loop Clkwse”，在“Graphics”下，点选“Image”内的“Loop Clkwse”右边框框拖拉的小窗口内点选“+”，再点选“OK”钮即可；置放负回馈循环的图形操作如上。

（12）最后，在点选“Sketch Comment”工具下，增加标题“SAVINGS AND INCOME”；在循环图上方点选一点，于“Comment”框框内，键入“SAVINGS AND INCOME”，同时改变字号为 12，然后点选“OK”钮即可；再拖拉其手把（小圆圈），可将批注排一行。

（13）在工具列内，按“Save”钮可以储存所制作的图形。

（三）仿真模块建立

建立了因果循环图之后便要进行仿真模块的建立，同时完成方程的编写，具体可以按照以下操作步骤完成（图 B1-4）。

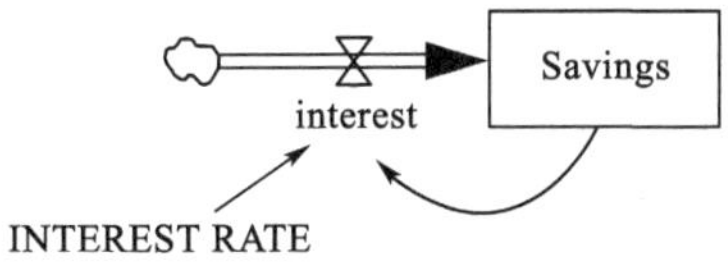


图 B1-4　储蓄与收入间的仿真模块

（1）启动 Vensim 与点选功能列的“New Model”钮，显示“Time Bounds for Model”对话窗口。将区间四分之一，改变“TIME STEP”为 0.25 与“Units for Time”为 Year，然后点选“OK”钮。

（2）在绘图列内，点选“Box Variable-Level”工具，于工作窗口内点选一点，出现编辑框框，键入“Savings”，再按“Enter”键即显示“Savings”。

(3) 在绘图列内,点选“Rate”工具,于盒变量左方,点选一点则显示云图;移动鼠标至“Savings”而点选它,出现编辑框,键入“interest”,再按“Enter”键,一条水管由云图指向“Savings”,“interest”位于水管漏斗下,如此自学手册的最上图。

(4) 在绘图列内,点选“Variable-Auxiliary/Constant”工具钮,于工作窗口内点选一空白点放置“INTEREST RATE”,出现编辑框框,键入“INTEREST RATE”,再按“Enter”键即显示“INTEREST RATE”。

(5) 在绘图列内,点选“Arrow”工具钮,拖拉箭头从“Savings”到“interest”,从“INTEREST RATE”到“interest”,即完成如上之积流图。

(6) 在绘图列内,点选“Equations”工具,则变数“interest”,“INTEREST RATE”与“Savings”将显现反白于绘图工作区;反白的变量表示尚未建置方程式。

(7) 点选“interest”,显示编辑方程式对话窗口,在其上方=号旁键入“Savings * INTEREST RATE”(不要录入引号),最后点选“OK”即可完成。(提示:亦可使用鼠标点选在对话窗口中右方的变量表列与数字键盘;但是对于简单的方程式,此方法并不会节省许多时间;但是却不会拼错变量名称。)

(8) 若正确完成方程式的输入,则编辑方程式对话窗口就会关闭;而变量“interest”就不会反白显示。为了要了解 Vensim 如何表示输入错误方程式时的讯息,可以输入不正确的“Savings”拼法即可。(提示:在点选“Equations”钮后,即可点选任何变量输入方程式;即使已完成建置方程式,亦可再点选而更改之)

(9) 点选“Savings”,显示编辑方程式对话窗口,因为 Vensim 能够从模块区中,决定变量“Savings”层次,是等于“interest”的积分,此方程式在对话窗口的上方中,已显示于“=”旁;同时在对话窗口的上方中,于“Initial Value”设定为“100”(不用引号)。此值是设定给变量“Savings”之方程式,最后点选“OK”即可。

(10) 点选“INTEREST RATE”,在方程式对话窗口的上方,=号右方键入“0.05”(不用引号),点选“OK”即可。现在已建立存款账号模块,它有初始值 100,年利率 0.05(5%);要显示方程式模块,须要从分析工具列选取“Document”工具钮。表列之方程式如此手册开始之左边数据。

(四) 执行传统仿真与显示结果

(1) 在工具列点选“Run a Simulation”钮来执行仿真模块;如果一个资料集称为“Current”已存在计算机里,系统会显示讯息要求是否须要覆盖它;若以上讯息显示,则回答是。

(2) 确定“Savings”被选为工具变量,其名称显示于标题列的最右侧字段;若“Savings”不被选为工具变数,则点选绘图列的点工具钮,再点选“Savings”即成为工具变量,其名称会显示在标题列上。此时,在分析工具中,选取“Causes Strip”工具,则“Savings”与“interest”的图形会显示在手册开始之右边图形。

(3) 储存模块会想到使用功能列的“Save”钮;事实上,会发现到使用功能列之“Build Windows-show/circulate”与“Output Windows-show/circulate”钮是有用的;注意,“Build Windows-show/circulate”包含积流图的绘图是一标准窗口,像“Output Windows-show/circulate”显示模块方程式与仿真输出图之曲线。全部这些窗口的动作如一般窗口的动作;

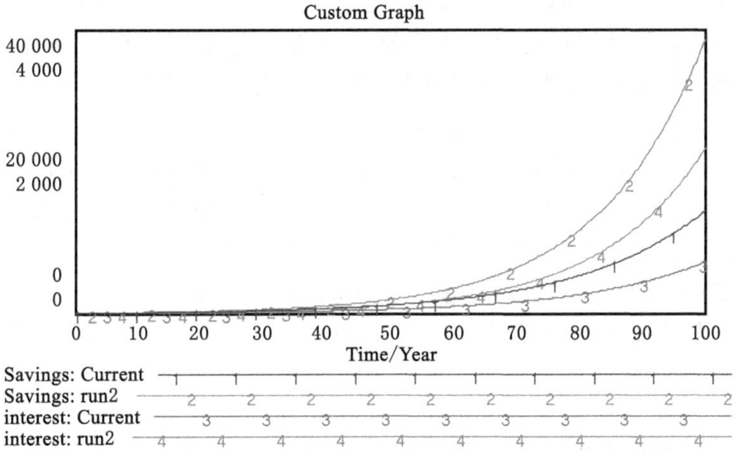


图 B1-5　储蓄与收入间的仿真结果模块

尤其，如果用 Build Window 窗口来点选外露部分如因果图、表等，而 Output Windows 也显示在屏幕上，这些窗口将会消失。当 Build Window 将窗口置放于窗口堆栈的上方将会有何现象，它会盖掉 Output Windows 窗口；如果要显示 Output Windows 窗口，只要再点选 Output Windows 即可。

(4) 制作“INTEREST RATE”一个敏锐分析表如下：在功能列点选“Set up a Simulation”钮；如此做时“INTEREST RATE”在积流图中显示反白，此谓它是一常数在特殊模拟执行中可以更改。点选“INTEREST RATE”，编辑对话窗口出现，其值为 0.05，修改它为 0.06，再按“Enter”键关闭编辑对话窗口。（提示：注意此更改只对下次模拟执行有效，此后“INTEREST RATE”的值回复为 0.05。）

(5) 在功能列点选“Run a Simulation”钮，一对话窗口出现“Dataset Current already exists. Do you want to overwrite it?”，点选“No”，另一个对话窗口显示数据集储存于现在目录，在“File name”键入“run2”，再按“OK”钮；此时模拟开始执行，结果存于新的数据集，其文件名称为“run2. vdf”。

(6) 确认“Savings”已被选定为工作变量，点选在分析工具的“Graph”钮，图形显示在另一页，此时两个曲线分别显示不同颜色，而不是以 1，2 来标示；为了增加标示多样的选择，在功能列的“Option”，检查其中的“Show Line Markers on Graph Lines.”。（提示：如果于黑白打印机打印，最好增加标示来分为宜。）

(7) 点选在分析工具的“Runs Compare”钮，将会显示“INTEREST RATE”在不同模拟执行下的值。

## B2　主体仿真

Agent 系统(Multi-Agent System，MAS)是指由多个 Agent 组成的系统，它是为了解决单个 Agent 不能够解决的复杂问题，由多个 Agent 协调合作形成的问题求解网络。为了使 Agent 之间能够合理高效地进行协作，Agent 之间的协调机制成为多 Agent 系统研究的重点问题。

基于多主体的建模与仿真方法(Multi-Agent Based Modeling)是在 CAS 理论指导下，结合自动机网络模型和计算机仿真技术来研究复杂系统的一种有效方法。这种方法是利用 Agent 的局部连接规则、函数和局部细节模型建立复杂系统的整体模型，借助计算机仿真工具和软件来研究从小规模性质到大规模系统涌现行为的一般方法。这种方法通过在局部细节模型与全局表现(整体行为，突现现象)间的循环反馈和校正，来研究局部细节变化如何突现出复杂的全局行为。这是一种从底层而上的建模思想，与传统的、自顶而下的建模思想是不相同的。近年来，研究人员已经为基于主体的模拟提出了几种语言、框架和工具。常见的如：Swarm、RePast、Ascape、Netlogo、Mason 等。

以下我们主要介绍 Swarm、RePast、Ascape 以及近几年逐渐兴起的 Netlogo 仿真软件。

## 一、Swarm

Swarm 是圣塔菲研究所开发的面向对象多主体复杂系统的离散事件仿真平台。作为一个高效率、可信、可重用的软件工具集，Swarm 为进行复杂适应系统研究的科学家提供一个虚拟实验室。目前 Swarm 平台已经被广泛地应用到复杂性研究的各个领域，成为复杂性研究工作者的得力助手。它可以用于经济、生物、生态、地理、国防等诸多领域。其中经济仿真实验是 Swarm 的主要用途之一。

Swarm 仿真平台开发时间较早，相对而言使用最为普遍。它是一个复杂适应系统仿真的多主体软件工具集。最初只能运行在 Unix、Linux 操作系统平台上。1994 年克里斯·兰顿设计了 Swarm 的框架，大卫·海伯勒设计了软件的原型。1995 年完成的 Swarm beta 版，只能在 Unix 操作系统和 X Windows 界面下运行。1998 年 4 月发布的 1.1 版，可以在 windows95/98/NT 上运行。1999 年发布的 2.0 版，提供了 java 的支持，使非计算机专业人员使用起来十分方便，2000 年发布了 2.1 版，对 2.0 版进行了改进，同年 4 月 10 日发布了 2.1.1 版。2002 年又发布了 Swarm2.2，对先前版本的 Bug 进行了修补，改进了随机数产生器及图形界面等部分的功能，不仅适用于 Objective-C 语言的编程环境，而且适用于比较流行的 java 语言。目前，Swarm 可以在 Linux 系统、Unix 系统、Mac OS X 和 Windows 系列操作系统下运行。但由于 Swarm 最初是由 Objective C 这种非常用的 C 语言开发而来，虽然 Swarm Develop Group 为其扩展了 Java 语言接口，还是影响了它后续的发展，而且在建模功能性方面也逊色于后来的一些软件。

Swarm 提供了许多方便编程工具 Swarm，平台的开发工具是 Objective-C(标准 C 语言的超集)语言。在编程的过程中，Swarm 会提供一些工具诸如内存管理、列表维护、动作计划表维护等，帮助模型设计者解决一些琐碎的事情。除此以外，Swarm 还提供了一个互动的，资源共享的平台。所有关于 Swarm 的源码，以及相关技术支持都是完全开放的，初学者可以很容易得到技术上的支持，而且 Swarm 具有强大的技术后盾——位于美国新墨西哥州的圣塔菲研究所。他们的科研成果定期地会在 Swarm 官方网站上公布。当然，要想成功对运用 Swarm，还需要基本的计算机语言的理解能力，以及灵活运用一门编程语言的能力。

全世界关于 Swarm 应用研究的学术年会自 1997 年已经召开了 10 届，2007 年的年会于 2007 年 7 月 13～14 日在美国芝加哥举行。

### (一) Swarm 的系统结构和运行机制

Swarm 是一种支持“自上而下”的建模工具。这是与复杂适应系统的层次性相对应的，可以认为每一个主体就是这个层次结构的最底层，需要定义这个主体的具体行为和属性。Swarm 仿真模拟是由若干个 Swarm 组成的，而每一个 Swarm 是由蕴涵在其中的多个 Agent 和作用于这些 Agent 的时间表（Schedule）组成的。Agent 好比是 Swarm 虚拟世界中的物质，而时间表负责移动 Agent 按时序向前运动。时间表解决了前面所提到的虚拟世界中如何建立时间概念的问题。

在经济问题的仿真实验中，Swarm 的建模思想就是让一系列独立的 Agent 通过独立事件进行交互，帮助研究由多个个体组成的复杂适应系统的行为和演化规律。通过这些类库包括许多可重用的类以支持模拟实验的分析、显示和控制，即用户可以使用 Swarm 提供的类库构建模拟系统使系统中的主体和元素通过离散事件进行交互。在这种框架下，Swarm 的使用者不必花费精力在特定模型的实体。Swarm 模拟的基本单位是个体，一个个体就像系统中的一个演员，它能够产生动作并影响自身和其他个体。模拟包括几组交互作用的个体。主体定义 Swarm 系统中的基本对象——模拟部件。一个时间表定义这些对象的独立事件发生的流程。

如图 B2-1 所示，一个 Swarm 包括若干主体和主体行为时序表（Schedule），其中的主体又可以是一个子 Swarm，拥有自己的主体和时序表。每个模型都由模型自身的 Model Swarm 和负责监听数据的观察员 Observer Swarm 组成。自底向上构建模型，主体按照自己的时序表采取时间片轮转的伪并发机制运行。Swarm 仿真软件同时还提供大量的类库以方便建模者的开发。

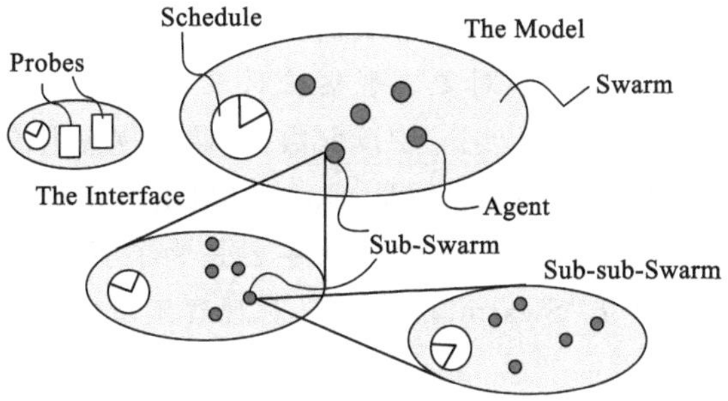


图 B2-1　Swarm 嵌套机构图

（二）Swarm 模型中的对象

大多数 Swarm 的模拟程序包括四类对象。模“Swarm”、观察员“Swarm”、模拟主体和环境。其中的。模型“Swarm”和观察员“Swarm”是 Swarm 类的子类。Swarm 类是 Swarm 模拟的基本构造块，一个 Swarm 是一系列对象以及这些对象的行为时间表的组合。模拟主体通常从 Swarm Object 中继承方法以提供对探测器和内存管理的支持。不同的模拟系统具有不同的环境。

1. 模型“Swarm”

Swarm 就是许多主体（对象）组成的一个群体，这些主体共享一个行为时间表和内存池。“Swarm”有三个主要的组成部分。

（1）一系列对象（Object）。

模型“Swarm”中的每一项对应模型世界中的每一个对象（主体）。“Swarm”中的主体就像系统中的演员，是能够产生动作并影响自身和其他主体的一个实体。模拟包括几组交互的主体。例如，在一个经济学模拟中，主体可能是公司、证券代理人、分红利者和中央银行。

（2）对象的行为时间表(Action)。

除了对象的集合，模型“Swarm”还包括模型中行为的时间表。时间表就像一个索引引导对象动作的顺序执行，时间表是一个数据结构，定义了各个对象的独立事件发生的流程，即各事件的执行顺序。通过确定合理的时间调度机制，可以使用户在没有并行环境的状况下也能进行研究工作，也就是说，在并行系统下 agent 之间复杂的消息传送机制在该 swarm 中通过行为表的方式可以在单机环境下实现。例如，在狼/兔子模拟系统中可能有三种行为：“兔子吃胡萝卜”“兔子躲避狼的追踪”“狼吃兔子”。每种行为是一个独立的动作。在时间表中，对这三种行为按照以下顺序排序：每天，兔子先吃胡萝卜，然后它们躲避狼的追踪，最后狼试图吃兔子。模型按照这种安排好的事件的执行顺序向前发展，并尽量使这些事件看起来像同步发生的。

（3）输入输出。

模型“Swarm”还包括一系列输入和输出。输入是模型参数：如世界的大小、主体的个数等环境参数。输出是可观察的模型的运行结果：如主体的行为等。

2. 观察员“Swarm”

模型“Swarm”只是定义了被模拟的世界。但是一个实验不应只包括实验对象，还应包括用来观察和测量的实验仪器。在 Swarm 计算机模拟中，这些观察对象放在一个叫观察员“Swarm”的“Swarm”中。观察员“Swarm”中最重要的组件是模型“Swarm”。它就像实验室中一个培养皿中的世界，是被观测的对象。观察员对象可以向模型“Swarm”输入数据(通过设置模拟参数)，也可以从模型“Swarm”中读取数据(通过收集主体行为的统计数据)。

与模型“Swarm”的设置相同，一个观察员“Swarm”也由对象(即实验仪器)，行为的时间表和一系列输入输出组成。观察员行为的时间表主要是为了驱动数据收集，即从模型中将数据读出，并画出图表。观察员“Swarm”的输入是对观察工具的配置，例如生成哪类图表，输出是观察结果。

在图形模式下运行时，观察员“Swarm”中的大部分对象被用来调节用户界面。这些对象可能是平面网格图，折线图或探测器，它们一方面与模型“Swarm”相连以读取数据，同时把数据输出到图形界面，为用户提供了很好的实验观察方式。实验结果的图形化有助于直觉地判断，但重要的实验都需要收集统计结果。这意味着要做更多的工作并存储用于分析的数据。作为图形观察员“Swarm”的另一种选择，可以建立批处理“Swarm”(Batch Swarms)。它和用户之间没有交互操作。它从文件中读取控制模型的数据并将生成的写入另一个文件中用于分析，这只是观察方式不同罢了。

3. 模拟主体

Swarm 不仅是一个包含其他对象的容器，还可以是一个不包含其他对象的主体本身。这是最简单的“Swarm”情形，它包括一系列规则、刺激和反应。而一个主体自身也可以作为一个“Swarm”：一个对象的集合和动作的时间表。在这种情况下，一个主体“Swarm”的行为可以由它包含的其他个体的表现来定义。层次模型就是这样由多个“Swarm”嵌套构成。例如，你可以为一个居住着单细胞动物的池塘建立模型。在最高层，生成包括个体的

“Swarm”:“Swarm”代表池塘而每个个体代表池塘里的一个动物。动物的细胞也可以看作是由多个个体(细胞质)组成的“Swarm”。这时需要连接两个模型,池塘作为一个由细胞组成的“Swarm”,细胞也作为一个可分解的“Swarm”。

由于“Swarm”可以在模拟运行过程中建立和释放,因此可用来建立描述多层次的动态出现的模型。通过建造模型“Swarm”和观察员“Swarm”,将模型和数据收集分离开,一个完整的实验仪器就建立起来了。就像一个玻璃下的模拟世界,不同的观察员“Swarm”可用来实现不同的数据收集和实现控制协议,但是模型本身没有发生变化。

模拟的主体与现实中的经济参与是一一对应的。例如,在经济模型中需要定义消费者、公司甚至政府、银行等。模拟主体通常作为一组对象在模拟系统中存在,要根据现实的情况给它们定义方法和属性。在一个复杂适应系统中,模拟主体应当具有学习和进化的能力。这就需要在主体中定义一个独立的具有认知能力的部件(可以是一个子对象也可以是一个方法)来处理来自环境的刺激并做出反应。学习或进化的过程可以采用神经网络或遗传算法等方法来模拟。

4. 环境

在一些模型中,特别是在那些具有认知部件的主体模拟中,系统运动的一个重要因素在于一个主体对于自己所处环境的认识。Swarm 的一个特点就是不必设计一个特定类型的环境。环境自身就可以看作一个主体。通常情况下,主体的环境就是主体自身,用面向对象的术语来说就是一个对象。例如,在经济系统中,市场就是一个环境。消费者和商家通过市场来询价和报价,他们的交易也在市场中得到撮合。市场这个主体在模型中可能有一些不同于其他主体的特殊的方法和属性,如市场的参与者或市场的状态等。但是在 Swarm 这个模拟系统中它的处理与其他主体没什么区别。

(三) Swarm 建模的优势

首先,这种建模方法不需要以一个方程形式来体现系统整体中的内生关系。它强调非均衡的发展路径,它的分析是基于进化和突变行为,不是基于一种机械的观点来看待社会。

其次,这种方法是基于单个主体的,因此用户必须为每个决策者建立微观模型,而不是为整个市场建立宏观模型。

再次,这种方法将经济系统看作是一个进化的复杂系统。最后,用户可以使用 Swarm 提供的随机数生成器轻松地引入随机因素。

(四) Swarm 主要的类库

对于大多数用户来说,Swarm 中提供的大部分类可以直接使用。为了建立起一个模拟环境,用户需要构造一些对象,用来表示现实生活中的主体。在大多数情况下,这些对象都可以基于 Swarm 中存在的类,这样就免去了用户大量事务性的工作。以下是对 Swarm 中提供的几个主要的类库的简介。

SwarmObject 库包括两个重要的类,SwarmObject 和 Swarm。SwarmObject 是所有模拟主体的根类,它定义了内存管理的接口并提供对探测器的支持。Swarm 类是模型的总控,Model Swarm 和 Observer Swarm 都从这一基类处继承有用的代码。

Activity 库提供了对时间表的支持。时间表是模型运行的时序列表,用户可以将周期性执行的动作按顺序放入这个数据结构中,并指明运行间隔和触发条件,模型就可以按照这个约定运行而不需人为的干预。

Simtools 库中包括支持探测器的类，这样就可以在模型的运行过程中观察或修改变量。Simtools 还提供数据分析和显示支持的工具，能够产生统计数据汇总，画时序图等等。

Collections 中提供了一系列对象的列表，如 List、Array、Set 等。Swarm 支持向一个列表中的所有对象传递消息，还可以将列表中的对象按某个属性排序。

Defobj 中提供了对消息、错误处理、调试和内存分配的支持，增强了 Objective-C 的功能。它还支持对象界面和实现分离，从而使 Swarm 编写的程序的层次性更加清晰。

Random 库提供给用户一套随机数生成器。在计算机模拟中，随机数生成器的质量是绝对重要的。如果生成的随机数有偏差或具有相关性，很容易产生错误结果。Swarm 的随机数库支持正态分布、均匀分布、指数分布等多种随机分布。

Space 是一个简单的空间库，包括一系列用于二维离散模型的类。这些空间类型在生态系统模拟中经常用到。Space 中的类大多数是从 Grid2D，一个可以在指定格点上存储对象和整型值的二维数组继承得来。

欲了解使用 Swarm 各部分的详细情况，可以参阅 Swarm 库文档和例子程序。这些工具的完整文档可以在 Swarm 的官方主页上找到。

## 二、Repast

Repast(Recurslve Porous Agent Simulation Toolkit)是芝加哥大学社会科学计算研究中心专门为社会科学计算研究中心研制的基于主体的仿真平台。Repast 最初使用 Java 开发并借鉴改进了 Swarm 的很多构架方法，可以说是 Swarm 的二次开发，在很大程度上对 Swarm 进行了简化，同时使得其更加易用且强大。

由于 Swarm 对建模者来说还是有些过于复杂，Repast 项目希望提供一系列简化 Swarm 模型开发的 Java 类库。然而，随着 Java Swarm 版本的推出，这种仅仅希望作为 Swarm 的 Java 扩展的想法很快就被摒弃了。设计者们开始尝试使用 Java 语言设计一个完全独立的模型平台，而不再是从 Swarm 中做一些现成的提取有外围的包装。

RePast 项目拟订了三个设计目标：使用方便、容易学习和容易扩展。设计者通过让模拟软件的底层结构具备抽象性、可扩展性以及“良好”的表现来实现这些目标。

### （一）Repast 的主要特点

#### 1. 抽象性

RePast 的设计借鉴了很多别的主体建模软件，汲取了各个软件中最优秀的设计思想。类库设计时充分应用了面向对象和设计模式的思想，因此 RePast 的整个类库的结构非常明晰优美。类库提供了普通常用的底层抽象库(如安排时序、显示、数据收集等类库)，类库还提供了一些用以建立表层元素的常用类。这些类可直接使用，也可以根据需要继承和扩展。与 Swarm 一样，Repast 还设计了一些关键的抽象数据结构，其中一些结构直接模仿了 Swarm，如时序表等。

#### 2. 可扩展性

关键数据结构的抽象设计让 Repast 具备了可扩展的能力。为了充分从 Swarm 的抽象结构中获得方便，Repast 继承了 Swarm 时间测试的设计方法，这对于提高其扩展性十分有利。此外,Repast 还引入了设计模式中的一些经典抽象结构,使得其扩展性得到进一步的提高。如用设计模式中的综合模式实现时序的安排机制(时序表对象和各种行为类),由于这种综合模式允许终端用户在建模编程时,能够对单独行为和复合行为进行统一编码处理,因此模型中的时序安排机制便变得很清晰直观,且易于扩展。

3. "良好"的表现能力

表现能力是指应用该平台建立应用研究模型时,该平台能否有效地适用于实际应用领域;如能否有效地用平台的开发接口把问题表述成计算机模型,模型能否在可承受的效率开销下运行,等等。"良好"的表现能力是指:在不影响别的优越特性前提下,可接受的表现能力。当表现能力的最优化不是设计的主要目标时,设计者的注意力应集中在如何减少对象的生成开销,以达到一种能够接受的运行速度。RePast 可以算得上比较好地完成了这一目标,甚至有所超越,相比其他模拟软件平台,Repast 提供了更好的表现能力。此外,随着 Java 虚拟机性能的提高,Repast 模型的速度也会得到改善。

虽然建模时仍然必须学习一门程序设计语言:Java 或 Python,但 Repast 仍然是一款相当方便易用的软件。用 Java 作为实现语言避免了内存泄漏的问题,且 Java 的跨平台特性使得在不同的平台上的安装和使用也很简便。从 Repast 3.0 版开始,模型的设计语言有了更多的选择;Repast 3.0 提供了 Java 版、Python 版和 DotNet 版三个版本让最终用户选择安装,除 Java 和 Python 外,还可以应用 Dot-Net 框架下的各种程序设计语言编制模型。

(二) Repast 的体系结构

RePast 建模相当于设计一个状态机,状态机的核心状态是模型中所有成员的集体状态属性集合。成员则分为底层结构和表层结构。底层结构是各种各样用于运行模型、显示和收集数据等架构的机制;表层结构是设计者创立的模型。底层结构的状态就是模型的种种显示状态、数据收集对象的状态等等;表层结构的状态指模型的描述状态,比如所有主体变量的当前值,模拟环境空间的当前状态值,或他们运行的空间以及别的可能有的各种表层对象(例如聚合"协同"的对象统计值等)。在这种状态机模式下,所有对状态机的改变都通过同一对象界面接口来实现,这个对象界面接口是 Sim Model lmnl 类。这种设计为建模者减轻了学习负担,也简化了在工具包的功能不足时的扩展编程。

(三) Repast 的主要类库

Repast 共有近 130 个类,封装在 6 个库中,下面是 6 个类库的简要介绍。

1. 分析库 Analysis

分析库中的类是用来聚集、记录数据以及建立数据表。通过使用 DataRecorder 类,建模者能将收集到的数据分类整理,并将这些数据以表格格式写人文件。

2. 引擎库 Engine

引擎类负责建立、操纵和运行模型。Sim Model 接口(Interface)是 Repast 中所有模型的超类(继承树状图表示中的根类)。作为 Sim Model 一个子类,Sim Modellmp 类可以作为绝大多数用 Repast 创立的模型的基类。控制类(BaseController, Controller, BatchController)负责通过图形用户界面处理用户交互,或通过批处理参数文件自动处理交互。时序表及相关行为类主要用来改变模型中的状态。

3. 博弈库 Games

博弈库中包含了一些建立对策论模型(比如囚徒困境等)所用的基本类。

4. 图形用户界面库 GUI

GUI 类负责实现模型的图形可视化,包括对图形界面显示的快照功能以及制作模型运行的活动录像(影像资料,quicktime 格式)。各种。Dsplay 类与 Space 空间库中的类协同工作,把空间位置关系的抽象和空间关系的显示分离开来,可以针对不同的空间特征设计不同的可视化显示方案。通过一个显示界面(Displaysurface),。Painter 类处理这些空间库在屏幕上的显示,而显示界面本身就能够完成对所显示对象的探测。对可视化的模拟对象点击鼠标左键,就会弹出一单独舷窗口,其中显示点中主体的当前状态。

5. 空间库 Space

空间类是表述各种空间的基础容量类(在通常的计算机术语中,容量类是指以包含其他类作为自己的元素的类,比如数组、集合、链表等)。空间类包括二维表空间(有边界)、圆环面空间(上下无边界)等。这些空间类允许在 $x,y$ 坐标轴的基础上对对象进行括人和检索。空间库中还包含了一些节点类和链接类,以方便建立基于网络的模型。空间类和在 GUI 库中的显示类协同操作,以实现空间和对象的可视化。

在 RePast 中,空间(sPaces)的存在有两种目的:

(1) 作为空间型主体的基类,比如附带的示例模型 Sugarscape and Lif;,中的 SugarSPace 或 InfiniteLifeSPace。

(2) 作为主体的容器,定义 iE 体间的空间位置关系。

RePast 提供以下空间类:

Diffuse2D 二维散射的离散近似。空间本身是一个上下左右都闭合的圆环形的(toriodal)网格,格子都有两层。

Obect2DGrid 离散的二维网格,单元格中有对象。

Object2DTorus 离散的二维圆环面,单元格中有对象。

Multl2DGrid 二维网格,单元格中可以包括一个以上的对象。每个单元格中的对象的顺序不确定。

OrdMMulti2DGrid 二维网格,单元格中可以包括一个以上的对象。每个单元格中的对象的顺序都是先进先出。

Multi2DTOrus 二维圆环面,单元格中可以包括一个以上.的对象。每个单元格中的对象的顺序不确定。

OrderedMulti2DTorus 二维圆环面,单元格中可以包括一个以上的对象。每个单元格中对象的顺序都是先进先出。

Diffuse2DHexagoual 二维散射的离散近似。空间本身是一个 to-riodal(甜甜圈形的)六边形网格,格子都有两层。

Object2DHexaeonalGrid 离散的二维六边形网格,单元格中有对象。

ONeconHexgonalTorus 离散的二维六边形圆环面,单元格中有对象。

Multi2DHexalGrid 二维六边形网格。单元格中可以包括一个以上的对象,每个单元格中对象的顺序不确定。

OrderedMulti2DRexagonalGrid 二维六边形网格。单元格中可以包括一个以上的对象，每个单元格中对象的顺序都是先进先出。

MultiZDHexasonaITorus 二维六边形圆环面。单元格中可以包括一个以上的对象，每个单元格中对象的顺序不确定。

OrderedMultiZDHexagonalTorus 二维六边形圆环面。单元格中可以包括一个以上的对象，每个单元格中对象的顺序都是先进先出。

RasterSPace 表现地理数据的二维网格。每个单元格可以包含一个对象，在这个空间中移动可以用距离、坐标系或者离散的单元格位置。

更多空间类信息可参见 Repast 的 API 文档。值得注意的是，网络空间与空间是完全不同的。此外，前面提到的六边形指的是单元格的形状，所以在六边形的网格或者回环面中，每个单元格都是六边形的，因此有六个邻居。

这些空间类都有通过坐标系对 item 进行插入和删除的方法，还有能返回相邻单元格的 item 列表的方法，以及找出相邻单元格中最大或最小 item 的方法等。至于什么是最大、最小，可以由用户自己定义。

用空间类存放主体的坐标方便了增删主体和排序主体的操作，也方便针对一个主体的邻居空间进行查询。通常在一个特定空间中，所有的主体都由该空间的实例变量负责主体位置的部署。

6. Util 类库

Util 类库中只有一个类：SimUtiltities。该类提供了一些产生无序表单、显示信息对话框等静态方法。

除了 Repast 自己提供的类，Repast 还充分利用了第三方提供的扩展类库，尤其是 Colt 库。Colt 库通过 Mersenne Twister DZ 具为 Repast 提供随机数据，而 Mersenne Twister 被认为是目前所知道最好的假随机数生成器之一。Colt 库中还包含其他各种能在 ReFast 中使用的随机数生成器和随机分布。

（四）Repast 建模基本过程

Repast 模型有两种运行方式：批处理方式运行和非批处理方式(也称图形交互方式)运行。批处理运行需要一个特殊格式的参数文件，在这个文件中要详细给出模型各个参数的起始值、终止值和增量值，以及运行的次数等；有了参数文件后，模型就可无须用户干预连续重复运行。

一个非批处理的运行则需要通过图形用户界面来交互地启动和终止模型，用户可以通过图形界面来设定初始参数值，可以在运行过程中图形化地监控主体和模型的各种状态。

数据结构上，RePast 模型一般至少有两个由用户编写的类：主体类和模型类。主体类描述主体的行为(例如在博弈中合作或者对立)，模型类负责控制模型的创建和运行。主体类大多需要专门构造，尽管 RePast 已经通过 GameAgent 接口以及 Game 抽象类为合作类型的主体提供了最基本的支持。如果希望主体能够被图形化显示，主体类必须实现某一类型的 Drawable 接口，后面在介绍到 Repast 内部机制 GUI 时还会具体介绍 Drawable 接口类的使用。如果用户希望主体是可探测的，即主体状态的可视化和可运行时干预设置，则主体的属性必须用附属方法模式(Accessor)编写，即以 Get 和 Set 打头的固定格式的方法，用于属性的存取。

从过程的观点看，利用 RePast 建立一个基于主体的模型通常包括两步。第一步是设置模型，为模型的运行做准备；第二步是实际运行模型的动作规定。在 RePast 中，模型的运行按时间步(Timesteps)或标记(Tick)来推进。(注：在本节中交替使用时间步和标记两种术语指谓这一概念)。每一个标记上，各个主体发生一些行为或状态的变化，主体们在这个标记上的行为建立在之前行为的结果上。以"囚徒困境"(Prisoner's Dilemma，PD)模型为例，创建步骤中包括创建两个参与者，并且为他们每一个提供初始策略(例如：TIT_FOR TAT)。在每一个标记上，每个参与者进行一次合作与否的决策，他们当前的决策取决于各自的策略，也可以综合考虑前一次决策的结果。对于模型设计者来说，设计一个 Repast 模型所必须做的全部工作就是，在前面提到的两个步骤中设置模型阶段需要准备哪些工作？在一个标记上各种主体会发生什么行为或状态变化？

Repast 的官方教程网站的网址为 http://repast. sourceforge. net/repast_3/tutorials. html，其中 Repast 自带的 SimPfeMoel 类提供分步实现模型的框架。

### 三、Ascape

Ascape 是布鲁金斯研究所(The Brookings Institution)帕克(Miles Parker)开发的多主体建模平台，主要支持社会经济系统的多主体模型。Ascape 充分吸收 Swarm 等建模平台的优点，它的设计原则包括对关键的主体建模概念的抽象化和概括化，易用性，可配置性和良好的表达性，且全部用 Java 开发。具有较强的功能和灵活性，在较高层次上支持复杂系统的设计。

#### (一) Ascape 抽象机制

Ascape 建模平台的核心思想主要通过以下三个抽象机制来实现。

(1) 所有的 Scape 都是它们自身的主体。

Scape 可以被看作主体或主体的集合，它与 Swarm 的概念很相似。Scape 有两个目的：一是构建模型结构，二是作为它所包含成员主体重复行为发生的环境。为了确保所有的 Scape 都成为主体，所有主体的结构特点都在主体建模的基本范式(Paradigm)中定义，并且所有的主体行为都通过 Scape 发生。

基础模型作为根模型，也是整个模型的一个 Scape。Scape 不仅知道他们自己所包含的内容，还具有统一遍历其所有成员主体的方法。Scape 本身也是一个主体，只要模型中可以使用主体就能使用 Scape。这样就可以构建出多层次的 Scape。模型之间也可以嵌套，一个模型的根 Scape 作为主体安置在另外一个模型的某类 Scape 空间中。Scape 主体并不是互斥的，一个主体可以同时属于多个 Scape。这样 Ascape 模型就是 Scape 主体的逐层构建，每一个层次的节点都是由具有一定拓扑结构的下一级子节点构成。这意味着模型整体上得到很好的定义，具有易组建性，并且易于理解和表达。

包括例如统计数据收集和图形界面显示等都属于这里所说的某类 Scape。所有 Ascape 系统的行为，都是使用同样的管理控制机制和规则。管理这些行为的规则可以通过不同的模型层次继承传递。如果有必要，通用的模型行为，例如初始化(Initialize)和更新

(Update)，甚至模型具体的独特行为，都可以方便地得到继承。

(2) 主体行为与所在的 Scape 结构无关。

Scape 的拓扑结构对于安置其中的主体来说是隐藏不可见的。主体搜寻和移动及其他交互行为的大部分建模代码全部包含在建模平台里，实现这些行为并不依赖具体模型规定的拓扑结构。这样设计所带来的好处是，Ascape 模型可以在只进行少量代码改写，甚至不需任何改写的情况下，换用不用的拓扑结构或活动区域。使开发者和模型使用者能够对模型进行有效的检测。

(3) 主体行为依据规则通过 Scape 执行。

任何行为只能通过作为一个整体的 Scape 运行，所有的规则必须属于 Scape。Ascape 支持各 Scape 中成员重复运行规则，而不支持更复杂的行为时序安排，把每个主体普遍的重复行为当作显性模式和模型的设计部分。规则的作用对象是主体个体，这些主体具有一类行为，或者是一类行为的变异，规则作用于这些主体的全部集合。这样最重要的是能够使 Ascape 模型主体行为的组织和理解层次清晰，保证了模型中特定粒度的主体行为以特定的方式发生，并且特别利于用户级的模型控制。

(二) Ascape 根域主体

Scape 既是主体本身，又是主体的集合，这样的表述有时候令人迷惑，但也正是 Ascape 强大的原因。Ascape 平台中所有的 Ascape 主体，位于包 edu. brook. ascape. model 中，都是从 Java 的 Object 类继承而来。

每个模型都有一个根域 Ascape，通常是继承自 ScapeVector 的一个子类。根域 Ascape 用来存放模型所需的各种类型的全局变量和组织模型各部分 Ascape。

典型的根域 Ascape 中至少包括两个主体。

(1) 域图形 Scape Graph，用来表示主体的生存环境。

通常是一种网格结构，网格中的每个格子必须先实现 Host Cell 类的实例，才能安置各种主体。Ascape 类库中提供了许多种继承自 Scape Graph 的不同拓扑网格。

(2) 存放实际主体的 Scape Vector。

实际的主体通常都是继承自 Cell Occupant 子类的实例。在主体 Scape 中定义自己的属性和行为，以及执行的规则。这样就构建了基本的 Ascape 模型，通常都是多层次结构。Ascape 平台的入口程序是 Scape 类。此外，Ascape 平台自身集成强大的数据统计功能和友好的显示控制面板，只需简单的代码编写方法即可添加。

(三) Ascape 的特点

(1) 描述能力强(Expressive)。

可以用尽可能少的描述来定义一个完整的模型，仔细的设计可以提供强大的功能和可控制性，但由此可能出现把重要细节遗漏的问题。

(2) 通用性强(Generalied)。

可以用一种方式表达同样的基本建模思想，然后用不同的环境和配置来测试这些思想；同样适用于很多领域的问题；拥有尽可能常用的特征：图表、模型视图、参数控制工具等，以及大量的常用结构和行为的类库等。

(3) 功能强大(Powerful)。向导设计让终端用户不用编程就可进行模型交互，同时也提供了能对不同的复杂系统建模的可编程环境。

(4) 高度抽象(Abstract)。

以尽可能高的抽象水平封装了建模思想和方法论。能够在不影响模型其他方面的情形下，对模型的某一方面进行重大的改动，比如改变维数、拓扑结构、规则、结构以及规则的执行命令等；还可以促进探索和试验，允许模型的设计和工具的

(5) 易于使用(Easy to Use)。

不需要很深的专业知识，普通用户就可以掌握。

(6) 健壮性高(Robust)。

有不同的使用方式，但所有的中断错误在编译时就能得到提示，而不至于在运行时中断。

(7) 开发速度快(Fast)。

为更广泛地发挥 MAS 仿真方法在社会科学中的应用以及促进 MAS 建模技术的进一步发展和完善，开发适合终端用户编程的建模工具很有必要。以前虽然有诸如 Agent-Sheets、StarLogo 等简单易用的工具能满足一些简单模型的快速开发，但对更复杂的模型，这些工具就难以胜任了。AscaPe 希望能填补这方面的空缺。现在的 AscaPe 已经为实际的建模任务提供了一套灵活、强大的工具。此外，AscaPe 还提供了开放式的开发框架，供实际建模者或第三方能够开发插件以扩展这些工具库。未来 AscaPe 改进的主要目标是让 AsCaPe 具备终端用户编程的能力以及更具有集成性。

**四、Netlog**

NetLog 是一个多主体建模仿真集成环境，它由美国西北大学学习与计算机建模中心(Center for Connected Learing and Computer-Based Modeling，CCL)开发。可以通过共享模型文档进行合作开发和交流。NetLogo 尤其适合于复杂性系统的仿真开发。开发者可以对成百上千个相互依赖且并行运行的 Agent 发实时指令。这样有助于研究者去探究个体微观行为与源于微观行为的宏观模式之间的联系。为科学研究和教育提供了易用且强大的计算机辅助工具。

NetLogo 的前身是 StarLogoT，在它的基础上特别增加了进行科学研究所需的功能。1999 年 Uri Wilensky 在美国国家科学基金的资助下开始开发 NetLogo，2002 年 4 月发布了 1.0 版本，2003 年 12 月发布了 2.0 版本，2005 年 9 月发布 3.0 版本，2007 年 9 月发布 4.0 版本，2009 年 7 月 8 日最新发布了 4.1 版本。NetLogo 是免费软件(下载网址：http://ccl. northwestern. edu/netlogo/)，完全用 Java 编程实现，可以在不同的平台上运行。

(一) NetLogo 主界面

NetLogo 仿真的过程其实就是大量的可移动主体在二维空间中交互作用，随着时间推进，微观个体的属性不断发生变化，系统的宏观特征也因此而变化。

NetLogo 的界面如下图 B2-2 所示，Netlogo 一共有三个界面：可视化页(Interfaee)、信息页(Information)和例程页(Procedures)。其中，最主要的是 Interface 页和 Procedures 页。

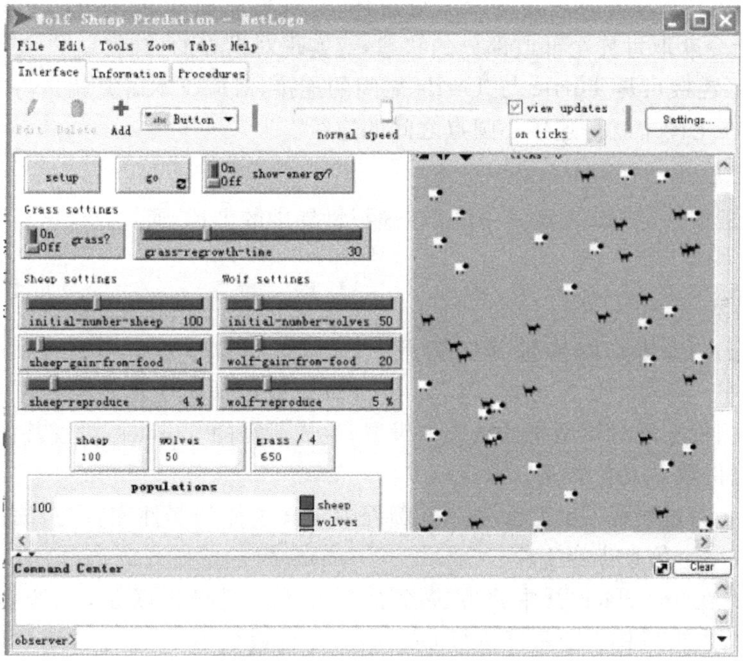


图 B2-2　NetLogo 的操作主界面

（二）NetLogo 仿真的过程

就是先在 Procedures 页中编写特定的代码，然后在 Interface 页中创建可视化控件，Proeedures 中代码执行的结果表现在 Interface 页中。

我们可以从主体、空间表达和仿真推进这三个方面去理解整个仿真过程：

1．主体

NetLogo 中的虚拟世界是由主体构成，主体能够接受命令，进行活动，所有主体的行为并行发生（图 B2-3）。NetLogo 中共有四类主体：

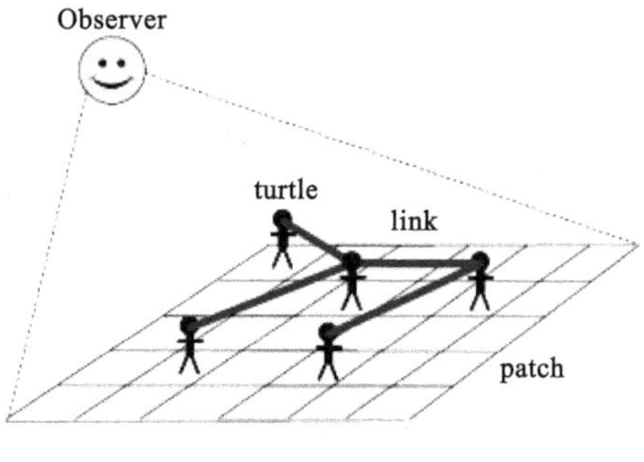


图 B2-3　NetLogo 虚拟世界

（1）Turtles（小海龟）：是能够在虚拟世界中自由移动的主体。

（2）Patehes（瓦片）：虚拟世界是二维的，划分为由 Patehes 组成的网格，每个 Patch 占据一个矩形小块。

(3) Observer(观察者):它是一个全局主体,它观察着由 Turtles 和 Patehes 构成的世界,能够执行指令获取世界全部或部分的状态,或实现对世界的控制。

(4) Links(连接):是 Turtle 与 Turtle 之间的连接,对应于本研究就是将主体连接起来的口碑信息。在上图中就是连接小圆点之间的连线。

2. 空间表达

空间表达是指特定 Patch 与 Turtl。在虚拟世界中的坐标,通过这个坐标我们可以定位某个或者某类主体。

3. 仿真推进

在 NetLogo 中,仿真的推进其实就是不断地重复执行某一个例程,该例程编写在 Procedures 页中。对每个仿真过程,Procedures 页一般包括初始化例程和仿真执行例程两部分。初始化例程实现对模型初始状态的设置,生成所需的 Turtles,设置其状态,以及其他工作,这步通过例程 Setup 实现。

仿真的执行通过例程 Go 实现,在 Go 例程中定义主体的属性和行为,编写所需执行的各种指令,完成一个仿真步的工作。

另外,需要在 Interface 页中建立一个按钮与 Go 例程相联系,该按钮是一个永久(Forever)按钮,点击后将不断重复执行 Go 例程,直到遇到 Stop 指令或用户再次点击该按钮则仿真终止。

仿真运行的结果会在 Interface 页中表现出来,我们可以从仿真动态视图观察整个仿真的动态的结果,并可以通过命令行方式和可视化的控件进行仿真控制,仿真的结果也能通过仿真监视和输出的各类控件读取出来。

(三) NetLogo 的主要功能

1. 建模

NetLogo 模型的基本假设是:将空间划分为网格,每个网格是一个静态的 Agent,多个移动 Agent 分布在二维空间中,每个 Agent 自主行动,所有主体并行异步更新,整个系统随着时间推进而动态变化。主体的行为用编程语言定制,NetLogo 中的编程语言是一种 Logo 方言,支持主体操作和并发运行。

2. 仿真运行控制

NetLogo 可以采用命令行方式或通过可视化控件进行仿真控制。在命令行窗口可以直接输入命令,另外还提供了可视化控件实现仿真控制,进行仿真初始化、启动、停止、调整仿真运行速度等。还提供了一组控件,如开关、滑动条、选择器等,用来修改模型中的全局变量,实现仿真参数的修改。

3. 仿真输出

提供了多种手段实现仿真运行监视和结果输出。在主界面中有一个视图(View)区域显示整个空间上所有 Agent 的动态变化,可以进行 2D/3D 显示,在 3D 视图中可以进行平移、旋转、缩放等操作。另外可以对模型中的任何变量、表达式进行监视,可以实现曲线/直方图等图形输出、或将变量写入数据文件。

4. 实验管理

NetLogo 提供了一个实验管理工具 Bahavior Space,通过设定仿真参数的变化范围、步长、设定输出数据等，实现对参数空间的抽样或穷举，自动管理仿真运行，并记录结果。

5. 系统动力学仿真

系统动力学是应用广泛的一类社会经济系统仿真方法，但与多主体仿真有不同的建模思想。NetLogo 可以直接进行系统动力学建模仿真。

6. 参与式仿真

NetLogo 提供了一个分布式仿真工具，称为 HubNet，实现模型服务器和客户端之间的通信。多个参与者可以通过计算机或计算器分别控制仿真系统的一部分，实现参与式仿真(participatory simulation)。

NetLogo 收集了许多复杂系统经典模型，涵盖数学、物理、化学、生物、计算机、经济、社会等许多领域。这些模型可以直接运行，例子中的文档对模型进行了解释、为可能的扩展提供了建议。建模人员可以通过阅读经典实例的程序代码，学习建模技术，或在研究相关问题时以此为基础进行扩展或修改，大大减少了技术难度和工作量。

(四) NetLogo 的优点

(1) NetLogo 的模型库和功能非常强大，尤其适合于随时间变化的复杂系统的建模。

(2) NetLog 具有强大的数据输入输出功能和清晰的操作界面。

(3) NetLogo 使用的语言继承了 Logo 的程序语言简单这一优点，非常适合编程基础不是很强的研究者使用。

(4) Netlog 是一个开放、共享的系统，能在互联网上得到免费的源程序包和大量源代码开放的模型实例，有利于学习研究。

# 附录 C　综合案例大作业练习题

说明:"系统工程"课程教学的综合性较强，为了强化教学效果，使得学员理解模型的使用和实际问题分析的程序及方法，一般在讲授方法论以及建模分析工具之后，都应布置一些课程大案例分析作业，让学员以 5 人左右分组，每组选择一个案例作业进行实际分析和研究，并给出该问题的政策分析建议。这里给出以下 32 个题目供各学员小组选择，但不必局限于此。各组学员自选实际中的热点问题或社会经济管理问题进行分析研究，是受到鼓励的。

(1) 对 2019 年四川凉山发生的火灾及 2020 年四川西昌突发的森林火灾进行分析。

(2) 对 2019—2020 年澳大利亚出现的史无前例的森林大火进行分析。

(3) 运用 ISM 方法，分析为何 2020 年世界原油价格频繁波动且波动较大? 并就你分析的结果给出相应的应对之策。

(4) 分析英国脱离欧洲联盟计划即"英国脱欧"。

(5) 使用网约车出行安全问题研究。(问题现状概括、原因分析、危害、解决问题的建议。提示:可用 ISM 结构模型。)

(6) 试分析共享单车或新能源汽车今后的发展趋势。

(7) 对"996"工作制，即早上 9 点上班，晚上 9 点下班，一周工作 6 天的工作制度，进行系统分析。

(8)“翻转课堂”学习模式满意度的影响因素分析。

(9) 大学生创业影响因素的分析与对策研究。

(10) 查找资料,分析我国某省或某地区的能源低碳效率。

(11) 建设雄安新区的原因与发展雄安新区的对策分析。

(12) 目前,北京市大兴区总体定位:面向京津冀的协同发展示范区、科技创新引领区、首都国际交往新门户、城乡发展深化改革先行区的功能定位。试分析为何要加紧建设北京大兴。

(13) 2020 年 4 月习近平在陕西省考察时指出,农业农村工作,增加农民收入是关键。应贯彻以人民为中心的发展思想,让“三农”借助互联网的东风,让广大农民尽快富裕起来是党和国家关心的大事。

根据这一新闻报道,试采用系统工程方法建立模型,对我国农业脱贫问题进行仿真分析,并从政府管理角度,给出你的相关政策建议。

(14) 结合 SSM 和 SD 模型,预测我国某城市今后 10 年内商品住房价格的变化趋势。(如西安,北京,上海,深圳,广州等,可自选;因调研条件限制,也可就近选择西安周边的中小城市:咸阳,宝鸡,汉中,渭南等)。该问题涉及因素可能较为复杂,注意相关参数的假定。

(15) 拖欠民工工资问题研究。(问题现状概述、原因分析、危害、解决问题的建议,提示:可用 ISM 结构模型。)

(16) 大学生就业影响因素的系统分析。

(17) 对中国国家足球队成绩不佳原因及其对策的系统分析。

(18) 大学生逃课原因及其解决对策的系统分析。

(19)“工商管理/信息管理与信息系统/电子商务/旅游管理”专业课程设置与培养体系安排问题的系统分析。

(20) 陕西周至猕猴桃产值下降原因及解决对策的系统分析。

(21) 陕西宝鸡地区辣椒市场萎缩原因分析与对策研究(苹果 etc.)。

(22) 中国煤矿安全事故居高不下的深层原因分析及对策研究。

(23) 中国高等教育体制改革及其“产业化”问题研究。

(24) 中国西部省份新农村建设或者乡村振兴或者数字乡村建设所面临的问题及其解决之道。

(25) 中国食品质量安全事件频发的原因及对策研究

(26) 用 AHP 方法选择旅游地点。假设某人想利用暑假游览祖国的名胜古迹,试帮他选择一处较好的去处:桂林、云南、北京、上海、海南。(提示:自行确定评价指标,例如舒适程度、费用、所需时间、气候因素、历史沉淀等,按照这些指标逐项打分得到判断矩阵,可求出某旅游地点的得分,排序即可。)

(27) 据不完全统计,截至 2020 年 1 月底,全国机动车保有量达 3.48 亿辆,汽车保有量达 2.6 亿量。全国十大城市机动车保有量数据如下:北京:593.4 万辆,成都:519.5 万辆,重庆:463.3 万辆,苏州:419.3 万辆,上海:415.8 万辆,郑州:318.8 万辆,深圳:343.4 万辆,西安:343 万辆,武汉:336.8 万辆,东莞:323.7 万辆。

机动车数量飙升带来的一个城市之痛是出行困难。机动车的发明是为了让出行更加快捷,可现实正朝着事与愿违的方向发展。

《小康》杂志调查显示，40.9%受访者表示上下班堵车状况“严重”。一线城市尤为糟糕，认为堵车严重的受访者高达半数以上(55.3%)，其中16%的人认为堵车状况“非常严重”。而二三线城市也大有奋起直追之势，37.8%的受访者表示城市堵车严重。其他城市的受访者，表达拥堵严重的比重也达到三成以上。很明显，北京、上海、广州等一线城市面临的交通拥堵问题，已经向二三线城市、中小城市甚至县、镇以下大规模蔓延。对于交通的改善，中国城市居民的愿望十分迫切。《小康》调查中，受访者最拥护的三项改善措施是：发展公共交通、道路规划更加合理和公车改革。而对于限行、限购、限牌、征收拥堵费以及提高停车费，则支持者不多。

根据给出的资料，试以系统工程方法为基础，对“城市车辆拥堵问题”进行分析研究，给出你的政策建议。

(28) 据《人民日报》2012年6月14日消息，从2000—2010年，国内农村小学数量减少52.1%，初中数量下降26.19%，具体数据变化参见表2-1。有学者拿出调研数据表明，强行撤点并校之后，学生上学距离平均增加4.05公里，住宿生的平均年花费为1 157.38元等，导致交通安全隐患增加，农村孩子辍学率明显上升。

**表 B2-1　我国部分省区农村小学数量变化情况**

| 区域 | 2000年 | 2010年 | 减少率/% | 区域 | 2000年 | 2010年 | 减少率/% |
|---|---|---|---|---|---|---|---|
| 四川 | 43 326 | 9 282 | 78.58 | 河北 | 31 529 | 13 274 | 57.90 |
| 江苏 | 15 754 | 4 328 | 72.53 | 青海 | 3 159 | 1 533 | 51.47 |
| 内蒙古 | 9 312 | 2 613 | 71.94 | 黑龙江 | 10 003 | 5 016 | 49.85 |
| 陕西 | 29 359 | 8 867 | 69.80 | 福建 | 13 664 | 6 974 | 48.96 |
| 山西 | 34 740 | 10 936 | 68.52 | 山东 | 21 342 | 12 047 | 43.55 |
| 湖北 | 21 522 | 7 415 | 65.54 | 新疆 | 6 221 | 3 536 | 43.16 |
| 湖南 | 29 340 | 10 824 | 63.11 | 吉林 | 9 025 | 5 600 | 37.95 |
| 辽宁 | 13 356 | 5 118 | 61.68 | 甘肃 | 17 477 | 10 907 | 37.59 |
| 浙江 | 10 018 | 3 989 | 60.18 | 云南 | 21 315 | 13 320 | 37.51 |
| 重庆 | 13 076 | 5 248 | 59.87 | 广东 | 24 202* | 15 148 | 37.41 |
| 宁夏 | 3 011 | 1 942 | 35.50 | 天津 | 1 307 | 874 | 33.13 |
| 海南 | 3 399 | 2 210 | 34.98 | 江西 | 18 341 | 12 772 | 30.36 |
| 河南 | 39 825 | 27 793 | 30.21 | 安徽 | 18 204 | 13 343 | 26.70 |
| 上海 | 1 021 | 764 | 25.17 | 贵州 | 15 339 | 12 008 | 21.71 |
| 北京 | 1 310 | 1 104 | 15.73 | 广西 | 16 077 | 13 789 | 14.23 |
| 西藏 | 895 | 860 | 3.91 | | | | |

(29) 2017年12月29日，中央农村工作会议首次提出走中国特色社会主义乡村振兴道路，让农业成为有奔头的产业，让农民成为有吸引力的职业，让农村成为安居乐业的美丽家园。按照党的十九大提出的决胜全面建成小康社会、分两个阶段实现第二个百年奋斗目标

的战略安排，中央农村工作会议明确了实施乡村振兴战略的目标任务：到2020年，乡村振兴取得重要进展，制度框架和政策体系基本形成；到2035年，乡村振兴取得决定性进展，农业农村现代化基本实现；到2050年，乡村全面振兴，农业强、农村美、农民富全面实现。然而，现在中国广大农村最大的挑战是人力资源的日趋枯竭，这可能是乡村振兴首先要面对、而且是长期要正视的问题。

请借助系统工程学的方法论，从乡村产业振兴、城镇化建设、乡村文化振兴等角度，建立相应的模型，进行综合分析，给出政策建议。

(30) 中国一二线城市中小学“上学难”问题的系统研究。

(31) 始于2019年末的新冠肺炎疫情在两个半月内导致全国累计确诊81 598例，死亡3 318例(国家卫健委，2020-04-03)；世卫组织报告显示，截至2021年3月11日，中国以外新冠肺炎累计确诊病例达到118 637 954例，累计死亡病例2 629 404例(新华社，2021-03-11)。就类似公共卫生安全事件而言，提前进行疫情进展情况的仿真级发展趋势预测，显然能够对公共卫生安全事件的应对提供良好的预警和参考。

请借助系统工程中的系统动力学方法，建立仿真预测模型，并分别设置不同的控制参数，对中国新冠疫情、美国新冠疫情、意大利新冠疫情的进展情况，进行仿真预测，并分别给出这三个国家的疫情防控对策建议。(提示和建议：对于以上问题的系统分析，本书提供以下分析框架，供参考。)

1. 问题的提出/系统的背景。
2. 初步分析(目标、研究对象、分析方法)。
3. 具体分析过程。
4. 模型分析结论。
5. 政策建议。

# 参考文献

[1] 汪应洛. 系统工程[M]. 3 版. 北京:机械工业出版社,2003.
[2] 汪应洛. 系统工程理论、方法与应用[M]. 2 版. 北京:高等教育出版社,1998.
[3] 陈宏民. 系统工程导论[M]. 北京:高等教育出版社,2006.
[4] 赵杰. 管理系统工程[M]. 北京:科学出版社,2006.
[5] 严广乐,张宁,刘媛华. 系统工程[M]. 北京:机械工业出版社,2008.
[6] 吴祈宗. 系统工程[M]. 北京:北京理工大学出版社,2006.
[7] 余雪杰. 管理系统工程[M]. 北京:人民邮电出版社,2009.
[8] 汪应洛. 系统工程[M]. 4 版. 北京:机械工业出版社,2011.
[9] 陈宏民. 系统工程导论[M]. 北京:高等教育出版社,2006.
[10] 张晓东,王福林,周康渠. 系统工程[M]. 北京:科学出版社,2010.
[11] 余雪杰. 管理系统工程[M]. 北京:人民邮电出版社,2009.
[12] 喻湘存,熊曙初. 系统工程教程[M]. 北京:北京交通大学出版社,2006.
[13] 孙东川,林福永,孙凯. 系统工程引论[M]. 3 版. 北京:清华大学出版社,2009.
[14] 薛惠锋,卢亚丽,陶建格,等. 管理系统工程新论[M]. 北京:国防工业出版社,2008.
[15] 胡茂生,丰艳萍,谢英亮. 技术经济分析理论与方法[M]. 北京:冶金工业出版社,2009.
[16] G. 戈登. 系统仿真[M]. 杨金标,译北京:冶金工业出版社. 1982.
[17] 董承章. 投入产出分析[M]. 北京:中国财政经济出版社,2000.
[18] 郑菊生,卞祖武. 国民经济核算体系原理[M]. 上海财经大学出版社,2001 年.
[19]李宝山,王水莲. 管理系统工程[M]. 北京:清华大学出版社,北京交通大学出版社,2010.
[20] JÖRESKOG K G, SÖRBOM D. structural equation modelling with SIMPLIS command language[M]. Chicago, Ill. :SSI Scientific Software International, 1993.
[21] MCDONALD R P. Factor analysis and related methods[M]. Hillsdale, NJ: Lawrence Erlbaum Associates, 1985.
[22] Bollen K A, Long J S. (Eds.). Testing structural equation models[M]. Newbury Park, CA: Sage, 1993.
[23] 张雷,雷雳,郭伯良. 多层线性模型应用[M]. 北京:教育科学出版社,2003.
[24] 曲波,郭海强,任继萍,等. 结构方程模型及其应用[J]. 中国卫生统计,2005,22(6):405-407.
[25] 盖笑松,张向葵. 多层线性模型在纵向研究中的运用[J]. 心理科学,2005,28(2):429-431.

[26] 雷雳,张雷.多层线性模型的原理及应用[J].首都师范大学学报(社会科学版),2002(2):110-114.

[27] 刘红云,孟庆茂.纵向数据分析方法[J].心理科学进展,2003,11(5):586-592.

[28] 刘红云,孟庆茂.教育和心理研究中的多层线性模型[J].心理科学进展,2002,10(2):213-219.

[29] SINGER J D,WILLETT J B. Applied longitudinal data analysis:modeling change and event occurrence[M]. New York:Oxford University Press,2003.

[30] 刘红云,孟庆茂.教育和心理研究中的多层线性模型[J].心理科学进展,2002,10(2):213-219.

[31] 吴康敏,杨速飞,罗红裔,等.足月小样儿生长发育纵向研究[J].华西医科大学学报,1998,29(3):310-314.

[32] 肖艳玲.系统工程理论与方法[M].修订版.北京:石油工业出版社,2002.

[33] GORDON G. System simulation[M]. 2d ed. Englewood Cliffs, NJ: Prentice-Hall,1978.